高等学校土木工程专业"十四五"系列教材
高等学校土木工程专业应用型本科系列教材

土木工程施工

石晓娟　王邵臻　王金安　主　编

李瑾杨　邵　丽　副主编

中国建筑工业出版社

图书在版编目（CIP）数据

土木工程施工 / 石晓娟，王邵臻，王金安主编；李
瑾杨，邵丽副主编. — 北京：中国建筑工业出版社，
2023.4
高等学校土木工程专业"十四五"系列教材 高等学
校土木工程专业应用型本科系列教材
ISBN 978-7-112-28435-1

Ⅰ. ①土… Ⅱ. ①石… ②王… ③王… ④李… ⑤邵
… Ⅲ. ①土木工程－工程施工－高等学校－教材 Ⅳ.
①TU7

中国国家版本馆 CIP 数据核字（2023）第 036714 号

本教材包括土木工程施工技术与施工组织两部分内容。施工技术包括土方工
程、桩基础工程、混凝土结构工程、预应力混凝土工程、砌筑工程、钢结构工程、
脚手架工程、结构安装工程、防水工程及装饰工程；施工组织包括流水施工原理、
网络计划技术、施工组织设计。本教材充分反映了我国土木工程的新技术、新工
艺和新方法，各章涉及的技术标准均系国家和行业的现行规范、规程。

本教材可作为高等院校土木工程专业、工程管理专业、工程造价专业、房地
产专业及其他相关专业的教学用书，也可供工程施工、设计、监理等技术人员学
习和参考。

为了更好地支持相应课程的教学，我们向采用本书作为教材的教师提供课件，
有需要者可与出版社联系。建工书院：http：//edu. cabplink. com，邮箱：jckj@
cabp. com. cn，2917266507@qq. com，电话：(010) 58337285。

* * *

责任编辑：聂　伟　周娟华
责任校对：芦欣甜
校对整理：赵　菲

高等学校土木工程专业"十四五"系列教材
高等学校土木工程专业应用型本科系列教材
土木工程施工
石晓娟　王邵臻　王金安 **主 编**
李瑾杨　邵 丽 **副主编**

*

中国建筑工业出版社出版、发行（北京海淀三里河路 9 号）
各地新华书店、建筑书店经销
北京红光制版公司制版
天津翔远印刷有限公司印刷

*

开本：787 毫米×1092 毫米　1/16　印张：23¾　字数：581 千字
2023 年 8 月第一版　　2023 年 8 月第一次印刷
定价：**59. 00** 元（附数字资源及赠教师课件）
ISBN 978-7-112-28435-1
(40725)

前　言

土木工程施工是土木工程专业、工程造价专业的主干专业课。它主要研究土木工程的施工原理和方法，研究施工技术和施工组织的基本规律，是一门实践性强、涉及面广、发展迅速的学科。其目标是培养学生综合运用土木工程施工的基本理论与知识，具有分析和解决施工中有关技术和组织问题的能力，为胜任相关的技术与管理工作，进行科学研究和技术创新打下基础。

本书按照教育部关于土木工程专业本科生的培养目标和教育部高等学校土木工程专业教学指导分委员会制定的《高等学校土木工程本科专业指南》编写。本书按照国家新颁布的土木工程技术规范进行编写，删除了已经废除和已经过时的施工技术和施工方法，力求反映国内外的新技术、新工艺和新方法，扩大学生的知识面和专业面，以满足土木工程专业培养目标的要求。

本书可作为土木工程专业或工程造价专业本科生教材及相关专业的教学用书，同时也可作为土木工程技术人员解决施工技术和施工管理方面问题的参考用书。

本书由北京科技大学天津学院石晓娟、王邵臻，北京科技大学王金安担任主编，北京科技大学天津学院李瑾杨、邵丽担任副主编，北京科技大学刘胜富教授担任主审。全书共13章，由石晓娟统稿，具体编写分工如下：李瑾杨编写第1章、第5章；王邵臻编写第2章、第3章；王金安编写第4章、第8章、第9章；邵丽编写第10章～第12章；石晓娟编写绪论、第6章、第7章、第13章。

本书由北京科技大学天津学院资助出版。

在本书编写的过程中参考了相关书籍及资料，其中主要资料已列入本书参考文献，在此谨向各位作者表示衷心的感谢！

由于作者水平有限，书中的错误和不足之处在所难免，恳请读者提出宝贵意见。

目　录

绪　　论

1. 我国土木工程施工技术的发展

土木工程是一个古老的专业，我国古代土木工程施工技术就有着辉煌的成就。原始社会，人类为了避寒暑、防风雨、抵御野兽侵袭，开始利用简单的工具架木为巢或洞穴而居，人类从此开始了建造活动。早在公元前 2000 年，我国就已掌握了夯填、砌筑、营造、铺瓦和油漆等方面的施工技术，由于土和木材的综合运用，我国自古就把"土木"作为建筑的代名词。在殷商时期，我国已开始用水测定水平，用夯实的土壤作地基，并开始在墙壁上进行涂饰。战国、秦、汉时期，砌筑技术有很大发展，已有方砖、空心砖和装饰性条砖，能用特制的楔形砖和企口砖砌筑拱券和穹窿。此时已有精巧的榫卯，表明木结构的施工技术已经达到一定的水平。在两晋、南北朝时期，木塔的建造显示木结构技术有了进步。云冈石窟的开凿等展示出了当时石工技术的水平。砖石结构开始大规模运用于地面上的建筑，如河南登封嵩岳寺塔等的建造表明在这方面的很大进步。隋、唐、五代时期，土、石、砖、瓦、石灰、钢铁、矿物颜料和油漆的应用技术已渐趋熟练。唐代大规模城市的建造，表明施工技术达到了相当高的水平。宋、辽、金时，开始在基础下打桩。从砖塔和拱桥（如卢沟桥）可看出砖石结构的施工技术水平。同时在室内装饰方面也做得十分秀丽绚烂。宋代，由李诚主持编撰了中国历史上第一部完整的建筑规范《营造法式》，内容涉及建筑设计、施工、材料、管理等各个方面。至元、明、清，已能用夯土墙建造三四层楼房，内加竹筋。此外，木构架的整体性加强了，镏金、玻璃等开始用于建筑，丰富了装饰手法。清代的《工程做法则例》统一了建筑构件的模数和工料标准，制定了绘样和估算准则。现存的北京故宫等建筑，表明了我国当时的施工技术已经达到了很高的水平。

鸦片战争以后，我国的高等学校开始建立土建类的系科，有了较正规的土木工程的专业教育。但直至中华人民共和国成立前，外国列强侵入，使土木工程发展缓慢，停滞不前，但是我国的爱国志士也在土木工程方面创建了有影响的工程。1909 年詹天佑主持修建的京张铁路，全长 200km，是中国首条不使用外国资金及人员，由中国人自行设计、施工的铁路，詹天佑的成功大长了中国人的志气。1937 年茅以升先生主持建造了钱塘江大桥，这是公路、铁路两用的双层钢结构桥梁，也是我国近代土木工程的优秀成果。

中华人民共和国成立后，我国的施工技术又得到了不断发展和提高。在施工技术方面，不仅掌握了大型工业建筑，多层、高层、超高层民用建筑与公共建筑施工的成套技术，而且在地基处理和基础工程施工中推广了大直径钻孔灌注桩、旋喷桩、挖孔桩，掌握了振冲法、深层搅拌法、强夯法、地下连续墙、土层锚杆、"逆作法"施工等新技术。在现浇钢筋混凝土模板工程中推广应用了爬模、滑模、台模、筒模、隧道模、组合钢模板、大模板、清水混凝土模板、早拆模板体系。混凝土工程采用了泵送混凝土、喷射混凝土、高强混凝土以及混凝土制备和运输的机械化、自动化设备。在预制构件方面，不断完善了挤压成型、热拌热模、立窑和折线形隧道窑养护等技术。在预应力混凝土方面，采用了无粘结工艺和整体预应力结构，推广了高效预应力混凝土技术，使我国预应力混凝土的发展从构件生产阶段进入了预应力结构生产阶段。在钢结构方面，采用了高层钢结构技术、空间钢结构技术、轻钢结构技术、钢-混凝土组合结构技术、高强度螺栓连接与焊接技术和钢结构防护技术。在大型结构吊装方面，随着大跨度结构与高耸结构的发展，创造了一系列具有我国特色的整体吊装技术。在墙体改革方面，利用各种工业废料制成了粉煤灰矿渣混凝土大板、膨胀珍珠岩混凝土大板、煤渣混凝土大板、粉煤灰陶粒混凝土大板等各种大型墙板，同时发展了混凝土小型空心砌块建筑体系、框架轻墙建筑体系、外墙保温隔热技术等，使墙体改革有了新的突破。

特别是近一二十年，随着我国基本建设投资规模的扩大，建筑业更加蓬勃发展，成为我国的支柱产业。工程数量之多、施工技术难度之大都是空前的。继北京奥运会、上海世博会后，一批运用世界先进施工技术的超级工程像国家大剧院、上海中心大厦、北京大兴国际机场、港珠澳大桥等相继建成。

2011 年 12 月 26 日，天津 117 大厦大底板混凝土开始浇筑，82 小时内 6.5 万 m³ 混凝土一气呵成，创造了世界民用建筑底板混凝土体量之最，其施工组织难度之大、技术创新要求之高，均开创国内先河。2015 年 9 月 7 日，天津 117 大厦 621m 混凝土泵送高度，创吉尼斯世界纪录。从混凝土实际泵送高度上，621m 的泵送高度一举超越了哈利法塔601m 的"净身高"，同时也超越了上海中心大厦 606m 的混凝土泵送高度，缔造了世界混凝土泵送新高度。

2009 年开工建设、2018 年完成主体工程验收并开通运营的港珠澳大桥，全长约55km，跨海逾35km，有 6.7km 长的海底隧道和两个人工岛。港珠澳大桥现已成为世界最长的跨海大桥，并因其超大的建筑规模、空前的施工难度和顶尖的建造技术闻名世界，大桥使用寿命长达 120 年，可以抗击 8 级地震。

随着施工技术的进步，我国施工组织计划及管理水平也不断提高。近年来，网络计划技术和计算机等新技术的应用，进一步提高了我国的施工组织与企业管理水平，并逐步与国际接轨。自 2002 年 BIM（Building Information Modeling，建筑信息模型）技术引入我国，国内已经有不少建设项目在项目建设的各个阶段不同程度地运用了 BIM 技术，其中上海中心大厦是全生命周期应用 BIM 的典型案例。上海中心大厦目前是中国第一高楼，整个项目运用 BIM 对设计、施工、运营进行全方位规划。BIM 在该项目中的全程应用尚属首次，为以后 BIM 更广泛的应用奠定了基础，进一步推动了 BIM 在中国的发展。

"像造汽车一样造房子"或者"像搭积木一样盖房子"，朴实的语言表达了人们突破传统作业方式的渴望和梦想，装配式建筑应运而生，它是建筑产业化的必然趋势。建筑业是国民经济的支柱产业，建筑产业现代化以促进环境保护、节约能源，提高工程质量以及劳动生产率为目标，在房屋建造全过程中体现建筑设计标准化、构配件生产工厂化和施工现场装配化，并用施工过程信息化来降低管理成本和生产成本，实现建造过程的绿色化。装配式建筑包含了装配式混凝土建筑、装配式钢结构建筑和装配式木结构建筑三大类。推广应用装配式建筑的目标是减少建筑垃圾和扬尘污染，缩短建造工期，提升工程质量。因此，装配式建筑是施工建造方式的一次革命。

绿色施工作为建筑全寿命周期中的一个重要阶段，是实现建筑领域资源节约和节能减排的关键环节。绿色施工是指工程建设中，在保证质量、安全等基本要求的前提下，通过科学管理和技术进步，最大限度地节约资源并减少对环境有负面影响的施工活动，实现节能、节地、节水、节材和环境保护（四节一环保）。实施绿色施工，应依据因地制宜的原则，贯彻执行国家、行业和地方相关的技术经济政策。绿色施工应是可持续发展理念在工程施工中全面应用的体现，绿色施工并不仅仅是指在工程施工中实施封闭施工，没有尘土飞扬，没有噪声扰民，实施定时洒水等内容，它涉及可持续发展的各个方面，如生态与环境保护、资源与能源利用、社会与经济的发展等内容。

2. 土木工程施工课程的性质、任务和学习方法

土木工程施工课程是土木工程专业的一门主要的专业课，分施工技术和施工组织两大部分，内容包含了施工方法、施工材料和机具使用、施工人员作业管理等。以房屋建筑施工为例，一个建筑物的建成，从下部基础施工开始，到上部主体结构施工，直至内外装饰完毕，是由土方工程、桩基础工程、混凝土工程、砌筑工程、结构安装工程、防水工程、装饰工程等组成的。施工技术是以各项工程施工的技术为研究对象，以施工方案为核心，综合具体施工对象的特点，选择该工程最合理的施工方法，决定最有效的施工技术措施。施工组织是以科学编制一个工程项目（可以是一个建筑物、一个构筑物、一座桥梁或一段路）的施工组织设计为研究对象，结合具体施工对象，编制指导施工的组织设计，合理使用人力、物力、空间和时间，着眼于各工种施工中关键工序的安排，使之有组织、有秩序地施工。概括起来，土木工程施工的研究对象就是最有效地建造房屋、构筑物、桥梁和隧道等的理论、方法和有关的施工规律，以科学的施工组织设计为先导，以先进的和可靠的施工技术为后盾，保证工程施工项目高质量地、安全地和经济地完成。

本课程是一门应用性学科，具有涉及面广、实践性强、发展迅速等特点。它涉及测量、材料、力学、结构、机械、经济、管理、法律等多学科的知识，并需要运用这些知识解决实际的工程问题；本课程又以工程实际为背景，其内容均与工程有着直接联系，需要有一定的工程概念。

根据本课程的任务及其特点，在学习中首先要坚持理论联系实际，加强实践环节（现场参观、实习、课程设计）；其次，要注意与基础课、专业基础课及有关专业课知识的衔接和贯通；最后，除了学习本教材外，还应尽量阅读参考书籍与科技文献、专业杂志，吸取新的知识、了解发展动向、扩大视野，为今后发展打好基础。

中国共产党第二十次全国代表大会报告中指出，十八大以来的十年间，我国城镇化率提高十一点六个百分点，达到百分之六十四点七。建成世界最大的高速铁路网、高速公路网，机场港口、水利、能源、信息等基础设施建设取得重大成就。本教材结合教学内容在每章后设置了"思政小课堂"，将"自信自强、守正创新，踔厉奋发、勇毅前行"的精神融入专业课知识点，引导学生从工程学科视角领会二十大报告的思想精髓，激励学生将个人成长融入中华民族伟大复兴的历史使命中。

第1章 土 方 工 程

内容提要 本章主要介绍土的工程分类、土的工程性质，以及土方工程量的计算，具体包括基坑（槽）土方量计算、场地平整土方量计算等。重点论述基坑边坡稳定、支护措施和基坑降水等内容。在土方机械化施工中，着重阐述常用土方机械的类型、性能及提高生产率的措施，最后介绍土方填筑与压实方法。

学习要求 通过本章学习，掌握土的工程性质，并能熟练应用土的可松性解决实际问题；熟悉土的渗透性及土方边坡的概念；了解土方工程施工的内容和土方工程分类。掌握基坑（槽、沟）土方量计算，了解场地平整土方量的计算方法。掌握基坑降水方法和流砂产生的原因与防治。熟悉人工降低地下水位方法的适用范围和轻型井点设计计算思路；熟悉基坑支护形式和适用范围。掌握填土压实的方法和影响填土压实的因素，熟悉土料选择及填土压实的一般要求。

1.1 概 述

土木工程施工中，常见土石方工程内容包括：场地平整、基坑（槽）开挖、地坪填土、路基填筑以及基坑回填等，以及排水、降水、土壁支撑等准备工作和辅助工程。因此，将一切土的开挖、填筑、运输等过程，以及排水、降水、土壁支撑等准备工作和辅助工作统称为土方工程。

土方工程具有施工面积和工程量大，劳动繁重，大多为露天作业，施工条件复杂等特点；施工易受地区气候条件影响等特点。如某中心大厦深基坑土方开挖面积为 $2.5 \times 10^4 m^2$，开挖深度达 25m，土方开挖总量达 $4.2 \times 10^5 m^3$，实际工期达到了 210 天。

土方工程施工过程受气候、水文、地质、地下障碍等因素的影响较大，不确定的因素也较多，有时施工条件也极为复杂。因此，为了减轻劳动强度，提高劳动生产效率，在确保土方工程顺利施工的同时，加快施工进度，降低工程成本，在组织施工时，应根据工程特点和周边环境，详细分析和核对各项技术资料（地形图、工程地质条件、水文地质勘查资料、地下管道、电缆和地下构筑物资料及土方工程施工图等），根据现场踏勘和现有的施工条件，拟定经济合理的施工方案，应尽可能采用新技术和机械化施工，为后续工作做好准备。

1.1.1 土的工程分类

土的种类繁多，分类方法各异。地基土按现行国家标准《建筑地基基础设计规范》GB 50007 可划分为岩石、碎石土、砂土、粉土、黏性土和人工填土等，它们与土方边坡稳定和土壁支撑有密切关系。土按施工时开挖的难易程度可分为八类，见表 1-1，它是施工中选择合适的机械与开挖方法的依据，也是确定土木工程劳动定额的依据。前四类为一般土，后四类为岩石。土的开挖难易程度直接影响土方工程的施工方案、施工机械、劳动量消耗和土方工程劳动定额。

土的工程分类

表 1-1

类别	土的名称	开挖方式	可松性系数	
			K_S	K'_S
第一类 （松软土）	砂，粉土，冲积砂土层，种植土，泥炭（淤泥）	用锹、锄头挖掘	1.08～1.17	1.01～1.04
第二类 （普通土）	粉质黏土，潮湿的黄土，夹有碎石、卵石的砂，种植土，填筑土和粉土	用锹、锄头挖掘，少许用镐翻松	1.14～1.28	1.02～1.05
第三类 （坚土）	软及中等密实黏土，重粉质黏土，粗砾石，干黄土及含碎石、卵石的黄土、粉质黏土、压实的填筑土	主要用镐，少许用锹、锄头，部分用撬棍	1.24～1.30	1.04～1.07
第四类 （砂砾坚土）	重黏土及含碎石、卵石的黏土，粗卵石，密实的黄土，天然级配砂石，软泥灰岩及蛋白石	先用镐、撬棍，然后用锹挖掘，部分用锲子及大锤	1.30～1.45	1.06～1.09
第五类 （软石）	硬石炭纪黏土，中等密实的页岩、泥灰岩、白垩土，胶结不紧的砾岩，软的石灰岩	用镐或撬棍、大锤，部分用爆破方法	1.30～1.45	1.10～1.20
第六类 （次坚石）	泥岩，砂岩，砾岩，坚实的页岩、泥灰岩，密实的石灰岩，风化花岗岩、片麻岩	用爆破方法，部分用风镐	1.30～1.45	1.10～1.20
第七类 （坚石）	大理岩，辉绿岩，玢岩，粗、中粒花岗岩，坚实的白云岩、砾岩、砂岩、片麻岩、石灰岩，风化痕迹的安山岩、玄武岩	用爆破方法	1.30～1.45	1.10～1.20
第八类 （特坚石）	安山岩，玄武岩，花岗片麻岩，坚实的细粒花岗岩、闪长岩、石英岩、辉长岩、辉绿岩、玢岩	用爆破方法	1.45～1.50	1.20～1.30

注：K_S 为土的最初可松性系数；K'_S 为土的最终可松性系数。

1.1.2 土的工程性质

1. 土的可松性

土的工程性质对土方工程施工有直接影响，也是进行土方施工设计必须掌握的基本资料。土的主要工程性质有：土的可松性、渗透性、原状土经机械压实后的沉降量、压缩性等，此外还有密实度、抗剪强度、土压力等，这里主要介绍土的可松性。

自然状态下的土，经开挖后，其体积因松散而增大，以后虽经回填压实，其体积仍不能恢复原状，这种性质称为土的可松性。土的可松性程度用可松性系数表示。

最初可松性系数：

$$K_S = \frac{V_2}{V_1} \tag{1-1}$$

最终可松性系数：

$$K'_S = \frac{V_3}{V_1} \tag{1-2}$$

式中　K_S——土的最初可松性系数；

K'_S——土的最终可松性系数；

V_1——土在自然状态下的体积，m^3；

V_2——土经开挖后松散状态下的体积，m^3；

V_3——土经压实后的体积，m^3。

由此可知，土的最初可松性系数 K_S 是计算车辆装运土方体积及选择挖掘机械的主要参数，土的最终可松性系数 K'_S 是计算填方所需土方量的主要参数。

土方工程量是以自然状态下土的体积来计算的，所以土的可松性对场地平整开挖土方量的计算与调配、计算土方挖掘机械生产率与运输工具数量以及填方所需的挖方体积等均有很大影响，在施工中不可忽视。根据各类土的工程分类，相应的可松性系数见表1-1。

2. 土的渗透性

水流通过土中孔隙难易程度的性质，称为土的渗透性。土中水的渗流运动通常用达西定律来描述，即地下水在土中的渗流速度与水头差成正比，与渗流路径长度成反比。

其公式表达为：

$$v = \frac{\Delta H}{L}K = Ki \tag{1-3}$$

式中　v——水在土中的渗流速度，m/d；

ΔH——渗流路径两端的水头差，m；

i——单位渗流路径长度的水头差，也称为水力坡度；

K——渗透系数，m/d。

渗透系数 K 的物理意义：当水力坡度 i 等于1时，水在土中的渗透速度，单位为"m/d"，是表示土的渗透性的重要参数。K 由室内渗透试验或现场抽水试验测定，K 值大小反映土的渗透性强弱，影响施工降水与排水的速度，也对施工降水方案与支护结构形式等的选择影响很大。表1-2为各种土的渗透系数参考值。

土的渗透系数 K 参考值 表1-2

名称	渗透系数 K（m/d）	名称	渗透系数 K（m/d）
黏土	<0.005	中砂	5～25
粉质黏土	0.005～0.1	均质中砂	35～50
粉土	0.1～0.5	粗砂	20～50
黄土	0.25～0.5	圆砾	50～100
粉砂	0.5～5	卵石	100～500
细砂	1～10	无填充物卵石	500～1000

1.2 场 地 平 整

场地平整，一般是在基坑（槽）、管沟开挖之前进行的施工过程。将自然地面改造成人们生产、生活所要求的平面，如大型工程场地平整前，应首先确定建筑场地设计标高，然后计算挖、填方的工程量，进行土方平衡调配，并力求使场地内土方挖填平衡且土方量最小，因此，必须针对具体情况拟定科学合理的土方施工方案，土方量的计算要尽量准确。

1.2.1 场地设计标高的确定

场地设计标高是进行场地平整和土方量计算的依据。一般由设计单位确定,合理确定场地的设计标高,对于减少土方总量,节约土方运输费用,加快建设进度等都具有重要的经济意义。因此必须结合现场实际情况,选择最优方案。在场地设计标高确定时,有时要考虑市政排水、道路和城市规划等因素,设计文件中明确规定了场地平整后的设计标高,施工单位只能依照设计文件施工。若无文件规定则可通过计算来确定设计标高。确定场地设计标高一般应考虑以下因素:

(1) 满足生产工艺和运输的要求;

(2) 尽量利用地形,减少挖、填方数量;

(3) 场地内挖、填方平衡(面积大、地形复杂时例外),土方运输总费用最少;

(4) 有一定的表面泄水坡度(≥2‰),满足排水要求;

(5) 考虑最高洪水位的要求。

场地设计标高确定一般有两种方法:"挖、填土方量平衡法"以及"最佳设计平面法"。"挖、填土方量平衡法"计算简便,对场地设计标高无特殊要求,适用于小型场地平整,精度能满足施工要求,但此法不能保证总土方量最小。"最佳设计平面法"应用最小二乘法的原理,求得最佳设计平面,使场地内方格网各角点施工高度的平方和为最小,既能保证挖、填土方量平衡,又能保证土方工程量最小,实现场地设计平面最优化。

1. "挖、填土方量平衡法"确定场地设计标高的计算步骤

(1) 划分场地方格网;

(2) 计算或根据实际测量得出各角点的原地形标高;

(3) 计算场地设计标高;

(4) 泄水坡度调整。

首先将场地划分为边长为 a 的方格网,并将方格网角点的原地形标高标在图上(图1-1),原地形场地标高用实测法或利用原地形图的等高线进行内插得到各网格角点标高。

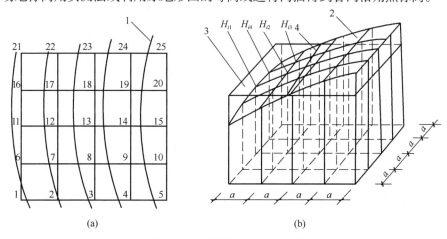

图 1-1 场地设计标高计算简图

(a)地形图上划分方格网;(b)设计标高示意图

1—等高线;2—自然地面;3—设计平面;4—零线

按照场地内挖、填方平衡的原则，可按下式计算场地设计标高。

$$H_0 N a^2 = \sum_{i=1}^{N} \left(a^2 \frac{H_{i1} + H_{i2} + H_{i3} + H_{i4}}{4} \right)$$

$$H_0 = \frac{\sum_{i=1}^{N} (H_{i1} + H_{i2} + H_{i3} + H_{i4})}{4N} \tag{1-4}$$

式中　　　　H_0——所计算的场地设计标高，m；

　　　　　　a——方格边长，m；

　　　　　　N——方格数；

H_{i1}、H_{i2}、H_{i3}、H_{i4}——第 i 个方格 4 个角点的原地形标高，m。

　　由图 1-1 可见，由于相邻方格具有公共角点，在一个方格网中，某些角点为两个相邻方格共有，比如 2、3、4、6 等角点，其角点标高要加两次；某些角点为 4 个相邻方格共有，比如 7、8、9 等角点，在计算场地设计标高时，其角点标高要加 4 次；某些角点仅加 1 次，比如 1、5、21、25 角点，角点标高仅加 1 次。这些计算过程中被加的次数反映了各角点标高对计算结果的影响程度，测量上的术语称为"权"。因此，式（1-4）可改写成：

$$H_0 = \frac{\Sigma H_1 + 2\Sigma H_2 + 3\Sigma H_3 + 4\Sigma H_4}{4N} \tag{1-5}$$

式中　　　H_1——1 个方格仅有的角点标高，m；

H_2、H_3、H_4——分别为 2 个方格、3 个方格和 4 个方格共有的角点标高，m；

　　　　　N——方格数。

　　设计标高的调整主要是泄水坡度的调整，若按式（1-5）计算得到的设计平面为一水平的、挖填平衡的场地，但由于实际场地具有排水的要求，场地表面往往需有一定的泄水坡度（图 1-2）。因此，应根据泄水要求计算出实际施工时所采用的设计标高。

　　设场地中心点的标高为 H_0，则场地任意点的设计标高为

$$H_n = H_0 \pm l_x i_x \pm l_y i_y \tag{1-6}$$

式中　　　H_n——场地内任一角点的设计标高，m；

　　　l_x、l_y——计算点沿 x、y 方向距场地中心点的距离，m；

　　　i_x、i_y——场地在 x、y 方向的泄水坡度；

　　　"$\pm$"——由场地中心点沿 x、y 方向指向

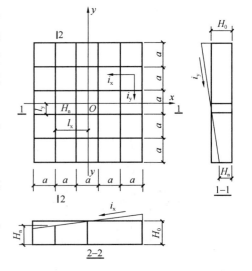

图 1-2　场地泄水坡度

计算点时，若其方向与 i_x、i_y 反向取"$+$"号，同向则取"$-$"号。

　　【例 1-1】某建筑场地方格网的地面标高如图 1-3 所示，方格边长 $a = 20$m，泄水坡度 $i_x = 2‰$，$i_y = 3‰$，不考虑土的可松性的影响，确定方格各角点的设计标高。

【解】（1）初步设计标高（场地平均标高）

$$H_0 = \frac{\sum H_1 + 2\sum H_2 + 3\sum H_3 + 4\sum H_4}{4N}$$

$$= [70.09 + 71.43 + 69.10 + 70.70$$
$$+ 2 \times (70.40 + 70.95 + 69.71 + 69.37$$
$$+ 69.62 + 70.20 + 71.22 + 70.95)$$
$$+ 4 \times (70.17 + 70.70 + 69.81 + 70.38)]/(4 \times 9)$$

$$= 70.29\text{m}$$

（2）按泄水坡度调整设计标高

$$H_n = H_0 \pm l_x i_x \pm l_y i_y$$

$$H_1 = 70.29 - 30 \times 2‰ + 30 \times 3‰ = 70.32\text{m}$$

$$H_2 = 70.29 - 10 \times 2‰ + 30 \times 3‰ = 70.36\text{m}$$

$$H_3 = 70.29 + 10 \times 2‰ + 30 \times 3‰ = 70.40\text{m}$$

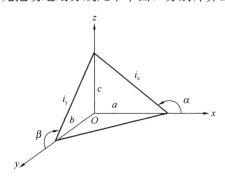

图 1-3　例 1-1 图

2. 最佳设计平面法

按上述方法得到的设计平面，能使场地内挖、填土方量平衡，但不能保证总的土方量最小。应用最小二乘法的原理，可求得满足上述条件的最佳设计平面。

当地形比较复杂时，一般需设计成多平面场地，此时可根据工艺要求和地形特点，预先把场地划分成几个平面，分别计算出最佳设计单平面的各个参数。然后适当修正各设计单平面交界处的标高，使场地各单平面之间的变化平缓且连续。因此，确定单平面的最佳设计平面是竖向规划设计的基础。

如图 1-4 所示任何一个平面在直角坐标体系中都可以用 3 个参数 c、i_x、i_y 来确定。在这个平面上任何一点 i 的标高 H_i'，可以根据下式确定：

$$H_i' = c + x_i i_x + y_i i_y \qquad (1\text{-}7)$$

图 1-4　一个平面的空间位置

O—原点标高；$i_x = \tan\alpha = -c/a$，x 方向的坡度；$i_y = \tan\beta = -c/b$，y 方向的坡度

式中　x_i——i 点在 x 方向的坐标；

　　　y_i——i 点在 y 方向的坐标。

与前述方法类似，将场地划分成方格网，并将原地形标高 H_i 标于图上，设最佳设计平面的方程式为式（1-7），则该场地方格网角点的施工高度为：

$$h_i = H_i' - H_i = c + x_i i_x + y_i i_y - H_i \qquad (i = 1, \cdots, n) \qquad (1\text{-}8)$$

式中　h_i——方格网各角点的施工高度；

　　　H_i'——方格网各角点的设计平面标高；

　　　H_i——方格网各角点的原地形标高；

　　　n——方格角点总数。

施工高度之和与土方工程量成正比，这一点可从后续的土方量计算式得知。因为施工高度有正有负，当施工高度之和为零时，表明该场地土方填挖达到平衡，但它不能反映出填方和挖方的绝对值之和。为了不使施工高度正负相互抵消，若把施工高度平方后再相

加，则其总和能反映土方工程填挖绝对值之和的大小。因此，满足土方挖填平衡且土方量最少即是要同时满足施工高度之和为零和施工高度平方和最小两个条件。但要注意，计算土方工程量绝对值之和时，还要考虑方格网各点施工高度在计算土方量时被应用过的次数 P_i。

若令 σ 为土方施工高度的平方和，则：

$$\sigma = \sum_{i=1}^{n} P_i h_i^2 = P_1 h_1^2 + P_2 h_2^2 + \cdots + P_n h_n^2 \tag{1-9}$$

将式（1-8）代入上式，可得

$$\sigma = P_1(c + x_1 i_x + y_1 i_y - H_1)^2 + P_2(c + x_2 i_x + y_2 i_y - H_2)^2 + \cdots + P_n(c + x_n i_x + y_n i_y - H_n)^2$$

当 σ 的值最小时，该设计平面既能使土方工程量最小，又能保证填挖土方量相等（填挖方不平衡时，上式所得数值不可能最小）。这就是用最小二乘法求最佳设计平面的方法。

为了求得 σ 最小时的设计平面参数 c、i_x、i_y，可以对式（1-7）的 c、i_x、i_y 分别求偏导数，并令其为 0，可获得最佳设计平面参数 c、i_x、i_y，于是得：

$$\left. \begin{aligned} \frac{\partial \sigma}{\partial c} &= \sum_{i=1}^{n} P_i(c + x_i i_x + y_i i_y - H_i) = 0 \\ \frac{\partial \sigma}{\partial i_x} &= \sum_{i=1}^{n} P_i x_i(c + x_i i_x + y_i i_y - H_i) = 0 \\ \frac{\partial \sigma}{\partial i_y} &= \sum_{i=1}^{n} P_i y_i(c + x_i i_x + y_i i_y - H_i) = 0 \end{aligned} \right\} \tag{1-10}$$

经过整理，可得到下列准则方程：

$$\left. \begin{aligned} [P]c + [Px]i_x + [Py]i_y - [Pz] &= 0 \\ [Px]c + [Pxx]i_x + [Pxy]i_y - [Pxz] &= 0 \\ [Py]c + [Pxy]i_x + [Pyy]i_y - [Pyz] &= 0 \end{aligned} \right\} \tag{1-11}$$

式中

$$[P] = P_1 + P_2 + \cdots + P_n$$
$$[Px] = P_1 x_1 + P_2 x_2 + \cdots + P_n x_n$$
$$[Pxx] = P_1 x_1 x_1 + P_2 x_2 x_2 + \cdots + P_n x_n x_n$$
$$[Pxy] = P_1 x_1 y_1 + P_2 x_2 y_2 + \cdots + P_n x_n y_n$$

以此类推。

解联立方程组（1-11），可求得最佳设计平面（此时尚未考虑工艺、运输等要求）的 3 个参数 c、i_x、i_y。然后可根据方程式（1-5）算出各角点的施工高度。

在实际计算时，可采用列表方法（表 1-3）。最后一列的和 $[Ph]$ 可用于检验计算结果，当 $[Ph] = 0$，则计算无误。

最佳设计平面计算表　　　　　　　　　　　　　　　表 1-3

1	2	3	4	5	6	7	8	9	10	11	12	13	14	15
点号	y	x	z	P	Px	Py	Pz	Pxx	Pxy	Pyy	Pxz	Pyz	h	Ph
0	…	…	…	…	…	…	…	…	…	…	…	…	…	…
1	…	…	…	…	…	…	…	…	…	…	…	…	…	…

1	2	3	4	5	6	7	8	9	10	11	12	13	14	15
点号	y	x	z	P	Px	Py	Pz	Pxx	Pxy	Pyy	Pxz	Pyz	h	Ph
2	...	...	...	...	...	...	...	...	...	...	...	...	...	...
3	...	...	...	...	...	...	...	...	...	...	...	...	...	...
...	...	...	...	...	...	...	...	...	...	...	...	...	...	...
				$[P]$	$[Px]$	$[Py]$	$[Pz]$	$[Pxx]$	$[Pxy]$	$[Pyy]$	$[Pxz]$	$[Pyz]$		$[Ph]$

应用上述准则方程时，若已知 c 或 i_x 或 i_y 时，只要把这些已知值作为常数代入，即可求得该条件下的最佳设计平面，但它与无任何限制条件下求得的最佳设计平面相比，其总土方量一般要比后者大。

3. 场地设计标高的调整

根据上述公式得出的设计标高为理论值，实际上，还需要考虑以下几方面因素对其进行调整：

（1）考虑土的最终可松性；需相应的提高设计标高，从而得到实际挖填的土方量平衡。

（2）设计标高以下各种填方工程用土量（如场区上填筑路堤而影响设计标高，使其降低），或设计标高以上的各种挖方工程量（如开挖河道、水池等影响设计标高，使其提高）。

（3）边坡填挖土方量不等。

（4）部分挖方就近弃土于场地以外，或部分填方就近从场外取土等因素，需将设计标高进行调整。

考虑这些因素所引起的挖填方量的变化后，适当提高或降低设计标高。

图 1-5　场地平整示意图

【例 1-2】如图 1-5 所示，场地标高为 H_0，已知挖方量 V_w，挖方区面积 F_w，填方区面积 F_T，土的最初可松性系数 K_s，最终可松性系数 K_s'。如考虑土的可松性（不计设计标高调整后 F_w、F_T 的变化），该设计标高应提高多少？

【解】设计标高提高后，仍应使土方挖填平衡，根据图 1-5，设计标高应提高 ΔH，故可得到：

$$K_s'(V_w - \Delta H F_w) = V_T + \Delta H F_T$$

因为最佳设计平面的土方挖填平衡，因此有 $V_w = V_T$，则

$$\Delta H = \frac{V_w(K_s' - 1)}{F_w K_s' + F_T}$$

1.2.2　土方工程量计算

在场地平整之前，通常要计算土方的工程量。场地平整土方量的计算有方格网法和横截面法两种。横截面法是将要计算的场地划分成若干横截面后，用横截面计算公式逐段计算，最后将逐段计算结果汇总。横截面法可用于地形起伏变化较大的地区，计算精度较低。所以一般采用方格网法。

其计算步骤如下：

（1）计算各方格网角点的施工高度（即填、挖高度）。

各方格角点的施工高度可按下式计算：

$$h_n = H_n - H'_n \tag{1-12}$$

式中　h_n——角点的施工高度，m，"+"为填，"-"为挖；

　　　H_n——角点的设计标高，m；

　　　H'_n——角点的自然地面标高，m。

图1-6　零点计算

（2）确定"零线"位置，即挖、填方的分界线，在该线上，施工高度为零。确定"零线"的位置有助于了解整个场地的挖、填区域分布状态。

零线的确定方法是：先求出一端为挖方，另一端为填方的方格边线上的零点，即不挖不填的点，然后将各相邻的零点相连即成为一条折线，这条折线就是要确定的零线。确定零点的方法如图1-6所示，零点的位置采用式(1-13)计算。

$$x_1 = \frac{h_1}{h_1 + h_2}a, \quad x_2 = \frac{h_2}{h_1 + h_2}a \tag{1-13}$$

式中　x_1、x_2——角点至零点的距离；

　　　h_1、h_2——相邻两角点的施工高度；

　　　a——方格边长。

（3）土方量的计算。零线确定之后，便可进行土方量的计算。方格网中土方量的计算有"四方棱柱体法"和"三角棱柱体法"。

1）四方棱柱体法的体积计算

四方棱柱体法的体积计算有两种方法：

① 方格四个角点全部为挖（或填），如图1-7所示无零线通过的方格，其土方量为：

$$V = \frac{a^2}{4}(h_1 + h_2 + h_3 + h_4) \tag{1-14}$$

式中　　　V——填方或挖方体积，m³；

h_1、h_2、h_3、h_4——方格角点填（挖）土高度绝对值，m；

　　　a——方格边长，m。

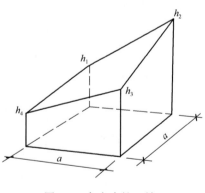

图1-7　角点全挖（填）

② 方格四个角点中，部分是挖方，部分是填方，如图1-8所示，其挖、填的土方量为：

填方的土方量：

$$V_{填} = \frac{a^2}{4} \frac{(\sum H_{填})^2}{\sum H} \tag{1-15}$$

挖方的土方量：

$$V_{挖} = \frac{a^2}{4} \frac{(\sum H_{挖})^2}{\sum H} \tag{1-16}$$

式中　$\sum H_{填（挖）}$——方格角点中填（挖）方施工高度的总和，取绝对值，m；

　　　$\sum H$——方格四角点施工高度绝对值之和，m；

　　　a——方格边长，m。

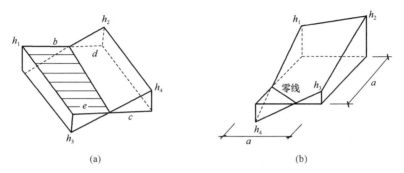

图 1-8　四棱柱体积计算

（a）角点二填二挖；（b）角点一填（挖）三挖（填）

2）三角棱柱体法的体积计算

用三角棱柱体法计算场地土方量，先把方格网顺地形等高线，将各个方格划分成三角形（图 1-9），然后分别计算每个三角棱柱（锥）体的土方量。

① 当三角形为全挖或全填时（图 1-10a），土方量为：

$$V = \frac{a^2}{6}(h_1 + h_2 + h_3) \tag{1-17}$$

式中　h_1、h_2、h_3——三角形各角点的施工高度，取绝对值，m；

　　　a——方格边长，m。

图 1-9　按地形将方格划分成三角形

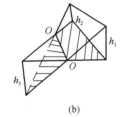

图 1-10　三角棱柱体法

（a）全挖或全填；（b）有挖有填

② 当三角形三个角点有挖有填时（图 1-10b），其零线将三角形分为两部分，一部分是底面为三角形的锥体，另一部分是底面为四边形的楔体。其土方量分别为：

$$V_{锥} = \frac{a^2}{6} \frac{h_3^3}{(h_1+h_3)(h_2+h_3)} \tag{1-18}$$

$$V_{楔} = \frac{a^2}{6}\left[\frac{h_3^3}{(h_1+h_3)(h_2+h_3)} - h_3 + h_2 + h_1\right] \tag{1-19}$$

式中　h_1、h_2、h_3——三角形各角点的施工高度，取绝对值，h_3 指锥体顶点的施工高度，m；

　　　　a——方格边长，m。

土方量的计算方法不同，其结果的表达精度也不相同。当地形平坦时，常采用四方棱柱体法，可将方格划分得大些，可减少土方量计算；当地形起伏变化较大时，则应将方格划分得小些，或采用三角棱柱体法计算，计算结果较准确。

将挖方区（或填方区）所有方格计算土方量汇总，可得到该场地挖方和填方的总土方量。

【例 1-3】某场地方格边长为 20m。其中 $H_{11}=45.82$，$H_{12}=45.25$，$H_{13}=44.06$，$H_{14}=43.02$，$H_{21}=44.81$，$H_{22}=44.67$，$H_{23}=43.75$，$H_{24}=42.86$，$H_{31}=44.12$，$H_{32}=44.24$，$H_{33}=43.05$，$H_{34}=42.26$，$H_{41}=48.08$，$H_{42}=41.32$，$H_{43}=38.39$，$H_{44}=45.04$，单位均为"m"。

试求：① 场地的设计标高 H_0；

② 当 $i_x=3‰$，$i_y=2‰$ 时，根据已算出的各方格角点的施工高度绘出零线。

【解】① $H_0 = \dfrac{\sum H_1 + 2\sum H_2 + 3\sum H_3 + 4\sum H_4}{4n} = 43.63722 \approx 43.64\text{m}$

② 考虑泄水坡度后，各角点的设计标高见图 1-11。

③ 各方格角点的施工高度＝设计标高－自然地面标高，即 $h_n = H_n - H_n'$，则各角点的施工高度计算结果及零线见图 1-12。

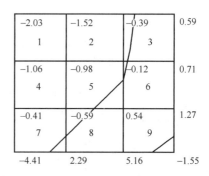

图 1-11　场地标高线（1）　　　　图 1-12　场地标高线（2）

3）基坑（槽）土方量计算

基坑（槽）土方施工之前，也需要进行土方工程量的计算，基坑土方量的计算可近似按立体几何中拟柱体（由两个平行的平面做底的一种多面体）体积的公式计算（图 1-13），即

$$V = \frac{H}{6}(A_1 + 4A_0 + A_2) \tag{1-20}$$

式中　H——基坑挖深，m；

　A_1、A_2——基坑上、下平面的面积，m^2；

　A_0——基坑中部截面的面积，m^2。

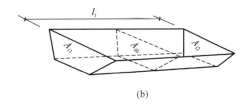

(a)　　　　　　　　　　　　　(b)

图 1-13　土方量计算

（a）基坑土方量计算；（b）基槽（路堤）土方量计算

工程施工中路堤填筑的土方工程量与基槽类似，也可按式（1-20）计算。对基坑而言，H 为基坑的深度，A_1、A_2 分别为基坑的上、下底面积（m²）；对基槽或路堤，$l_i(H)$ 为基槽或路堤的长度（m），A_1、A_2 为两端的面积（m²）。

基槽与路堤通常根据其形状（曲线、折线、变截面等）划分成若干计算段，分段计算土方量，然后再累加求得总的土方工程量。如果基槽、路堤是等截面的，可得 $F_1 = F_2 = F_0$，由式（1-20）计算得 $V = HF_1$。

1.3　基　坑　工　程

1.3.1　土方边坡稳定与基坑（槽）支护

1. 土方边坡

（1）边坡稳定

在开挖基坑、沟槽或填筑路堤时，为了防止土壁坍塌，保持土壁稳定，保证安全施工，在土方工程施工中，其边沿应考虑放坡。当场地受限制不能放坡或为了减少土方工程量而不放坡时，则可设置土壁支护结构，以确保施工安全。土方边坡的坡度为其高度 H 与底宽 B 之比（见图 1-14），即

$$土方边坡坡度 = \frac{H}{B} = \frac{1}{\dfrac{B}{H}} = 1 : m \tag{1-21}$$

式中，$m = B/H$，称为坡度系数。其意义为：当边坡高度已知为 H 时，其边坡宽度 B 则等于 mH。

(a)　　　　　　　　　　(b)　　　　　　　　　　(c)

图 1-14　土方边坡

（a）直线形；（b）折线形；（c）踏步形

边坡坡度应根据不同工程的挖填高度、土的性质及地下水位、坡顶荷载及气候条件等因素确定，既要保证土体稳定和施工安全，又要节省土方。

当土质湿度正常、结构均匀、水文地质条件良好（即不发生坍塌、移动、松散或不均匀下沉），且地下水位低于基坑（槽）或管沟底面标高，其开挖深度不超过表1-4规定时，基坑坑壁可做成直立壁，不加支撑不放坡。

直立壁不加支撑挖方深度   表1-4

土的类别	挖方深度（m）
密实、中密的砂土和碎石（填充物为砂土）	1.00
硬塑、可塑的粉土及粉质黏土	1.25
硬塑、可塑的粉土和碎石类土（填充物为黏性土）	1.50
坚硬的黏土	2.00

但在山坡整体稳定情况下，如地质条件良好，土质较均匀，使用时间在1年以上，高度在10m以内的临时性挖方边坡值应符合表1-5的规定。

临时性挖方边坡值   表1-5

土的类别		边坡坡度
砂土（不包括细砂、粉砂）		1∶（1.25～1.50）
一般黏性土	坚硬	1∶（0.75～1.10）
	硬塑	1∶（1.00～1.15）
碎石类土	充填坚硬、硬塑黏性土	1∶（0.50～1.00）
	充填砂土	1∶（1.00～1.50）

注：1. 使用时间较长的临时性挖方是指使用时间超过1年的临时道路、临时工程的挖方；

    2. 挖方经过不同类别的土（岩）层或深度超过10m，其边坡可做成折线形或台阶形；

    3. 当有成熟经验时，可不受本表限制。

（2）边坡稳定防护措施

在基坑、沟槽开挖及场地平整施工过程中，土方边坡的稳定，主要是依靠土体的内摩擦力和粘结力（黏聚力）来保持平衡的。一旦土体在外力作用下失去平衡，土壁就会坍塌。土壁坍塌，不仅会妨碍土方工程的施工，还会危及附近的建筑物、道路、地下管线等的安全，甚至会导致人员伤亡，造成严重的后果。

造成基坑塌方的原因主要有：①边坡过陡，使土体的稳定性不足导致塌方，尤其是在土质差、开挖深度大的基坑中；②雨水、地下水渗入土中泡软土体，从而增加土的自重，同时降低土的抗剪强度，这是造成塌方的常见原因；③基坑上口边缘附近大量堆土或停放机具、堆放材料，或由于行车等动荷载，使土体中的剪应力超过土体的抗剪强度；④土壁支撑强度破坏失效或刚度不足导致塌方。

为了保证土体稳定、施工安全，针对上述塌方原因，可采取以下措施：

1）放足边坡

边坡的留设应符合规范的要求，其坡度的大小，则应根据土壤的性质、水文地质条件、施工方法、开挖深度、工期的长短等因素确定。

2）避免或减少地面荷载

为了保证边坡和直立壁的稳定性，在挖方边坡上侧堆土方或材料以及有施工机械行驶时，应与挖方边缘保持一定距离。当土质条件良好时，堆土或材料应距挖方边缘 0.8m 以外，高度不宜超过 1.5m。在软土地区开挖时，挖出的土方应随挖随运走，不得堆在边坡顶上，坡顶也不得堆放材料，更不得有动载，以避免由于地面上加荷引起边坡塌方事故。

在土方施工中，要预估各种可能出现的情况，除保证边坡坡度大小和边坡上边缘的荷载符合规定要求外，在施工中还必须做好地面水的排除工作，并防止雨水、地表水、施工与生活用水等浸入开挖场地或冲刷土方边坡，基坑内的降水工作应持续到土方回填完毕。在雨期施工时，更应注意检查边坡的稳定性，必要时可考虑适当放缓边坡坡度或设置土壁支撑（护）结构，以防塌方。当土方工程挖方较深时，施工单位还应采取措施，防止基坑底部土隆起并避免危害周边环境。

2. 基坑（槽）支护

开挖基坑（槽）或管沟时，如果地质和场地周围条件允许，采用放坡开挖是比较经济的。但在建筑物密集地区施工，有时没有足够的场地按规定的放坡宽度开挖，或有防止地下水渗入基坑（槽）要求不能放坡开挖，或深基坑（槽）放坡开挖所增加的土方量过大，此时需要用基坑（槽）支护结构来支撑，以保证施工的顺利和安全，并减少对相邻已有建筑物等的不利影响。

根据基坑（槽）支护结构周边环境条件，基坑工程分为 3 级，基坑支护结构设计应根据工程情况选用相应的安全等级。当重要工程或支护结构做主体结构的一部分，或开挖深度大于 10m，或与邻近建筑物、重要设施的距离在开挖深度以内的基坑以及基坑开挖影响范围内有历史文物、近代优秀建筑、重要管线等需严加保护的基坑属于一级基坑；当基坑开挖深度小于 7 m，且周围环境无特别要求时的基坑属于三级基坑；除一级和三级外的基坑属于二级基坑。如果基坑周围已有的建筑、设施（如地铁、隧道、城市生命线工程等）有特殊要求时，尚应符合这些要求。

当需设置土壁支护结构时，应根据工程特点、开挖深度、地质条件、地下水位、施工方法、相邻建筑物情况等进行选择和设计。基坑（槽）土方工程必须确保支护结构安全可靠和经济合理，并确保施工安全。当设计有指标时，以设计要求为依据，如无设计指标时应按表 1-6 的规定执行。

基坑变形的监控值（mm）   表 1-6

基坑类别	支护结构墙顶位移	支护结构墙体最大位移	地面最大沉降
一级基坑	30	50	30
二级基坑	60	80	60
三级基坑	80	100	100

（1）基槽支护

市政工程施工时，常需在地下铺设管沟（槽）。开挖较窄的沟槽，多用横撑式土壁支撑。根据挡土板的不同，横撑式土壁支撑分为水平挡土板式支撑（图 1-15a）以及垂直挡土板式支撑（图 1-15b）两类。前者挡土板的布置又分为间断式和连续式两种。间断式水

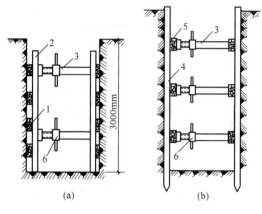

图 1-15　横撑式土壁支撑

(a) 间断式水平挡土板式支撑；(b) 垂直挡土板式支撑

1—水平挡土板；2—立柱；3—工具式横撑；4—垂直
挡土墙；5—横楞木；6—调节螺栓

平挡土板式支撑适用于湿度小的黏性土，且挖土深度小于 3m；连续式水平挡土板式支撑适用于松散、湿度大的土，挖土深度可达 5m。对松散和湿度很高的土可用垂直挡土板式支撑，其挖土深度不限。

土方工程施工时，基槽每边的宽度应比基础宽 15～20m，以便于设置支撑加固结构。挖土时，土壁要求平直，挖好一层，支一层支撑。挡土板要紧贴土面，并用小木桩或横撑木顶住挡板。支撑所承受的荷载为土压力。土压力的分布不仅与土的性质、土坡高度有关，且与支撑的形式及变形也有关。由于沟槽的支护多为随挖、随铺、随撑，支撑构件的刚度不同，撑紧的程度又难以一致，故作用在支撑上的土压力不能按库仑或朗肯土压力理论计算。

实际应用中，对较宽的沟槽，采用横撑式支撑便不适应，此时的土壁支护可采用类似于基坑的支护方法。

(2) 基坑支护

当需设计基坑支护结构时，应根据工程特点、开挖深度、地质条件、地下水位、施工方法、周围环境保护情况等进行选择和设置。基坑支护结构必须牢固可靠，经济合理，确保地下结构的施工安全。再则应尽可能降低造价、便于施工。常用的基坑支护结构有重力式水泥土墙、板式支护结构、土钉墙等形式。

1) 重力式水泥土墙

重力式支护结构即刚性支护，常用深层水泥搅拌桩组成的格栅形坝体作为支护墙体，依靠其自重维持土体的平衡。

深层搅拌桩（或水泥土墙）支护结构是近年来发展起来的一种重力式支护结构。深层搅拌桩是加固饱和软黏土地基的一种方法，它利用水泥、石灰等作为固化剂，通过深层搅拌机械（图 1-16）就地将软土和固化剂（浆液）强制搅拌，利用固化剂和软土间所产生的物理-化学反应，使软土硬化成具有整体性、水稳定性和一定强度的水泥柱状地基。

施工时将桩体相互搭接（通常搭接宽度为 150～200mm），形成具有一定强度和整体结构性的深层搅拌水泥土挡墙，简称水泥土墙。水泥土利用其自重挡土，可用作支护结构，在侧向土压力和水压力作用下维持整体稳定性，同时由于桩体相互搭接形成连续整体，可兼作止水结构。施工时振动小、噪声低，对周围环境影响小，施工速度快，成本低。它适用于 4～6m 深的基坑，最深可达 7～8m。

搅拌桩一般适用于加固各种成因的饱和软黏土，如流塑、软塑、软塑-可塑的黏性土、粉质黏土（包括淤泥、淤泥质土）和松散或稍密的粉土、砂性土。而对于有机含量高、酸碱度（pH 值）较低的黏性土的加固效果较差。另外，由于深层搅拌桩施工时，搅拌头对土体的强制搅拌力是由动力头（电动机）产生扭矩，再通过搅拌轴的转动传递至搅拌头

图 1-16 深层搅拌桩机机组

1—主机；2—机架；3—灰浆拌制机；4—集料斗；5—灰浆泵；6—贮水池；7—冷却水泵；8—轨道；
9—导向管；10—电缆；11—输浆管；12—水管

的，因此其搅拌力是有限的，如土质过硬或遇地下障碍物卡住搅拌头时，电动机工作电流将超过额定值，电机有可能被烧坏。因此，深层搅拌桩不适用于含有大量砖瓦的填土、厚度较大的碎石类土、硬塑及硬塑以上的黏性土和中密及中密以上的砂性土。当土层中夹有条石、木桩、城砖、古墓、洞穴等障碍物时，也不适用深层搅拌桩。

根据目前的深层搅拌桩施工工艺，当用于深基坑支护结构时，深层搅拌桩在平面上呈壁式、格栅式和实体式三种形式（图 1-17）。其中壁式（单排或双排）主要用作止水帷幕，格栅式和实体式一般用作挡土兼止水支护结构（水泥土墙）。水泥土墙的格栅置换率（加固土的面积：水泥土墙的总面积）为 $0.6 \sim 0.8$。墙体的宽度 b，插入深度 h_d 根据基坑开挖深度 h 确定，一般 $b = (0.6 \sim 0.8)h$，$h_d = (0.8 \sim 1.2)h$。

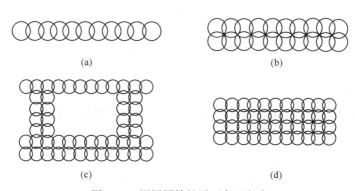

图 1-17 深层搅拌桩平面布置方式

(a) 壁式（单排）；(b) 壁式（双排）；(c) 格栅式；(d) 实体式

搅拌桩成桩可采用"一次喷浆、二次搅拌"或"二次喷浆、三次搅拌"工艺，主要依据水泥掺入比及土质情况而定。"一次喷浆、二次搅拌"的施工工艺流程如图 1-18 所示。

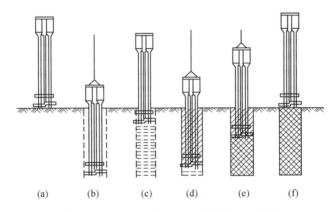

图 1-18 "一次喷浆、二次搅拌"施工流程

（a）就位；（b）预搅下沉；（c）喷浆搅拌提升；（d）重复搅拌下沉；

（e）重复喷浆搅拌提升；（f）完毕

① 就位

就位时调整搅拌机机架的垂直度，搅拌机运转正常后，放松起重机钢丝绳，使搅拌机沿导向架切土搅拌下沉，下沉速度控制在 0.8m/min，如遇硬黏土等下沉太慢时，用输浆系统适当补给清水以利于钻入。搅拌机预搅下沉到一定设计深度后，开启灰浆泵，此后边喷浆、边旋转、边提升深层搅拌机，直至设计桩顶标高。注意：喷浆速度与提升速度协调及水泥浆沿桩长均匀分布，并使其提升至桩顶后集料斗中的水泥浆正好排空。提升速度一般应控制在 0.5m/min。深层搅拌单桩的施工应采用搅拌头上下各两次的搅拌工艺，即沉钻复搅。

② 预搅下沉

启动搅拌机电机，放松起重机钢丝绳，使搅拌机在自重和转动力矩作用下沿导向架边搅拌切土边下沉，下沉速度可由电动机的电流监测表和起重卷扬机的转速控制，工作电流不应大于 70A。搅拌机预搅下沉时，不宜冲水，当遇到较硬土层下沉太慢时，方可适量冲水，但应考虑冲水成桩对桩身强度的影响。

③ 制备水泥浆

待深层搅拌机下沉到设计深度后，开始按设计配合比拌制水泥浆，压浆前将拌好的水泥浆通过滤网倒入集料斗中。

④ 喷浆搅拌提升

深层搅拌机下沉到设计深度后，开启灰浆泵，将水泥浆压入地基中，并且边喷浆边旋转搅头，同时严格按照设计确定的提升速度提升深层搅拌机。

⑤ 重复搅拌下沉和喷浆搅拌提升

重复步骤②④，当深层搅拌机第二次提升至设计桩顶标高时，应正好将设计用量的水泥浆全部注入地基土中，如未能全部注入，应增加一次附加搅拌，其深度视所余水泥浆数量而定。

⑥ 清洗管路

每天加固完毕，隔一定时间（视气温情况及注浆间隔时间而定），应清洗贮料罐、砂浆泵、深层搅拌机及相应管道中的残余水泥浆，以保证注浆顺利，不堵管，以备再用。清洗时用灰浆泵向管路中压入清水。

水泥土墙的技术要求如下：

① 水泥土墙支护的置换率、宽度与插入深度的确定。水泥土墙截面多采用连续式和格栅形，当采用格栅形时，水泥土墙的置换率（即水泥土面积 A_0 与水泥挡土结构面积 A 的比值）对于淤泥不宜小于 0.8，淤泥质土不宜小于 0.7，一般黏土及砂土不宜小于 0.6，格栅长宽比不宜大于 2。墙体宽度 b 和插入深度 h_d，应根据基坑深度、土质情况及其物理力学性能、周围环境、地面荷载程度等计算确定。在软土地区，当基坑开挖深度 $h \leqslant 5\mathrm{m}$ 时，可按经验取 $b = (0.6 \sim 0.8)h$，$h_d = (0.8 \sim 1.2)h$。

② 水泥掺入比。深层搅拌水泥土墙施工前，应进行成桩工艺及水泥掺入量或水泥浆配合比试验，以确定相应的水泥掺入比或水泥浆水灰比，浆喷深层搅拌的水泥掺入量宜为被加固土质量的 15%～18%；粉喷深层搅拌的水泥掺入量宜为被加固土质量的 13%～16%。为提高水泥土墙的刚性，也可在水泥土搅拌桩内插入 H 型钢，使之成为既能受力，又能抗渗的支护结构围护墙，可用于较深（8～10m）的基坑支护，水泥掺入比为被加固土密度的 20%，也称加筋或劲性水泥土搅拌桩法。H 型钢应在桩顶搅拌或旋喷完成后靠自重下插至设计标高，插入长度和出露长度等均应按计算和构造要求确定。采用高压喷射注浆桩，施工前应通过试喷试验，确定不同土层旋喷固结体的最小直径、高压喷射施工技术参数等，高压喷射水泥浆的水灰比宜为 1.0～1.5。

③ 施工方法。水泥土墙应采取切割搭接法施工。即在前桩水泥土尚未固化时，进行后序搭接桩施工，相邻桩的搭接长度不宜小于 200mm。相邻桩喷浆工艺的施工时间间隔不宜大于 10h。施工开始和结束的头尾搭接处应采取加强措施，消除搭接勾缝。

2）板式支护结构

板式支护结构由两大系统组成：挡墙系统和支撑（或拉锚）系统，如图 1-19 所示。当基坑较浅，挡墙具有一定刚度时，可采用悬臂式支护结构，悬臂式板桩支护结构则不设支撑（或拉锚）。板式支护结构按支撑系统的不同可分为悬臂式支护结构、内撑式支护结构和坑外锚拉式支护结构。悬臂式一般仅在桩顶设置一道连梁；内撑式有坑内斜撑、单层水平内撑和多层水平内撑。

挡墙系统常用的材料有型钢桩、钢板桩、钢筋混凝土板桩、灌注桩及地下连续墙等。当基坑深度较大，悬臂的挡墙在强度和变形方面不能满足要求时，需要设置支撑系统。支撑系统一般采用大型钢管、H 型钢或格构式钢支撑，也可采用现浇钢筋混凝土支撑。根据基坑开挖的深度及挡墙系统的截面性能可设置一道或多道支撑，形成锚撑支护结构，拉锚的材料一般用钢筋、钢索、型钢或土锚杆，支撑或拉锚与挡墙系统通过围檩、冠梁等连接成整体。

板式支护结构的破坏形式包括强度破坏和稳定性破坏，如图 1-20 所示，总结工程事故的发生原因，主要有以下几个方面：

① 拉锚破坏或支撑压曲

地面荷载引起的附加荷载，或土压力过大、计算有误，引起拉杆断裂，或锚固部分失

图 1-19　板式支护结构

1—钢板桩；2—钢围檩；3—拉锚杆；4—锚碇桩；5—钢支撑；6—中间支承柱；7—先施工的基础；8—土锚杆；
9—钢筋混凝土桩；10—钢筋混凝土水平支撑；11—钢筋混凝土围檩

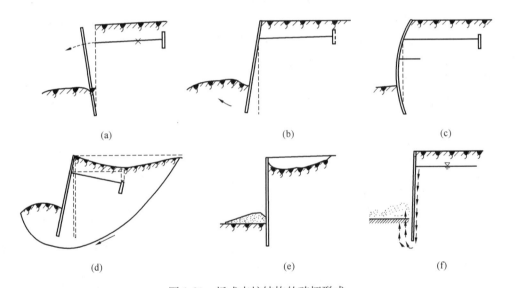

图 1-20　板式支护结构的破坏形式

（a）拉锚破坏或支撑压曲；（b）支护墙底部走动；（c）支护墙平面变形过大或弯曲破坏；
（d）墙后土体整体滑动失稳；（e）坑底隆起；（f）管涌

效、腰梁（围檩）被破坏，或内部支撑断面过小导致受压失稳。为此需计算拉锚承受的拉力或支撑荷载，正确选择其截面或锚固体。

②　支护墙底部走动

当支护墙底部入土深度不够，或挖土超深、水的冲刷等原因都可能产生这种破坏。为此需正确计算支护结构的入土深度。

③　支护墙平面变形过大或弯曲破坏

支护墙的截面过小、对土压力估算不准确、墙后无意地增加大量地面荷载或挖土超深等都可能引起这种破坏。为此需正确计算其承受的最大弯矩值，以此验算支护墙的截面。

① 钢板桩支护

钢板桩是由带锁口或钳口的热轧型钢制成，把这种钢板桩互相连接起来打入地下，就形成连续钢板桩墙，既能挡土也能挡水。钢板桩断面形式很多，常用的钢板桩有平板形、Z 字形、波浪形（通常称为"拉森"板桩）、组合截面等类型（图 1-21）。钢板桩适用于地基软弱、地下水位较高、水量丰富的深基坑支护结构，但在砂砾及密实砂土中施工困难。

平板形钢板桩容易打入地下，挡水和承受轴向力能力较好，但长轴方向抗弯能力较小；波浪形钢板桩挡水和抗弯性能都较好，其长度一般有 12m、18m、20m 三种，并可根据需要焊接成所需长度；钢板桩在基础施工完毕后还可拔出重复使用。为了适应地下结构施工中因基坑开挖深度的增加或对钢板桩刚度有更高的要求，国外出现了大截面抵抗矩的组合式钢板桩。如图 1-21（d）所示为一种由工字型钢和钢板桩拼焊而成的组合截面钢板桩。

钢板桩支护根据有无锚碇或支撑结构，分为无锚钢板桩和有锚钢板桩两类。无锚钢板桩即为悬臂式钢板桩，依靠入土部分的土压力来维持板桩的稳定。它对于土的性质、荷载大小等较为敏感，一般悬臂长度不大于 5m。有锚钢板桩是在板桩上部用拉锚或顶撑加以固定，以提高板桩的支护能力。根据拉锚或顶撑层数不同，其又分为单锚（撑）钢板桩和多锚（撑）钢板桩。实际工程中悬臂式钢板桩与单锚（撑）钢板桩应用较多。

图 1-21　钢板桩形式
(a) Z 字形；(b) 波浪形；(c) 平板形；(d) 组合截面

钢板桩施工过程中要正确选择打桩方法、打桩机具和施工流水阶段的划分，以便打入后的钢板桩墙有足够的刚度和良好的挡水功能，且钢板桩墙面平直，以满足基础施工的要求。

② 地下连续墙支护

地下连续墙系沿拟建工程基坑周边，利用专门的挖槽设备，在泥浆护壁的条件下，每次开挖一定长度（一个单元槽段）的沟槽，在槽内放置钢筋笼，利用导管法浇筑水下混凝土，即完成一个单元槽段施工。施工时，每个单元槽段之间，通过接头管等方法处理后，形成一道连续的地下钢筋混凝土墙，称为地下连续墙（图 1-22）。地下连续墙多用于 12m

以下、地下水位高、软土地基深基坑的挡墙支护结构。尤其是基坑与邻近建筑物、道路、地下设施距离很近时，地下连续墙是首选的支护结构形式，可以作为地下结构的外墙部分，或用于高层建筑的逆作法施工。基坑土方开挖时，地下连续墙既可挡土又可挡水。其整体性好、刚度大、变形小，施工时噪声低，振动小，无挤土，对周围环境影响小，既能挡土又能挡水，比其他类型挡墙具有更多优点。但成槽需专用设备，施工或基坑开挖深度大，对于与邻近的建筑物、道路等市政设施相距较近的深基坑支护难度较大，工程造价高，适用于土质差、地下水位高、降水效果不好的软土地基。

图 1-22　地下连续墙施工过程示意图

（a）开挖槽段；（b）吊放接头管和钢筋笼；（c）浇筑混凝土；（d）拔出接头管；（e）形成接头
1—已浇筑混凝土的单元槽段；2—导墙；3—开挖的槽段；4—未开挖的槽段；5—钢筋笼；6—接头管；
7—正浇筑混凝土的单元槽段；8—接头管拔出的孔洞

3）土钉墙

土钉墙是近年发展起来的一种新型挡土结构，现已广泛采用。它是在基坑开挖的坡面上，采用机械钻孔，孔内设置一定长度的钢筋或型钢，然后注浆，在坡面上安装钢筋网并喷射混凝土，使土体、钢筋与喷射混凝土面板结合为一体，从而起到挡土作用（图1-23）。土钉与土体的相互作用还能减小土坡变形，显著提高土坡整体稳定性。

图 1-23　土钉墙构造示意图（单位：mm）

1—土钉（钢筋）；2—被加固土体；3—喷射混凝土面板；4—水泥砂浆；5—第一层喷射
混凝土；6—第二层喷射混凝土；7—4φ12增强筋；8—钢筋（土钉）；9—200mm×
200mm×12mm钢垫板；10—φ8@150钢筋网；11—塞入填土（约100mm长）

① 土钉墙构造要求

土钉墙由土钉和面层组成。土钉墙高度由基坑开挖深度决定，土钉墙墙面坡度不宜大于1：0.1，与水平夹角一般为70°～80°；土钉一般采用直径$\phi16\sim\phi32mm$的Ⅱ级以上的螺纹钢筋，与水平夹角一般为5°～20°，长度为开挖深度的0.5～1.2倍。

土钉水平间距（m）与垂直间距（m）之积不大于6；土钉间距在非饱和土中宜为1.2～1.5m；在坚硬黏土中宜为2m；在软土中宜为1m。土钉孔径宜为70～120mm，注浆强度不小于10MPa。

土钉必须和面层有效地连接成整体，钢筋混凝土面层应深入基坑底部不小于0.2m，并应设置承压板（钢垫板）或加强钢筋等构造措施。混凝土面层强度等级不应低于C20，厚度为80～200mm，钢筋网宜采用$\phi6\sim\phi10$的Ⅰ级钢筋，钢筋间距为150～300mm。

② 土钉支护的特点与适用范围

土钉支护的特点有：工料少、速度快；设备简单、操作方便；操作场地小且对环境干扰小；土钉与土体形成的复合土体可提高边坡整体性、稳定性及承受荷载的能力；对相邻建筑影响较小。它适用于淤泥、淤泥质土、杂填土、黏土、粉质黏土、粉土、非松散性砂土等土质，且地下水位较低，开挖深度在15m以内的基坑。土钉与土体形成复合土体，提高了边坡整体稳定性和承受坡顶荷载能力，增强了土体破坏的延性，利于安全施工。土钉支护位移小，对相邻建筑物影响小。

③ 土钉支护施工

施工工艺：定位→转机就位→成孔→插钢筋→注浆→喷射混凝土。

a. 成孔：采用螺旋钻机、冲击钻机等机械成孔，钻孔直径为70～120mm。成孔时必须按设计图纸的纵向、横向尺寸及水平面夹角的规定进行施工。

b. 插钢筋：将直径为16～32mm的Ⅱ级以上螺纹钢筋插入钻孔的土层中，钢筋应平直，必须除锈、除油，与水平面夹角控制在5°～20°范围内。

c. 注浆：注浆采用水泥浆或水泥砂浆，水灰比为0.38～0.5，水泥砂浆配合比为1：0.8或1：1.5。利用注浆泵注浆，注浆管插入到距孔底150～250mm处，孔口设置止浆塞，以保证注浆饱满。

d. 喷射混凝土：喷射注浆用的混凝土应满足如下技术性能指标：混凝土的强度等级不低于C20，其水泥强度等级宜为42.5级，水泥与砂石的质量比为1：4.5～1：4，砂率为45%～55%，水灰比为0.4～0.45，粗骨料碎石或卵石粒径不宜大于15mm。混凝土的喷射分两次进行。第一次喷射后铺设钢筋网，并使钢筋网与土钉牢固连接。在此之后再喷射第二层混凝土，并要求表面平整、湿润，具有光泽，无干斑或滑移流淌现象。喷射混凝土面层厚度为80～200mm，钢筋与坡面的间隙应大于20mm。喷射完成后终凝2h后进行洒水养护3～7d。

应该注意的是土钉墙是随工作面开挖而分层分段施工的，上层土钉水泥浆或水泥砂浆及喷射混凝土面层达到设计强度的70%后，方可开挖下层土方，进行下层土钉施工。每层的最大开挖高度取决于该土体可以直立而不坍塌的能力，一般与土钉竖向间距相同，便于土钉施工。纵向分段开挖长度取决于施工流程的相互衔接，一般为10m左右。

（3）基坑支护结构的计算

支护结构的计算主要分两部分，即围护结构计算和撑锚结构计算。围护结构计算主要是确定挡墙、桩的入土深度、截面尺寸、间距和配筋。撑锚结构计算主要是确定撑锚结构的受力状况、截面尺寸、配筋和构造措施，需验算的内容有：边坡的整体抗滑移稳定性、基坑（槽）底部土体隆起、回弹和抗管涌稳定性。支护结构的计算方法有平面计算法和空间计算法，无论哪种方法均需利用专用程序进行计算。目前我国的支护结构计算已发展为空间计算法。

下面主要介绍水泥土墙的设计计算，水泥土墙的设计主要包括整体稳定、抗倾覆稳定、抗滑移稳定、位移等，有时还应验算抗渗、墙体应力、地基强度等。图 1-24 为水泥土墙的计算图式。

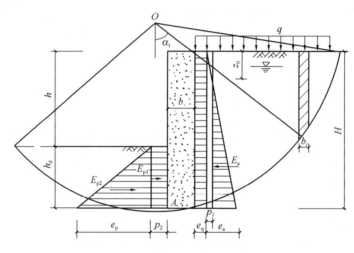

图 1-24　水泥土墙的计算图式

图中，$p_1 = 2c\sqrt{K_a}$；$p_2 = 2c_1\sqrt{K_p}$；$e_a = \gamma H K_a$；$e_p = \gamma_1 h_d K_p$；$e_q = \gamma h_q K_a$；$z_0 = \dfrac{2c}{\gamma\sqrt{K_a}}$。

式中　K_a——主动土压力系数，$K_a = \tan^2\left(45° - \dfrac{\varphi}{2}\right)$，其中 φ 为墙底以上各土层内摩擦角按土层厚度的加权平均值（°）；

　　　K_p——被动土压力系数，$K_p = \tan^2\left(45° + \dfrac{\varphi_1}{2}\right)$，其中 φ_1 为墙底至基坑底之间各土层内摩擦角按土层厚度的加权平均值（°）；

　　　H——水泥土墙的墙高（m）；

　　　h_d——水泥土墙的插入深度（m）；

　　　c——墙底以上各土层黏聚力按土层厚度的加权平均值（kPa）；

　　　c_1——墙底至基坑底之间各土层黏聚力按土层厚度的加权平均值（kPa）；

　　　γ——墙底以上各土层天然重度按土层厚度的加权平均值（kN/m³）；

　　　γ_1——墙底至基坑底之间各土层天然重度按土层厚度的加权平均值（kN/m³）；

　　　h_q——地面荷载 q 的当量土层厚度（m）。

按照计算图式，墙后主动土压力 E_a 按式（1-22）计算：

$$E_a = \left(\frac{\gamma H^2}{2} + qH\right)K_a - 2cH\sqrt{K_a} + \frac{2c^2}{\gamma} \tag{1-22}$$

26

式中 q —— 地面荷载（kPa）。

墙前被动土压力 E_p 按式（1-23）计算：

$$E_p = \frac{\gamma_1 h_d^2}{2} K_p + 2c_1 h_d \sqrt{K_p} \tag{1-23}$$

① 整体稳定

水泥土墙的插入深度应满足整体稳定性，整体稳定验算按简单条分法计算：

$$K_z = \frac{\sum c_i l_i + \sum (q_i b_i + W_i) \cos\alpha_i \tan\varphi_i}{\sum (q_i b_i + W_i) \sin\alpha_i} \tag{1-24}$$

式中 l_i —— 第 i 条土条沿滑弧面的弧长（m），$l_i = \dfrac{b_i}{\cos\alpha_i}$；

q_i —— 第 i 条土条处的地面荷载（kN/m）；

b_i —— 第 i 条土条宽度（m）；

W_i —— 第 i 条土条重量（kN）。当不计渗透力时，坑底地下水位以上取天然重度，坑底地下水位以下取浮重度；当计入渗透力作用时，坑底地下水位至墙后地下水位范围内的土体重度在计算滑动力矩（分母）时取饱和重度，在计算抗滑力矩（分子）时取浮重度；

α_i —— 第 i 条土条滑弧中点的切线和水平线的夹角（°）；

c_i、φ_i —— 分别表示第 i 条土条滑动面上土的黏聚力（kPa）和内摩擦角（°）；

K_z —— 整体稳定安全系数，一般取 1.2～1.5。

② 抗倾覆稳定

根据整体稳定得出的水泥土墙的 h_d 以及选取的 b 按重力式挡土墙验算墙体绕前趾的抗倾覆稳定安全系数：

$$K_q = \frac{E_{p1} h_d/2 + E_{p2} h_d/3 + Wb/2}{(E_a - K_a qH)(H - Z_0)/3 + K_a qH^2/2} \tag{1-25}$$

式中 W —— 水泥土挡墙的自重（kN），$W = \gamma_c bH$，γ_c 为水泥土墙体的自重（kN/m³），根据自然土重度与水泥掺量确定，可取 18～19kN/m³；

K_q —— 抗倾覆安全系数，一般取 1.3～1.5。

其他符号意义同前。

③ 抗滑移稳定

水泥土墙如满足整体稳定性及抗倾覆稳定性，一般可不必进行抗滑移稳定的验算，在特殊情况下可按式（1-26）验算沿墙底面滑移的安全系数：

$$K_h = \frac{W\tan\varphi_0 + c_0 b + E_p}{E_a} \tag{1-26}$$

式中 φ_0、c_0 —— 分别表示墙底土层的内摩擦角（°）与黏聚力（kPa）；

b —— 水泥土挡墙的宽度（m）；

K_h —— 抗滑移稳定安全系数，取 1.2～1.3。

④ 位移

重力式支护结构的位移在设计中应引起足够重视，由于重力式支护结构的抗倾覆稳定有赖于被动土压力的作用，而被动土压力的发挥是建立在挡土墙一定数量位移的基础上的，因此，重力式支护结构发生一定的位移是必然的，设计的目的是将该位移量控制在工程许可的范围内。

水泥土墙的位移可用"m 法"计算，但其计算较复杂，目前工程中常用下述经验公式，该计算法来自数十个工程实测资料，突出影响水泥土墙水平位移的几个主要因素，计算简便、适用。

$$\Delta_0 = \frac{\zeta K_a L h^2}{h_d b}$$ （1-27）

式中　Δ_0——墙顶估计水平位移（cm）；

　　　　L——开挖基坑的最大边长（m）；

　　　　ζ——施工质量影响系数，根据地基土质条件、施工质量等因素并结合工程经验确定，一般取 0.1～0.2，开挖时深度较小、土质较好，施工质量控制严格的取小值，反之，取大值；

　　　　h——基坑开挖深度。

其他符号意义同前。

1.3.2　基坑降水

基坑开挖过程中，当地下水位高于基坑底时，由于土的含水层被切断，地下水会不断地渗入基坑内。雨期施工时，地面雨水也会不断流入基坑。为了保证施工的正常进行，要防止出现流砂、边坡失稳和地基承载能力下降等现象。因此，为了保证施工质量和施工安全，必须在基坑或沟槽开挖前或开挖时，做好降水、排水措施，使地基土在开挖及基础施工时保持干燥。基坑或沟槽的降水方法可分为明排水法和人工降低地下水位法。

当基坑开挖到达地下水位以下而土质是细砂或粉砂，又采用明排水法时，基坑底下面的土会呈流动状态而随地下水涌入基坑，这种现象称为流砂。此时，土体完全丧失承载能力，边挖边冒，造成施工条件恶化，基坑难以达到设计深度。严重时会造成边坡塌方及附近建筑物、构筑物下沉、倾斜、倒塌等。因此，在施工前必须对场地的工程地质和水文地质资料进行详细调查研究，采取有效措施防止流砂产生。

当动水压力方向向上且足够大时，土颗粒被带出而形成流砂，而动水压力方向向下时，如出现土颗粒的流动，其方向向下，使土体稳定。因此，在基坑开挖中，防止流砂的途径：一是减小或平衡动水压力；二是改变动水压力的方向，设法使动水压力的方向向下，或是截断地下水流；三是改善土质，其具体措施如下：

（1）在枯水期施工

因为枯水期地下水位低，基坑内外水位差小，动水压力小，此时施工时不易发生流砂。

（2）打板桩

其施工方法是将板桩打入基坑底下面一定深度，以增加地下水的渗流路程，从而减少水力坡度，降低动水压力，防止流砂发生。目前所用的板桩有钢板桩、钢筋混凝土板桩、木板桩等。

（3）设置止水帷幕

其施工方法是将连续的止水支护结构（如地下连续墙、连续板桩、深层搅拌桩等）打入基坑底面以下一定深度，形成封闭的止水帷幕，从而使地下水只能从支护结构下端渗入基坑，减少地下水的渗入路径，并减小水力坡度，从而减小动水压力，防止流砂现象发生，此方法在深基坑支护中常被采用。

（4）人工降低地下水位

采用井点降水方法，使地下水位降低到基坑底面以下，地下水的渗流向下，则动水压力的方向也向下，从而水不能渗入基坑内，可有效地防止流砂现象发生。

此外，当基底出现局部或轻微流砂现象时，可抛入大石块、土（或砂）袋把流砂压住，以平衡动水压力，此方法适用于治理局部或轻微的流砂。在含有大量地下水的土层或沼泽地区施工时，还可以采用土壤冻结法、烧结法等，截止地下水流入基坑内，以防止流砂现象的产生。

1. 集水井降水

集水井降水也称明排水法（图 1-25），属于重力降水，它是采用截、疏、抽的方法来进行排水，在基坑开挖过程中沿基坑底四周或中央开挖排水沟，并设置一定数量的集水井，使得基坑内的水在重力作用下经排水沟流入集水井内，然后用水泵抽走。雨期施工时，应在基坑周围或地面水的上游，开挖截水沟或修筑土堤，以防地面水流入基坑内。如果开挖深度较大，地下水渗流严重，则应该逐层开挖，逐层设置集水井。

图 1-25　集水井降水
1—排水沟；2—集水井；3—水泵

集水井应设置在基础范围以外，地下水走向的上游，以防止基坑底的土颗粒随水流失而使挡土结构遭受破坏。集水井的间距主要根据地下水量大小、渗透系数、基坑平面形状及水泵的抽水能力等确定，一般每隔 20～40m 设置一个。集水井的直径或宽度一般为0.6～0.8m，其深度随着挖土的加深而加深，并保持低于挖土面 0.7～1.0m。坑壁可用竹、木料等简易加固。当基坑挖至设计标高后，集水坑底应低于基坑底面1.0～2.0m，并铺设碎石滤水层（厚 0.3m）或下部砾石（厚 0.1m）、上部粗砂（厚 0.1m）的双层滤水层，以免因抽水时间过长而将泥砂抽出，并防止坑底土被扰动。

用集水井降水时，所采用的抽水泵主要有离心泵、潜水泵、软轴泵等，其主要性能包括流量、扬程和功率等。选择水泵时，水泵的流量和扬程应满足基坑涌水量和基坑内降水深度的要求，昼夜随时抽排，直至基坑土回填为止。

集水井降水法施工方法简单、排水方便、经济，对周围影响小，工程中广泛采用，它适用于水流较大的粗粒土层的排水、降水，因为当基坑涌水量较大、水位差较大或土质为细砂或粉砂时，有可能产生流砂现象。如果不采取相应的措施，施工就难以进行。

2. 井点降水

井点降水法即人工降低地下水位法，就是在基坑开挖前，预先在基坑周围或基坑内设置一定数量的滤水管（井），利用抽水设备从中抽水，使地下水位降低至基坑底以下并稳定后才开挖与施工。同时，在开挖过程中仍不断抽水，使地下水位稳定于基坑底面以下，使所挖的土始终保持干燥，以防止流砂现象产生，并且改善了挖土条件，还可以防止基坑底隆起和加速基坑地基固结，提高施工质量。井点降水的作用如图 1-26 所示。但要注意的是，在降低地下水位的过程中，基坑附近的地基土体会产生一定的沉降。

图 1-26 井点降水的作用

(a) 防止涌水；(b) 使边坡稳定；(c) 防止土上冒；(d) 减少横向荷载；(e) 防止流砂

人工降低地下水位的方法有轻型井点、喷射井点、电渗井点、管井井点及深井井点等，可根据土的渗透系数、降水深度、工程特点、降水设备条件及经济条件等参照表 1-7 选择。实际工程中轻型井点和管井井点应用较广，其中以轻型井点的理论最为完善。但目前很多深基坑降水都采用管井井点的方法，它的设计是以经验为主，理论计算为辅。

各井点的适用范围   表 1-7

降水井类型	渗透系数（m/d）	降水深度（m）	土质类型
轻型井点	0.1～20.0	单级<6 多级<20	填土、粉土、黏性土、砂土
喷射井点	0.1～20.0	<20	填土、粉土、黏性土、砂土
电渗井点	<0.1	按井点确定	黏性土
管井井点	1.0～200.0	>5	粉土、砂土、碎石土、可溶岩、破碎带

（1）轻型井点

轻型井点是沿基坑四周或一侧每隔一定距离埋入井点管（下端为滤管），在地面上用集水总管将各井点管连接起来，并在一定位置设置抽水设备，利用真空泵和离心泵的真空吸力作用，使地下水经滤管进入井管，然后经井管排出，将地下水位降至基坑底面以下（图 1-27）。

1）井点系统

轻型井点设备由管路系统和抽水设备组成。管路系统包括滤管、井点管、弯联管及总管。

滤管为进水设备（图1-28），它位于井点管的下部，通常采用长1.0～1.5m，直径38mm或50mm的无缝钢管，管壁上钻有呈星棋状排列的滤孔，滤孔直径为12～19mm，滤孔面积为滤管表面积的20%～25%，钢管外面包以两层孔径不同的滤网，内层为铜丝网或尼龙网材质的细滤网，外层为粗滤网。为使水流畅通，管壁与滤网之间用塑料管绕成螺旋形隔开，

图1-27 轻型井点设备

1—井点管；2—滤管；3—总管；4—弯联管；5—水泵房；
6—原有地下水位线；7—降低后的地下水位线

外面再绕一层粗铁丝保护网，滤管下端为一铸铁塞头。滤管上端与井点管连接，其构造是否合理，对抽水效果影响很大。

井点管采用直径38mm或50mm、长5～7m的钢管，可整根或分节组成。井点管的上端用弯联管与总管相连。

集水总管为直径100～127mm的无缝钢管，每段长4m，其上装有与井点管连接的短接头，间距有0.8m、1.2m、1.6m、2.0m、2.4m（2.0m用得较少）。

2）抽水设备

常用的抽水设备有真空泵与射流泵两类。真空泵抽水设备由真空泵、离心泵和水汽分离器（又称集水箱）等组成，如图1-29所示。其工作原理是：开动真空泵，将水汽分离

图1-28 滤管构造

1—钢管；2—滤孔；3—缠绕的塑料管；4—细滤网；5—粗滤网；6—粗铁丝保护网；7—井点管；8—铸铁塞头

图1-29 轻型井点设备工作原理

1—滤管；2—井管；3—弯管；4—阀门；5—集水总管；6—闸门；7—滤网；8—过滤室；9—淘砂孔；10—水汽分离器；11—浮筒；12—阀门；13—真空计；14—进水管；15—真空计；16—副水汽分离器；17—挡水板；18—放水口；19—真空泵；20—电动机；21—冷却水管；22—冷却水箱；23—循环水泵；24—离心水泵

器内部抽成一定程度的真空，在真空度吸力作用下，地下水经滤管、井管吸上，进入集水总管，再经过滤室过滤泥砂石进入水汽分离器。水汽分离器内有一浮筒，沿中间导杆升降，当箱内的水使浮筒上升，即可开动离心水泵将水排出，浮筒则可关闭阀门，避免水被吸入真空泵。副水汽分离器，可避免将空气中的水分吸入真空泵。为对真空泵进行冷却，特设一循环水泵。

真空泵的负荷能力与其型号、性能和地质条件有关。一般情况下，一台真空泵能负担的集水总管的长度为 100～200m。常用的真空泵主要有 W5、W6 型，采用 W5 型真空泵时，负荷长度不大于 100m；采用 W6 型真空泵时，负荷长度不大于 200m。

3）轻型井点的布置

轻型井点的布置应根据基坑平面形状、大小和深度、土质、土的渗透系数、地下含水层的厚度、地下水位的高低与流向、降水深度要求等确定。井点布置是否恰当，对降水效果、施工速度影响很大。

① 平面布置

当基坑（槽）宽度小于 6m，降水深度不超过 5m 时，可采用单排线状井点，井点管应布置在地下水的上游一侧，其两端的延伸长度一般不小于坑（槽）宽度（图 1-30a）。如沟槽宽度大于 6m，或土质不良，则采用双排井点（图 1-30b）。当基坑面积较大时，应采用环状井点（图 1-30c）。施工过程中，可留出一段（地下水下游方向）不封闭或布置成 U 形（图 1-30d），便于挖土机械和运输车辆进出基坑。井点管距离基坑壁一般为 0.7～1.0m，以防局部发生漏气。井点管间距应根据现场土质条件、降水深度、工程性质等按计算或经验确定，一般为 0.8～1.6m，不超过 2.0m，在总管拐弯处或靠近河流处，井点管应适当加密，以保证降水效果。

图 1-30　轻型井点的平面布置
（a）单排布置；（b）双排布置；（c）环形布置；（d）U 形布置

② 高程布置

轻型井点的降水深度，从理论上讲可达 10.3m，但由于管路系统的水头损失，其实际降水深度一般不大于 6m。井点管埋置深度 H（不包括滤管），可按下式计算：

$$H \geqslant h_1 + \Delta h + iL \tag{1-28}$$

式中 H ——井点管埋深（m）；

h_1 ——井管埋设面至基坑底的距离（m）；

Δh ——基坑中心处基坑底（单排井点时，取远离井点一侧坑底边缘）至降低后地下水位线的距离（m），一般取 0.5～1.0m；

i ——地下水力坡度，单排井点取 1/5～1/4，双排井点取 1/7，环形井点取 1/10；

L ——井点管至基坑中心的水平距离（m），在单排井点管中，为井点管至基坑另一侧的水平距离。

4）轻型井点的计算

轻型井点系统的设计计算，必须建立在可靠资料的基础上，如施工现场地形图、水文地质资料、基坑工程资料等。轻型井点的计算主要包括：基坑涌水量计算，井点管数量及水井间距的确定。

井点系统的涌水量是以水井理论来计算的，根据地下水在土层中的分布情况，水井有几种不同的类型。根据地下水有无压力，水井分为无压井和承压井。当水井布置在含水层中，地下水表面为自由水压时，称为无压井（图 1-31a、b）；当水井布置在承压含水层中时（水层处于两不透水层之间，地下水表面具有一定水压），称为承压井（图 1-31c、d）。根据水井底部是否达到不透水层，水井分为完整井和非完整井。当水井底部达到不透水层时，称为完整井（图 1-31a、c）；否则称为非完整井（图 1-31b、d）。因此，水井大致有下列四种：无压完整井、无压非完整井、承压完整井和承压非完整井。水井类型不同，其涌水量的计算公式也不相同。

图 1-31 水井分类

(a) 无压完整井；(b) 无压非完整井；(c) 承压完整井；(d) 承压非完整井

① 涌水量的计算

a. 无压完整井涌水量计算

根据达西线性渗透定律，无压完整井的涌水量（流量）为：

$$Q = KAI \qquad (1\text{-}29)$$

式中 K ——土的渗透系数（m/d）；

A ——地下水流的过水断面面积（m^2），近似取铅直的圆柱面表面积作为 A，距井轴线 x 处的圆柱面表面积为 $A = 2\pi xy$；

I ——水力梯度，距井轴线 x 处为 $I = \dfrac{\mathrm{d}y}{\mathrm{d}x}$。

将 A、I 代入式（1-29），得

$$Q = K \cdot 2\pi xy \dfrac{\mathrm{d}y}{\mathrm{d}x}$$

整理得

$$2y\mathrm{d}y = \dfrac{Q}{\pi K} \dfrac{\mathrm{d}x}{x}$$

两边积分得

$$\int_h^H 2y\mathrm{d}y = \int_r^R \dfrac{Q}{\pi K} \dfrac{\mathrm{d}x}{x}$$

$$H^2 - h^2 = \dfrac{Q}{\pi K}\ln\dfrac{R}{r}$$

移项，并以常用对数代替自然对数，得

$$Q = 1.366K\dfrac{H^2 - h^2}{\lg\dfrac{R}{r}} \qquad (1\text{-}30)$$

式中 H ——含水层厚度（m）；

h ——井内水深（m）；

R ——抽水影响半径（m）；

r ——水井半径（m）。

设水井内的水位降低值为 S，则 $S = H - h$，即 $h = H - S$，代入上式，得

$$Q = 1.366K\dfrac{(2H - S)S}{\lg R - \lg r} \qquad (1\text{-}31)$$

上式即为无压完整井单井涌水量计算公式。但在轻型井点系统中，各井点布置在基坑四周，许多井点同时抽水，因而各单井的水位降落漏斗相互干扰，每个单井的涌水量比单独抽水时小，因此考虑到群井的相互作用，其总涌水量不能用各单井涌水量简单相加求得。群井涌水量的计算，可把各井点管视为一个半径为 x_0 的圆形单井进行分析。

对于无压完整井的环状井点系统，涌水量可按下式计算：

$$Q = 1.366K\dfrac{(2H - S)S}{\lg R - \lg x_0} \qquad (1\text{-}32)$$

式中 K ——含水层土的渗透系数（m/d）；

H ——含水层厚度（m）；

S ——水位降低值（m）；

R——环状井点系统的抽水影响半径（m），与土的渗透系数、含水层厚度、水位降低值和抽水时间等因素有关。在抽水 3～5d 后，水位下降漏斗基本稳定，此时抽水影响半径可近似按下述经验公式计算：

$$R = 1.95S\sqrt{HK} \tag{1-33}$$

x_0——环状轻型井点的假想半径（m），当矩形基坑的长宽比不大于 5 时，环形布置的井点可近似作为圆形井来处理，可按下式计算：

$$x_0 = \sqrt{\frac{A}{\pi}} \tag{1-34}$$

式中　A——环状轻型井点系统所包围的面积（m^2）。

b. 无压非完整井涌水量计算

对于实际工程中常遇到的无压非完整井的井点系统，地下水不仅从井的侧面进入，还从井底流入，因此其涌水量较无压完整井大，精确计算比较复杂。为了简化计算，可简单地用有效影响深度 H_0 代替含水层厚度 H 来计算涌水量，即

$$Q = 1.366K \frac{(2H_0 - S)S}{\lg R - \lg x_0} \tag{1-35}$$

式中　H_0——有效影响厚度（m）；

其他符号意义同前。

H_0 值可查表 1-8 确定。当计算得到的 H_0 大于实际含水层厚度 H 时，取 $H_0 = H$。

含水层有效厚度 H_0 计算　　　　　　　　　表 1-8

$S/(S+l)$	0.2	0.3	0.5	0.8
H_0	$1.3(S+l)$	$1.5(S+l)$	$1.7(S+l)$	$1.85(S+l)$

注：S 为井点管内水位降低值（m）；l 为滤管长度（m）。

② 井点管数量的确定

涌水量计算后，可以根据涌水量来布置井点管数量，至少要满足下式要求：

$$n = 1.1 \frac{Q}{q} \tag{1-36}$$

式中　q——单根井点管最大出水量（m^3/d），按下式计算：

$$q = 65\pi dl \sqrt[3]{K} \tag{1-37}$$

式中　d——滤管直径（m）；

　　　l——滤管长度（m）。

井点管间距 D（m），由下式计算：

$$D = \frac{L}{n} \tag{1-38}$$

式中　L——总管长度（m）；

n——井点管根数。

实际采用的井点管间距 D 值应与总管上的接头尺寸相适应，常取 0.8m、1.2m、1.6m、2.0m 等。实际采用的井点数量一般在设计数量的基础上增加 10% 左右，以防井点管发生堵塞而影响抽水效果。

【例1-4】某基础工程需开挖如图 1-32 所示的基坑，基坑底宽 10m、长 15m、深 4.1m，边坡坡度为 1:0.5。地质资料为：天然地面下有 0.5m 厚的黏土层，7.4m 厚极细砂层，再向下为不透水的黏土层。试按轻型井点降水系统设计降水井。

图 1-32　工程基坑图（m）

【解】

① 井点系统布置：该基坑底面积为 10m × 15m，放坡后，上口（+5.2m 处）面积为 13.7m × 18.7m，考虑井管距基坑边缘 1m，则井管所围成的平面面积为 15.7m × 20.7m，由于其长宽比小于 5，故按一个环状井点布置。基坑中心降水深度 $S = 5.00 - 1.50 + 0.50 = 4.00m$，故用一级井点即可。

表层为黏土，为使总管接近地下水位，可挖去 0.4m，在 +5.20m 标高处布置井点系统。取井管外露 0.2m，则 6m 长的标准井管埋入土中长度为 5.8m；而要求埋深 $H \geqslant h_1 + \Delta h + iL = (5.2 - 1.5) + 0.5 + (1/10) \times 15.7/2 = 4.99m$，小于实际埋深 5.8m，故高程布置符合要求。

② 有效抽水影响深度 H_0：取滤管长 $l = 1.2m$，井点管中水位降低值 $S' = 5.6m$，则求得 $H_0 = 1.85 \times (5.6 + 1.2) = 12.6m$，但实际含水层厚度 $H = 7.4 - 0.1 = 7.3m$，故取 $H_0 = 7.3m$，按无压完整井计算涌水量。

③ 总涌水量计算：通过扬水试验求 $K = 30m/d$，已知井点管所围成的面积 $F = 15.7m \times 20.7m$，则基坑的假想半径为：

$$x_0 = \sqrt{\frac{15.7 \times 20.7}{3.14}} = 10.17m$$

抽水影响半径　　　$R = 1.95 \times 4 \times \sqrt{7.3 \times 30} = 115m$

总涌水量　　$Q = 1.366 \times 30 \times \frac{(2 \times 7.3 - 4) \times 4}{\lg 115 - \lg 10.17} = 1649.5m^3/d$

④ 计算井点管数量

一根 $\phi 38$ 管井出水量

$$q = 65 \times 3.14 \times 0.0038 \times 1.2 \times \sqrt[3]{30} = 28.9m^3/d$$

井点管数量 $\qquad n = 1.1 \times \dfrac{1649.5}{28.9} = 62.8$ 根，取 63 根

井点管的平均间距 $\quad D = \dfrac{2 \times (15.7 + 20.7)}{63} = 1.15\text{m}$，取 1.2m

实际井点管数量 $\qquad n = \dfrac{72.8}{1.2} + 1 = 62$ 根

5）轻型井点施工

轻型井点施工的工艺流程如下（图 1-33）：施工准备→井点管排放→井点系统埋设→用弯联管连接井点管与总管→安装抽水设备→试运行→正式抽水→井点系统拆除。

准备工作包括井点设备、施工机具、动力、水源及必要材料（如砂滤料）的准备，开挖排水沟，附近建筑物的标高观测以及防止附近建筑物沉降措施。另外，为了检查降水效果，必须选择有代表性的地点设置水位观测孔。

井点管的埋设是关键性工作，可以利用冲水管冲孔，或钻孔后将井点管沉入，也可以用带套管的水冲法及振动水冲法下沉埋设。

冲孔时，孔洞必须保持垂直，冲孔直径一般为 300mm，孔径上下要一致，井管四周要有一定厚度的砂滤层，砂滤层宜选用粗砂，以免堵塞管的网眼，冲孔深度要比滤管深 0.5m 左右；砂滤层

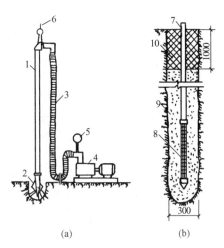

图 1-33 井点管埋设（mm）
（a）冲孔；（b）埋管
1—冲管；2—冲嘴；3—胶皮管；4—高压水泵；
5—压力表；6—起重机吊钩；7—井点管；
8—滤管；9—砂滤层；10—黏土封口

灌好后，距地面下 0.5～1m 的深度内，应用黏土封口捣实，防止漏气。

井孔冲成后，随即拔出冲管，插入井点管，并在井点管与孔壁之间迅速填灌粗砂滤层，以防孔塌孔。砂滤层的填灌质量是保证轻型井点顺利工作的关键，一般应选用洁净粗砂，厚度一般为 60～100mm，填灌高度至少达到滤管顶以上 1.0～1.5m，以保证水流畅通。井点填砂后，井点管上口距地面 1.0m 范围内须用黏土封口，以防漏气。

井点管埋设完毕后应接通总管。总管设在井点管外侧 50cm 处，铺前先挖沟槽，并将槽底整平，将配好的管子逐根放入沟内，在端头法兰穿上螺栓，垫上橡胶密封圈，然后拧紧法兰螺栓，总管端部采用法兰封牢。一组井点管部件连接完毕后，即与抽水设备连通，进行试抽水，检查有无漏气、淤塞情况，出水是否正常，如压力表读数在 0.15～0.20MPa，真空度在 93.3kPa 以上，即可投入正常使用。

井点系统全部安装完毕后，即可接通总管和抽水设备进行试抽，检查有无漏水、漏气现象，出水是否正常。井点管使用时，应保证连续不断抽水，若时抽时停，则滤网易于堵塞，也容易抽出土粒，使水浑浊；中途停抽，地下水回升，也会引起边坡塌方等。正常的出水规律是"先大后小，先浑后清"。

井点使用时，应保持连续不断抽水，一般抽水 3～5d 后水位降落漏斗基本趋于稳定。

采用轻型井点降水时，还应对附近建筑物进行沉降观测，必要时应采取防护措施。

井点系统的拆除必须在地下建（构）筑物完工并进行土方回填后进行，陆续关闭和逐根拔出井点管，井点管拆除一般多借助于捯链、起重机等。拔管后所形成孔洞用土或砂填塞，对地基有防渗要求时，地面以下2m应用黏土填实。

需要注意的是：井点使用后，中途不得停泵，且应保持降低地下水位在基底0.5m以下，防止因停止抽水使地下水位上升，造成淹泡基坑事故。

（2）喷射井点

当基坑（槽）开挖较深而地下水位较高、降水深度超过6m时，采用一级轻型井点已不能满足要求，则必须采用二级或多级轻型井点才能收到预期效果，但这会增加设备数量和基坑（槽）的开挖土方量，延长工期，往往不够经济。此时宜采用喷射井点，该方法降水深度可达8～20m，在 $K=3\sim50$m/d 的砂土中最有效，在 $K=0.1\sim3$m/d 的粉砂、淤泥质土中效果也很显著。喷射井点设备由喷射井管、高压水泵及进水、排水管路组成（图1-34）。喷射井管由内管和外管组成，在内管下端装有喷射扬水器与滤管相连，当高压水经内外管之间的环形空间由喷嘴喷出时，地下水即被吸入而压出地面。

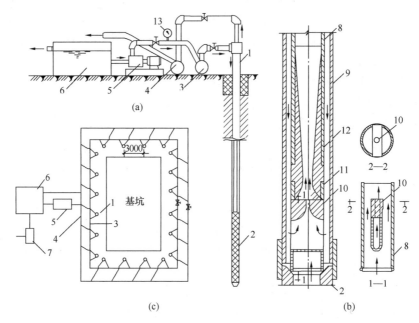

图 1-34　喷射井点

（a）喷射井点设备简图；（b）喷射扬水器详图；（c）喷射井点平面布置
1—喷射井管；2—滤管；3—进水总管；4—排水总管；5—高压水泵；6—集水池；7—低压水泵；
8—内管；9—外管；10—喷嘴；11—混合室；12—扩散管；13—压力表

（3）电渗井点

当土壤渗透系数小于0.1m/d，采用轻型井点、喷射井点进行基坑（槽）降水的效果很差时，宜改用电渗井点降水。电渗井点是以井点管作阴极，沿基坑（槽）外围布置，并采用套管冲枪成孔埋设；以插入的钢筋或钢管作阳极，埋在井点管内侧。当通以直流电后，土颗粒即自负极向正极移动，水则自正极向负极移动而被集中排出。土颗粒的移动称电泳现象，水的移动称为电渗现象，故该井点称电渗井点。该方法因耗电较多，只有在特殊情况下使用。

电渗井点适用于黏土、粉质黏土、淤泥等土质，它是轻型井点或喷射井点的辅助方法。

（4）管井井点

当土壤的渗透系数大（如 20～200m/d），地下水丰富，轻型井点效果不佳时，可采用管井井点的方法进行降水。管井井点是每隔一定距离设置一个管井，每个管井单独用一台水泵不断地抽水，以降低地下水位。管井井点的设备主要由管井、吸水管、水泵组成（图 1-35）。管井可用钢管管井和混凝土管管井等。钢管管井的井身采用直径 150～250mm 的钢管，其过滤部分采用钢筋焊接骨架外缠镀锌铁丝并包滤网，其长度为 2～3m。混凝土管管井的内径为 400mm，分为实管与过滤管两种，过滤管的空隙率为 20%～25%。吸水管可采用直径为 50～100m 的钢管或胶管。

图 1-35　管井井点（mm）

（a）钢管管井；（b）混凝土管管井

1—沉砂管；2—钢筋焊接骨架；3—滤网；4—管身；5—吸水管；6—离心泵；7—过滤层；8—黏土封口；9—混凝土实管；10—混凝土过滤管；11—潜水泵；12—出水管

管井的间距一般为 20～50m，深度为 8～15m。井内水位降低值可达 6～10m，两井中间则为 3～5m。井管的埋设可采用泥浆护壁钻孔法成孔，孔径应比井管直径大 200mm 以上。井管下沉前要进行清孔，以保持滤网的畅通。井管与土壁之间用粗砂或小砾石填灌作为滤层。地面以下 0.5m 内用黏土填充夯实。管井井点的设计计算可参照轻型井点进行。

管井埋设的最后一道工序是洗井。洗井的作用是清除井内泥砂和过滤层淤塞，使井的出水量达到正常要求。常用的洗井方法有水泵洗井法、空气压缩机洗井法等。

3. 降水对环境的影响和防治措施

（1）降水对周边环境的影响

井点管埋设完成开始降水时，井内水位下降，同时随水流会带出部分细微土粒，再加上降水后土体的含水量降低，使土壤产生固结，引起周围地面的沉降。这是由于，一方面基坑降水后土中孔隙水压力会发生转移、消散，不但打破了原有的力学平衡，使得土体中有效应力增加，而且在建筑物自重不变的情况下产生了沉降变形；另一方面，由于基坑降水后形成的降水漏斗使得水力梯度增加，由此产生的渗透力将作为体积力作用在土体上，引起变形。总之，二者的共同作用导致了基坑周围土体的沉降和不均匀沉降。因此，若在建筑物密集地区进行降水施工，或因长时间降水引起过大的地面沉降，会带来较严重的后果，在软土地区曾发生过不少事故。

（2）防治措施

为防治或减少降水对周围环境的影响，避免产生过大的地面沉降，可采取下列技术措施：

1）采用回灌技术

回灌井点是防止井点降水损害周围建筑物的一种经济、简便、有效的方法，它能将井点降水对周围建筑物的影响减少到最低程度。降水对周围环境的影响，是由于土壤内地下水流失而造成的。回灌技术即在降水井点和要保护的建（构）筑物之间布置一排井点，在降水井内抽水的同时，通过回灌井点向土层内灌入一定量的水（即降水井点抽出的水），形成一道隔水帷幕，从而阻止或减少回灌井点外侧被保护的建（构）筑物的地下水流失，使地下水位基本保持不变，这样就会减少或避免因降水引起地面沉降。回灌井点可采用一般真空井点降水的设备和技术，仅增加回灌水箱、闸阀和水表等少量设备，一般施工单位皆易掌握。为确保基坑施工的安全和回灌的效果，回灌井点与降水井点之间应保持一定的距离，一般不宜小于 6m，降水与回灌应同步进行。

回灌井点的间距应根据降水井点的间距和被保护建（构）筑物的平面位置确定。回灌井点宜进入稳定降水曲面下 1m，且位于渗透性较好的土层中。回灌井点滤管的长度应大于降水井点滤管的长度。回灌水量可通过水位观测孔中水位变化进行控制和调节，回灌水位不宜超过原水位标高。回灌水箱的高度可根据灌入水量决定。回灌水宜用清水。实际施工时应协调控制降水井点与回灌井点。

许多工程实例证明，用回灌井点回灌水能产生与降水井点相反的地下水降落漏斗，能有效地阻止被保护建（构）筑物下的地下水流失，防止产生有害的地面沉降。回灌水量要适当，过小无效，过大会从边坡或钢板桩缝隙流入基坑。回灌井点的布置如图 1-36 所示。

2）使降水速度减缓

在砂质粉土中降水影响范围可达 80m 以上，降水曲线较平缓，为此可将井点管加长，减缓降水速度，防止产生过大的沉降。也可在井点系统降水过程中，调小离心泵阀，减缓抽水速度。还可在邻近被保护建（构）筑物一侧，将井点管间距加大，需要时甚至暂停抽水。为防止抽水过程中将细微土粒带出，可根据土的粒径选择滤网。另外确保井点管周围砂滤层的厚度和施工质量，也能有效防止降水引起的地面沉降。在基坑内部降水，掌握好滤管的埋设深度，如支护结构有可靠的隔水性能，一方面能疏干土壤、降低地下水位，便于挖土施工，另一方面又不让降水影响到基坑外面，使基坑周围产生沉降。上海等地在深

图 1-36　回灌井点布置

(a) 回灌井点；(b) 回灌井点水位图

1—降水井点；2—回灌井点；3—原水位线；4—基坑内降低后的水位线；

5—回灌后水位线

基坑工程中降水时，采用该方案取得了较好效果。

3）设置止水帷幕

在对地面沉降有严格要求的场地进行基坑开挖时，应尽可能采取止水帷幕；或在施工场地周边有湖、河流等贮水体时，应在降水区域和原有建筑物之间的土层中设置一道固体抗渗屏幕（止水帷幕），并进行坑内降水，一方面可以疏干坑内地下水，便于顺利开挖施工，另一方面可以防止由于抽水造成坑内地下水与贮水体穿通，引起大量的涌水，甚至抽水带出土粒，产生流砂现象。止水帷幕的设置可结合挡土支护结构设置或单独设置，常用的有深层搅拌法、压密注浆法、密排灌注桩法、冻结法等。

4）采用变形观测技术

基坑降水时，为了保证在建筑物安全和正常的情况下，运用变形观测的数据，来控制和调节基坑土开挖及降水的部位、数量与速度，采用回弹与沉降相抵消的办法，控制建筑物的变形，以保证周边环境不受损害。变形观测在施工中起着领头和指挥的特殊作用，称为"主动型"的观测。它不仅配合施工需要完成了降水任务，而且还确保了基坑周围建筑物的安全，同时还进一步提高了精密工程测量在工程建设中的地位与作用。

4. 排水与施工质量检验标准

按照现行国家标准《建筑地基基础工程施工质量验收标准》GB 50202 的规定，降水与排水施工质量检验标准见表 1-9。

降水与排水质量检验标准　　　　　　　　　　　　　表 1-9

序号	检查项目	允许值或允许偏差		检查方法
		单位	数值	
1	排水沟坡度	‰	1~2	目测：沟内不积水，沟内排水畅通
2	井管（点）垂直度	‰	1	插管时目测
3	井管（点）间距（与设计值相比）	mm	≤150	用钢尺量
4	井管（点）插入深度（与设计值相比）	mm	≤200	水准仪

序号	检查项目	允许值或允许偏差		检查方法
		单位	数值	
5	过滤砂砾料填土（与设计值相比）	%	≤5	检查回填料用量
6	井点真空度：真空井点 喷射井点	kPa	>60 >93	真空度表
7	电渗井点阴阳极距离：真空井点 喷射井点	mm	80～100 120～150	用钢尺量

1.3.3 基坑土方机械施工

根据工程结构形式、工程规模、开挖深度、地质条件、气候条件、地下水情况、土方量、运距、周围环境、施工工期和地面荷载等有关资料，确定土方开挖方案和合理选择挖土机械，以充分发挥机械效率，节省机械费用，加速工程进度。基坑（槽）及管沟开挖方案的内容主要包括：确定支护结构的龄期，选择挖土机械，确定开挖时间、分层开挖深度及开挖顺序、坡道位置和车辆进出场道路，安排施工进度和劳动组织，制定监测方案、质量和安全措施，以及对周围建筑物和构筑物需采取的保护措施等。土方开挖常采用的挖土机械有推土机、铲运机、挖掘机（包括正铲、反铲、拉铲、抓铲等）、装载机等。

一般情况下，开挖深度较小的大面积基坑，宜采用推土机或装载机推土、装土，用自卸汽车运土；对长度和宽度均较大的大面积土方一次开挖，可用铲运机铲土、运土、卸土、填筑作业；对较深的基坑（槽）多采用 0.5m³ 或 1.0 m³ 斗容量的液压正铲挖掘机，上层土方也可用铲运机或推土机进行；如操作面狭窄，且有地下水，土体湿度大，可采用液压反铲挖掘机挖土，自卸汽车运土；在地下水中挖土，可用拉铲，效率较高；对地下水位较深，采取不排水时，也可分层用不同机械开挖，先用正铲挖土机挖地下水位以上土方，再用拉铲或反铲挖地下水位以下土方，用自卸汽车将土方运出。在土木工程施工中，尤以推土机、铲运机和单斗挖土机应用最广，具有代表性。现将这几种类型机械的性能、适用范围及施工方法予以介绍。

1. 主要挖土机械及其施工

（1）推土机施工

推土机（图 1-37）由动力机械和工作部件两部分组成，其动力机械是拖拉机，工作

图 1-37　推土机

部件是安装在动力机械前面的推土铲。推土机的行走方式有轮胎式和履带式两种，按铲刀的操纵方式的不同，可分为索式（自重切土）和液压式（强制切土）两种。索式推土机的铲刀借助本身自重切入土中，在硬土中切土深度较小；液压式推土机采用油压操纵，能使铲刀强制切入土中，其切土深度较大。同时，液压式推土机铲刀还可以调整角度，具有较大的灵活性，是目前常用的一种推土机。

推土机的特点是：构造简单，操纵灵活，运转方便，所需工作面较小，功率较大，行驶速度快，易于转移，能爬30°的缓坡。它适用于挖土深度不大的场地平整，铲除腐殖土并运送到附近的弃土区；开挖深度不大于1.5m的基坑；回填基坑和沟槽，堆筑高度1.5m以内的路基、堤坝；平整其他机械卸置的土堆；推送松散的硬土、岩石和冻土；配合铲运机进行助铲；配合挖土机施工，为挖土机清理余土和创造工作面。此外，将铲刀卸下后，还能牵引其他无动力的土方施工机械，如拖式铲运机、松土机、羊足碾等，进行土方其他施工过程的施工。推土机的经济运距宜在100m以内，当推运距离为40～60m时，工作效能最高。

推土机的生产率主要决定于推土板推移土的体积及切土、推土、回程等工作的循环时间。切土时应根据土质情况，尽量采用最大切土深度在最短距离6～10m内完成，以便缩短低速行进的时间，然后直接将土推运到预定地点。推土机的上下坡坡度小于35°，横坡小于10°。

为了提高推土机的生产率，可采取下坡推土法、槽形推土法、并列推土法以及分批集中、一次推送法等，还可在推土板两侧附加侧板，以增加推土体积，当两台以上推土机在同一区域作业时，两机前后距离不得小于8m，平行时左右距离不得小于1.5m。

① 下坡推土法（图1-38）。推土机顺地面坡势沿下坡方向推土，借助机械往下的重力作用，可增大铲刀切土深度和运土数量，可提高推土机能力和缩短推土时间，一般可提高30％～40％的生产率。但推土坡度应在15°以内，以免后退时爬坡困难。下坡推土也可与其他推土方法结合使用。

图1-38 下坡推土法

② 槽形推土法（图1-39a）。当运距较远，挖土层较厚时，利用已推过的土槽再次推土，可以减少铲刀两侧土的散失，可增加10％～30％的推运土量。槽的深度在1m左右为宜，土埂宽约50cm。当推出多条槽后，再将土埂推入槽中运出。在土层较硬的情况下，则可在铲刀前面装置活动松土齿，当推土机倒退回程时，即可将土翻松。这样，便可减少切土阻力，从而可提高切土运行速度。

(a)   (b)

图1-39 槽形推土法和并列推土法
（a）槽形推土法；（b）并列推土法

③ 并列推土法（图1-39b）。对于大面积的施工区，可用2～3台推土机并列推土。推土时两铲刀相距15～30cm；倒车时，分别按先后次序退回。这样，可以减少土的散失而增大推土量。采用两机并列推土可增加推土量15％～30％，采用3机并列可增大推土量

30%～40%。但平均运距不宜超过 50～75m，也不宜小于 20m；且推土机数量不宜超过 3 台，否则倒车不便，行驶不一致，反而影响生产率的提高。

④ 分批集中、一次推送法。若运距较远而土质又比较硬时，由于切土的深度不大，可采用多次铲土，先堆积在一处，然后集中推送到卸土区，使铲刀前保持满载，这样可以有效地提高推土效率。

（2）铲运机施工

铲运机（图 1-40）是一种能完成铲土、装土、运土和分层填土、局部碾实综合作业，利用铲斗铲削土壤，并将碎土装入铲斗进行运送的机械。铲运机对行驶道路要求较低，操纵灵活，生产率较高。可在一至三类土中直接挖土、运土，常用于坡度在 20°以内的大面积土方挖、填、平整和压实，大型基坑、沟槽的开挖，路基和堤坝的填筑，宜于开挖含水量不超过 27%的松土和普通土，但不适于砾石层、冻土地带及沼泽地区使用。坚硬土开挖时要用推土机助铲或用松土机配合先将土翻松 0.2～0.4m，以减少机械磨损，提高生产率。

(a)　　　　　　　　　　　　(b)

图 1-40　铲运机
（a）铲土；（b）卸土

在土方工程中，铲运机的铲斗容量分为小、中、大、特大四种形式，中型铲斗容量一般为 6～15m³，大型铲斗容量的一般为 15～30m³，特大型铲斗容量可以达到 30m³ 以上。铲运机按行走机构可分为拖拉机式铲运机和自行式铲运机两种；按铲斗操纵方式，又可将铲运机分为钢索式和液压式两种。

自行式铲运机适用于运距 800～3500m 的大型土方工程施工，以运距在 800～1500m 的范围内的生产效率最高；拖式铲运机适用于运距为 80～800m 的土方工程施工，而运距在 200～350m 时，效率最高。如果采用双联铲运或挂大斗铲运时，其运距可增加到1000m。

运距越长，生产率越低。因此，铲运机运行路线的规划，应根据填、挖方区的分部情况和地形条件，力求符合经济运距的要求。工程实践中，为了提高生产率，铲运机的开行路线一般有以下两种形式：环形路线和 8 字形路线（图 1-41），施工时应尽量减少转弯次数和空驶距离，提高工作效率。采用环形路线可进行多次铲土和卸土，从而减少了铲运机转弯次数，相应提高了工作效率。而在地形起伏较大，施工地段狭长的情况下适用 8 字形路线。因为这种运行路线，铲运机在上下坡时是斜向行驶，所以坡度平缓；一个循环中两次转弯方向不同，故机械磨损均匀；一个循环完成两次铲土和卸土，减少了转弯次数及空车行驶距离，从而也可缩短运行时间，提高生产率。

当沿沟边或填方边坡作业时，轮胎离路肩不得小于 0.7m。铲运机的施工方法一般有下坡铲土法（坡度 5°～7°为宜）、跨铲法（预留土埂，间隔铲土）和助铲法（推土机在后面助推）等。

需要注意的是，铲运机应避免在转弯时铲土，否则，铲刀受力不均易造成翻车事故。因此，为了充分发挥铲运机的效能，保证能在直线段上铲土并装满土斗，要求铲土区应有足够的最小铲土长度。

铲土 ▨ 卸土 ▭

图 1-41 铲运机开行路线
(a) 环形路线一；(b) 环形路线二；(c) 大环形路线；(d) 8 字形路线

(3) 挖掘机施工

挖掘机是土方工程中最常用的一种施工机械，按其行走方式不同可分为履带式和轮胎式两类，其传动方式有机械传动和液压传动两种。挖掘机利用土斗直接挖土，因此也称为单斗挖掘机。根据施工要求，单斗挖掘机的工作装置可以更换。按土斗装置的不同，可分为正铲挖掘机、反铲挖掘机、拉铲挖掘机和抓铲挖掘机等（图 1-42），使用较多的是前三种。其中，拉铲或反铲挖掘机作业时，其履带或轮胎到工作面边缘的安全距离不应小于 1.0m。

图 1-42 挖掘机工作装置的类型
(a) 正铲；(b) 反铲；(c) 抓铲；(d) 拉铲

① 正铲挖掘机

正铲挖掘机是单斗挖掘机中应用较广的。其外形如图 1-43 所示，它适用于开挖停机面以上的土方，且需要与汽车配合完成整个挖掘运土工作。正铲挖掘机挖掘力大，适用于开挖含水量较小的一类土和经爆破的岩石及冻土。其既可以用于大型基坑工程，也可用于场地平整施工。

其挖土特点是："前进向上，强制切土"。其挖掘力大，生产率高，但需汽车配合运土。正铲挖掘机的

图 1-43 正铲挖掘机外形

生产率主要决定于每斗的挖上量和每斗作业的循环时间。为了提高生产率，除了工作面高度必须满足装满土斗的要求（不小于 3 倍土斗高度），还要考虑挖土方式及与运土机械的配合问题，尽量减少回转角度，缩短每个循环的延续时间。正铲挖掘机的挖土方式，根据其开挖路线和运输工具的相对位置不同，分为以下两种情况。

a. 正向挖土、侧向卸土（图 1-44a），即挖掘机向前进方向挖土，运输车辆停在侧面卸土（可停在停机面上或高于停机面）。此方法应用较广，因挖掘机卸土时回转角小，运输方便，故其生产率高。

b. 正向挖土、后方卸土（图 1-44b），即挖掘机向前进方向挖土，运输车辆停在它的后面装土。采用此法挖土工作面较大，但挖掘机卸土时旋转较大角度，运输车辆要倒车开入，运输不方便，生产率较低，故一般很少采用。一般仅在基坑较窄而且深度较大时采用。

图 1-44　正铲挖掘机开挖方式
（a）正向挖土，侧向卸土；（b）正向挖土，后方卸土
1—正铲挖掘机；2—自卸汽车

挖掘机在停机点所能开挖的土方面称为工作面，一般称"掌子"。其大小和形状主要取决于挖掘机的工作性能、挖土方式及运输方式等因素。根据工作面的大小和基坑的断面，可布置挖掘机的开行通道。例如，当基坑开挖的深度小而面积大时，则只需布置一层通道即可。当基坑深度较大时，则可布置成多层通道。如图 1-45 所示为某基坑开挖时布置成四层开行通道的示例，挖掘机采用正向开挖、侧向卸土（高侧或平侧），每斗作业循环时间短，生产率较高。

② 反铲挖掘机

反铲挖掘机（图 1-46）是开挖停机面以下 6.5m 深度以内的土方（挖深与工作装置有关），不需设置进出口通道，也可分层开挖，但当地下水位较高时，需配合基坑内的降水工作进行开挖，以保证停机面的干燥，不致使机械沉陷。其适用于开挖小型基坑、基槽和管沟，尤其适用于开挖独立柱基以及有地下水的土或泥泞土。反铲挖掘机的挖土特点是："后退向下、强制切土"。其挖掘力比正铲挖掘机小，能开挖停机面以下的一至三类土，挖土时可用汽车配合运土，也可弃土于坑槽附近。

图 1-45 正铲挖土机开行通道布置示例
1、2、3、4—挖土机开行次序

图 1-46 液压反铲挖掘机外形

反铲挖掘机的开挖方式可以采用沟端开挖和沟侧开挖（图 1-47）。沟端开挖是指挖土机在基槽一端挖土，后退挖土，向沟一侧弃土或装汽车运走。其优点是挖土方便，挖的深度和宽度较大。沟侧开挖是指挖土机在沟槽一侧挖土，因为挖土机移动方向与挖土方向垂直，沿沟边开挖，所以稳定性较差，可将土弃于距沟较远的地方。

(a)   (b)

图 1-47 反铲开挖方式
（a）沟端开挖；（b）沟侧开挖

③ 拉铲挖掘机（图 1-48）

其工作装置简单，可直接由起重机改装，其特点为铲斗悬挂在钢丝绳下而无刚性的斗柄上。由于拉铲支杆较长，铲斗在自重作用下落至地面时，借助于自身的机械能可使斗齿切入土中，故开挖的深度和宽度均较大。

拉铲挖掘机的特点是"后退向下，自重切土"，适用于地下一至三类土，开挖停机面以下的土方，

图 1-48 拉铲挖掘机

如大面积基坑和沟槽，挖取水下泥土和沼泽地带的土壤，也可以用于大型场地平整、地下室、填筑路基和堤坝等。拉铲挖掘机的开行方式和反铲挖掘机一样，有沟侧开挖和沟端开挖两种。与反铲挖掘机相比，拉铲挖掘机的挖土深度、挖土半径和卸土半径均较大，但开挖的精确性差，不够灵活，且大多将土弃于土堆，如需卸在运输工具上，则操作技术要求高，且效率降低。

④ 抓铲挖掘机

抓铲挖掘机（图 1-49）一般由正、反铲液压挖掘机更换工作装置而成，或由履带式起重机改装而成，可用于挖掘独立柱基的基坑和沉井以及其他的挖方工程，最适宜于进行水中挖土。

抓铲挖掘机适用于开挖较松软的土，对于施工场地窄而深的基坑（槽）、沉井或水中淤泥采用抓铲挖掘

图 1-49　抓铲挖掘机

机效果理想，也可以用于场地平整的土堆与土丘的挖掘。其挖土特点是："直上直下、自重切土"。其挖掘力较小，只能开挖一至二类土，抓铲挖土时，通常立于基坑一侧进行，对较宽的基坑则在两侧或四侧抓土，并可在任意高度上卸土。抓挖淤泥时，抓斗易被淤泥"吸住"，应避免起吊用力过猛，以防翻车。

2. 土方机械化选择

选择土方机械时，应根据现场的地形条件、土质、水文地质条件、土方量、工期要求、土方机械供应条件等因素，合理选择定量的土方机械，应注意充分发挥机械性能，进行技术经济比较后确定机械种类与数量，以保证施工质量，加快进度，降低成本。

例如，在地形起伏较大的丘陵地带，当挖土高度在 3m 以上，运输距离超过 2000m，土方工程量较大且较集中时，一般应选用正铲挖掘机挖土，自卸汽车配合运土，并在弃土区配备推土机平整土堆。也可采用推土机预先把土推成一堆，再用装载机把土装到自卸汽车上运走。开挖基坑时根据下述原则选择机械：当基坑深度在 1~2m，而基坑长度不太长时，可采用推土机；对深度在 2m 以内的线状基坑，宜用铲运机开挖；当基坑较大，工程量集中时，如基坑底干燥且较密实，可选用正铲挖掘机挖土；如地下水位较高，又不采用降水措施，或土质松软，可能造成正铲挖掘机和铲运机陷车时，则采用反铲、拉铲或抓铲挖掘机配合自卸汽车较为合适。移挖作填以及基坑和管沟的回填土，当运距在 100m 以内时，可采用推土机施工。上述各种机械的适用范围都是相对的，选用机械时应结合具体情况并考虑工程成本，选择效率高、费用低的机械进行施工。

3. 机械开挖基坑施工要点

（1）土方开挖应绘制土方开挖图，确定开挖路线、顺序、范围、基底标高、边坡坡度、排水沟、集水井位置以及挖出的土方堆放地点等。绘制土方开挖图应尽可能使机械多挖，减少机械超挖和人工挖方。

（2）大面积基础群基坑底标高不一，机械开挖顺序一般采取先整片挖至一平均标高，

然后再挖个别较深部位。当一次开挖深度超过挖土机最大挖掘高度（5m 以上）时，宜分二至三层开挖。并修筑坡度 10%～15% 的坡道，以便挖土及运输车辆进出。

（3）基坑边角部位，机械开挖不到之处，应用少量人工配合清坡，将松土清至机械作业半径范围内，再用机械掏取运走。大基坑宜另配一台推土机清土、送土、运土。

（4）挖掘机、运土汽车进出基坑的运输道路，应尽量利用一侧或两侧相邻的基础（以后需开挖的）部位，使它互相贯通作为车道，或利用提前挖除土方后的地下设施部位作为相邻几个基坑的开挖运输通道，以减少挖土量。

（5）机械开挖施工时，应保护井点、支撑等不受碰撞或损坏，同时应对平面控制桩、水准点、基坑平面位置、水平标高、边坡坡度等定期进行复测检查。

（6）机械开挖应由深而浅，基底及边坡应预留一层 150～300mm 厚土层用人工清底、修坡、找平，以保证基底标高和边坡坡度正确，避免超挖和土层遭受扰动。

（7）基坑土方开挖可能影响邻近建筑物、管线安全使用时，必须有可靠的保护措施。

（8）雨期开挖土方，工作面不宜过大，应逐段分期完成。如为软土地基，进入基坑行走需铺垫钢板或铺路基垫道。坑面、坑底排水系统应保持良好状态，防止雨水浸入基坑。冬期开挖基坑，如挖完土隔一段时间，地基土上面须预留适当厚度的松土，以防地基土遭受冻结。

（9）当基坑开挖局部露头岩石，应先采用局部爆破方法，将基岩松动、爆破成碎块，其块度应小于铲斗宽的 2/3，再用挖土机挖出，可避免破坏邻近基础和地基。

4. 基坑开挖安全措施

（1）基坑边缘堆置土方和建筑材料，一般应距基坑上部边缘不小于 2m，堆置高度不应超过 1.5m。在垂直的坑壁边，此安全距离还应加大。软土地区不宜在基坑边堆置弃土。基坑开挖时，两人操作间距应大于 3m，每人工作面大于 6m²。多台机械开挖，挖掘机间距应大于 10m。挖掘机工作范围内，不许进行其他作业，严禁先挖坡脚或逆坡挖土。

（2）基坑周围地面应进行防水、排水处理，严防雨水等地面水浸入基坑周边土体。雨期施工时，基坑槽应分段开挖，挖好一段浇筑一段垫层，并在基槽两侧围以土堤或挖排水沟，经常检查边坡和支撑情况，以防止坑壁受水浸泡造成塌方。

（3）基坑开挖应严格按规定放坡，操作时应随时注意土壁的变动情况，如发现有裂缝或部分坍塌现象，应及时进行支撑或放坡，并注意支撑的稳固和土壁的变化，尤其是在土质差、开挖深度大的坑槽中。

（4）深基坑上下应先挖好阶梯或开斜坡道，并采取防滑措施，禁止踩踏支撑上下，坑四周应设安全栏杆。

（5）基坑（槽）、管沟的直立壁和边坡，在开挖过程中和敞露期间应防止塌陷，必要时应采用边坡保护方法。

1.3.4 基坑土方开挖

基坑工程开挖常用的方法有直接分层开挖、有内支撑分层开挖、盆式开挖、岛式开挖以及逆作法开挖等。有内支撑的基坑是指在基坑开挖深度范围内设置一道或多道内部临时支撑以及水平结构代替内部临时支撑的基坑。无内支撑基坑是指基坑开挖深度范围内部未设置内部支撑的基坑，包括采用放坡开挖的基坑，采用水泥土墙、土钉支护、土层锚杆支护、钢板桩拉锚支护、板式悬臂支护的基坑。

在无内支撑的基坑中，土方开挖应遵循"土方分层开挖、垫层随挖随浇"的原则，在有内支撑的基坑中，应遵循"先撑后挖、限时支撑、分层开挖、严禁超挖"的原则，垫层也应该随挖随浇。

在基坑土方开挖之前，要详细了解施工区域的地形和周围环境；土层种类及其特性；地下设施情况；支护结构的施工质量；施工场地条件、基坑平面形状和开挖深度；土方运输的出口；政府及有关部门关于土方外运的要求和规定（有的大城市规定只有夜间才允许土方外运）；要优化选择挖土机械和运输设备；要确定堆土场地或弃土处；要确定挖土方案和施工组织；要对支护结构、地下水位及周围环境进行必要的监测和保护，合理确定开挖的顺序、方法，如出现异常情况应及时处理，待恢复正常后继续施工。

另外，在深基坑开挖过程中，随着土的挖除，下层土有可能发生回弹，尤其在基坑挖至设计标高后，如搁置时间过久，回弹更为明显，这将加大建筑物的后期沉降。因此，对深基坑开挖后的土体回弹，需采取一定措施，如在基底设置桩基、深层土质加固及加快主体结构施工等。

基坑开挖方法主要包括：直接分层开挖、有内支撑支护的基坑开挖、盆式开挖、岛式开挖、深基坑逐层挖土以及多层接力挖土等。可根据基坑面积大小、开挖深度、支护结构形式、周围环境条件等因素选用。

（1）直接分层开挖

直接分层开挖包括放坡开挖和无支撑的基坑开挖。

放坡开挖适用于基坑四周空旷、有足够放坡场地，且周边没有建筑物和其他设施和地下管线的情况，在软弱地基条件下，基坑挖深不宜过大，一般控制在6～7m，坚硬土体中不受此限制。

①放坡开挖施工方便，挖掘机作业时不受影响，工作效率高，可根据设计要求分层开挖或一次挖至坑底；基坑开挖后主体结构施工作业空间大，施工工期短。

放坡开挖是最经济的挖土方案。当基坑开挖深度不大（软土地区挖深不超过4m；地下水位低、土质较好地区挖深也可较大）、周围环境允许时，经验算能确保土坡的稳定性时，均可采用放坡开挖。开挖深度较大的基坑，当采用放坡挖土时，宜设置多级平台分层开挖，每级平台的宽度不宜小于1.5m。

对土质较差且施工工期较长的基坑，宜采用钢丝网水泥喷浆或用高分子聚合材料覆盖等措施进行护坡。坑顶不宜堆土或堆载（材料或设备），遇有不可避免的附加荷载时，在进行边坡稳定性验算时，应计入附加荷载的影响。

在地下水位较高的软土地区，应在降水达到要求后再进行土方开挖，宜采用分层开挖。分层挖土厚度不宜超过2.5m。挖土时要注意保护工程桩，防止碰撞工程桩或因挖土过快、高差过大使工程桩受侧压力而倾斜。如有地下水，放坡开挖应采取有效措施降低坑内水位和排除地表水，严防地表水或坑内排出的水倒流回渗入基坑。

基坑采用机械挖土，坑底应保留200～300mm厚基土，用人工清理整平，防止坑底土扰动。待挖至设计标高后，应清除浮土，经验槽合格后，及时进行垫层施工。

②无内支撑支护的基坑土壁施工可垂直向下开挖，因此，不需要在基坑周边留出很大

的场地，便于在基坑边较狭小、土质又较差的条件下施工，待地下工程施工完毕以后，基坑土方回填工程量小。

（2）有内支撑支护的基坑开挖

有内支撑的基坑开挖应尽量减少基坑无支撑暴露时间。应先开挖周边环境要求较低的一侧土方，再开挖环境要求较高一侧的土方。对于基坑开挖深度较深、土质较差的工程，需在基坑内设置支撑。有内支撑支护的基坑土方开挖比较困难，其土方分层开挖要与支撑施工相协调。

（3）盆式开挖

盆式开挖适合于基坑面积大、支撑或拉锚作业困难的基坑。盆式开挖（图 1-50）是先挖去基坑中心的土，预留周边一定范围的土坡来保证支护结构的稳定，此时的土坡相当于"土支撑"。随后再施工中央区域内的基础底板及地下室结构，形成"中心岛"。

图 1-50　盆式开挖

它的开挖过程是先开挖基坑中央部分，形成盆式，此时可利用留位的土坡在地下室结构达到一定强度后开挖留坡部位的土方，并按"随挖随撑，先撑后挖"的原则，在支护结构与"中心岛"之间设置支撑，最后再施工边缘部位的地下结构。

盆式开挖的基坑，盆边宽度不应小于 8.0m，盆边与盆底高差不大于 4.0m 时，可采用一级边坡；盆边与盆底高差大于 4.0m 时，可采用二级边坡，但盆边和盆底高差一般不大于 7.0m。一级边坡应验算边坡稳定性，二级边坡应同时验算各级边坡的稳定性和整体边坡的稳定性。

盆式开挖方法的优点是支撑用量小、费用低、盆式部位土方开挖方便，周边的土坡对围护墙有支撑作用，时间效应小，有利于减少围护墙的变形，这在基坑面积很大的情况下显现出优越性，因此，在大面积基坑施工中非常适用。其缺点是大量的土方不能直接外运，需集中提升后装车外运。

盆式开挖周边留置的土坡，其宽度、高度和坡度大小均应通过稳定验算确定。如留的过小，对围护墙支撑作用不明显，失去盆式开挖的意义；如坡度太陡，边坡不稳定，在挖土过程中边坡可能失稳滑动，不但失去对围护墙的支撑作用，影响施工，而且不利于工程桩质量的保证。盆式开挖需设法提高土方上运的速度，这对加速基坑开挖有很大影响。

（4）岛式开挖

先开挖基坑周边的土方，挖土过程中在基坑中部形成类似岛状的土体，然后再开挖基坑中部的土方，这种挖土方式称为岛式开挖。岛式开挖（图 1-51）可以在较短的时间内完成基坑周边土方开挖和支撑系统的施工，这种开挖方式可有效防止坑底土体的隆起，有利于支护结构的稳定。

岛式开挖适用于支撑系统沿基坑周边布置且中部留有较大空间的基坑。中部岛状土体

图 1-51　岛式开挖

高度不大于 4.0m 时，可采用一级边坡；中部岛状土体高度大于 4.0m 时，可采用二级边坡；但岛状土体高度一般不大于 9.0m。一级边坡应验算边坡稳定性，二级边坡应同时验算各级边坡的稳定性和整体边坡的稳定性。

（5）深基坑逐层挖土

开挖深度超过挖土机最大挖掘高度（5m 以上）时，宜分 2～3 层开挖，并修筑 10%～15% 的坡道，以便挖土机及运输车辆进出。有些边角部位，机械挖掘不到，应用少量人工配合清理，将松土清至机械作业半径范围以内，再用机械掏取运走，人工清土所占比例一般为 1.5%～4%，若控制好可达到 1.5%～2%，修坡以厘米作限制误差。大基坑宜另配备一台推土机清土、送土、运土。挖土机、汽车进出基坑的运输道路，应尽量利用基础一侧或两侧相邻的基础以后需开挖的部位，使它互相贯通作为车道，或利用提前挖除土方的地下设施部位作为相邻的几个基坑开挖地下运输通道，以减少开挖土方量。对某些面积不大，而深度较大的基坑，一般宜尽量利用挖土机开挖，不开或少开坡道，采用机械接力挖土、运土和人工与机械合理的配合挖土，最后再采用搭设枕木垛的办法，使挖土机开出基坑。

（6）多层接力挖土

对面积、深度均较大的基坑，通常采用分层挖土的施工方法，使用大型土方机械，在坑下作业。如为软土地基，土方机械进入基坑行走有困难，需要铺垫钢板或铺路基箱垫道，将使费用增加，工效较低。遇此情况可采用"反铲接力挖土法"，它是利用两台或三台反铲挖土机分别在基坑的不同标高处同时挖土，一台在地表，另外两台在基坑不同标高的台阶上，边挖土边向上传递，到上层由地表挖土机掏土装车，用自卸汽车运至弃土地点。基坑上部可用大型挖土机，中、下层可用液压中、小型挖土机，以便挖土、装车均衡作业；机械开挖不到之处，再配以人工开挖修坡、找平。在基坑纵向两端设有道路出入口，上部汽车单向行驶。对小基坑，标高深浅不一，需边清理坑底，边放坡挖土，挖土按设计的开行路线，边挖边往后退，直到全部基坑挖好再退出。用本方法开挖基坑，可一次挖到设计标高，一次成型，一般两层挖土可到−10m，三层挖土可到−15m 左右，可避免载重自卸汽车开进基坑装土、运土作业，工作条件好，运输效率高，并可降低费用。最后用搭枕木垛的方法，使挖土机开出基坑或牵引拉出；如坡度过陡，也可用吊车将挖土机吊运出坑。

无论采用何种机械开挖土方，都需要配备少量人工以挖除机械难以开挖到的边角部位土方和修整边坡，并及时清理予以运出。

机械开挖土方的运输，当挖土高度在 3m 以上，运距超过 0.5km，场地空地较少时，一般宜采用自卸汽车装土，运到弃土场堆放，或部分就近空地堆放，留作以后回填之用。为了使土堆高及整平场地，另配 1 或 2 台推土机和 1 台压路机。雨天挖土应用路基箱作机械操作和车辆行驶区域加固地基之用，路基箱用 1 台 12t 汽车式起重机吊运铺设。

根据工作场地的大小、基坑深度、土方量等因素，按工期要求，配备基坑挖土机械及作业班次，采用两班或三班作业。

1.4　土方的填筑与压实

1.4.1　土料选择与填筑要求

1. 土料选择

土壤是由矿物颗粒、水溶液、气体组成的三相体系，具有弹性、塑性和黏滞性。土的特性是分散性，颗粒之间没有紧密的连接，水溶液易浸入。因此，分散土在外力作用下或在自然条件下遇到浸水和冻融都会产生变形，为使填土满足强度及水稳性两方面的要求，就必须合理设计填方边坡，正确选择土料和填筑方法。填方土料应符合设计要求，保证填方的强度和稳定性，如无设计要求时，土料的选择应符合以下规定：

（1）级配良好的砂土或碎石土；碎石类土、砂土和爆破石渣（粒径不大于每层铺土厚的 3/4），可用于表层下的填料；

（2）性能稳定的工业废料；

（3）以砾石、卵石或块石作填料时，分层夯实时其最大粒径不宜大于 400mm；分层压实时其最大粒径不宜大于 200mm；

（4）含水量符合压实要求的黏性土，可作各层填料；以粉质土、粉土作填料时，其含水量宜为最优含水量，可采用击实试验确定；

（5）挖高填低或开山填沟的土料和石料，应符合设计要求；

（6）不得使用淤泥、耕土、冻土、膨胀性土以及有机质含量大于 8% 的土；或者含有大量有机物的土壤、石膏或水溶性硫酸盐含量大于 2% 的土壤，冻结或液化状态的泥炭、黏土或粉状砂质黏土等，一般不作填土之用。

填土土料含水量的大小，直接影响夯实（碾压）质量，在夯实（碾压）前应先试验，以得到符合密实度要求条件下的最优含水量和最少夯实（或碾压）遍数。含水量过小，夯压（碾压）不实；含水量过大，则易压成橡皮土。黏性土料施工含水量与最优含水量之差可控制在 $-4\%\sim+2\%$ 范围内（使用振动碾时，可控制在 $-6\%\sim+2\%$ 范围内）。

2. 填筑要求

回填以前，应清除填方区的积水和杂物，如遇软土、淤泥，必须进行换土回填。在回填时，应防止地面水流入，并预留一定的下沉高度。

填土应严格控制含水量，使土料的含水量接近土的最佳含水量，施工前要对土的含水量进行检验。土方的回填应分层进行，并尽量采用同类土填筑。如采用不同土填筑时，应将透水性较大的土层置于透水性较小的土层之下，不能将各种土混杂在一起使用，以免填方内形成水囊。碎石类土或爆破石渣作填料时，其最大粒径不得超过每层铺土厚度的四分之三。

铺填时，大块料不应集中，且不得填在分段接头或填方与山坡连接处。当填方位于倾斜的山坡上时，应将斜坡挖成阶梯状，以防填土横向移动。回填基坑和管沟时，应从四周或两侧均匀地分层进行，以防基础和管道在土压力作用下产生偏移或变形。

1.4.2 填土及压实方法

1. 填土方法

基坑土方回填一般采用人工填土和机械填土等方式。回填土方应符合设计要求，土料中不得含有杂物，土方的含水量也应符合相关要求，回填之前要排除坑内积水。

人工填土用手推车送土，以人工用铁锹、耙、锄等工具进行回填。填土应从场地最低部分开始，由一端向另一端自下而上分层铺填。每层虚铺厚度，用人工木夯夯实时不大于20cm，用打夯机械夯实时不大于25cm。深浅坑（槽）相连时，应先填深坑（槽），相平后与浅坑全面分层填夯。如采取分段填筑，交接处应填成阶梯形。墙基及管道回填应在两侧用细土同时均匀回填、夯实，防止墙基及管道中心线发生位移。人工夯填土采用60～80kg的木夯或铁、石夯，由4～8人拉绳，2人扶夯，举高不小于0.5m，一夯压半夯，按次序进行。较大面积人工回填用打夯机夯实。两机平行时其间距不得小于3m，在同一夯打路线上，前后间距不得小于10m。人工填土一般适用于回填工作量较小，或机械填土无法实施的区域。

机械填土适用于回填工作量大且场地条件允许的基坑回填，机械回填采用分层回填的方法，回填压实后再进行上一层土方的回填压实。若存在机械回填不能实施的区域，应采用人工填土方法。

机械填土可用挖掘机、压路机、推土机、铲运机或土方运输车辆等机械设备。用车辆先将土方运至需要回填的基坑边，用推土机推开推平，然后用压实机或夯实机进行压实作业。

（1）推土机填土

填土应由下而上分层铺填，每层虚铺厚度不宜大于30cm。大坡度堆填土，不得居高临下，不分层次，一次堆填。推土机运土回填，可采用分堆集中，一次运送方法，分段距离为10～15m，以减少运土漏失量。土方推至填方部位时，应提起一次铲刀，成堆卸土，并向前行驶0.5～1.0m，利用推土机后退将土刮平。用推土机来回行驶进行碾压，履带应重叠宽度的一半。填土宜采用纵向铺填顺序，从挖土区段至填土区段，以40～60m距离为宜。

（2）铲运机填土

铲运机铺土，铺填土区段，长度不宜小于20m，宽度不宜小于8m。铺土应分层进行，每次铺土厚度不大于30～50cm（视所用压实机械的要求而定）范围里的值，每层铺土后，利用空车返回时将地表面刮平。填土程序一般尽量采取横向或纵向分层卸土，以利于行驶时初步压实。

（3）汽车填土

自卸汽车为成堆卸土，须配以推土机推土、摊平。每层的铺土厚度不大于30～50cm（随选用压实机具而定）。填土可利用汽车行驶作部分压实工作，行车路线须均匀分布于填土层上。汽车不能在虚土上行驶，卸土推平和压实工作须分段交叉进行。

2. 压实方法

压实方法可以分为人工夯实和机械压实。

（1）人工夯实

人力打夯前应将填土初步整平，打夯要按一定方向进行，一夯压半夯，夯夯相接，行行相连，两遍纵横交叉，分层夯打。当夯实基槽及地坪时，行夯路线应由四边开始，然后再夯向中间。用柴油打夯机等小型机具夯实时，一般填土厚度不宜大于 25cm，打夯之前对填土应初步平整，打夯机依次夯打，均匀分布，不留间隙。基坑（槽）回填应在相对两侧或四周同时进行回填与夯实。回填管沟时，应用人工先在管道周围填土夯实，并应从管道两边同时进行，直至管顶 0.5m 以上。在不损坏管道的情况下，方可采用机械填土回填夯实。

（2）机械压实

机械填土的压实方法一般有碾压、夯实、振动压实以及利用运土机械压实。对于小面积的填土工程，宜用夯实机具压实。对于大面积填土工程，多采用碾压和运土机械压实。

① 碾压法

碾压法是通过碾压机的自重压力，使之达到所需的密实度，此法多用于大面积填土工程，如场地平整、路基、堤坝等工程。用碾压法压实填土时，铺土应均匀一致，碾压遍数要一样，碾压方向应从填土区的两边逐渐压向中心，每次碾压应有 15～20cm 的重叠；碾压机械开行速度不宜过快，否则会影响压实效果。

碾压机械有平碾、羊足碾和气胎碾（图 1-52）。平碾即压路机，是一种以内燃机为动力的自行式压路机。按重量等级分为轻型（30～50kN）、中型（60～90kN）和重型（100～140kN）三种，适于压实砂类土和黏性土，适用土类范围较广。轻型平碾压实土层的厚度不大，但土层上部变得较密实，当用轻型平碾初碾后，再用重型平碾碾压，就会取得较好的效果。如直接用重型平碾碾压松土，则由于强烈的起伏现象，其碾压效果较差。

图 1-52　碾压机械
（a）平碾；（b）羊足碾；（c）气胎碾

羊足碾只适用于压实黏性土，一般无动力而靠拖拉机牵引，有单筒和双筒两种。根据碾压要求，又可分为空筒、装砂、注水三种。羊足碾虽然与土接触面积小，但对单位面积土的压力比较大，土的压实效果好。

气胎碾又称轮胎压路机，它的前后轮分别密排着 4 个和 5 个轮胎，既是行驶轮，也是碾压轮。由于轮胎弹性大，在压实过程中，土与轮胎都会发生变形，而几遍碾压后铺土密实度提高，沉陷量逐渐减少，因而轮胎与土的接触面积逐渐缩小，接触应力则逐渐增大，使土料得到压实。由于其在工作时是弹性体，故其压力均匀、填土质量较好。

②夯实法

夯实法是利用夯锤本身的重量、夯实机的冲击运动或振动，对被压实土体实施动压力来压实土体，以提高土体密实度、强度和承载力。其作用力为瞬时冲击动力，有脉冲特性，夯实法主要用于小面积填土。

图1-53 蛙式打夯机

夯实法可以夯实较厚的土层。夯实机械主要有蛙式打夯机、夯锤和内燃夯实机等。蛙式打夯机（图1-53）是常用的小型夯实机械，轻便灵活，适用于小型土方工程的夯实工作，多用于夯打灰土和回填土。夯锤是借助起重机悬挂重锤进行夯土的机械，其质量大于1.5t，落距2.5～4.5m，重锤夯的夯实厚度可达1～1.5m，强力夯可对深层土壤夯实，适用于夯实砂性土、湿陷性黄土、杂填土以及含有石块的土。

③振动压实法

振动压实法是将振动压实机放在土层的表面，借助于振动设备使压实机振动，土壤颗粒即发生相对位移达到紧密状态。此方法用于振实非黏性土壤效果较好。近年来，又将碾压和振动法结合起来而设计和制造了振动平碾、振动凸块碾等新型压实机械。振动平碾适用于填料为爆破碎石渣、碎石类土、杂填土或黏质粉土的大型填方；振动凸块碾则适用于粉质黏土或黏土的大型填方。当压实爆破石渣或碎石类土时，可选用8～15t的振动平碾，铺土厚度为0.6～1.5m，先静压、后碾压，碾压遍数由现场试验确定，一般为6～8遍。如使用振动碾进行碾压，可使土受振动和碾压两种作用，碾压效率高。

1.4.3 影响填土压实的因素

影响填土压实质量的因素很多，其中主要的有：压实机械所做的功（简称压实功）、土的含水量及每层铺土厚度与压实遍数。

1. 压实功

填土压实后的密度与压实机械对填土所施加的功有一定的关系。压实后土的重度与所耗的功的关系如图1-54所示，从图中可以看出二者并不呈线性关系，当土的含水量一定，在开始压实时，土的干密度急剧增加，待到接近土的最大密度时，压实功虽然增加许多，而土的重度则几乎没有变化。在实际施工中，对松土不宜用重型碾压机械直接滚压，否则土层会有强烈起伏现象，压实效果不好，如果先用轻碾压实，再用重碾压实，就会取得较好的压实效果。

2. 含水量

在同一压实功条件下，填土的含水量对压实质量有直接影响（图1-55）。用同样的压实方法，压实不同含水量的同类土，所得的密实度各不相同。较为干燥的土料，由于土颗粒间的摩阻力较大，因而不易压实。当含水量超过一定限度时，土颗粒之间孔隙由水填充而呈饱和状态，压实机械所施加的外力有一部分为水所承受，也不能得到较高的压实效果。只有当土料含水量适当时，水起了润滑作用，土颗粒之间的摩阻力减少，压实效果最好。为了保证黏性土填料在压实过程中具有最优含水量，当填料的含水量偏高时，应予以翻松晾干，也可以掺入同类干土或吸水性土料；当含水量偏低（土过干时），则应预先洒水润湿，增加压实遍数或使用大功率压实机械等。

图 1-54　土的重度与压实功的关系

图 1-55　土的干密度与含水量的关系

3. 铺土厚度和压实遍数的影响

在压实功的作用下，土的应力随深度增加而逐渐减少（图 1-56），因而土经压实后，表层的密实度增加最大，超过一定深度后，则增加较小，甚至没有增加。各种压实机械压实影响深度的大小与土的性质和含水量等有关。在压实土料时，如果土层铺得过厚，要压很多遍才能达到规定的密实度，过薄则总压实遍数也要增加，费工费时。最优铺土厚度应使土方压实而机械的功耗费最小。施工时每层土的最优铺土厚度和压实遍数，可根据填料性质、对密实度的要求和选用的压实机械的性能确定，也可参考表 1-10 确定。

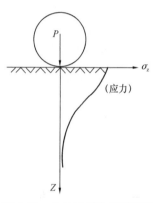

图 1-56　土的压实作用沿深度的变化

填土施工时的分层厚度及压实遍数　　　　　　　　　　　　　　　　表 1-10

压实机具	每层铺土厚度（mm）	每层压实遍数（遍）
平碾	250～300	6～8
振动压实机	250～350	3～4
柴油打夯机	200～250	3～4
人工打夯	<200	3～4

为了保证压实质量，提高压实机械生产效率，应根据土质选用合适的压实机械，并在施工现场进行压实试验，以确定达到规定密实度所需压实遍数、铺土厚度及最优含水率。

4. 压实机具的选择

压实机具主要是平碾压路机、小型打夯机、平板式振动器及其他机具。

（1）平碾压路机又称光碾压路机，按质量等级分为轻型（3～5t）、中型（6～10t）和重型（12～15t）三种；按装置形式的不同又分为单轮压路机、双轮压路机及三轮压路机等；按作用于土层荷载的不同，分为静作用压路机和振动压路机两种。平碾压路机具有操作方便、转移灵活、碾压速度较快等优点，但碾轮与土的接触面积大，单位压力较小，碾压上层密实度大于下层。静作用压路机适用于薄层填土或表面压实、平整场地、修筑堤坝及道路工程；振动平碾压路机适用于填料为爆破石渣、碎石类土、杂填土或粉土的大型填方工程。

（2）小型打夯机有冲击式和振动式之分。由于其体积小，质量轻，构造简单，机动灵活、实用，操纵、维修方便，夯击能量大，夯实工效较高，在建筑工程上使用很广，但劳动强度较大。常用的小型打夯机有蛙式打夯机、柴油打夯机、电动立夯机等，适用于黏性较低的土（砂土、粉土、粉质黏土）基坑（槽）、管沟及各种零星分散、边角部位的填方夯实，以及配合压路机对边缘或边角碾压不到之处进行夯实。

（3）平板式振动器为现场常备机具，体形小、轻便、适用，操作简单，但振实深度有限。其适于小面积黏性土薄层回填土振实、较大面积砂土的回填振实以及薄层砂卵石、碎石垫层的振实。

（4）其他机具用于对密实度要求不高的大面积填方，在缺乏碾压机械时，可采用推土机、拖拉机或铲运机结合行驶、推（运）土、平土来压实。对已回填松散的特厚土层，可根据回填厚度和设计对密实度的要求采用重锤夯实或强夯等方法来夯实。

1.4.4 填土压实质量检查

填土压实后必须达到规定要求的密实度。压实质量以压实系数 λ_c 作为检查标准，土的控制干密度与最大干密度之比称为压实系数 λ_c，工程中应根据结构类型和压实填土所在部位按表 1-11～表 1-13 的数值确定。

压实填土的质量控制　　　　　　　　　　　　　　　　表 1-11

结构类型	填土部位	压实系数 λ_c	控制含水量（%）
砌体承重结构和框架结构	在地基主要受力层范围内	≥0.97	$w_{op} \pm 2$
	在地基主要受力层范围以下	≥0.95	
排架结构	在地基主要受力层范围内	≥0.96	
	在地基主要受力层范围以下	≥0.94	

注：1. w_{op} 为最优含水量；
　　2. 地坪垫层以下及基础底面标高以上的压实填土，压实系数不应小于 0.94。

压实系数的确定可以表达为：

$$\lambda_c = \frac{\text{土的控制干密度 } \rho_d}{\text{最大干密度 } \rho_{dmax}} \qquad (1-39)$$

土的最大干密度一般在试验室用击实试验确定。标准击实试验方法分为轻型标准和重型标准，两者的落锤重量、击实次数不同，即试件承受的单位压实功不同。压实度相同时，采用重型标准的击实要求比轻型标准的高，道路工程中一般要求土基压实采用重型标准，确有困难可采用轻型标准。土的最大干密度乘以规范规定的压实系数，即可算出填土控制干密度 ρ_d 的值。在填土施工时，土的实际干密度大于或等于 ρ_d 时，则符合质量要求。

　　土的实际干密度可用"环刀法"测定。其取样组数为：基坑回填每层按 $20\sim50m^3$ 取样一组（每个基坑不小于一组）；基槽或管沟回填每层按长度 $20\sim50m$ 取样一组；室内填土每层按 $100\sim500m^2$ 取样一组；场地平整填土每层按 $400\sim900m^2$ 取样一组。取样部位在每层压实后的下半部。取样后先称出土的湿密度并测定含水量，然后计算其干密度。

公路土质路基压实度　　　　　　　　　　　　　　表 1-12

填挖类别	路槽地面以下深度（cm）	压实度（%）
路堤	0～80	＞93
	80 以下	＞90
零填及路堑	0～30	＞93

　　注：1. 表列压实度系按交通运输部《公路土工试验规程》JTG 3430—2020 重型击实试验求得最大干密度的压实度。对于铺筑中级或低级路面的三、四级公路路基，允许采用轻型击实试验求得最大干密度的压实度；
　　　　2. 高速公路，一级公路路堤槽底面以下 0～80cm 和零填及路堑 0～30cm 范围内的压实度应大于 95%；
　　　　3. 特殊干旱或特殊潮湿地区（系指年降雨量不足 100mm 或大于 25mm），表内压实度数值可以减少 2%～3%。

城市道路土质路基压实度　　　　　　　　　　　　表 1-13

填挖深度	深度范围（cm）	压实度（%）		
		快速路及主干路	次干路	支路
填方	0～80	95/98	93/95	90/92
	80 以下	93/95	90/92	87/89
挖方	0～30	95/98	93/95	90/92

　　注：1. 表中数字，分子为重型击实试验标准的压实度，分母为轻型击实试验标准的压实度，两者均以相应击实试验求得的最大干密度为压实度的 100%；
　　　　2. 填方高度小于 80cm 及不填不挖路段，原地面以下 0～30cm 范围内土的压实度不低于表列挖方的要求。

1.4.5　填土压实注意事项

　　现行国家标准《建筑地基基础工程施工质量验收标准》GB 50202 规定：填方施工过程中应检查排水措施、每层填筑厚度、含水量控制、压实程度。填筑厚度及压实遍数应根据土质、压实系数及所用机具确定。填土应从最低处开始，由下向上整个宽度分层铺填碾压或夯实。填方应分层进行并尽量采用同类土填筑。应在相对两侧或四周同时进行回填与夯实。当天填土应在当天压实。

1.5　土方施工异常情况处理措施与方法

　　在土方工程施工中，由于施工操作不当和违反操作规程而引起质量事故，其危害程度很大，如造成建筑物（或构筑物）的沉陷、开裂、位移、倾斜，甚至倒塌。因此，必须特别重视土方工程施工，按设计和施工质量验收规范要求认真施工，以确保土方工程质量。

1. 场地积水

在建筑场地平整过程中或平整完成后，场地范围内高低不平，局部或大面积出现积水。

（1）原因

① 场地平整填土面积较大或较深时，未分层回填压（夯）实，土的密实度不均匀或不够，遇水产生不均匀下沉而造成积水。

② 场地周围未做排水沟，或场地未做成一定排水坡度，或存在反向排水坡。

③ 测量错误，使场地高低不平。

（2）防治

① 平整前，应对整个场地的排水坡、排水沟、截水沟和下水道进行有组织排水系统设计。施工时，应遵循先地下后地上的原则做好排水设施，使整个场地排水通畅。排水坡度应按设计要求设置；当设计无要求时，对地形平坦的场地，纵横方向应做成不小于0.2%的坡度，以利于泄水。在场地周围或场地内设置排水沟（截水沟），其截面、流速和坡度等应符合有关规定。

② 场地内的填土应认真分层回填碾压（夯）实，使其密实度不低于设计要求。当设计无要求时，一般也应分层回填、分层压（夯）实，使相对密实度不低于85%，以免松填。填土压（夯）实的方法应根据土的类别和工程条件合理选用。

③ 做好测量的复核工作，防止出现标高误差。

（3）处理

已积水的场地应立即疏通排水和采用截水设施，将水排除。场地未做排水坡度或坡度过小，应重新修坡；对局部低洼处，应填土找平、碾压（夯）实至符合要求，避免再次积水。

2. 填方出现沉陷现象

基坑（槽）回填时，填土局部或大片出现沉陷，从而造成室外散水坡空鼓下陷、积水，甚至引起建筑物不均匀下沉，出现开裂。

（1）原因

① 填方基底上的草皮、淤泥、杂物和积水未清除就填方，含有机物过多，腐朽后造成下沉。

② 基础两侧用松土回填，未经分层夯实。

③ 槽边松土落入基坑（槽），夯填前未认真进行处理，回填后土受到水的浸泡产生沉陷。

④ 基槽宽度较窄，采用人工回填夯实，未达到要求的密实度。

⑤ 回填土料中夹有大量干土块，受水浸泡产生沉陷。

⑥ 采用含水量大的黏性土、淤泥质土、碎块草皮作土料，回填质量不符合要求。

⑦ 冬期施工时基底土体受冻胀，未经处理就直接在其上填方。

（2）防治

① 基坑（槽）回填前，应将坑（槽）中积水排净，将淤泥、松土、杂物清理干净，

如有地下水或地表积水，应有排水措施。

② 回填土采取严格分层回填、夯实。每层虚铺土厚度不得大于 300mm。土料和含水量应符合规定。回填土密实度要按规定抽样检查，使其符合要求。

③ 填土土料中不得含有直径大于 50mm 的土块，不应有较多的干土块，急需进行下道工序时，宜用二八灰土或三七灰土回填夯实。

（3）处理

基坑（槽）回填土沉陷造成墙脚散水空鼓，如混凝土面层尚未破坏，可填入碎石，侧向挤压捣实；若面层已经裂缝破坏，则应视面积大小或损坏情况，采取局部或全部返工。局部处理可用锤、凿将空鼓部位打去，填灰土或黏土、碎石混合物夯实后再做面层。因回填土沉陷引起结构物下沉时，应会同设计部门针对情况采取加固措施。

3. 边坡塌方

在挖方过程中或挖方后，基坑（槽）边坡土方局部或大面积坍塌或滑坡。

（1）原因

① 基坑（槽）开挖较深，放坡不够，或挖方尺寸不够，将坡脚挖去。

② 通过不同土层时，没有根据土的特性分别放成不同坡度，致使边坡失稳、塌方。

③ 在有地表水、地下水作用的土层开挖基坑（槽）时，未采取有效的降水、排水措施，使土层湿化，黏聚力降低，在重力作用下失稳而引起塌方。

④ 边坡顶部堆载过大，或受施工设备、车辆等外力振动影响。

⑤ 土质松软，开挖次序、方法不当而造成塌方。

（2）防治

① 根据土的种类、物理力学性质（土的内摩擦角、黏聚力、湿度、密度、休止角等）确定适当的边坡坡度。经过不同土层时，其边坡应做成折线形。

② 做好地面排水工作，避免在影响边坡的范围内积水，造成边坡塌方。当基坑（槽）开挖范围内有地下水时，应采取降水、排水措施，将水位降至离基底 0.5m 以下方可开挖，并持续到基坑（槽）回填完毕。

③ 土方开挖应自上而下分段分层依次进行，防止先挖坡脚，造成坡体失稳。相邻基坑（槽）和管沟开挖时，应遵循先深后浅或同时进行的施工顺序，并及时做好基础或铺管，尽量减少对地基的扰动。

④ 施工中应避免在坡体上堆放弃土和材料。

⑤ 基坑（槽）或管沟开挖时，在建筑物密集的地区施工，有时不允许按规定的坡度进行放坡，可以采用设置支撑或支护的施工方法来保证土方的稳定。

（3）处理

对沟坑（槽）塌方，可将坡脚塌方清除并做临时性支护措施，如堆装土编织袋或草袋，设支撑，砌砖石护坡墙等；对永久性边坡局部塌方，可将塌方清除，用块石填砌或回填二八灰土或三七灰土嵌补，与土接触部位做成台阶搭接，防止滑动；将坡顶线后移；将坡度改缓。在土方工程施工中，一旦出现边坡失稳塌方现象，后果非常严重。

4. 填方出现橡皮土

（1）原因

在含水量很大的黏土或粉质黏土、淤泥质土、腐殖土等原状土地基上进行回填，或采用上述土作土料进行回填时，由于原状土被扰动，颗粒之间的毛细孔被破坏，水分不易渗透和散发。当施工气温较高时，对其进行夯击或碾压，表面易形成一层硬壳，阻止了水分的渗透和散发，使土形成软塑状态的橡皮土。这种土埋藏越深，水分散发越慢，长时间内不易消失。

（2）防治

① 夯（压）实填土时，应适当控制填土的含水量。

② 避免在含水量过大的黏土、粉质黏土、淤泥质土和腐殖土等原状土上进行回填。

③ 填方区如有地表水，应设排水沟排水；如有地下水，地下水水位应降低至基底0.5m以下。

④ 暂停一段时间回填，使橡皮土含水量逐渐降低。

（3）处理

① 将干土、石灰粉和碎砖等吸水材料均匀掺入橡皮土中，吸收土中的水分，降低土的含水量。

② 将橡皮土翻松、晾晒、风干至最优含水量，再夯（压）实。

③ 将橡皮土挖除，然后换土回填夯（压）实，回填灰土和级配砂石夯（压）实。

思政小课堂

揭秘北京大兴国际机场

北京大兴国际机场投运仪式于2019年9月25日上午在北京举行。举国关注、万众瞩目，北京大兴国际机场的落地建成不仅是中国建造的又一里程碑、标杆式作品，也是万众一心的凝聚，是工程项目团队高效协同配合汇聚形成的伟大工程。下面从"项目管理"角度出发，带领大家复盘北京大兴国际机场。

1. 项目名称：北京大兴国际机场工程项目。

2. 项目工期：2014年12月到2019年9月（可研到交付）。

3. 项目投资：800亿元人民币。

4. 项目阶段：可研、规划、建设、测试、交付、试运行推广。

5. 建设目标：完成"三纵一横"4条跑道、70万 m^2 的航站楼、268个机位的站坪以及相关配套设施建设，实现"双枢纽"运营模式，全力打造精品工程、样板工程、平安工程、廉洁工程。平安机场，贯穿始终，建设一个"平安、绿色、智慧、人文"的国际化机场。

6. 项目需求分析

（1）现实需求：近几年，由于城市的发展和人们生活水平的提高，北京首都国际机场旅客吞吐量逐年增长，全年超负荷运转已成为常态。

（2）潜在需求：自2012年以来，航空公司在北京首都国际机场遭遇了申请航线难、申请时刻难等发展瓶颈。目前，每天有大约300个飞行架次无法安排，每年近1000万人次的潜在需求被拒之门外。

（3）时代需求：快速发展的中国，既要有效满足人民出行需求，又渴望更多拥抱世界。

7. 项目进度安排

（1）2014 年年底，总投资近 800 亿元的北京新机场工程可行性研究报告获批；

（2）2015 年 9 月～2016 年 9 月，地下结构工程"跃"出地面；

（3）2017 年 6 月 30 日，完成航站楼钢结构封顶；

（4）2018 年 12 月，全面完成外立面装修工程，完成机场跑道全部摊铺；

（5）2019 年 2 月，完成飞行校验；

（6）2019 年 6 月 30 日，主体工程全部竣工。

8. 项目建设难点

（1）工期紧张、工程难度大。

北京大兴国际机场是目前世界上最大的航空港，航站楼钢网架结构形成了一个不规则的自由曲面空间，总投影面积达 31.3 万 m^2，大约相当于 44 个标准足球场。在主航站楼里，与城际铁路、地铁等交通方式相连通的交通枢纽规模相当于北京站的大小，旅客值机中心区域形成的无柱空间可以完整放下"水立方"，航站楼顶的屋面网架用钢量接近"鸟巢"，不到 5 年时间就要完成，工程建设难度十分巨大。

（2）质量标准严，协同成本高。

项目建设工作量高峰时期，上千家施工单位，高峰期 7 万人同时作业，仅主航站楼一天就有 8000 多名工人同时施工，全过程保持"安全生产零事故"。在如此高难度高压力的状态下，项目组万众一心、高度协同，通过夜以继日的努力，向中国、世界提交了满意的答卷。

9. 项目成果

（1）多

多个世界第一，世界最大单体航站楼、"新世界七大奇迹"之首（英国《卫报》）、最大的单体抗震建筑、首个高铁下穿航站楼，北京也成为世界首个拥有双国际枢纽机场的城市。

（2）快

交付快，45 个月完成落地交付，"中国速度"再次震惊世界速度快，由机场出发，驾车 20 分钟到达向西北方向运行的地铁"新机场线"，通过高铁 20 分钟即可到达雄安核心地区。

登机快，从中心的大厅算起，最远的登机口距离中心不超过 600m，步行 8 分钟就可以走到，登机、安检环节全部实现人工智能，极大缩短候机时间。

（3）好

质量好，大兴机场共创造 40 余项国际、国内新纪录，国产化率达到 98% 以上，工程验收一次合格率 100%，13 项关键建设指标全部达到世界一流。

（4）美

设计美，实现工艺水准和美学呈现的和谐统一，充分展示东方之美。机场的外形宛如凤凰展翅，浪漫灵动。

文化美，以中国元素为主题的丝、茶、瓷、田及中国文化露天庭院，让旅客在候机时可以体验到古与今、人工与自然的巧妙融合。

未来，北京大兴国际机场与北京首都国际机场的年吞吐量将突破 2.5 亿人次，带动人流、物流、资金流、信息流等生产要素高效聚集。这是举世瞩目的成绩，也是精准项目管理、高效团队协同的成绩。

思 考 题 及 习 题

1. 土是如何进行分类的，都有哪些类型？它们与土方工程的关系如何？

2. 土的可松性在场地平整土方工程中的意义是什么？

3. 为什么要对自然地面标高进行调整？如何调整？

4. 试述场地平整土方量计算的步骤和方法。

5. 什么是最佳设计平面？最佳设计平面如何设计？

6. 简述计算土方量的四方棱柱体法、三角棱柱体法的适用条件及其优缺点。

7. 土方工程的主要机械有哪些？各自的适用范围及施工特点是什么？

8. 试述管井井点、轻型井点、喷射井点、电渗井点的构造及适用范围。

9. 试述轻型井点的布置方案和设计步骤。

10. 简述井点降水对周围环境的影响和防治措施。

11. 试述流砂形成的原因以及因地制宜防止流砂的方法。

12. 回填土料有哪些质量要求？

13. 填土压实有哪些方法？哪些因素是影响填土压实的主要因素？怎样检查填土压实的质量？

14. 某基坑底平面尺寸如图 1-57 所示，坑深 5.5m，四边均按 1：0.4 的坡度放坡，土的可松性系数 $K_s=1.30$，$K'_s=1.12$，坑深范围内箱形基础的体积为 2000m³。试求：基坑开挖的土方量和需预留回填土的松散体积。

15. 某建筑场地方格网的地面标高如图 1-58 所示，方格边长 $a=20$m，泄水坡度 $i_x=2‰$，$i_y=3‰$，不考虑土的可松性的影响，确定方格各角点的设计标高。

图 1-57　题 14 图　　　　　　　　　图 1-58　题 15 图

16. 某工程基坑坑底尺寸为 40m×20m，深 6.0m，地下水位在地面下 2.0m，不透水层在地面以下 12.3m，渗透系数 $K=15$m/d，基坑四边放坡，边坡拟为 1：0.5，现拟采用轻型井点降水降低地下水位，井点系统最大抽水深度为 7.0m。要求：绘制井点系统的平面和高程布置图，计算涌水量、井点管数量、间距（采用 7m 井点管，井点管离坑边

0.7m，滤管长度为 1m，滤管直径为 51mm，抽水设备采用 W6 型干式真空泵，其有效负荷长度为 80m）。

第1章思考题及
习题参考答案

第 2 章 桩 基 础 工 程

内容提要 桩基础是土木工程中常用的一种基础形式，本章简单介绍了桩基础各种分类形式，主要介绍了根据施工方法的不同分为预制桩和灌注桩两大类。本章对预制桩的制作、起吊、运输和堆放以及预制桩的沉桩方法进行了详细阐述；介绍了干作业成孔灌注桩、泥浆护壁成孔灌注桩和套管成孔灌注桩的施工工艺及其注意事项，最后对灌注桩的质量控制做了简单介绍。

学习要求 通过本章学习，了解桩基础的各种分类形式；了解预制桩和灌注桩的定义及其各种桩的特点；掌握预制桩的制作、起吊、运输、堆放以及预制桩的沉桩方法；掌握灌注桩中干作业成孔灌注桩、泥浆护壁成孔灌注桩和套管成孔灌注桩的施工工艺流程及其注意事项；了解灌注桩施工质量要求。

2.1 概　　述

地基基础是建筑物的一个重要组成部分，可以分为天然地基和人工地基。天然土层或岩层作为建筑物地基时称为天然地基，经过人工加固处理的土层作为地基时称为人工地基。基础通常按照埋置深度的不同分为浅基础和深基础。一般多层建筑，当地基条件较好时多采用天然浅基础，它造价低、施工简便。如果天然浅土层较弱，可采用机械压实、强夯、堆载预压、深层搅拌、化学加固等方法进行人工加固，形成人工地基。如果深部土层也较弱、建筑物或构筑物的上部荷载较大或对沉降有严格要求的高层建筑、地下建筑以及桥梁基础等，则需要采用深基础。

桩基础是一种常用的深基础形式，它由基桩和连接于桩顶的承台共同组成。桩基础的作用就是将上部建筑物或构筑物的重量传到地基深处承载力较大的土层或将软弱土挤压密实以提高地基土的密实度及承载力。桩基础有承载力高、沉降量小且均匀、沉降速度慢、施工速度快等特点。在软弱土层上建造建筑物或上部结构荷载很大，天然地基的承载力不满足时，采用桩基础可以取得较好的经济效果。

按桩身材料分类主要有混凝土桩和钢桩，也有采用木或组合材料的桩。

按照承载性质的不同，桩可分为摩擦型桩和端承型桩。摩擦型桩包括纯摩擦桩和端承摩擦桩。纯摩擦桩是指在极限承载力状态下桩顶荷载由桩侧阻力承受，桩端阻力忽略不计；而端承摩擦桩是在极限承载力状态下，桩顶荷载主要由桩侧阻力承受，桩端阻力占少量比例，但不能忽略不计。端承型桩包括端承桩和摩擦端承桩。端承桩在极限承载力状态下，桩顶荷载由桩端阻力承受，桩侧阻力忽略不计；摩擦端承桩在极限承载力状态下，桩顶荷载主要由桩端阻力承受，桩侧摩擦力占的比例小，但不能忽略不计。

按照使用的功能分类，桩可分为竖向抗压桩、竖向抗拔桩、水平受荷桩及复合受荷桩。

按桩径大小分类，一般桩身设计直径小于 250mm 的桩为小桩；直径在 250～800mm

的桩为中等直径桩；而直径大于 800mm 的桩为大直径桩。

按成桩时挤土状况可分为非挤土桩、部分挤土桩和挤土桩。沉管法、爆扩法施工的灌注桩、打入（或静压）的实心混凝土预制桩、闭口钢管桩或混凝土管桩属于挤土桩。冲击成孔法、钻孔压注法施工的灌注桩、预钻孔打入式预制桩、混凝土（预应力混凝土）管桩、H 型钢桩、敞口钢管桩等属于部分挤土桩；干作业法、泥浆护壁法、套管护壁法施工的灌注桩属于非挤土桩。

按桩的施工方法，桩可以分为预制桩和灌注桩两大类。预制桩是在工厂或施工现场制成的各种形式的桩，用沉桩设备将桩打入、压入或振入土中，或有的用高压水冲沉入土中。灌注桩是在施工现场的桩位上用机械成孔或人工成孔，然后在孔内灌注混凝土而成。根据成孔方法的不同分为挖孔、钻孔、冲孔灌注桩，沉管灌注桩和爆扩桩等。

应根据工程结构类型、荷载性质、桩的使用功能、穿越土层、桩端持力层土类、地下水位、施工设备、施工环境、施工经验、制桩材料供应条件等，选择经济合理、安全适用的桩型和成桩工艺。

2.2 预制桩施工

预制桩是在工厂或施工现场制成的各种材料、各种形式的桩，然后采用沉桩设备将桩打入、压入或振入土中。我国建筑施工领域较多采用的预制桩主要是混凝土预制桩和钢桩两大类。混凝土预制桩能承受较大的荷载、坚固耐久、施工速度快，是我国广泛应用的桩型之一，但其施工对周围环境影响较大，常用的有混凝土实心方桩和预应力混凝土空心管桩。钢桩主要是钢管桩和 H 型钢桩两种，都在工厂生产完成后运至工地使用。

2.2.1 预制桩的制作

1. 混凝土预制桩的制作

（1）混凝土实心方桩的制作

混凝土实心方桩的截面边长一般为 200～550mm，根据要求可以做成单根桩和多节桩。在工厂制作，单节长度不宜超过 12m；在施工现场制作，单节长度不宜超过 30m。桩的接头不宜超过两个。

为了节省场地，预制方桩一般采用叠浇法施工，层数一般不宜超过 4 层。在制作底模时，应将场地平整压实、牢靠，底模的构造必须满足强度、刚度及稳定性的要求，宜用水泥地坪，模板的拼接缝处应严密、不漏浆。在浇筑混凝土的过程中，每节桩必须从桩头到桩尖一次浇筑完，不准中断而留有施工缝。桩与桩之间必须做好隔离层，桩与邻桩、底模之间不得发生接触。隔离层可采用纸筋灰加 10% 的水泥混合，以防洒水冲洗掉。上层桩或邻桩的浇筑必须在下层桩或邻桩的混凝土达到设计强度的 30% 以后方可进行。

实心方桩的混凝土强度等级不宜低于 C30（静压法沉桩时不宜低于 C20）。桩身配筋与沉桩方法有关，锤击沉桩的纵向钢筋的配筋率不宜小于 0.8%，压入桩不宜小于 0.4%，桩的纵向钢筋直径不宜小于 14mm，桩身宽度或直径超过 350mm 时，纵向钢筋不应少于 8 根。桩顶一定范围内的箍筋应加密，并设置钢筋网片。

（2）混凝土管桩的制作

混凝土管桩主要有 RC 管桩（混凝土管桩）、PC 管桩（预应力混凝土管桩）和 PHC 管桩（预应力高强度混凝土管桩）。PC 管桩是体现当代混凝土技术进步与混凝土制品高新工艺水平的一种预制混凝土桩。PC 管桩一般是在工厂采用先张法工艺施加预应力制作而成。PC 管桩混凝土强度等级为 C60，PHC 管桩的混凝土强度等级为 C80。预应力钢筋沿桩身周围均匀配置，桩身最小配筋率不小于 0.4%，且预应力钢筋数量不小于 6 根。同时根据管桩的抗弯性能或混凝土有效预应力值，管桩可分为 A、AB、B 和 C 型。混凝土管桩外径为 300~1000mm，壁厚 60~100mm，每节长度 7~13m，管桩可以由若干节桩连接成一定长度，但接头不宜超过 4 个，桩底可以设置桩尖予以封闭，也可为开口形式。

2. 钢桩的制作

我国目前采用的钢桩主要是钢管桩和 H 型钢桩两种，钢管桩一般采用 Q235 钢制作，常见直径为 Φ406、Φ609 和 Φ914 等，壁厚 9~18mm；H 型钢常采用 Q235 或 Q345 钢制作而成，常见截面为 200mm×200mm~400mm×400mm，翼缘板厚度 12~35mm，腹板厚度 12~20mm。钢桩的分段长度一般不宜超过 12~15m。钢管桩常采用形式为：带加强箍或不带加强箍的敞口形式及平底或锥底的闭口形式。H 型钢则可采用带端板和不带端板的形式，不带端板的桩端可做成锥底或平底。

确定桩的单节长度时应满足桩架的有效高度、制作场地条件、运输与装卸能力，同时还应避免在桩尖接近或处于硬持力层中时接桩。现场制作钢桩时应有平整的场地及挡风防雨措施，以保证加工质量。用于地下水有侵蚀的地区或腐蚀性土层的钢桩，应按要求作防腐处理。

2.2.2 预制桩的起吊、运输和堆放

1. 预制桩的起吊、运输

混凝土预制桩必须在混凝土强度达到设计强度的 70% 及以上方可起吊，达到 100% 方可运输；起吊时应采取相应的措施，保证安全平稳、保护桩身质量。吊点应符合设计要求，一般吊点的设置如图 2-1 所示。打桩前，桩从制作处运到现场以备打桩，并应根据打桩顺序随打随运，以避免二次搬运。桩的运输方式，在运距不大时，可用起重机吊运；当运距较大时，可采用轻便轨道小平台车运输。预应力管桩在运输中应设置保护圈，防止桩体撞击而造成桩端、桩体损坏或弯曲；钢桩在运输过程中对两端应进行适当保护。

预应力混凝土空心桩的吊运应符合下列规定：

（1）出厂前应进行出厂检查，规格、批号、制作日期应符合所属的验收批号内容；

（2）在吊运过程中应轻吊轻放，避免剧烈碰撞；

（3）单节桩可采用专用吊钩勾住桩两端内壁，直接进行水平起吊；

（4）运至施工现场时应进行检查验收，严禁使用质量不合格及在吊运过程中产生裂缝的桩。

2. 预制桩的堆放

桩的堆放场地必须平整、坚实，排水畅通。垫木间距应与吊点位置相同，各层垫木应位于同一垂直线上。对于圆形的混凝土桩或管桩的两侧应用木楔塞紧，防止其滚动。在现场堆放的层数不宜太多。对混凝土桩，堆放层数不宜超过 4 层；对钢管桩，直径在

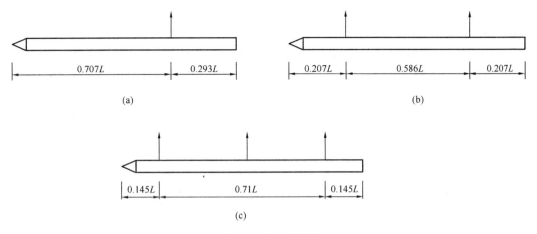

图 2-1 吊点的设置

(a) 一点起吊；(b) 两点起吊；(c) 三点起吊

900mm 左右的不宜超过 3 层，直径在 600mm 左右的不宜超过 4 层，直径在 400mm 左右的不宜超过 5 层。此外，对不同规格、不同材质的桩应分别堆放，便于施工。

预应力混凝土空心桩的堆放应符合下列规定：

（1）堆放场地应平整坚实，最下层与地面接触的垫木应有足够的宽度和高度。堆放时应稳固，不得滚动；

（2）应按不同规格、长度及施工流水顺序分别堆放；

（3）当场地条件许可时，宜单层堆放；外径为 500～600mm 的桩不宜超过 4 层，外径为 300～400mm 的桩不宜超过 5 层；

（4）叠层堆放桩时，应在垂直于桩长度方向的地面上设置 2 道垫木，垫木应分别位于距离桩端 0.2 倍桩长处；底层最外缘的桩应在垫木处用木楔塞紧；

（5）垫木宜选用耐压的长木枋或枕木，不得使用有棱角的金属构件。

2.2.3 预制桩的沉桩

利用上部荷载将桩压入地下叫沉桩，预制桩沉桩的方法有锤击法、静压法、振动法和水冲法等。其中锤击法和静压法应用较多。

1. 锤击法

锤击法是利用桩锤的冲击克服土对桩的阻力，使桩沉到预定深度或达到持力层。这是常用的一种沉桩方法。打桩设备包括桩锤、桩架和动力装置。

（1）桩锤

桩锤是对桩施加冲击，将桩打入土中的主要机具。桩锤主要有落锤、蒸汽锤、柴油锤和液压锤，目前应用最多的是柴油锤。

1）落锤

落锤是利用人力或者卷扬机拉起桩锤，然后使其自由落下，利用锤的重力夯击桩顶，使桩入土。落锤构造简单，使用方便，能随意调整落锤高度。落锤重量一般为 0.5～1.5t，重型锤可达数吨，轻型落锤一般均用卷扬机拉升施打。但落锤效率低，施工速度慢，桩身易损失。落锤适用于施打小直径的钢筋混凝土预制桩或小型钢桩，在软土层中应用较多。

2）柴油锤

柴油锤是由柴油燃烧产生的气体压力提升冲击质量的桩锤。柴油锤利用燃油爆炸的能量，推动活塞往复运动产生冲击进行锤击打桩。柴油锤结构简单，使用方便，不需要从外部供应能源。但在过软的土中由于贯入度过大，燃油不易爆发，往往桩锤反跳不起来，会使工作循环中断。柴油锤施工过程中会造成噪声污染和空气污染等，故在城市中施工受到一定限制。柴油锤冲击部分的重量有 2.0t、2.5t、3.5t、4.5t、6.0t、7.2t 等数种。每分钟锤击次数约 40～80 次。柴油锤可以用于大型混凝土桩和钢管桩等。

3）蒸汽锤

蒸汽锤利用蒸汽的动力进行锤击，它需要配备一套锅炉设备水桩锤外供蒸汽。根据其工作情况又可分为单动式汽锤和双动式汽锤。单动式汽锤的冲击体只在上升时耗用动力，下降靠自重；双动式汽锤的冲击体升降均由蒸汽推动。

单动式汽锤的冲击力较大，每分钟锤击数为 25～30 次，常用锤重为 3～10t，可以打各种桩。

双动式汽锤的外壳（即汽缸）是固定在桩头上的，而锤是在外壳内上下运动。因冲击频率高（100～200 次/min），所以工作效率高。锤重一般为 0.6～6t，它适宜打各种桩，也可在水下打桩并用于拔桩。

4）液压锤

液压锤是一种新型打桩设备，它的冲击缸体通过液压装置提升至预定高度后再快速释放，然后以自由落体的方式打击桩体。冲击缸体下部充满氮气，当冲击缸下落时，首先是冲击头对桩施加压力，接着是通过可压缩的氮气对桩施加压力，使冲击缸体对桩施加压力的过程延长，因此每一击能获得更大的贯入度。液压锤不排出任何废气，无噪声，冲击频率高，并适合水下打桩，是理想的冲击式打桩设备，但构造复杂，造价高，作业效率比柴油锤低。

用锤击沉桩时，为防止桩受冲击应力过大而损坏，力求采用"重锤轻击"。如采用轻锤重击，锤击功能很大一部分被桩身吸收，桩不易打入，且桩头容易打碎。锤重可根据土质、桩的规格等参考表 2-1 选择，如能进行锤击应力计算则更为科学。

锤重选择表　　　　　　　　　　　　　　　　　表 2-1

锤型		柴油锤					
		20	25	35	45	60	72
锤的动力性能	冲击部分重（t）	2.0	2.5	3.5	4.5	6.0	7.2
	总重（t）	4.5	6.5	7.2	9.6	15.0	18.0
	冲击力（kN）	2000	2000～2500	2500～4000	4000～5000	5000～7000	7000～10000
	常用冲程（m）	1.8～2.3					
桩的截面尺寸	混凝土预制桩的边长或直径（cm）	25～35	35～40	40～45	45～50	50～55	55～60
	钢管桩的直径（cm）	40			60	90	90～100

锤型			柴油锤					
			20	25	35	45	60	72
持力层	黏性土粉土	一般进入深度（m）	1.0～2.0	1.5～2.5	2.0～3.0	2.5～3.5	3.0～4.0	3.0～5.0
		静力触探比贯入度平均值（MPa）	3	4	5	>5		
	砂土	一般进入深度（m）	0.5～1.0	0.5～1.5	1.0～2.0	1.5～2.5	2.0～3.0	2.5～3.5
		标准贯入击数 N（未修正）	15～25	20～30	30～40	40～45	45～50	50
常用的控制贯入度（cm/10 击）			—	2～3		3～5	4～8	
设计单桩极限承载力（kN）			400～1200	800～1600	2500～4000	3000～5000	5000～7000	7000～10000

（2）桩架

桩架设备也称打桩架，它是用来完成打桩锤上下运动的导向与起落、吊桩并将桩身稳固于打桩锤同一轴线位置以及启动打桩锤击桩，并保证桩锤能沿着所要求方向冲击等各项功能。桩架的形式多种多样，常用的通用桩架（能适应多种桩锤）有两种基本形式：一种是沿轨道行驶的多能桩架；另一种是装在履带底盘上的桩架。

1）多能桩架（图 2-2）由立柱、斜撑、回转工作台、底盘及传动机构组成。它的机动性和适应性很大，在水平方向可作 360°回转，立柱可前后倾斜，底盘下装有铁轮，可在轨道上行走。这种桩架可适应各种预制桩，也可用于灌注桩施工。缺点是机构较庞大，现场组装和拆迁比较麻烦。

2）履带式桩架（图 2-3）以履带式起重机为底盘，增加立柱和斜撑用以打桩。桩架灵活，移动方便，可适应各种预制桩施工，目前应用较多。

图 2-2 多能桩架

图 2-3 履带式桩架

1—桩锤；2—桩帽；3—桩；4—立柱；5—斜撑；6—车体

（3）动力装置

动力装置的配置取决于所选的桩锤。当选用蒸汽锤时，则需配备蒸汽锅炉和卷扬机。

（4）锤击法施工

1）打桩顺序

打桩顺序的合理与否，会影响打桩速度、打桩质量以及周围环境。当桩的中心距小于4倍桩径时，打桩顺序尤为重要。打桩顺序影响挤土方向。打桩向哪个方向推进，则向哪个方向挤土。根据桩群的密集程度，可选用下述打桩顺序：由一侧向单一方向进行（图2-4a）；自中间向两个方向对称进行（图2-4b）；自中间向四周进行（图2-4c）。第一种打桩顺序，打桩推进方向宜逐排改变，以免土朝一个方向挤压，而导致土壤挤压不均匀，对于同一排桩，必要时还可采用间隔跳打的方式。对于大面积的桩群，宜采用后两种打桩顺序，以免土壤受到严重挤压，使桩难以打入，或使先打入的桩受挤压而倾斜。大面积的桩群，宜分成几个区域，由多台打桩机采用合理的顺序同时施打。此外，根据设计标高及桩的规格，宜先深后浅、先大后小、先长后短，这样可以减小后施工的桩对先施工的桩的影响。

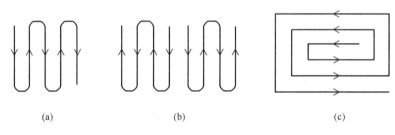

图 2-4　打桩顺序

（a）由一侧向单一方向进行；（b）由中间向两个方向对称进行；（c）由中间向四周进行

锤击法打桩施工的工艺流程：施工前的准备工作→测量定位→底桩就位、对中和调直→锤击沉桩→接桩→再锤击→再接桩→打至持力层→收锤。

施工前的准备工作：沉桩前必须处理空中和地下障碍物，场地应平整，排水应畅通，并满足打桩所需要的地面承载力。选择桩锤时，充分考虑桩的形状、尺寸、重量、入土长度、结构形式以及土质、气象等条件，并掌握各种锤的特性。桩锤的夯击能量克服桩的贯入阻力，包括克服桩尖阻力、桩侧摩阻力和桩的回弹产生的能量损失等。如果桩锤的能量不能满足上述要求，会引起桩头部的局部压曲，难以将桩送到设计标高。选择桩架时应充分考虑桩的材料、截面形状及尺寸大小、桩的长度、数量、桩距及接桩方式，并同时考虑施工工期和打桩速率等因素。桩架的高度是选择桩架时需要考虑的一个重要方面，桩架的高度应满足施工要求，它一般等于桩长＋滑轮组高度＋桩锤高度＋桩帽高度＋起锤移位高度（取1～2m）。

测量定位：将施工图上的桩位通过轴线控制点逐个施放在打桩现场，在桩位中心点地面打入长约30cm的钢筋，使其露出地面5～8cm，再在其上扎一小片红布条，这就是俗称的"样桩"。由于预应力管桩的桩尖（靴）常采用十字型或开口型，靠一个点位来对中，误差较大，为此，在使用十字型桩尖（靴）时，宜在当天计划施工的几个桩位上，用白灰在"样桩"附近的地面上画上一个圆心与"样桩"重合、直径与管桩桩径相等的圆圈，以方便插桩对中。

底桩就位、对中和调直：打入地下的第一节桩俗称"底桩"。底桩端部一般设有桩尖（靴）。底桩就位前，应在桩身画出以米为单位的长度标记，并按从下至上的顺序标明桩的长度，以便观察桩的入土深度及记录每米沉桩锤击数。底桩就位后对中和调直，这道工序对成桩质量起关键作用。如果底桩不对中，成桩后的桩位偏差会超过规范要求。"调直"，一是要使桩身垂直（斜桩要求达到设计倾斜角度）；二是要使桩身、桩帽和桩锤的中心线重合。如果桩身未调直就开锤，不仅桩的垂直度会超过规范要求，而且会发生偏心锤击，容易将桩头（顶）打裂击碎。因此，一般预制桩的垂直偏差不得大于 0.1%，斜桩的倾斜度偏差不得大于倾斜角正切值的 15%（倾斜角是指桩的纵向中心线与铅垂线之间的夹角）。否则，要拔出重插，直至满足要求。按桩顶标高控制的桩，桩顶标高允许偏差为 −50mm，+100mm。桩的平面位置的允许偏差见表 2-2。

预制桩（钢桩）桩位允许偏差 表 2-2

项目		允许偏差（mm）
盖有基础梁的桩	垂直于基础梁中心线	$100+0.01H$
	沿基础梁中心线	$150+0.01H$
桩数为 1～3 根桩基中的桩		100
桩数为 4～16 根桩基中的桩		1/3 桩径或边长
根数大于 16 根桩基中的桩	最外边的桩	1/3 桩径或边长
	中间桩	1/2 桩径或边长

注：H 为施工现场地面标高与设计桩顶标高的距离。

锤击沉桩：首先要强调的是打底桩时需加倍小心，因为一般情况下表层土或表层土下面的一层土比较松软，桩锤冲击体自由落下时，整节桩可能会压没在软土中，整个桩锤也会落到地面甚至嵌入表土中，威胁人身安全，影响施工质量。因此，在软土层上打第一节桩时，需采取一些必要的技术安全措施。其次要强调的是在锤击沉桩的全过程中，桩锤、桩帽和桩身中心线应重合，切忌打偏。

打桩机就位后，将桩锤和桩帽吊起，然后吊桩并送至导杆内，垂直对准桩位缓缓送下插入土中，垂直度偏差不得超过 0.5%，然后固定桩帽和桩锤，使桩、桩帽、桩锤在同一铅垂线上，确保桩能垂直下沉。在桩锤和桩帽之间应加弹性衬垫，桩帽和桩顶四周应有 5～10mm 的间隙，以防损伤桩顶。打桩开始时，锤的落距应较小，待桩入土至一定深度且稳定后，再按要求的落距锤击。用落锤或单动汽锤打桩时，最大落距不宜大于 1m，用柴油锤时，应使锤跳动正常。在打桩过程中，遇有贯入度剧变、桩身突然发生倾斜、移位或有严重回弹、桩顶或桩身出现严重裂缝或破碎等异常情况时，应暂停打桩，及时研究处理。如桩顶标高低于自然土面，则需用送桩管将桩送入土中时，桩与送桩管的纵轴线应在同一直线上，拔出送桩管后，桩孔应及时回填或加盖。

桩打入时应符合下列规定：

① 桩帽或送桩帽与桩周围的间隙应为 5～10mm；

② 锤与桩帽、桩帽与桩之间应加设硬木、麻袋、草垫等弹性衬垫；

③ 桩锤、桩帽或送桩帽应和桩身在同一中心线上。

接桩：指由于一根桩的长度达不到设计规定的深度，需要将预制桩一根一根连接起来继续向下打，直至打入设计的深度为止。将已打入的前一根桩顶端与后一根桩的下端相连接在一起的过程。多节桩的接桩，可用焊接、法兰锚接及机械快速连接（螺纹式、啮合式）三种方法。目前焊接接桩应用最多。接桩的预埋铁件表面应清洁，上、下节桩之间如有间隙应用铁片填实焊牢，焊接时焊缝应连续饱满，并采取措施减少焊接变形。接桩时，上、下节桩的中心线偏差不得大于 10mm，节点弯曲矢高不得大于桩长的 1‰。

采用焊接接桩应符合下列规定：

① 下节桩段的桩头宜高出地面 0.5m；

② 下节桩的桩头宜设导向箍。接桩时上下节桩段应保持顺直，错位偏差不宜大于 2mm。接桩就位纠偏时，不得采用大锤横向敲打；

③ 桩对接前，上下端板表面应采用铁刷子清刷干净，坡口处应刷至露出金属光泽；

④ 焊接宜在桩四周对称地进行，待上下节桩固定后拆除导向箍再分层施焊。焊接层数不得少于 2 层，第一层焊接完后必须把焊渣清理干净后，方可进行第二层施焊，焊缝应连续、饱满；

⑤ 焊好后的桩接头应自然冷却后方可继续锤击，自然冷却时间不宜少于 8min；严禁水冷却或焊好即施打；

⑥ 雨天焊接时，应采取可靠的防雨措施；

⑦ 焊接接头的质量检查，对于同一工程探伤抽样检验不得少于 3 个接头。

法兰锚接接桩的钢板和螺栓宜采用低碳钢。

采用机械快速螺纹接桩的桩两端质量必须满足连接要求，上下节桩采用专用接头锥度对中，对准上下节桩后用专用链条式扳手进行旋紧连接，锁紧后两端板尚应有 1～2mm 的间隙。采用机械啮合接头接桩按如下施工方法进行：先将上下接头板清理干净，并在连接销上涂抹沥青涂料，逐根旋入上节桩端头板的螺栓孔内，并在下节桩端头板连接槽内及端头板面周边注入沥青涂料，然后将上节桩吊起，使连接销与下节桩的端头板上连接口对准后插入连接槽内，加压使上下节桩的桩头板接触，完成接桩。

桩终止锤击的控制应符合下列规定：

① 当桩端位于一般土层时，应以控制桩端设计标高为主，贯入度为辅；

② 桩端达到坚硬、硬塑的黏性土、中密以上粉土、砂土、碎石类土及风化岩时，应以贯入度控制为主，桩端标高为辅；

③ 贯入度已达到设计要求而桩端标高未达到时，应继续锤击 3 阵，并按每阵 10 击的贯入度不应大于设计规定的数值确认，必要时，施工控制贯入度应通过试验确定。

当遇到贯入度剧变，桩身突然发生倾斜、移位或有严重回弹，桩顶或桩身出现严重裂缝、破碎等情况，应暂停打桩，并分析原因，采取相应措施。

当桩顶标高低于自然土面，需用送桩管将桩送入土中时，桩与送桩管的纵轴线应在同一直线上，拔出送桩管后，桩孔应及时回填或加盖。

2）打桩的质量控制

打桩过程中，应做好沉桩记录，以便工程验收。打桩的质量控制包括打桩前、打桩过程中的控制以及施工后的质量检查。

施工前除了要对原材料在进场前进行检查外还应对成品桩做外观及强度检测，成品桩的裂缝检查等。锤击预制桩，应在强度与龄期均达到要求后，方可锤击。接桩用焊条或半成品硫磺胶泥应有产品合格证书，或送有关部门检验。打桩开始前应对桩位的放样进行验收，桩位放样允许偏差：对群桩为 20mm，对单排桩为 10mm。

施工过程中应检查桩的桩体垂直度、沉桩情况、贯入情况、桩顶完整情况、电焊接桩质量、电焊后的停歇时间等。对电焊接桩，重要工程应对电焊接头做 10% 的焊缝探伤检查。

打桩的质量检查包括桩的偏差、最后贯入度与沉桩标高，桩顶、桩身是否打坏以及对周围环境有无造成严重危害。

打桩时，桩顶破碎或桩身严重裂缝，应立即暂停施工，在采取相应的技术措施后，方可继续施打。打桩时，除了注意桩顶与桩身由于桩锤冲击破坏外，还应注意桩身受锤击拉应力而导致的水平裂缝，在软土中打桩，在桩顶以下 1/3 桩长范围内常会因反射的张力波使桩身受拉而引起水平裂缝。开裂的地方往往出现在吊点和混凝土缺陷处，这些地方容易形成应力集中。采用重锤低速击桩和较软的桩垫可减少锤击拉应力。

此外，还应监测打桩施工对周围环境有无造成影响。

打桩施工结束后，应进行桩基工程的桩位验收。打入桩的桩位偏差，必须符合表 2-2 的规定。同时，应对桩进行承载力检验，一般采用静载荷试验的方法进行检验，检验桩数不应少于总数的 1%，且不应少于 3 根，当总根数少于 50 根时，检验桩数不应少于 2 根。此外，还应对桩身质量进行检验。

2. 静压法

静压法沉桩是指混凝土预制桩成桩后，利用液压桩机的桩架自重及配重，施加竖向压力将预制桩分段压入，逐段接长的桩基施工方法。由于这种方法具有无噪声、无振动、无冲击力等优点，适应当今对绿色岩土工程的要求；同时压桩桩型一般选用预应力管桩，该桩作基础具有工艺简明、质量可靠、造价低、检测方便的特性。静压法沉桩通常应用于高压缩性黏土层或砂性较轻的软黏土地基（含水量 $\omega >$ 塑性界限 ω_p，土的相对密度 $\gamma_0 <$ 1.75，土的内摩擦角 $\gamma < 20°$，压缩系数 $a_{1-2} > 0.03$，塑性指数 $I_p > 10$，标贯击数 $N < 10$）。当桩需贯穿有一厚度的砂性土中间夹层时，必须根据砂性土层的厚度、密实度，上下土层的力学指标，桩的结构、强度、形式和设备能力等综合考虑其适用性。

在沉桩过程中，桩尖直接使土体产生冲切破坏，伴随或先发生沿桩身土体的直接剪切破坏。孔隙水受此冲剪挤压作用形成不均匀水头，产生超孔隙水压力，扰动了土体结构，使桩周约一倍桩径的一部分土体抗剪强度降低，发生严重软化（黏性土）或稀化（粉土、砂土），出现土重塑现象，从而可容易地连续将静压桩送入很深的地基土层中。压桩过程中如发生停顿，一部分孔隙水压力会消失，桩周围的土会发生径向固结现象，使土体密实度增加，桩周的侧壁摩阻力也增长，尤其是扰动重塑的桩端土体强度得到恢复，致使桩端阻力增长较大，停顿时间越长扰动土体强度恢复越多。因此，静压沉桩不宜中途停顿，必须接桩停留时，宜考虑浅层接桩，还应尽量避开在好土层处停留接桩。静压桩是挤土桩，压入过程中会导致桩周围土的密度增加，其挤土效应取决于桩截面的几何形状、桩间距以及土层的性能。

静压法沉桩按加力方式可分为压桩机（压桩架、压桩车、压桩船）施工法、吊载压入施工法、锚桩反压施工法、结构自重压力施工法等。锚桩反压施工法使用较早，一般用于少量补桩。吊载压入施工法因受吊载能力限制，用于小型短桩工程。结构自重压力施工法用于受场地和高度限制无法采用大型压桩机设备，以及对原有构筑物进行基础改造补强的特殊工程。压桩机施工法应用较为广泛，为提高压桩机静压力，常可在压桩机上增设附加配重。在小型桩基工程中尚可采用压桩机施工法。静力压桩机分为机械式和液压式两种，前者只能用于压桩，后者可用于压桩，还可用于拔桩。静压法沉桩都采取分段压入、逐渐接长的方法，直至沉桩达到设计要求标高。

（1）机械式压桩

机械式压桩采用的是机械式压桩机，它是由卷扬机通过钢丝绳滑轮组将桩压入土中。机械式压桩机由底盘、机架、动力装置等组成。这种压桩机是在桩顶部位施加压力。由于沉桩阻力较大，卷扬机需通过多个滑轮组方可产生足够的压力将桩压入土中，所以钢丝绳的行走长度很大，作业效率较低。

（2）液压式压桩

液压式压桩是通过液压式压桩机，利用其本身的重量（包括配重）作为反作用力，克服压桩过程中，桩周土侧壁摩阻力和桩端土的阻力，将桩徐徐压入土中。随着高层建筑的快速发展，单桩竖向承载力越来越高，液压静压桩机的吨位也随着增大，目前最大吨位已达到650～700t，最大单桩承载力由初期的120t提高到现在的250t左右，故近几年来广泛地应用于工业厂房、综合办公大楼、高层建筑的桩基施工中，并取得了良好的技术经济效果。

液压式压桩机主要由桩架、液压夹桩器、动力设备及吊桩起重机等组成。它可以利用起重机起吊桩体，并通过液压夹桩器把桩的"腰"部夹紧并下压，当压桩力大于沉桩阻力时，桩便被压入土中。

这种压桩机采用液压传动，动力大、工作平稳，还可以在压桩过程中直接从液压表中读出沉桩压力，因此可以了解沉桩全过程的压力状况，得知桩的承载力。压桩施工时应根据土质配足额定的重量，压装机及配重之和应大于最大压桩力的1.1倍。防止阻力过大而桩机自重不足以平衡。桩一般分节压入，逐段接长。当第一节桩压入土中，其上端距地面1m左右时将第二节桩接上，继续压入。此时，应尽量缩短停歇时间。

如果压桩出现下列情况之一时，应暂停压桩作业，并分析原因，采取相应措施：

1）压力表读数与勘察报告中的土层性质明显不符；

2）桩难以穿越硬夹层；

3）压桩机出现异常响声或工作状态异常；

4）出现桩身纵向裂缝或桩头混凝土剥落等现象；

5）夹持机构打滑或压桩机桩基下陷。

3. 振动法

振动法沉桩施工是利用振动锤沉桩，将桩与振动锤连接在一起，利用高频振动激振桩身。振动锤又称激振器，安装在桩头，用夹桩器将桩与振动箱固定。在桩上刚性连接振动锤，形成振动体系，由锤内几对轴上的偏心块相对旋转产生振动力，使振动体系上下振动，强迫与桩接触的土层相应振动，使土层强度下降，阻力减少，从而使桩在振动体系压重作用下沉入土中。

振动法沉桩操作简便，沉桩效率高，不需要辅助设备，管理方便，施工适应性强，沉桩时的横向位移小和桩的变形小，不易损坏桩材，通常可用于粉质黏土、松散砂土、黄土等松软地基中的钢筋混凝土桩、钢桩、钢管桩在陆上、水上、平台上的直桩及拔桩施工；在砂土中效率高，一般不适合密实的砾石和密实的黏性土地基，不适于打斜桩。

振动法沉桩在施工过程中应注意以下几点：

（1）施工前应对机械设备进行认真检查，确保机器状况良好，连接牢固，沉桩机和法兰盘连接螺栓必须拧紧，不能有间隙或松动。

（2）振动时间由试验决定，一般不宜超过 10～15min，在有射水配合时，振动时间可适当缩短，一般当振动下沉速度由慢变快时，振动可由快变慢，如下沉速度小于 5cm/min，或桩头冒水、振动很大而桩不下沉时，即应停止振动。

（3）每一根桩的振动下沉应一气呵成，不可中途停顿或较长时间的间歇。

（4）振动沉桩主要适用于砂性土和黏性土，根据桩型和截面不同，振动桩下沉的振幅如表 2-3 所示。

不同桩型振动下沉的振幅 表 2-3

桩型	砂性土	黏性土
钢板桩及下端开口的钢桩及截面小于 150cm² 的其他桩	4～10mm	6～12mm
截面小于 800cm² 的木桩和钢管桩（闭口）	6～12mm	8～15mm
下端开口的大直径钢筋混凝土管桩（管内配合挖土）	4～10mm	6～12mm

4. 水冲法

水冲法沉桩大多与锤击或振动联合使用，可根据土质情况具体选择。先用射水管冲桩孔，然后将桩身随之插入（锤可置于桩顶，以增加下沉的重量）；一边射水，一边锤击（或振动）；射水锤击交替进行或以锤击或振动为主，射水为辅等方式。

一般多采取射水与锤击联合使用的方式，以加速下沉。也可采取用射水管冲孔至离桩设计深度约 1m，再将桩吊入孔内，用锤击打入到设计深度。沉桩时，先将射水管装好使喷射管嘴离地面约 0.5m，当桩插正立稳后，压上桩帽、桩锤，开启水泵阀门送水，射水管便冲开桩尖下的土体，慢慢沉入土中，射水管一边下沉，一边不断上下抽动，以使土体松动，水流畅通，此时桩即依靠其自重及配合桩锤冲击沉入土中。最初可使用较小水压，以后逐步加大水压，不使下沉过猛，下沉渐趋缓慢时，可开锤轻击，下沉转快时停止锤击。下沉时应使射水管末端经常处于桩尖以下 0.3～0.4m 处。射水进行中，放水阀不可骤然大开，以免水量突然降低，涌入泥砂堵塞射水嘴；再射水时，射水管和桩必须垂直，并要求射水均匀，水冲压力一般为 0.5～1.6MPa。当桩下沉至距设计标高 0.5～2m 时应停止射水，拔出射水管，用锤击或振动打桩至设计标高，以免将桩尖处土体冲坏，降低桩的承载力。桩的间距应大于 0.9m，以免冲松邻近已打好的桩。

2.3 灌注桩施工

灌注桩是直接在所设计的桩位上开孔，成孔后在孔内加放钢筋笼，灌注混凝土而成。按其成孔工艺不同，可分为干作业成孔、泥浆护壁成孔、套管成孔和爆扩成孔等。

灌注桩的特点为：

（1）适用于不同土层；

（2）桩长可改变，没有接头。目前钻孔灌注桩的直径已达 2.0m，有的桩长达 88m，如 20 世纪 80 年代修建的济南黄河斜张桥的钻孔灌注桩直径为 1.5m，桩长达 82～88m；

（3）仅承受轴向压力时，只需配置少量构造钢筋。需配置钢筋笼时，按工作荷载要求布置，节约了钢材（预制桩是按吊装、搬运和压桩应力来设计配筋）；

（4）采用大直径钻孔和挖孔灌注桩时，单桩承载力大；

（5）一般情况下，灌注桩比预制桩造价低；

（6）桩身质量不易控制，容易出现断桩、缩颈、露筋和夹泥的现象；

（7）桩身直径较大，孔底沉积物不易清除干净（除人工挖孔灌注桩外），因而单桩承载力变化较大；

（8）一般不宜用于水下桩基。但在桥桩（大桥）施工中，可采用钢围堰（大型桥梁）中进行水下钻孔灌注桩施工，如南京长江二桥桥桩施工时，采用大直径围堰，然后在围堰中进行桩基施工。

灌注桩成孔是灌注桩质量控制的关键，选择合适的成孔方式对灌注桩施工质量至关重要，工程中应根据不同条件选择合适的桩型，如表 2-4 所示。

不同灌注桩桩型的适用条件　　　　　　　　表 2-4

灌注桩类型	适用条件
泥浆护壁钻孔灌注桩	地下水位以下的黏性土、粉土、砂土、填土、碎石土及风化岩层
旋挖成孔灌注桩	黏性土、粉土、砂土、填土、碎石土及风化岩层
冲孔灌注桩	黏性土、粉土、砂土、填土、碎石土及风化岩层 可穿透旧基础、建筑垃圾填土或大孤石等障碍物 岩溶发育地区慎用
长螺旋钻孔压灌注后插钢筋笼	黏性土、粉土、砂土、填土、非密实的碎石类土、强风化岩
干作业钻、挖孔灌注桩	地下水位以上的黏性土、粉土、填土、中等密实以上的砂土、风化岩层
沉管灌注桩	黏性土、粉土和砂土
夯扩桩	持力层埋深不超过 20m 的中、低压缩性黏性土、粉土、砂土和碎石类土

2.3.1 干作业成孔

干作业成孔即不用泥浆或套管护壁措施而直接排出土成孔的方法。干作业成孔灌注桩适用于地下水位以上的黏性土、粉土、填土、中等密实以上的砂土、风化岩层等。目前干作业成孔的灌注桩常用的有螺旋钻孔灌注桩、螺旋钻孔扩孔灌注桩、机动洛阳铲挖孔灌注桩及人工挖孔灌注桩四种。螺旋钻孔成孔和人工挖孔成孔是最常用的两种成孔方法。

1. 螺旋钻孔灌注桩

螺旋钻孔灌注桩桩长有一定限制，一般不能穿过卵砾石层，这种桩型属于非挤土型干钻孔桩，不需要泥浆护壁，因此施工周期比水钻孔灌注桩要短，现场无泥浆污染。如南京地铁指挥中心工程，使用了这种桩型。螺旋钻孔灌注桩采用螺旋钻机成孔，螺旋钻机利用动力带动螺旋钻杆旋转，使钻头上的叶片旋转向下切削土层，削下的土屑靠与土壁的摩擦力沿叶片上升排出孔外。在软塑土层含水量大时，可用疏纹叶片钻杆，以便较快地钻进。在可塑或硬塑黏土中，或含水量较小的砂土中应用密纹叶片钻杆，以便缓慢、均匀、平稳地钻进。螺旋钻机按照行走装置的不同可分为履带式和步履式两种。前者一般由 W1001 履带车、支架、导杆、鹅头架滑轮、电动机头、螺旋钻杆及出土筒组成。后者的行走度盘为步履式，由上下底盘、回转滚轮、行车滚轮、钢丝滑轮、回转轴、行车油缸和支架组成。螺旋钻机按照螺旋钻的长短可分为长螺旋钻孔机和短螺旋钻孔机两种。除长螺旋钻孔机为一次成孔，短螺旋钻孔机为分段多次成孔外，其他施工工艺都相同。螺旋钻孔扩孔灌注桩的扩孔机具也有两种：一种是双管双螺旋扩孔机，可以自钻自扩、一次成孔，属于无桩根扩孔桩；另一种是利用螺旋钻孔机成直孔，配扩孔器进行扩孔，属于有桩根扩孔桩。桩的工作特性为以端承力为主的端承摩擦桩，直桩部分在施工中的质量通病与螺旋钻孔灌注桩相同。

施工工艺流程：场地清理→测量放线定桩位→桩机就位→钻孔取土成孔→清除孔底沉渣→成孔质量检查验收→吊放钢筋笼→浇筑孔内混凝土。

施工注意事项：

（1）钻机定位后，应进行复检，钻头与桩位点偏差不得大于 20mm，开孔时下钻应缓慢；钻进过程中，不宜反转或提升钻杆。

（2）钻进过程中，当遇到卡钻、钻杆摇晃、移动、偏斜或难以钻进时，应提钻检查，排除地下障碍物，避免桩孔偏斜和钻具损坏。

（3）桩身混凝土的泵送压灌应连续进行，当钻机移位时，混凝土泵料斗内的混凝土应连续搅拌，泵送混凝土时，料斗内混凝土的高度不得低于 400mm。

（4）混凝土输送泵管应保持水平，当长距离泵送时，泵管下面应垫实。

（5）在地下水位以下的砂土层钻进时，钻杆底部活门应有防止进水的措施，压灌混凝土应连续进行。

（6）压灌桩的充盈系数宜为 1.0～1.2。桩顶混凝土超灌高度不宜小于 0.3～0.5m。

（7）成桩后，应及时清除钻杆及泵管内残留的混凝土。长时间停滞时，应采用清水将钻杆、泵管、混凝土泵清洗干净。

2. 人工挖孔灌注桩

人工挖孔灌注桩是一种通过人工开挖而形成井筒的灌注桩成孔工艺，适用于旱地或少水且较密实的土质或岩石地层，因其占施工用场地少、成本较低、工艺简单、易于控制质量且施工时不易产生污染等优点而广泛应用于桥梁桩基工程的施工中。

施工前准备工作：施工前应按建设单位移交的场地标高做好测量记录，对场地邻近的建筑物、道路、低压电杆、地下管线、电缆等应同工程发包等有关单位进行详细检查，且将原有裂缝及特殊情况做好原始记录，并进行双方确认。必要时还须邀请房屋管理鉴定单位对周围建筑物作公证鉴定。当挖孔施工抽水可能危及安全时，应提出预防方案，得到有关单位审查同意后方能进行施工。挖孔施工前必须进行图纸会审和挖孔桩施工次序平面布置，认真研究工程地质钻探资料，设计四周排水、集水井及余土运输路线和施工方案。对于有流砂、涌水涌泥，存在有害气体及厚度大于 1m 的淤泥层和流塑质土等地基，设计采用人工挖孔桩时，应研究制定落实可靠的技术和安全措施后方可进行施工。施工前做好混凝土原材料及混凝土级配试验、强度试验。

作业条件：

（1）施工现场做好"三通一平"，现场四周设置排水沟、集水井，桩孔中抽出的积水，经沉淀后排入下水道，施工现场的出土路线应畅通。

（2）桩基的轴线桩和水准基点桩设置完毕，并弹线标记在砖砌护圈上，经复核无误，并办理签证手续，才能开始开挖桩身土方。

（3）挖桩前，要把桩中心位置向桩的四边引出四个桩心控制点，在混凝土墩上做好标记。

（4）全面检查施工准备工作，确保电机设备完好，符合安全使用标准，向现场施工作业人员进行详细的安全技术交底和安全教育，使安全、技术管理在思想、组织、措施上得到落实。

（5）试挖桩，校验机械设备和施工工艺及技术措施是否符合要求。

（6）劳动力组织安排和特殊工程组织安排。

人工挖孔灌注桩的施工工艺流程为：平整场地→测定桩位轴线、标高→放桩孔线→砖砌桩孔口护圈→砖护圈面抹水泥砂浆→桩位标高、轴心十字线引至砖护圈面并红油漆标记→架设绞轮或电动葫芦→准备潜水泵、鼓风机、照明设备→边挖边抽水→桩孔轴线、直径、垂直度校核→每节护壁高度孔壁清理→支撑护壁模板、放置钢筋网→浇灌护壁混凝土→拆模下挖、浇筑以下各节混凝土护壁一直到持力层→由地勘单位鉴定桩底土质→放扩大头→人工修凿打锅形底→校核轴心线、孔径和垂直度并修整→清理孔内泥渣→排除孔底积水→制作安放钢筋笼→放串筒→灌注桩孔混凝土至设计顶标高（承台底标高）。

施工注意事项如下：

（1）定位放线（钉木桩或龙门板）：依据平面坐标点和高程控制点进行定位，依次将建筑物各轴线定位，经检查须符合规范要求；

（2）砖砌桩孔护圈（砌至承台底标高），高度按设计要求（桩底有积水时，应采取水下混凝土浇筑法；淤泥浮渣端头部分另加超高 0.5～1m，混凝土浇筑 48 小时后凿除端头沉渣浮泥。具体加高尺寸视桩底渗水积水情况而定）并在砖面抹水泥浆，把十字轴心线引至砖面并用红油漆做好标记；经检查须符合规范；

（3）用人工、风镐或电动工具，由孔中间向周边开挖，用绞轮或电动葫芦提升泥渣倒至距孔口 2m 远；每桩孔上面应有防雨措施；

（4）1m 为一节混凝土护壁浇筑高度和每天开挖深度；

（5）校核并修整桩孔直径、轴心线和垂直度，须符合相关规范要求；

（6）按设计要求制作、安装护壁模板和护壁钢筋网；

（7）浇筑护壁混凝土 24 小时后脱模（每天只挖一节护壁；第二天拆模后再往下挖，混凝土宜加入早凝剂以提高早期强度）。上、下节护壁的搭接长度不得小于 50mm；

（8）挖至 3m 深度，送风到桩孔底输送新鲜空气，把孔底土层释放出的有害气体稀释吹散，以保证孔底空气流通和作业人员的安全；

（9）桩孔挖深 4～5m，孔底应设置低压安全照明灯；

（10）挖到设计高度，需经地勘单位现场确认持力层（须地勘单位现场确认签字，资料存入工程原始档案）；按设计要求，对桩底扩大头扩孔、修凿打锅形底；

（11）单孔挖好，全面校核桩孔轴心线、直径、垂直度、扩大头高度和扩大头底部尺寸、锅形底，并把每节护壁上部多余的混凝土修整至符合设计桩径要求；

（12）清理泥土、余渣、浮泥、抽干孔底积水和泥浆，如不能及时浇筑混凝土，须用砂浆或细石混凝土封底，以保护孔底土质不被水浸蚀；

（13）按设计要求制作钢筋笼（四周应焊有保护层耳环）并按桩编号吊牌，用起重机将钢筋笼缓缓吊入桩孔，按设计安装就位并对钢筋笼进行固定和校验；

（14）在钢筋笼中部放入混凝土串筒，串筒放至距桩孔底 1m 高处并开始浇筑混凝土，用长杆振动棒进行振捣直到单桩混凝土浇筑完毕；

（15）桩混凝土浇筑 48 小时（视气温定），清除桩顶端沉渣、浮浆混凝土至设计要求高度（承台底）；

（16）夏期施工时，应在混凝土浇筑完毕后用湿谷草或麻布遮盖，待混凝土初凝后在遮盖物上淋水养护混凝土。

2.3.2 泥浆护壁成孔

泥浆护壁成孔是用泥浆保护孔壁并排出土渣而成孔，不论在地下水位以上或以下的土层皆适用，它还适用于地质情况复杂、夹层多、风化不均、软硬变化大的岩层。

泥浆护壁钻孔灌注桩的施工工艺流程：桩位放线→开挖泥浆池、排浆沟→护筒埋设→桩机就位、孔位校正→钻孔→注泥浆→下套管→继续钻孔→排渣→清孔→吊放钢筋笼→射水清底→插入混凝土导管→浇筑混凝土→拔出导管→插桩顶钢筋。

桩位放线：根据建筑的轴线控制桩定出桩基础的每个桩位，可用小木桩标记。桩位放线允许偏差 20mm。灌注混凝土之前，应对桩基轴线和桩位复查一次，以免木桩标记变动而影响施工。

护筒埋设：护筒是由 4～8mm 厚钢板制成的圆筒，其内径应大于钻头直径，当用回转钻时，宜大 100mm；用冲击钻时，宜大 200mm，以方便钻头提升等操作。其上部宜开设 1～2 个溢浆孔，便于溢出泥浆并流回泥浆池进行回收。埋设护筒时先挖去桩孔处表土，将护筒埋入土中。护筒的作用有：成孔时引导钻头方向；提高孔内泥浆水头，防止塌孔；固定桩孔位置、保护孔口。因此，护筒位置应埋设准确并保持稳定。护筒中心与桩位的中心线偏差不得大于 50mm。护筒与坑壁之间用黏土分层填实，以防漏水。护筒的埋深在黏土中不小于 1.0m；在砂土中不宜小于 1.5m。护筒顶面应高于地面 0.4～0.6m，并应保持孔内泥浆面高出地下水位 1m 以上。

钻机就位：钻孔机就位时，必须保持平稳，不发生倾斜、位移，为准确控制钻孔深度，应在机架上或机管上做出控制的标尺，以便在施工中进行观测、记录。

钻孔：调直机架挺杆，对好桩位（用对位圈），开动机器钻进，出土，达到一定深度，（视土质和地下水情况）停钻。钻孔进尺速度应根据土层类别、孔径大小、钻孔深度和供水量确定。对于淤泥和淤泥质土不宜大于 1m/min，其他土层以钻机不超负荷为准，风化岩或其他硬土层以钻机不产生跳动为准。钻孔深度达到设计要求后，必须进行清孔。对于孔壁土质较好不易塌孔的桩孔，可用空气吸泥机清孔，气压为 0.5MPa，被搅动的泥渣随着管内形成的强大高压气流向上涌，从喷口排出，直至孔口喷出清水为止；对于稳定性差的孔壁应用泥浆（正、反）循环法或掏渣筒清孔、排渣。用原土造浆的钻孔，可使钻机空转不进尺，同时注入清水，等孔底残余的泥块已磨浆，排出泥浆相对密度降至 1.1 左右

（以手触泥浆无颗粒感觉），即可认为清孔已合格。对注入制备泥浆的钻孔，可采用换浆法清孔，至换出泥浆相对密度小于1.15～1.25为合格。清孔过程中，必须及时补给足够的泥浆，以保持浆面稳定。孔底沉渣厚度对于端承桩不大于100mm，对于摩擦桩不大于300mm。清孔满足要求后，应立即吊放钢筋笼并灌注混凝土。

注泥浆：孔内注入事先调制好的泥浆，然后继续钻进。

在黏土和粉质黏土中成孔时，可注入清水，以原土造浆护壁。排渣泥浆的相对密度应控制在1.1～1.2。在砂土和较厚的夹砂层中成孔时，泥浆相对密度应控制在1.1～1.3；在穿过砂夹卵石层或容易坍孔的土层中成孔时，泥浆的相对密度应控制在1.3～1.5。在其他土中成孔时，泥浆制备应选用高塑性黏土或膨润土。泥浆的作用是将钻孔内不同土层中的空隙渗填密实，使孔内渗漏水达到最低限度，并保持孔内维持着一定的水压以稳定孔壁。因此在成孔过程中严格控制泥浆的相对密度很重要。施工中应经常测定泥浆相对密度，并定期测定黏度、含砂率和胶体率等指标。废弃的泥浆、泥渣应妥善处理。

下套管：钻孔深度到5m左右时，提钻下套管。套管内径应大于钻头100mm。套管位置应埋设正确和稳定，套管与孔壁之间应用黏土填实，套管中心与桩孔中心线偏差不大于50mm。

继续钻孔：防止表层土受振动坍塌，钻孔时不要让泥浆水位下降。施工中应经常测定泥浆相对密度。

排渣、清孔：根据不同的土质，应控制泥浆的相对密度。

吊放钢筋笼：钢筋笼吊放前应绑好砂浆垫块；吊放时要对准孔位，吊直扶稳，缓慢下沉，钢筋笼放到设计位置时，应立即固定，防止上浮。

制作钢筋笼时，要求主筋环向均匀布置，箍筋的直径及间距、主筋的保护层、加劲箍的间距等均应符合设计规定。箍筋和主筋之间一般采用点焊。分段制作的钢筋笼，其接头宜采用焊接连接。钢筋笼吊放入孔时，不得碰撞孔壁。灌注混凝土时应采取措施固定钢筋笼的位置，避免钢筋笼受混凝土上浮力的影响而上浮。也可待浇筑完混凝土后，将钢筋笼用带帽的平板振动器振入混凝土灌注桩内。

射水清底：在钢筋笼内插入混凝土导管（管内有射水装置），通过软管与高压泵连接，开动泵水即射出。射水后孔底的沉渣即悬浮于泥浆之中。

浇筑混凝土：停止射水后，应立即浇筑混凝土，随着混凝土面不断增高，孔内沉渣将浮在混凝土上面，并同泥浆一同排回贮浆槽内。水下浇筑混凝土应连续施工；导管底端应始终埋入混凝土中0.8～1.3m，导管的第一节底管长度应大于等于4m。

混凝土的配制：配合比应根据试验确定，在选择施工配合比时，混凝土的试配强度应比设计强度提高10%～15%。混凝土要有良好的和易性，在规定的浇筑期间内，坍落度应为13～15cm。灌注桩混凝土所用粗骨料可选用卵石或碎石，其最大粒径不得大于钢筋净距的1/3，对于沉管灌注桩不宜大于50mm；对于素混凝土桩，不得大于桩径的1/4，一般不宜大于70mm。坍落度随成孔工艺不同而不同。混凝土强度等级不应低于C15，水下浇筑混凝土不应低于C20。水下浇筑混凝土具有无振动、无排污的优点，又能在流砂、卵石、地下水、易塌孔等复杂地质条件下顺利成桩，而且由于其扩散渗透的水泥浆而大大提高了桩体质量，其承载力为一般灌注桩的1.5～2倍。

拔出导管：混凝土浇筑到桩顶时，应及时拔出导管。但混凝土的上顶标高一定要符合设计要求。

插桩顶钢筋：桩顶上的插筋一定要保持垂直插入，有足够锚固长度和保护层，防止插偏和插斜。

1. 护壁泥浆

（1）护壁泥浆的作用

在钻孔过程中，为防止孔壁坍塌，在孔内注入高塑性黏土或膨润土和水拌合的泥浆，对黏性土也可利用钻削下来的黏土与水混合自造泥浆。这种护壁泥浆与钻孔的土屑混合，边钻边排出泥浆，同时进行孔内补浆，进行泥浆循环。因此，泥浆具有保护孔壁、防止塌孔、排出土渣以及冷却与润滑钻头的作用。

（2）泥浆的组成与性能

护壁泥浆是由高塑性黏土或膨润土和水拌合的混合物，还可在其中掺入其他掺合剂，如加重剂、分散剂、增黏剂及堵漏剂等。

护壁泥浆一般可在现场制备，有些黏性土在钻进过程中可形成适合护壁的浆液，可利用其作为护壁泥浆，这种方法也称自造泥浆。

护壁泥浆应达到一定的性能指标，膨润土泥浆的性能指标如表2-5所示。

膨润土泥浆的性能指标 表2-5

项次	项目	性能指标	检验方法
1	相对密度	1.05~1.25	泥浆密度计
2	黏度	18~25s	500/700mL漏斗法
3	含砂率	<4%	含砂量计
4	胶体率	>98%	量杯法
5	失水量	<30mL/30min	失水量仪
6	泥皮厚度	1~3mm/30min	失水量仪
7	静切力	1min 2~3Pa 10min 5~10Pa	静切力计
8	稳定性	<0.03g/cm²	
9	pH值	7~9	pH试纸

（3）泥浆循环

根据泥浆循环方式的不同，分为正循环和反循环（图2-5）。根据桩型、钻孔深度、土层情况、泥浆排放及处理条件、允许沉渣厚度等选择泥浆循环方式，但对孔深大于30m的端承型桩，宜采用反循环。

泥浆正循环成孔如图2-5（a）所示。泥浆由钻杆内部注入，并从钻杆底部喷出，携带钻下的土渣沿孔壁向上流动，由孔口将土渣带出流入沉淀池，经沉淀的泥浆流入泥浆池再注入钻杆，由此进行循环。沉淀的土渣用泥浆车运出排放。

泥浆反循环成孔如图2-5（b）所示。泥浆由钻杆与孔壁间的环状间隙流入钻孔，然后，由砂石泵在钻杆内形成真空，使钻下的土渣由钻杆内腔吸出至地面而流向沉淀池，沉淀后再流入泥浆池。反循环工艺的泥浆上流速度较快，排放土渣能力强。

图 2-5　泥浆循环成孔

(a) 正循环；(b) 反循环

1—钻头；2—泥浆循环方向；3—沉淀池；4—泥浆池；5—泥浆泵；6—砂石泵；
7—水龙头；8—钻杆；9—钻机回转装置

2. 成孔机械

泥浆护壁钻孔灌注桩按成孔工艺和成孔机械的不同，可分为以下几种：

(1) 冲击成孔灌注桩：适用于黄土、黏性土或粉质黏土和人工杂填土层中，尤其适用于有孤石的砂砾石层、漂石层、坚硬土层、岩层，对流砂层也适用，但对淤泥及淤泥质土，应慎重使用。冲击钻成孔时将冲锥式钻头提升一定高度后以自由下落的冲击力来破碎岩层，然后用掏渣筒来掏取孔内的渣浆（图 2-6）。

(2) 冲抓成孔灌注桩：适用于一般较松软黏土、粉质黏土、砂土、砂砾层以及软质岩层，孔深在 20m 内。冲抓成孔灌注桩采用冲抓锥（图 2-7），锥头内有重铁块和活动抓片，下落时松开卷扬机刹车，抓片张开，锥头自由下落冲入土中，然后开动卷扬机拉升锥头，此时抓片闭合抓土，将冲抓锥整体提升至地面卸土，依次循环成孔。

图 2-6　冲击钻机

1—滑轮；2—主杆；3—拉索；4—斜
撑；5—卷扬机；6—垫木；7—钻头

图 2-7　冲抓锥

（3）回转钻成孔灌注桩：适用于地下水位较高的软、硬土层，如淤泥、黏性土、砂土、软质岩层。回转钻成孔灌注桩应用最多。回转钻机是由动力装置带动钻机的回转装置转动，并带动带有钻头的钻杆转动，由钻头切削土壤。切削形成的土渣，通过泥浆循环排出桩孔。根据桩型、钻孔深度、土层情况、泥浆排放条件、允许沉渣厚度等选择循环方式，但对孔深大于30m的端承型桩，宜采用反循环。

在黏土层中钻孔时，可采用自制泥浆护壁；在砂土中钻孔，则应注入制备泥浆。注入的泥浆相对密度控制在1.1左右，排出泥浆的相对密度宜为1.2～1.4。钻孔达到要求的深度后，测量沉渣厚度，进行清孔。以原土造浆的钻孔，清孔可用射水法，此时钻具只转不进，待泥浆相对密度降到1.1左右即认为清孔合格；注入制备泥浆的钻孔，可采用换浆法清孔，至换出泥浆的相对密度小于1.15时方为合格，在特殊情况下泥浆相对密度可以适当放宽。

钻孔灌注桩的桩孔钻成并清孔后，应尽快吊放钢筋骨架并灌注混凝土。在无水或少水的浅桩孔中灌注混凝土时，应分层浇筑振实，每层高度一般为0.5～0.6m，不得大于1.5m。混凝土坍落度在一般黏性土中宜为50～70mm；砂类土中为70～90mm；黄土中为60～90mm。水下灌注混凝土时，常用垂直导管灌注法进行水下施工。水下灌注混凝土至桩顶时，应适当超过桩顶设计标高，以保证在凿除含有泥浆的桩段后，桩顶标高和质量能符合设计要求。

施工后的灌注桩的平面位置及垂直度都需满足规范的规定。灌注桩在施工前，宜进行试成孔。

（4）潜水钻成孔灌注桩：适用于地下水位较高的软、硬土层，如淤泥、淤泥质土、黏土、粉质黏土、砂土、砂夹卵石及风化页岩层中，不得用于漂石地层。潜水钻机是一种旋转式钻孔机械，由防水电机、减速机构和钻头等组成。其动力、变速机构和钻头连在一起，加以密封，因而可以下放至孔中地下水位以下进行切削土壤成孔（图2-8）。潜水钻机的动力和变速机构装设在具有绝缘和密封装置的电钻外壳内，且与钻头紧密连

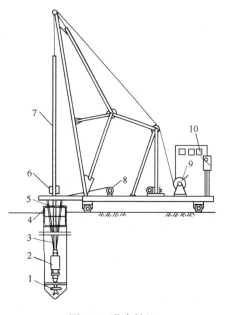

图2-8 潜水钻机
1—钻头；2—潜水钻机；3—电缆；4—护筒；
5—水管；6—滚轮支点；7—钻杆；8—电缆盘；
9—卷扬机；10—控制箱

接在一起，因而能共同潜入水下作业。目前使用的潜水钻机（QSZ-800型），钻孔直径400～800mm，最大钻孔深度50m。潜水钻机既适用于水下钻孔，也可用于地下水位较低的干土层中钻孔。用正循环工艺输入泥浆，进行护壁和将钻下的土渣排出孔外。潜水钻机成孔，也需先埋设护筒，其他施工过程与回转钻机成孔相似。

2.3.3 套管成孔

套管成孔灌注桩也称打拔管灌注桩，采用锤击打桩机或振动沉桩机，将带有活瓣桩尖或设置钢筋混凝土预制桩尖（靴）（图2-9）的钢管锤击或振动沉放土中，然后边灌注混

凝土，边用卷扬机拔管或边振动拔管成桩。前者称为锤击沉管灌注桩，后者称为振动沉管灌注桩。其工艺特点是：能适应较复杂地层，能用小桩管打较大截面桩，承载力大；有套管护壁，可避免塌孔、瓶颈、断桩、移位、脱空等缺陷，质量可靠；能沉能拔，施工速度快，效率高，操作简便安全。这种施工方法适用于工业与民用建筑基础土质为一般黏性土、淤泥、淤泥质土、稍密的砂土及杂填土土层，采用套管成孔的灌注桩工程。

套管成孔灌注桩的施工工艺流程为：就位→沉套管→初灌混凝土→放置钢筋笼、灌注混凝土→拔管成桩。图 2-10 为沉管灌注桩施工过程示意图。

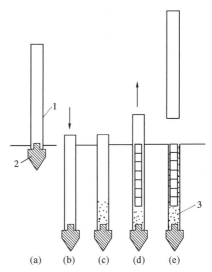

图 2-9　活瓣桩尖

1—桩管；2—锁轴；3—活瓣

图 2-10　沉管灌注桩施工过程

（a）就位；（b）沉套管；（c）初灌混凝土；
（d）放置钢筋笼、灌注混凝土；（e）拔管成桩

1—钢管；2—桩靴；3—桩

就位：打（沉）桩机就位时，应垂直、平稳架设在打（沉）桩部位，桩锤（振动箱）应对准桩位。同时，在桩架或套管上标出控制深度，以便在施工中进行套管深度观测。

沉套管：采用活瓣式桩尖时，应先将桩尖活瓣用麻绳或铁丝捆紧合拢，活瓣间隙应紧密。当桩尖对准桩基中心，并核查调整套管垂直度后，利用锤击及套管自重将桩尖压入土中。

采用预制混凝土桩尖时，应先在桩基中心预埋好桩尖，在套管下端与桩尖接触处垫好缓冲材料。桩机就位后，吊起套管，对准桩尖，使套管、桩尖、桩锤在一条垂直线上，利用锤重及套管自重将桩尖压入土中。

成桩施工顺序一般从中间开始，向两侧边或四周进行，对于群桩基础或桩的中心距小于或等于 4d（d 为桩径）时，应间隔施打，中间空出的桩，须待邻桩混凝土达到设计强度的 50% 后，方可施打。

开始沉管时应轻击慢振。锤击沉管时，可用收紧钢丝绳加压或加配重的方法提高沉管速率。当水或泥浆有可能进入桩管时，应事先在管内灌入 1.5m 左右高的封底混凝土。应

按设计要求和试桩情况，严格控制沉管最后贯入度。

在沉管过程中，如出现套管快速下沉或套管沉不下去的情况，应及时分析原因，进行处理。如快速下沉是因桩尖穿过硬土层进入软土层引起的，则应继续沉管作业。如果沉不下去是因桩尖顶住孤石或遇到硬土层引起的，则应放慢沉管速度（轻锤低击或慢振），待越过障碍后再正常沉管。如果仍然沉不下去或沉管过深，最后贯入度不能满足设计要求，则应核对地质资料，会同建设单位研究处理。

初灌混凝土：每次向套管内灌注混凝土时，如用长套管成孔短桩，则一次灌足，如成孔长桩，则第一次应尽量灌满。混凝土坍落度宜为 6～8cm，配筋混凝土坍落度宜为8～10cm。

灌注时充盈系数（实际灌注混凝土量与理论计算量之比）应不小于1。一般土质为1.1；软土为 1.2～1.3。在施工中可根据不同土质的充盈系数，计算出单桩混凝土需用量，折合成料斗浇灌次数，以核对混凝土实际灌注量。当充盈系数小于1时，应采用全桩复打，对于断桩及缩颈桩可局部复打，即复打超过断桩或缩颈桩1m以上。

放置钢筋笼、灌注混凝土：钢筋笼的吊放，对通长的钢筋笼在成孔完成后埋设，短钢筋笼可在混凝土灌至设计标高时再埋设，埋设钢筋笼时要对准管孔，垂直缓慢下降。在混凝土桩顶采取构造连接插筋时，必须沿周围对称均匀垂直插入。

桩顶混凝土一般宜高出设计标高 200mm 左右，待以后施工承台时再凿除。如设计有规定，应按设计要求施工。

拔管成桩：每次拔管高度应以能容纳吊斗一次所灌注混凝土为限，并边拔边灌。在任何情况下，套管内应保持不少于 2m 高度的混凝土，并按沉管方法采取不同的方法拔管，在拔管过程中，应有专人用测锤或浮标检查管内混凝土下降情况，一次不应拔的过高。

锤击沉管拔管方法是：套管内灌入混凝土后，拔管速度应均匀，对一般土层，不宜大于 1m/min；对软弱土层及软硬土层交界处，不宜大于 0.8m/min。采用倒打拔管的打击次数，单动汽锤不得少于 70 次/min；自由落锤轻击不得少于 50 次/min。在管底未拔到桩顶设计标高之前，倒打或轻击不得中断。

振动沉管拔管方法可根据地基土的具体情况，分别选用单打法、反插法或复打法进行。

单打法：适用于含水量较小土层。系在套管内灌入混凝土后，再振再拔，如此反复，直至套管全部拔出，在一般土层中拔管速度宜为 1.2～1.5m/min，在软弱土层中不宜大于 0.8～1.0m/min。

反插法：适用于饱和土层。当套管内灌入混凝土后，先振动再开始拔管，每次拔管高度为 0.5～1m，反插深度 0.3～0.5m。拔管过程应分段添加混凝土，保持管内混凝土面始终不低于地表面，或高于地下水位 1～1.5m 以上。拔管速度控制在 0.5m/min 以内。在桩尖接近持力层处约 1.5m 范围内，宜多次反插，以扩大桩底端部面积。当穿过淤泥夹层时，适当放慢拔管速度，减少拔管和反插深度。反插法易使泥浆混入桩内造成夹泥桩，施工中应慎重采用。

复打法：是在第一次按单打法施工完毕、拔出桩管后，清除桩管外壁上的污泥和桩孔周围地面浮土，立即在原桩位再埋预制桩靴或合好桩尖活瓣，进行第二次沉管，使未凝固的混凝土向四周挤压以扩大桩径形成夯扩端，然后再下钢筋笼，灌注第二次混凝土。拔管方法与初打时相同。施工时要注意：前后两次沉管的轴线应重合，复打施工必须在第一次灌注的混凝土初凝之前进行，钢筋笼应在第二次沉管后放入。

沉管灌注桩施工易发生断桩、颈缩、桩尖进水或进泥砂及吊脚桩等质量问题，施工中应加强检查并及时处理。

2.3.4 灌注桩的质量标准

1. 质量保证项目

(1) 灌注桩用的原材料和混凝土强度，必须符合设计要求和施工规范的规定。

(2) 成孔深度必须符合设计要求，以摩擦力为主的桩，沉渣厚度严禁大于 300mm；以端承力为主的桩，沉渣厚度严禁大于 100mm。

(3) 实际浇筑混凝土量严禁小于计算体积。套管成孔桩任意一段平均直径与设计直径之比严禁小于 1。

(4) 浇筑后的桩顶标高、钢筋笼（插筋）标高及浮浆的处理，必须符合设计要求和施工规范的规定。

2. 允许偏差项目

(1) 灌注桩的平面位置和垂直度的偏差应在允许偏差范围之内。允许偏差见表 2-6。

(2) 混凝土灌注桩钢筋笼质量符合检验标准，见表 2-7。

(3) 混凝土灌注桩质量符合检验标准，见表 2-8。

灌注桩的平面位置和垂直度的允许偏差　　　　表 2-6

序号	成孔方法		桩径允许偏差（mm）	垂直度允许偏差（%）	允许偏差（mm）	
					1～3 根、单排桩基垂直于中心线方向和群桩基础的边桩	条形桩基沿中心线和群桩基础的中间桩
1	泥浆护壁灌注桩	$D \leqslant 1000mm$	±50	<1	$D/6$，且不大于 100	$D/4$，且不大于 150
		$D > 1000mm$	±50		$100 + 0.01H$	$150 + 0.01H$
2	套管成孔灌注桩	$D \leqslant 500mm$	−20	<1	70	150
		$D > 500mm$			100	150
3	干成孔灌注桩		−20	<1	70	150
4	人工挖孔桩	混凝土护壁	+50	<0.5	50	150
		钢套管护壁	+50	<1	100	200

注：1. 桩径允许偏差的负值是指个别断面；
　　2. 采用复打、反插法施工的桩，其桩径允许偏差不受限制；
　　3. H 为施工现场地面标高与桩顶设计标高的距离，D 为设计桩径。

混凝土灌注桩钢筋笼质量检验标准

表 2-7

施工质量验收的规定				检查方法
项目	序号	检查项目	允许偏差或允许值（mm）	
主控项目	1	主筋间距	±10	用钢尺量
	2	长度	±100	用钢尺量
一般项目	1	钢筋材质检验	设计要求	抽样送检
	2	箍筋间距	±20	用钢尺量
	3	直径	±10	用钢尺量

混凝土灌注桩质量检验标准

表 2-8

施工质量验收的规定					检查方法
项目	序号	检查项目	允许偏差或允许值		
主控项目	1	桩位	见灌注桩的平面位置和垂直度的允许偏差		基坑开挖前量护筒，开挖后量桩中心
	2	孔深	+300mm		只深不浅，用重锤测，或测钻杆、套管长度，嵌岩桩应确保进入设计要求的嵌岩深度
	3	桩体质量检验	按《建筑基桩检测技术规范》JGJ 106—2014。如钻芯取样，大直径嵌岩桩应钻至桩尖下50cm		按《建筑基桩检测技术规范》JGJ 106—2014
	4	混凝土强度	设计要求		试件报告或钻芯取样送检
	5	承载力	按《建筑基桩检测技术规范》JGJ 106—2014		按《建筑基桩检测技术规范》JGJ 106—2014
一般项目	1	垂直度	见灌注桩的垂直度允许偏差		测套管或钻杆，或用超声波探测，干施工时吊垂球
	2	桩径	见灌注桩的桩径允许偏差		井径仪或超声波探测，干施工时用钢尺量，人工挖孔桩不包括内衬厚度
	3	泥浆相对密度（黏性或砂性土中）	1.15～1.2		用比重计测，清孔后在距孔底50cm处取样
	4	泥浆面标高（高于地下水位）	m	0.5～1.0	目测
	5	沉渣厚度	端承桩	mm	≤50	用沉渣仪或重锤测量
			摩擦桩	mm	≤150	
	6	混凝土坍落度	水下灌注	mm	160～220	坍落度仪
			干施工	mm	70～100	
	7	钢筋笼安装深度	mm	±100	用钢尺量
	8	混凝土充盈系数	>1		检查每根桩的实际灌注量
	9	桩顶标高	mm	+30 −50	水准仪，需扣除桩顶浮浆层及劣质桩体

思政小课堂

上海楼房倒塌事故

2009年6月27日清晨5时30分左右，上海闵行区莲花南路、罗阳路口西侧"莲花河畔景苑"小区，一栋在建的13层住宅楼全部倒塌，造成一名工人死亡（图2-11）。庆幸的是，由于倒塌的高楼尚未竣工交付使用，所以，事故并没有酿成居民伤亡事故。

图2-11 上海楼房倒塌图片

新华网消息，据《上海证券报》报道，上海市政府7月3日举行专题新闻发布会宣布，在建大楼倾倒主要原因为两侧压力过大，房屋结构设计等符合要求。上海市政府新闻发言人陈启伟表示，随着事故原因的公布，调查工作将转入事故责任调查。他指出，上海将严查相关事故责任人。

6月27日5时30分，上海闵行区"莲花河畔景苑"一幢13层在建楼房倒塌。上海组织了14位勘察、设计、地质、水利、结构等相关专业专家，对事故原因进行调查。据了解，事故责任由上海市安监局牵头负责调查。

调查结果显示，倾覆主要原因是，楼房北侧在短期内堆土高达10m，南侧正在开挖4.6m深的地下车库基坑，两侧压力差导使土体产生水平位移，过大的水平力超过了桩基的抗侧力能力，使房屋倾倒。

事故调查专家组组长、中国工程院院士江欢成说，事发楼房附近有过两次堆土施工：半年前第一次堆土距离楼房约20m，离防汛墙10m，高3～4m；第二次从6月20日起施工方在事发楼盘前方开挖基坑堆土，6天内即高达10m，"致使压力过大"。

紧贴7号楼北侧，在短期内堆土过高，最高处达10m；与此同时，紧邻大楼南侧的地下车库基坑正在开挖，开挖深度4.6m，大楼两侧的压力差使土体产生水平位移，过大的水平力超过了桩基的抗侧力能力，导致房屋倾倒。南面4.6m深的地下车库基坑掏空13层楼房基础下面的土体，可能加速房屋南面的沉降，使房屋向南倾斜。

7号楼北侧堆土太高，堆载已是土承载力的2倍多，使第3层土和第4层土处于塑性流动状态，造成土体向淀浦河方向的局部滑动，滑动面上的滑动力使桩基倾斜，使向南倾斜的上部结构加速向南倾斜。

同时，10m 高的堆土是快速堆上的，这部分堆土是松散的，在雨水的作用下，堆土自身要滑动，滑动的动力水平作用在房屋的基础上，不但使该楼水平位移，更严重的是这个力与深层的土体滑移力形成一对力偶，加速桩基继续倾斜。高层建筑上部结构的重力对基础底面积形心的力矩随着倾斜的不断加大而增加，最后使得高层建筑上部结构向南迅速倒塌至地。这个过程是逐步发生的，是可以监测得到的，直到高层建筑倾斜到一定数值才会突然倾倒。土体不滑动，高层建筑上部结构是不会迅速倒塌的。这是土体滑动造成的失稳破坏。

思 考 题 及 习 题

1. 桩可分为哪些类型？

2. 预制混凝土桩的制作、起吊、运输与堆放有哪些基本要求？

3. 预制桩沉桩法中锤击法的施工工艺流程是什么？什么情况下终止锤击？

4. 静压法沉桩中静力压桩机分为哪两种？其工作原理分别是什么？

5. 什么是灌注桩？灌注桩的分类有哪些？

6. 简述螺旋钻孔灌注桩以及泥浆护壁钻孔灌注桩的施工工艺流程。

7. 泥浆护壁钻孔灌注桩的泥浆有何作用？泥浆循环有哪两种工艺方式？

8. 泥浆护壁钻孔灌注桩按成孔工艺和成孔机械可分哪几种？

9. 在泥浆护壁钻孔灌注桩施工过程中，注浆时应注意哪些事项？

10. 对于灌注桩施工质量检验应注意哪些事项？

11. 简述钢筋混凝土预制桩的现场制作方法。

12. 预制桩的制作质量有哪些要求？

13. 如何确定打桩顺序？

14. 简述锤击沉桩的质量控制。

15. 怎样减少和预防沉桩对周围环境的不利影响？

16. 简述沉管灌注桩的施工特点。

17. 简述单打法和复打法的区别及复打法的作用。

第2章思考题及
习题参考答案

第3章 混凝土结构工程

内容提要 混凝土结构工程包括钢筋工程、混凝土工程和模板工程三部分，是土木工程施工中最重要的分项工程之一。

钢筋工程包括钢筋的分类、钢筋的加工和质量验收以及钢筋的连接。钢筋连接方式包括绑扎、焊接和机械连接，本章重点阐述了焊接连接的原理和工艺。

模板工程包括模板的构造和设计，本章阐述了几种常见模板的构造；模板的设计荷载及其组合；模板的安装和拆除所要遵循的原则和注意事项。

混凝土工程包括混凝土的制备、搅拌、运输、浇筑、养护以及质量验收等方面，本章重点阐述了混凝土的浇筑和养护。

学习要求 通过本章学习，对于钢筋工程重点掌握钢筋的连接技术、方法和工艺流程；了解钢筋的分类以及钢筋加工、调直、切断、弯曲的方法；了解钢筋的质量验收所要遵循的原则及要求。

对于模板工程重点掌握模板的设计原则和荷载标准值的确定方法；了解几种常见模板的构造；掌握模板的安装和拆除应注意的事项和技术要求。

混凝土工程中重点掌握混凝土的搅拌、浇筑和振捣方法；了解混凝土强度检测的方法。

混凝土结构工程是指按设计要求将钢筋和混凝土两种材料，利用模板浇制而成的各种形状和大小的构件或结构。混凝土工程包括钢筋工程、模板工程和混凝土工程，是建筑施工中的主导工种工程，无论在人力、物力消耗和对工期的影响方面都占非常重要的地位。

混凝土是当代最主要的土木工程材料之一。它是由胶凝材料、颗粒状集料（也称为骨料）、水以及必要时加入的外加剂和掺合料按一定比例配制，经均匀搅拌，密实成型，养护硬化而成的一种人工石材。混凝土具有原料丰富，价格低廉，生产工艺简单的特点，因而其用量越来越大。同时混凝土还具有抗压强度高、耐久性好、强度等级范围宽等特点。混凝土的使用范围十分广泛，不仅在各种土木工程中使用，在造船业、机械工业、海洋的开发、地热工程等中，混凝土也是重要的材料。

钢筋是指钢筋混凝土配筋用的直条或盘条状钢材，其外形分为光圆钢筋和变形钢筋两种。光圆钢筋实际上就是普通低碳钢的小圆钢和盘圆。变形钢筋是表面带肋的钢筋，通常带有2道纵肋和沿长度方向均匀分布的横肋。横肋的外形分为螺旋形、人字形、月牙形3种类型。

将钢筋和混凝土这两种材料结合是为了充分利用材料的各自优点，提高结构承载能力。因为混凝土的抗压能力较强，而抗拉能力却很弱。钢筋的抗拉和抗压能力都很强。把这两种材料结合在一起共同工作，充分发挥混凝土的抗压性能和钢筋的抗拉性能。首先，钢筋与混凝土有着近似相同的线膨胀系数，不会因环境不同而产生过大的应力（二者不会因为膨胀和收缩引起较大的摩擦应力）。其次，钢筋与混凝土之间有良好的粘结力，变形钢筋可以提高混凝土与钢筋之间的机械咬合力，通常将钢筋的端部弯起 180°弯钩。此外，混凝土中的氢氧化钙提供的碱性环境，在钢筋表面形成了一层钝化保护膜，使钢筋在中性与酸性环境下更不易腐蚀，起到保护钢筋的作用。

3.1 钢 筋 工 程

在钢筋混凝土结构中，钢筋及其加工质量对结构质量起着决定性的作用，钢筋工程属于隐蔽工程，在混凝土浇筑后，钢筋的质量难以检查，因此对钢筋的进场验收到一系列的加工过程和最后的绑扎安装，都必须进行严格的质量控制，以确保结构的质量。钢筋工程包括钢筋的加工、钢筋焊接连接、钢筋机械连接以及钢筋的配料与代换。

3.1.1 钢筋的分类

钢筋种类很多，通常按化学成分、生产工艺、轧制外形、供应形式、直径大小，以及在结构中的用途进行分类。

1. 按轧制外形分为光圆钢筋、带肋钢筋、钢丝及钢绞线、冷轧扭钢筋。

（1）光圆钢筋：光圆钢筋是经热轧成型并自然冷却的成品钢筋，由低碳钢和普通合金钢在高温状态下压制而成，主要用于钢筋混凝土和预应力混凝土结构，是土木建筑工程中使用量最大的钢材品种之一。直径 6.5～12mm 的钢筋，大多数卷成盘条；直径 12～40mm 的钢筋一般是 6～12m 长的直条。

（2）带肋钢筋：表面有突起部分的圆形钢筋称为带肋钢筋，它的肋纹形式有月牙形（图 3-1）、螺纹形（图 3-2）、人字形（图 3-3）。

图 3-1　月牙形　　　图 3-2　螺纹形　　　图 3-3　人字形

（3）钢丝（分低碳钢丝和碳素钢丝两种）及钢绞线：常用于预应力钢筋混凝土结构。

钢丝是钢材的板、管、型、丝四大品种之一，是用热轧盘条经冷拉制成的再加工产品。按断面形状分类，钢丝主要有圆形、方形、矩形、三角形、椭圆形、扁形、梯形、Z字形等；按尺寸分类，分为特细（<0.1mm）、较细（0.1～0.5mm）、细（0.5～1.5mm）、中等（1.5～3.0mm）、粗（3.0～6.0mm）、较粗（6.0～8.0mm）、特粗（>8.0mm）；按强度分类，分为低强度（<390MPa）、较低强度（390～785MPa）、普通强度（785～1225MPa）、较高强度（1225～1960MPa）、高强度（1960～3135MPa）、特高强度（>3135MPa）。

钢绞线是由多根钢丝绞合而成的产品，有多种类型，如常用于架空导线的镀锌钢绞线、桥梁的预应力钢绞线、光缆加强的镀锌钢绞线等。钢绞线按照一根钢绞线中的钢丝数量可以分为 2 丝钢绞线、3 丝钢绞线、7 丝钢绞线及 19 丝钢绞线。按照表面形态可以分为光面钢绞线、刻痕钢绞线、模拔钢绞线、镀锌钢绞线、涂环氧树脂的钢绞线等。还可以按照直径或强度级别或标准分类。预应力钢绞线的主要特点是强度高和松弛性能好，另外展开时较挺直，并且屈服强度也较高。在多数后张预应力及先张预应力工程中，光面钢绞线是最广泛应用的预应力钢材。模拔钢绞线主要用于提升工程，也用于核电之类的工程。镀锌钢绞线常用于桥梁的系杆、拉索及体外预应力工程。涂环氧树脂的钢绞线用途和镀锌预应力钢绞线类似。

（4）冷轧扭钢筋：以热轧Ⅰ级盘圆为原料，经专用生产线，先冷轧扁，再冷扭转，从而形成的系列螺旋状直条钢筋。冷轧扭钢筋具有良好的塑性和较高的抗拉强度；螺旋状外形大大提高了与混凝土的握裹力，改善了构件受力性能，使混凝土构件具有承载力高、刚度好、破坏前有明显预兆等特点。冷轧扭钢筋的刚性好，绑扎后不易变形和移位，对保证工程质量极为有利，特别适用于现浇板类工程。

2. 按直径大小分为钢丝（直径 3~5mm）、细钢筋（直径 6~10mm）、粗钢筋（直径大于 22mm）。

3. 按力学性能分为 HPB300 级钢筋、HRB400 级钢筋、HRBF400 级钢筋、RRB400 级钢筋、HRB500 级钢筋和 HRBF500 级钢筋。

（1）HPB300 级钢筋：HPB300 级钢筋是热轧光圆钢筋，可用作纵向受力钢筋，因其强度较低，故主要用作箍筋。

（2）HRB400 级钢筋、HRBF400 级钢筋和 RRB400 级钢筋：HRB400、HRBF400 和 RRB400 级钢筋分别是热轧带肋钢筋、细晶粒热轧带肋钢筋和热处理带肋钢筋，其中 HRB400 级钢筋是一种高强度、高性能钢筋，推荐用于房屋建筑结构梁、柱的纵向受力钢筋。HRBF400 级钢筋和 RRB400 级钢筋都不能用作承受疲劳作用的钢筋，这时宜采用 HRB400 级钢筋。

（3）HRB500 级钢筋和 HRBF500 级钢筋：HRB500 级钢筋也是一种高强度、高性能钢筋，推荐用于房屋建筑结构梁、柱的纵向受力钢筋。当 HRB500 级钢筋和 HRBF500 级钢筋用作箍筋时，只能用于约束混凝土的间接钢筋，即螺旋箍筋或焊接环筋。HRB500 级钢筋不能用作承受疲劳作用的钢筋，这时宜采用 HRB400 级钢筋。

4. 按生产工艺分为热轧、冷轧钢筋，还有以 HRB500 级钢筋经热处理而成的热处理钢筋，强度比前者更高。热轧钢筋应具备一定的强度，即屈服点和抗拉强度，它是结构设计的主要依据，分为热轧光圆钢筋和热轧带肋钢筋两种。

5. 按在结构中的作用分为受压钢筋、受拉钢筋、架立钢筋、分布钢筋、箍筋等。受拉、受压钢筋是指承受拉、压应力的钢筋。箍筋主要是承受一部分斜拉应力，并固定受力筋的位置，多用于梁和柱内。架立钢筋用以固定梁内钢箍的位置，构成梁内的钢筋骨架。分布筋用于屋面板、楼板内，与板的受力筋垂直布置，将承受的重量均匀地传给受力筋，并固定受力筋的位置，以及抵抗热胀冷缩所引起的温度变形。除此之外还有因构件构造要求或施工安装需要而配置的构造筋，如腰筋等。

3.1.2 钢筋的验收

1. 钢筋应有出厂质量证明书或报告单，每盘钢筋表面均应有标志。进场时应按批号及直径分批检查，检验内容包括查对标志、外观检查以及按现行国家有关标准的规定抽取试样做力学性能试验，合格后方可使用。

2. 对有抗震要求的框架结构纵向受力钢筋应进行检验，检验所得的强度实测值应符合下列要求：钢筋的抗拉强度实测值与屈服强度实测值的比值不应小于1.25；钢筋的屈服强度实测值与钢筋的标准值的比值，当按一级抗震设计时，不应大于1.25，当按二级抗震设计时，不应大于1.4；钢筋在运输和储存时，不得损坏标志，并应按批分别堆放整齐，避免锈蚀或油污。

3. 外观检查。从每批钢筋中抽取5%进行外观检查；钢筋表面不得有裂纹、结疤和折叠；钢筋表面允许有凸块，但不得超过横肋的高度，钢筋表面上其他缺陷的深度和高度不得大于所在部位尺寸的允许偏差。

4. 力学性能试验。每批钢筋中任选两根钢筋，每根取两个试件分别进行拉伸试验（包括屈服点、抗拉强度和伸长率）和冷弯试验。

3.1.3　钢筋的加工

钢筋加工是为钢筋混凝土工程或预应力混凝土工程提供钢筋制品的制作工艺过程。钢筋加工制作在现场进行，配置钢筋弯曲机、钢筋切断机和卷扬机用于钢筋加工。钢筋经过单根钢筋的制备、钢筋网和钢筋骨架的组合以及预应力钢筋的加工等工序制成成品后，运往施工现场安装。

1. 加工注意要点

（1）钢筋加工的形状尺寸必须符合设计要求，钢筋的表面应洁净，无损伤、油渍、漆污和铁锈等，带有颗粒状或片状老锈的钢筋不得使用。

（2）钢筋应平直，无局部弯折，成盘的钢筋和弯曲的钢筋均应调直。钢筋调直，可用机械或人工调直。经调直后的钢筋不得有局部弯曲、死弯、小波浪形，其表面伤痕不应使钢筋截面减小5%。

（3）钢筋加工配料时，要准确计算钢筋长度，如有弯钩或弯起钢筋，应加其长度，并扣除钢筋弯曲成型的延伸长度，拼配钢筋实际需要长度。同直径同钢号不同长度的各种钢筋应先按编号（设计编号）顺序填写配料表，再根据调直后的钢筋长度，统一配料，以减少钢筋的断头废料和焊接量。

（4）钢筋切断应根据钢筋号、直径、长度和数量，长短搭配，先断长料后断短料，尽量减少和缩短钢筋短头，以节约钢材。

2. 钢筋调直

建筑用热轧钢筋分盘圆和直条两类。直径在12mm以下的钢筋一般制成盘圆，以便于运输。盘圆钢筋在下料前，一般要经过放盘、冷拉工序，以达到调直的目的。直径在12mm以上的钢筋，一般轧制成6～12m长的直条。由于在运输过程中，几经装卸，会使直条钢筋局部弯折，为此在使用前应进行调直。

钢筋调直可分为人工调直和机械调直两种方法。

3. 钢筋切断

钢筋切断工序，一般在钢筋调直后进行，这样做的目的是下料准确，节省钢筋。但是，在缺乏设备和钢筋加工量不大的情况下，粗钢筋也可以先人工断料，再人工平直；细钢筋先人工放盘，尽量做到顺直，以能够丈量为原则，断料后再人工调直。

4. 钢筋弯曲

钢筋弯曲分机械弯曲和手工弯曲两种。随着钢筋加工专业化程度的不断提高，钢筋弯曲成型已基本上实现了机械化。但目前施工现场仍然以手工弯曲为主。钢筋弯曲成型是钢筋加工中的一道主要工序，该工序具有很强的技术性。

3.1.4 钢筋的连接

钢筋连接是在钢筋与钢筋接头处使用的，用以延长钢筋的一个部件。钢筋连接一般分成三种方法：绑扎、焊接、机械连接。

1. 钢筋绑扎

绑扎是目前常用的一种钢筋连接形式，其工艺简单，效率高，不需要连接设备。受拉钢筋和受压钢筋接头的搭接长度及接头位置应符合施工质量及验收规范的规定，钢筋的搭接长度一般是指钢筋绑扎连接的搭接长度。

图 3-4　同一连接区段内纵向受拉钢筋的绑扎搭接接头

同一构件中相邻纵向受力钢筋的绑扎搭接接头宜相互错开。绑扎搭接接头中钢筋的横向净距不应小于钢筋直径，且不应小于 25mm。钢筋绑扎搭接接头连接区段的长度为 1.3 倍搭接长度 l_a，凡搭接接头中点位于该连接区段长度内的搭接接头均属于同一连接区段。同一连接区段内纵向钢筋搭接接头面积百分率为该区段内有搭接接头的纵向钢筋截面面积与全部纵向钢筋截面面积的比值（图 3-4）。

2. 钢筋焊接

焊接是钢筋连接的主要方法，焊接可改善钢筋结构的受力性能，节约钢材和提高工效。钢筋焊接包括钢筋电阻点焊、闪光对焊、电弧焊、电渣压力焊、气压焊和预埋件埋弧压力焊六种焊接方法，其适用范围见表 3-1。

钢筋焊接方法分类及适用范围　　　　　　　　　　　　表 3-1

焊接方法	接头形式	适用范围	
		钢筋级别	钢筋直径（mm）
电阻点焊		HPB300 HRB400　HRBF400 CRB550	6～16
			5～12
闪光对焊		HPB300 HRB400　HRBF400	8～22
			8～32
		HRB500　HRBF500 RRB400	10～32

焊接方法		接头形式	适用范围	
			钢筋级别	钢筋直径 （mm）
电弧焊	帮条双 面焊		HPB300 HHRB400　HRBF400 HRB500　HRBF500	6～22
	帮条单 面焊			6～40
	搭接双 面焊			
	搭接单 面焊			
	熔槽帮 条焊		HPB300	20～22
			HRB400　HRBF400 HRB500　HRBF500	20～40
	剖口平焊		HPB300 HRB400　HRBF400 HRB500　HRBF500	18～40
	剖口立焊			
	钢筋与 钢板搭 接焊		HPB300 HRB400　HRBF400 HRB500　HRBF500	8～40

焊接方法		接头形式	适用范围	
			钢筋级别	钢筋直径（mm）
电弧焊	预埋件角焊		HPB300 HRB400　HRBF400 HRB500　HRBF500	6～25
	预埋件穿孔塞焊		HPB300 HRB400　HRBF400 HRB500　HRBF500	20～25
电渣压力焊			HPB300 HRB400　HRBF400 HRB500　HRBF500	12～32
气压焊			HPB300 HRB400　HRBF400 HRB500　HRBF500	12～40
预埋件埋弧压力焊			HPB300 HRB400　HRBF400 HRB500　HRBF500	6～25

（1）电阻点焊

电阻点焊是将两钢筋安放成交叉叠接形式，压紧于两电极之间，利用电阻热熔化母材金属，加压形成焊点的一种压焊方法。混凝土结构中的钢筋焊接骨架和钢筋焊接网，宜采用电阻点焊制作。它的生产率高、节约材料、应用广泛。电阻点焊通常采用搭接接头和折边接头，可以由两个或两个以上等厚度或不等厚度的工件组成，如图 3-5 所示。

电阻点焊的工艺流程大致分为四个阶段：预压阶段、通电加热阶段、维持阶段、休止阶段。

（2）闪光对焊

闪光对焊是将两根钢筋安装放成对接形式，利用焊接电流通过两根钢筋接触点产生的

图 3-5　电阻点焊接头形式

（a）搭接接头；（b）折边接头

电阻热，使接触点金属熔化，产生强烈飞溅，形成闪光，伴有刺激性气味，释放微量分子，迅速施加顶锻力完成的一种压焊方法（图 3-6）。闪光对焊适用范围广，原则上能铸造的金属材料都可以用闪光对焊焊接。闪光对焊广泛应用于焊接各种板件、管件、型材、实心件、刀具等，应用十分广泛，是一种经济、高效率的焊接方法。钢筋闪光对焊的焊接工艺可分为连续闪光焊、预热闪光焊和闪光-预热-闪光焊等，根据钢筋品种、直径、焊机功率、施焊部位等因素选用。

　　一般的闪光对焊的基本程序可以分成预热、闪光（也称烧化）、顶锻、保持和休止等阶段，连续闪光对焊时无预热阶段。

　　1）预热阶段

　　只有预热闪光对焊才有预热阶段。预热可以提高焊件的端面温度，以便在较高的起始速度或较低的设备功率下顺利地开始闪光，并减少闪光留量，节约材料。同时也可以使纵深温度分布较缓慢，加热区增宽，焊件冷却速度减慢，以便顶锻时产生塑性变形并使液态金属及

图 3-6　钢筋闪光对焊

1—焊接的钢筋；2—固定电极；

3—可动电极；4—机座；

5—变压器；6—手动顶压机构

其面上的氧化物较易排除，同时也可减弱焊件的淬硬倾向。预热闪光对焊是在闪光阶段之前先以断续的电流脉冲加热焊件，利用短接时的快速加热和间隙时的匀热过程使焊件端面较均匀地加热到预定温度，然后进入闪光和顶锻阶段。

　　2）闪光阶段

　　闪光阶段是闪光对焊加热过程的核心。通过闪光阶段的发热和传热，不但使焊件端面温度均匀上升，并使焊件沿纵深加热到合适且稳定的温度分布状态。

　　3）顶锻阶段

　　顶锻是实现焊接的最后阶段，顶锻封闭焊件端面的间隙、排除液态金属层及其表面的氧化物杂质。顶锻时对焊接区的金属施加一定的压力，使其获得必要的塑性变形，从而使焊件界面消失，形成共同晶粒。顶锻是一个快速的锻击过程。它的前期是封闭焊件端面的间隙，防止再氧化。这个过程越快越好，一般受焊机机械部分运动加速度的限制。常在顶锻的初期继续进行通电，称为有电顶锻，用以补充热量。顶锻留量包括间隙、爆破留下的凹坑、液态金属层尺寸及变形量。加大顶锻留量有利于彻底排除液态金属和夹杂，保证足

够的变形量。

焊接工艺方法选择：当钢筋直径较小，钢筋级别较低，可采用连续闪光焊。采用连续闪光焊所能焊接的最大钢筋直径应符合表3-2的规定。当钢筋直径较大，端面较平整，宜采用预热闪光焊；当端面不够平整，则应采用闪光-预热闪光焊。

连续闪光焊钢筋上限直径 表3-2

焊机容量（kVA）	钢筋级别	钢筋直径（mm）
160 （150）	HPB300	22
	HRB400 HRBF400	20
100	HPB300	20
	HRB400 HRBF400	18
80 （75）	HPB300	16
	HRB400 HRBF400	12

注：HRB500级钢筋焊接时，无论直径大小，均应采取预热闪光焊或闪光-预热闪光焊工艺。

1) 连续闪光焊的工艺过程

先闭合一次电路，使两钢筋端面轻微接触，此时端面的间隙中即射出火花般熔化的金属微粒——闪光，接着徐徐移动钢筋使两端面仍保持轻微接触，形成连续闪光，当闪光到预定长度，使钢筋头加热到将近熔点时，就以一定的压力迅速进行顶锻（先带电进行顶锻，再无电顶锻到一定长度）。焊接接头即告完成。

2) 预热闪光焊的工艺过程

施焊时先闭合电源，然后使两钢筋端面交替的接触和分开，这时钢筋端面的间隙中即发出连续的闪光而形成预热过程。当钢筋达到预热温度后进入闪光阶段，随后顶锻而成。焊接接头即告完成。

3) 闪光-预热-闪光焊的工艺过程

施焊时首先连续闪光，使钢筋端部闪平，后续工艺同预热闪光焊。钢筋直径较粗时，宜采用预热闪光焊和闪光-预热-闪光焊。

（3）电弧焊

电弧焊是利用电弧作为热源的熔焊方法，简称弧焊。其基本原理是利用电弧在大电流（10~200A）以及低电压（10~50V）条件下通过一电离气体时放电所产生的热量，来熔化焊条与工件，使其在冷凝后形成焊缝。按其自动化程度可分为：手工电弧焊、半自动电弧焊、自动电弧焊。按其工艺可大致分为：钨极气体保护电弧焊、熔化极气体保护电弧焊、埋弧焊、等离子体电弧焊。

钢筋电弧焊是以焊条作为一级，钢筋作为另一极，利用焊接电流通过产生的电弧热进行焊接的一种熔焊方法。钢筋电弧焊包括帮条焊、搭接焊、坡口焊、熔槽帮条焊和窄间隙焊等接头形式。

钢筋电弧焊工艺流程：检查设备→选择焊接参数→试焊、做模拟试件→送试→确定焊接参数→施焊→质量检验。

钢筋电弧焊施焊操作：

① 引弧：带有垫板或帮条的接头，引弧应在钢板或帮条上进行。无钢筋垫板或无帮条的接头，引弧应在形成焊缝的部位，防止烧伤主筋。

② 定位：焊接时应先焊定位点再施焊。

③ 运条：运条时的直线前进、横向摆动和送进焊条三个动作要协调平稳。

④ 收弧：收弧时，应将熔池填满，拉灭电弧时，应将熔池填满，注意不要在工作表面造成电弧擦伤。

⑤ 多层焊：如钢筋直径较大，需要进行多层施焊时，应分层间断施焊，每焊一层后，应清渣再焊接下一层，应保证焊缝的高度和长度。

⑥ 熔合：焊接过程中应有足够的熔深。主焊缝与定位焊缝应结合良好，避免气孔、夹渣和烧伤缺陷，并防止产生裂缝。

⑦ 平焊：平焊时要注意熔渣和铁水混合不清的现象，防止熔渣流到铁水前面。熔池也应控制成椭圆形，一般采用右焊法，焊条与工作表面成 70°角。

⑧ 立焊：立焊时，铁水与熔渣易分离。要防止熔池温度过高，铁水下坠形成焊瘤，操作时焊条与垂直面形成 60°～80°角。使电弧略向上，吹向熔池中心。焊第一道时，应压住电弧向上运条，同时做较小的横向摆动，其余各层用半圆形横向摆动加挑弧法向上焊接。

⑨ 横焊：焊条倾斜 70°～80°，防止铁水受自重作用坠到坡口上。运条到上坡口处不做运弧停顿，迅速带到下坡口根部做微小横拉稳弧动作，依次均速进行焊接。

⑩ 仰焊：仰焊时宜用小电流短弧焊接，溶池宜薄，且应确保与母材熔合良好。第一层焊缝用短电弧做前后推拉动作，焊条与焊接方向成 8°～90°角。其余各层焊条横摆，并在坡口侧略停顿稳弧，保证两侧熔合。

1) 帮条焊

帮条焊是将两根待焊的钢筋对正，使两端头离开 2～5mm，然后用短帮条，帮在外侧，在与钢筋接触部分，焊接一面或两面，称为帮条焊。它分为单面焊缝和双面焊缝，如图 3-7 所示。若采用双面焊，接头中应力传递对称、平衡，受力性能好；若采用单面焊，则受力情况差。因此，应尽量可能采用双面焊，而只有在受施工条件限制不能进行双面焊时，才采用单面焊。

图 3-7 帮条焊接头
d—钢筋直径；L—帮条长度

帮条长度 L 应符合表 3-3 的规定。当帮条钢筋级别与主筋相同时，帮条直径可与主筋相同或小一个规格；当帮条直径与主筋相同时，帮条钢筋级别可与主筋相同或低一个级别。

钢筋帮条长度　　　　　　　　　　　　　　　　　　　表 3-3

钢筋种类	焊缝形式	帮条长度 L
HPB300	单面焊	≥8d
	双面焊	≥4d

钢筋种类	焊缝形式	帮条长度 L
HRB400　HRBF400 HRB500　HRBF500	单面焊	≥10d
RRB400	双面焊	≥5d

注：d 为主筋直径（mm）。

　　帮条焊接头的焊缝厚度不应小于主筋直径的 0.3 倍；焊缝宽度 b 不应小于主筋直径的 0.8 倍（图 3-8），帮条焊时，两主筋端面的间隙应为 2～5mm。

　　2）搭接焊

　　搭接焊是把钢筋端部弯曲一定角度叠合起来，在钢筋接触面上焊接形成焊缝，又称搭接接头，它分为双面焊缝和单面焊缝。搭接焊宜采用双面焊缝；当不能进行双面焊时，也可采用单面焊（图 3-9）。搭接长度、焊缝厚度均与帮条长度相同。搭接焊时，焊接端钢筋应预弯，并应使两钢筋的轴线在一条直线上。

图 3-8　帮条焊接头的焊缝尺寸

b—焊缝宽度；s—焊缝厚度；d—钢筋直径

图 3-9　搭接焊接头

L'—搭接长度

　　3）坡口焊

　　坡口焊是指为了使焊接的两块金属钢材连接起来，及让坡口焊中被焊的接口部位更加完美融合，在两块金属钢材边缘先打完各种不同几何形状的坡口斜面，再进行端面焊接的加工方法。坡口焊又叫剖口焊，钢筋坡口焊接头可分为坡口平焊接头和坡口立焊接头两种，如图 3-10 所示。

图 3-10　钢筋坡口焊接头

（a）立焊；（b）平焊

钢筋坡口平焊采用 V 形坡口，坡口夹角为 55°～65°，两根钢筋的根部空隙为 3～5mm，下垫钢板长度 40～60mm，厚度 4～6mm，钢垫板宽度为钢筋直径加 10mm。钢筋坡口立焊采用 40°～55°坡口。

4）钢筋熔槽帮条焊

钢筋熔槽帮条焊适用于直径大于或等于 25mm 的钢筋现场焊接。操作时把两钢筋水平放置，将一角钢作垫板模。其接头形式（图 3-11）、角钢尺寸和焊接工艺应符合下列要求：

① 角钢边长宜为 40～60mm；

② 钢筋端头应加工平整；

③ 从接缝处垫板引弧后应连续施焊，并使钢筋端部熔合，防止未焊透、气孔或夹渣。

5）窄间隙焊

窄间隙焊是厚板焊接领域的一项先进技术。与普通坡口的埋弧焊相比，窄间隙焊具有无可比拟的优越性。如坡口窄、焊缝金属填充量少，可以节省大量的焊材和焊接工时；由于窄间隙焊时热输入量较低，使焊缝金属和热影响区的组织明显细化，从而提高其力学性能，特别是塑性和韧性。窄间隙焊适用于直径 16mm 及以上钢筋的现场水平连接。焊接时，钢筋端部应置于铜模中，并应留出一定间隙，用焊条连续焊接，熔化钢筋端面和使熔敷金属填充间隙，形成接头（图 3-12）。

图 3-11　熔槽帮条焊的接头形式（mm）　　图 3-12　钢筋窄间隙焊接头（mm）

6）预埋件 T 形接头

预埋件 T 形接头电弧焊分为贴角焊和穿孔塞焊两种，如图 3-13 所示。当采用 HPB300 钢筋时，角焊缝焊脚 k 不得小于钢筋直径的 0.5 倍；采用其他牌号钢筋时，焊脚 k 不得小于钢筋直径的 0.6 倍。

7）钢筋与钢板搭接焊

钢筋和钢板搭接焊时，焊接接头的搭接长度 l，对 HPB300 钢筋不得小于 4 倍钢筋直径，其他牌号钢筋不得小于 5 倍钢筋直径。焊缝宽度不得小于 0.6 倍的钢筋直径，焊缝的有效厚度不得小于钢筋直径的 0.35 倍（图 3-14）。

（4）电渣压力焊

电渣压力焊是将两钢筋安放成竖向或斜向（倾斜度在 4：1 的范围内）对接形式，利用焊接电流通过两钢筋间

图 3-13　预埋件 T 形接头（mm）

（a）角焊；（b）穿孔塞焊

k—焊脚

图 3-14　钢筋与钢板搭接接头

d—钢筋直径；l—搭接长度；b—焊缝宽度；s—焊缝有效厚度

隙，在焊剂层下形成电弧过程和电渣过程，产生电弧热和电阻热，熔化钢筋，加压完成的一种压焊方法（图 3-15）。简单地说，就是利用电流通过液体熔渣所产生的电阻热进行焊接的一种熔焊方法。与电弧焊相比，其工效高、成本低，在我国一些高层建筑施工中已取得很好的效果。根据使用的电极形状，可分为丝极电渣焊、板极电渣焊、熔嘴电渣焊等。电渣焊适用于厚板的焊接。

图 3-15　电渣压力焊构造
原理图

1—钢筋；2—监控仪表；

3—焊剂盒；4—焊剂盒扣环；

5—活动夹具；6—固定夹具；

7—操作手柄；8—控制电缆

电渣压力焊的焊接过程包括四个阶段：引弧过程、电弧过程、电渣过程和顶压过程。

1）操作工艺

检查设备、电源→钢筋端头制备→选择焊接参数→安装焊接夹具和钢筋→安放铁丝环（也可省去）→安放焊剂罐、填装焊剂→试焊、做试件→确定焊接参数→施焊→回收焊剂→卸下夹具→质量检查

2）施焊操作要点

① 闭合回路、引弧：通过操纵杆或操纵盒上的开关，先后接通焊机的焊接电流回路和电源的输入回路，在钢筋端面之间引燃电弧，开始焊接。

② 电弧过程：引燃电弧后，应控制电压值。借助操纵杆使上下钢筋端面之间保持一定的间距，进行电弧过程的延时，使焊剂不断熔化而形成必要深度的渣池。

③ 电渣过程：随后逐渐下送钢筋，使上钢筋端部插入渣池，电弧熄灭，进入电渣过程的延时，使钢筋全断面加速熔化。

④ 挤压断电：电渣过程结束，迅速送上钢筋，使其端面与下钢筋端面相互接触，趁热排除熔渣和熔化金属，同时切断焊接电源。

⑤ 接头焊丝，应停歇 20～30s 后（在寒冷地区施焊时，停歇时间应适当延长），才可回收焊剂和卸下焊接夹具。

3）应注意的质量问题

在钢筋电渣压力焊生产中，应重视焊接全过程中的任何一个环节。接头部位应清理干净；钢筋安装应上下同心；夹具紧固，严防晃动，引弧过程，力求可靠；电弧过程，延时充分；电渣过程，短而稳定，挤压过程，压力适当。若出现异常现象，应参照表 3-4 查找原因，及时清除。电渣压力焊可在负温条件下进行，但当环境温度低于 −20℃ 时，则不宜

进行施焊。雨天、雪天不宜进行施焊，必须施焊时，应采取有效的遮蔽措施。焊后未冷却的接头，应避免碰到冰雪。

钢筋电渣压力焊接头焊接缺陷与防治措施

表 3-4

项次	焊接缺陷	防治措施
1	轴线偏移	1. 矫直钢筋端部 2. 正确安装夹具和钢筋 3. 避免过大的挤压力 4. 及时修理或更换夹具
2	弯折	1. 矫直钢筋端部 2. 注意安装与扶持上钢筋 3. 避免焊后过快卸夹具 4. 修理或更换夹具
3	焊包薄而大	1. 降低顶压速度 2. 减小焊接电流 3. 缩短焊接时间
4	咬边	1. 减小焊接电流 2. 缩短焊接时间 3. 注意上钳口的起始点，确保上钢筋下送自如
5	未焊合	1. 增大焊接电流 2. 避免焊接时间过短 3. 检修夹具，确保上钢筋下送自如
6	焊包不匀	1. 钢筋端面平整 2. 填装焊剂尽量均匀 3. 延长焊接时间，适当增加熔化量
7	气孔	1. 按规定要求烘焙焊剂 2. 清除钢筋焊接部位的铁锈 3. 确保被焊处在焊剂中的埋入深度
8	烧伤	1. 钢筋导电部位除净铁锈 2. 尽量夹紧钢筋
9	焊包下淌	1. 彻底封堵焊剂罐的漏孔 2. 避免焊后过快回收焊剂

（5）气压焊

用氧气、乙炔火焰加热钢筋接头，温度达到塑性状态时施加压力，使钢筋接头压接在一起的工艺就是气压焊（图 3-16）。钢筋气压焊适合于现场焊接梁、板、柱的 HRB400 级直径为 12~40mm 的钢筋。不同直径的钢筋也可焊接，但直径差不大于 7mm。钢筋弯曲处不能焊。

钢筋气压焊的工艺过程包括：顶压、加热与压接过程。气压焊时，应根据钢筋直径和焊接设备等选用等压法、二次加压法或三次加压法来焊接（以直径 25mm 钢筋为例）。气

图 3-16　气压焊接设备

1—乙炔；2—氧气；3—流量计；4—固定卡具；

5—活动卡具；6—压接器；7—多火口烤枪；

8—被焊接的钢筋；9—加压油泵

压焊施焊要点如下：

① 两钢筋安装后，预压顶紧。预压力宜为 10MPa，钢筋之间局部缝隙不得大于 3mm。

② 钢筋加热初期应采用碳化焰（还原焰），对准两钢筋接缝处集中加热，并使其淡白色羽状内焰包住缝隙或伸入缝隙内，并始终不离开接缝，以防止压焊而产生氧化。待接缝处钢筋红黄，随即对钢筋加第二次压，直至焊口缝隙完全闭合。应注意，碳化焰若呈黄色，说明乙炔过多，必须适当减少乙炔量。不得使用碳化焰外焰加热，严禁用气化过剩的氧化焰加热。

③ 在确认两钢筋的缝隙完全粘合后，应改用中性焰，在压焊面中 1～2 倍钢筋直径的长度范围内，均匀摆动往复加热。

④ 当钢筋表面变成炽白色，氧化物变成芝麻粒大小的灰白色球状物，继而聚成泡沫并开始随加热器的摆动方向移动时，则可一边加热一边进行第三次加压，先慢后快，达到 30～40MPa，在接缝处形成直径为 1.4～1.6 倍母材直径、变形长度为母材直径 1.2～1.5 倍的鼓包。

⑤ 压接后，当钢筋火红消失，即温度为 600～650℃时，才能解除压接器上的卡具。

⑥ 在加热过程中，如果火焰突然中断，发生在钢筋接缝已完全闭合以后，即可继续加热加压，直至完成全部压接过程；如果火焰突然中断发生在钢筋接缝完全闭合以前，则应切掉接头部分，重新压接。

3. 钢筋机械连接

钢筋机械连接是一项新型钢筋连接工艺，被称为继绑扎、焊接之后的"第三代钢筋接头"。钢筋机械连接是指通过钢筋与连接件的机械咬合作用或钢筋端面的承压作用，将一根钢筋中的力传递至另一根钢筋的连接方法。它具有接头强度高于钢筋母材、速度比电焊快、无污染、节省钢材等优点。钢筋机械连接接头试件实测抗拉强度应不小于被连接钢筋抗拉强度标准值，且具有高延性及反复拉压性能。

常用的钢筋机械连接接头类型如下：

（1）套筒冷挤压连接接头：通过挤压力使连接件钢套筒塑性变形与带肋钢筋紧密咬合形成的接头。其有两种形式：径向挤压连接接头和轴向挤压连接接头。由于轴向挤压连接现场施工不方便及接头质量不够稳定，没有得到推广；而径向挤压连接接头得到了大面积推广使用。现在工程中使用的套筒挤压连接接头都是径向挤压连接接头（图 3-17）。由于其优良的质量，套筒挤压连接接头在我国广泛应用于建筑

图 3-17　钢筋径向挤压连接

1—钢套筒；2—被连接的钢筋

工程中。

（2）钢筋螺纹套管连接接头：螺纹套管连接分为锥螺纹连接与直螺纹连接两种。它是把钢筋的连接端加工成螺纹（简称丝头），通过螺纹连接套把两根带丝头的钢筋，按规定的力矩值连接成一体的钢筋接头。它施工速度快，不受气候影响，质量稳定，对中方便，可广泛应用于钢筋的连接、钢筋与钢板的连接以及在混凝土中插接钢筋等（图 3-18）。

图 3-18　钢筋螺纹套管连接

（a）直钢筋连接；（b）直、弯钢筋连接；（c）在钢板上连接钢筋；（d）混凝土构件中插接钢筋

① 锥螺纹连接接头：其是通过钢筋端头特制的锥形螺纹和连接件锥形螺纹咬合形成的接头。锥螺纹连接技术的诞生克服了套筒挤压连接技术存在的不足。锥螺纹丝头完全是提前预制，现场连接占用工期短，现场只需用力矩扳手操作，不需搬动设备和拉扯电线，深受各施工单位好评。但是锥螺纹连接接头质量不够稳定。由于加工螺纹的小径削弱了母材的横截面积，从而降低了接头强度，一般只能达到母材实际抗拉强度的 85%～95%。我国的锥螺纹连接技术和国外相比还存在一定差距，最突出的一个问题就是螺距单一，从直径 16～40mm 钢筋采用螺距都为 2.5mm，而 2.5mm 螺距最适合于直径 22mm 钢筋的连接，太粗或太细钢筋连接的强度都不理想，尤其是直径为 36mm、40mm 钢筋的锥螺纹连接，很难达到母材实际抗拉强度的 0.9 倍。许多生产单位自称达到钢筋母材标准强度，是利用了钢筋母材超强的性能，即钢筋实际抗拉强度大于钢筋抗拉强度的标准值。由于锥螺纹连接技术具有施工速度快、接头成本低的特点，自 20 世纪 90 年代初以来得到了较大范围的使用，但由于存在较大缺陷，逐渐被直螺纹连接接头所代替。

② 直螺纹连接接头：等强度直螺纹连接接头是 20 世纪 90 年代钢筋连接的国际最新潮流，其接头质量稳定可靠，连接强度高，可与套筒挤压连接接头相媲美，而且又具有锥螺纹接头施工方便、速度快的特点，因此直螺纹连接技术的出现给钢筋连接技术带来了质的飞跃。目前我国有多种直螺纹连接形式。

钢筋直螺纹接头是粗钢筋接头的一种新的连接技术。它具有以下优点：

1）接头强度高。接头强度大于钢筋母材强度。

2）性能稳定。接头性能不受扭紧力矩影响，少拧 2～3 扣，均不会对接头强度造成明显损害。

3）连接速度快。直螺纹连接套筒比锥螺纹节约 40% 的时间，且丝扣螺距大，不必使用扭力扳手，方便施工。

4）应用范围广。对弯折钢筋、固定钢筋、钢筋笼等不能转动钢筋的场合，可不受限

制地使用。

5）经济效益好。直螺纹接头比套筒挤压接头节省钢材 70％左右，与锥螺纹接头相比节省钢材 35％左右。

6）便于管理。省去了用扭力扳手检测这道工序。对劳工素质及检测工具的依赖性明显减小。

直螺纹连接接头主要有镦粗直螺纹连接接头和滚压直螺纹连接接头。这两种工艺采用不同的加工方式，增强钢筋端头螺纹的承载能力，达到接头与钢筋母材等强度的目的。

1）镦粗直螺纹连接接头：其是通过钢筋端头镦粗后制作的直螺纹和连接件螺纹咬合形成的接头。其工艺是：先将钢筋端头通过镦粗设备镦粗，再加工出螺纹，其螺纹直径不小于钢筋母材直径，使接头与母材达到等强。国外镦粗直螺纹连接接头，其钢筋端头既有热镦粗又有冷镦粗。热镦粗主要是消除镦粗过程中产生的内应力，但加热设备投入费用高。我国的镦粗直螺纹连接接头，其钢筋端头主要是冷镦粗，对钢筋的延性要求高，对延性较低的钢筋，镦粗质量较难控制，易产生脆断现象。

镦粗直螺纹连接接头的优点是：强度高，现场施工速度快，工人劳动强度低，钢筋直螺纹丝头全部提前预制，现场连接为装配作业。其不足之处在于镦粗过程中易出现镦偏现象，一旦镦偏必须切掉重镦；镦粗过程中产生内应力，钢筋镦粗部分延性降低，易产生脆断现象，螺纹加工需要两道工序、两套设备完成。

2）滚压直螺纹连接接头：其是通过钢筋端头直接滚压或挤（碾）压肋滚压或剥肋后滚压制作的直螺纹和连接件螺纹咬合形成的接头。其基本原理是利用了金属材料塑性变形后冷作硬化增强金属材料强度的特性，而仅在金属表层发生塑变、冷作硬化，金属内部仍保持原金属的性能，因而使钢筋接头与母材达到等强。

目前，国内常见的滚压直螺纹连接接头有三种类型：直接滚压螺纹、挤（碾）压肋滚压螺纹、剥肋滚压螺纹。这三种形式连接接头的螺纹精度及尺寸不同，接头质量也存在一定差异。

表 3-5 是常见的钢筋机械连接接头的对比分析。

常见的钢筋机械连接接头对比分析表　　　　　　　表 3-5

对比内容	套筒冷挤压	锥螺纹连接	镦粗直螺纹	直接滚压直螺纹	碾压肋滚压直螺纹	剥肋滚压直螺纹
连接施工用具	压接器	力矩扳手	管钳或力矩扳手	管钳或力矩扳手	管钳或力矩扳手	管钳或力矩扳手
丝头或接头加工设备	径向挤压机	锥螺纹机	镦头机和直螺纹机	滚压直螺纹机	碾压肋滚压直螺纹机	剥肋滚压直螺纹机
容易损耗件	压接模具	疏刀	型模、疏刀	滚丝轮	小碾压轮、滚丝轮	刀片、滚丝轮
易损耗件使用寿命	5000～20000头	300～500头	型模 500 头左右，疏刀 500 头左右	300～500头	滚丝轮 2000～3000头	刀片 1000～2000头，滚丝轮 5000～8000头
单个接头损耗件成本	一般	一般	较大	大	较小	小

对比内容	套筒冷挤压	锥螺纹连接	镦粗直螺纹	直接滚压直螺纹	碾压肋滚压直螺纹	剥肋滚压直螺纹
套筒成本	高	较低	低	较低	较低	较低
操作工人工作强度	大	一般	一般	一般	一般	一般
现场施工速度	一般	快	快	快	快	快
施工污染情况	有时液压油污染钢筋	无	无	无	无	无
耗电量	小	小	较小	小	小	小
接头抗拉强度性能	与母材等强	达到母材实际抗拉强度的85%～95%	与母材等强	与母材等强	与母材等强	与母材等强
接头质量稳定性	好	一般	较好	一般	较好	好
螺纹精度	—	较好	好	差	一般	好
接头综合成本	高	低	一般	一般	一般	一般

综上所述，钢筋剥肋滚压直螺纹连接接头综合优势比较强，不仅接头连接强度高，质量稳定可靠，施工速度快，接头综合成本低，而且丝头制作简单，施工方便。

3.2 模 板 工 程

模板工程指现浇混凝土成型的模板以及支承模板的一整套构造体系。其中，接触混凝土并控制预定尺寸、形状、位置的构造部分称为模板；支持和固定模板的杆件、桁架、连接件、金属附件、工作便桥等构成支承体系，对于滑动模板、自升模板则增设提升动力以及提升架、平台等。模板工程在混凝土施工中是一种临时结构。模板系统包括模板板块和支架两大部分。模板板块是由面板、次肋、主肋等组成；支架则有支撑、桁架、系杆及对拉螺栓等组成。

3.2.1 模板的基本要求和分类

1. 模板的基本要求

目前模板的类型较多，其具体选用，应该根据实际工程类型、当地环境和市场情况等进行选择。总的原则是选择周转次数多、损耗小、成本低的材料。模板及其支架必须符合下列规定：

（1）保证工程结构和构件各部位形状尺寸和相互位置的正确；

（2）具有足够的强度、刚度和稳定性，能可靠地承受新浇混凝土的自重和侧压力以及在施工过程中所产生的荷载；

（3）构造简单、装拆方便，便于钢筋的绑扎与安装，能满足混凝土的浇筑及养护等工艺要求；

（4）模板接缝应严密，不得漏浆。

2. 模板的分类

模板是使混凝土构件按几何尺寸成型的模型板，是混凝土结构构件施工的重要工具，对施工成本的影响显著。一般工业与民用建筑中，平均 $1m^3$ 混凝土需用模板 $7.4m^2$，模板费用约占混凝土工程费用的 34%。在混凝土结构施工中选用合理的模板形式、模板结构及施工方法，对提高工程质量、加速混凝土工程施工和降低造价有显著效果。

模板的分类有多种：按照形状分为平面模板和曲面模板两种；按受力条件分为承重和非承重模板（即承受混凝土的重量和混凝土的侧压力）；按照材料分为木模板、竹模板、钢木模板、钢模板、塑料模板、铸铝合金模板、玻璃钢模板、重力式混凝土模板、钢筋混凝土镶面模板等；按照结构和使用特点分为拆移式模板、固定式模板；按其特种功能分为滑动模板、真空吸盘或真空软盘模板、保温模板、钢模台车等；按工艺分为组合式模板、大模板、滑升模板、爬升模板、永久性模板以及飞模、模壳、隧道模等。

下面介绍一些常见的模板及其构造。

3.2.2　模板的构造

1. 木模板

木模板由面板和支撑系统组成，面板是使混凝土成形的部分；支撑系统是稳固面板位置和承受上部荷载的结构部分。模板的质量关系混凝土工程的质量，关键在于尺寸准确，组装牢固，拼缝严密，装拆方便。应根据结构的形式和特点选用适当形式的模板，才能取得良好的技术经济效果。大型和特种工程的模板及支撑系统要进行计算，验算其刚度、强度、稳定性和承受侧压力的能力。

木模板作为建筑用模板的使用历史较为长久，其主要适用于各种高层建筑的顶模、墙模、梁柱模、阳台模板、无席纹超亮面清水混凝土模板等。建筑用木模板在实际的施工工程中，具有非常明显的优点，即板面平整光滑，可锯、可钻、耐低温，有利于冬期施工，浇筑物件表面光滑美观，不污染混凝土表面，可省去墙面二次抹灰工艺；拆装方便，操作简单，工程进展速度快；可做成变曲平面模板。

木模板及其支架系统一般在加工厂或现场木工棚制成基本元件（拼板），然后在现场拼装。拼板的长短、宽窄可以根据混凝土构件的尺寸设计出几种标准规格，以便组合使用。拼板的板条厚度一般为 25～50mm，宽度不宜超过 200mm，以保证干缩时缝隙均匀，浇水后易于密封，受潮后不易翘曲。但梁底板的板条宽度则不受限制，以减少拼缝、防止漏浆为原则。拼条截面尺寸为（25～50mm）×（40～70mm）。梁侧板的拼条一般立放，其他则可平放。拼条间距取决于所浇筑混凝土侧压力的大小及板条的厚度，多为400～500mm。

（1）柱模板：柱子的断面尺寸不大但比较高。因此，柱子模板的构造和安装主要考虑保证垂直度及抵抗现浇混凝土的侧压力，与此同时，也要便于浇筑混凝土、清理垃圾与钢筋绑扎等。

柱模板由两块相对的内拼板夹在两块外拼板之间组成，如图 3-19（a）所示。也可用短横板（门子板）代替外拼板钉在内拼板上，如图 3-19（b）所示。有些短横板可先不钉上，作为混凝土的浇筑孔，待混凝土浇至其下口时再钉上。

柱模板底部开有清理孔。沿高度每隔 2m 开有浇筑孔。柱底部一般有一个钉在底部混凝土上的木框，用来固定柱模板的位置。为承受混凝土侧压力，拼板外要设柱箍，柱箍可为木制、钢制或钢木制。柱箍间距与混凝土侧压力大小、拼板厚度有关，由于侧压力是下大上小，因而柱模板下部箍筋较密。柱模板顶部根据需要开有与梁模板连接的缺口。

安装柱模板前，应先绑扎好钢筋，测出标高并标在钢筋上，同时在已浇筑的基础顶面或楼面上固定好柱模板底部的木框，在内外拼板上弹出中心线，根据柱边线及木框位置竖立内外拼板，并用斜撑临时固定，然后由顶部用锤球校正，使其垂直。检查无误后，即用斜撑钉牢固定。同在一条轴线上的柱，应先校正两端的柱模板，再从柱模板上口中心线拉一铁丝来校正中间的柱模板。柱模板之间还要用水平撑及剪刀撑相互拉结。

图 3-19 柱模板

(a) 拼板柱模板；(b) 短横板柱模板

1—内拼板；2—外拼板；3—柱箍；4—梁缺口；
5—清理孔；6—木框；7—盖板；8—拉紧螺栓；
9—拼条；10—三角木条；11—浇筑孔；
12—短横板

(2) 梁模板：梁的跨度较大而宽度不大。梁底一般是架空的，混凝土对梁侧模板有水平侧压力，对梁底模板有垂直压力，因此，梁模板及其支架必须能承受这些荷载而不致发生超过规范允许的过大变形。

图 3-20 梁模板

梁模板（图 3-20）主要由底模、侧模、夹木及其支架系统组成，底模板承受垂直荷载，一般较厚，下面每隔一定间距（800～1200mm）有顶撑支撑。顶撑可以用圆木、方木或钢管制成。顶撑底应加垫一对木楔块以调整标高。为使顶撑传下来的集中荷载均匀地传给地面，在顶撑底加铺垫板。多层建筑施工中，应使上、下层的顶撑在同一条竖向直线上。侧模板承受混凝土侧压力，应包在底模板的外侧，底部用夹木固定，上部由斜撑和水平拉条固定。如梁跨度大于或等于 4m，应使梁底模起拱，防止新浇筑混凝土的荷载使跨中模板下挠。如设计无规定时，起拱高度宜为全跨长度的 1/1000～3/1000。

(3) 楼板模板：楼板的面积大而厚度比较薄，侧压力小。楼板模板及其支架系统主要承受钢筋混凝土的自重及其施工荷载，保证模板不变形。如图 3-21 所示，楼板模板的底模用木板条或定型模板或胶合板拼成，铺设在楞木上。楞木搁置在梁模板外侧托木上，若楞木面不平，可以加木楔调平。当楞木的跨度较大时，中间应加设立柱。立柱上钉通长的杠木。底模板应垂直于楞木方向铺钉，并适当调整楞木间距以

图 3-21　楼板模板

适应定型模板的规格。

2. 组合模板

组合式模板，是现代模板技术中通用性强、装拆方便、周转次数多的一种"以钢代木"的新型模板，用它进行现浇钢筋混凝土结构施工，可事先按设计要求组拼成梁、柱、墙、楼板的大型模板，整体吊装就位，也可采用散装散拆方法。组合模板是一种工具式的定型模板，由具有一定模数的若干类型的板块、角模、支撑和连接件组成，拼装灵活，可拼出多种尺寸和几何形状，通用性强，适应各类建筑物的梁、柱、板、墙、基础等构件的施工需要，也可拼成大模板、隧道模板和台模等。

定型组合钢模板又称组合式定型小钢模，是目前使用较广泛的一种通用性组合模板。组合钢模板主要由钢模板、连接件和支承件三部分组成。

（1）钢模板

钢模板采用 Q235 钢材制成，钢板厚度 2.5mm，对于宽大于等于 400mm 的钢模板应采用 2.75mm 或 3.0mm 钢板。其主要包括平面模板、阴角模板、阳角模板、连接角模等（图 3-22）。

图 3-22　组合钢模板

（a）平面模板；（b）阴角模板；（c）阳角模板；（d）连接角模；（e）拼装成的附壁柱模板
1—平面模板；2—阴角模板；3—连接角模；4—3 形扣件；5—对拉螺栓；6—钢楞

112

（2）连接件

连接件由 U 形卡、L 形插销、钩头螺栓、紧固螺栓、扣件、对拉螺栓等组成。

（3）支承件

① 钢楞：又称龙骨，主要用于支承钢模板并加强其整体刚度。钢楞的材料有 Q235 圆钢管、矩形钢管、内卷边槽钢、轻型槽钢、轧制槽钢等，可根据设计要求和供应条件选用。

② 柱箍：又称柱卡箍、定位夹箍，用于直接支承和夹紧各类柱模的支承件，可根据柱模的外形尺寸和侧压力的大小来选用。

③ 梁卡具：又称梁托架，是一种将大梁、过梁等钢模板夹紧固定的装置，并承受混凝土侧压力，其种类较多，其中钢管型梁卡具，适用于断面尺寸 700mm×500mm 以内的梁；扁钢和圆钢管组合梁卡具，适用于断面尺寸 600mm×500mm 以内的梁，上述两种梁卡具的高度和宽度都能调节，常采用 Q235 钢。

④ 钢支柱：用于大梁、楼板等水平模板的垂直支撑，采用 Q235 钢管制作，有单管支柱和四管支柱多种形式。单管支柱分 C-18 型、C-22 型和 C-27 型，其规格（长度）分别为 1812～3112mm、2212～3512mm 和 2712～4012mm。

⑤ 早拆柱头：用于梁和模板的支撑柱头，以及模板早拆柱头。

⑥ 斜撑：用于承受墙、柱等侧模板的侧向荷载和调整竖向支模的垂直度。

⑦ 桁架：有平面可调桁架和曲面可变桁架两种，平面可调桁架用于支承楼板、梁平面构件的模板，曲面可变桁架用于支承曲面构件的模板。

⑧ 钢管脚手支架：主要用于层高较大的梁、板等水平构件模板的垂直支撑。

3. 大模板

大模板是一种大尺寸的工具式模板，常用于剪力墙、筒体、桥墩的施工。以建筑物的开间、进深、层高为标准化的基础，由于一面墙用一块大模板，模板装拆均需起重机械吊装，故机械化程度高、减少用工量和缩短工期。

大模板由面板、加劲肋、竖楞、支撑桁架与稳定机构、操作平台、穿墙螺栓等组成，如图 3-23 所示。面板要求平整、刚度好；板面须喷涂隔离剂以利脱模。两块相对的大模板通过对拉螺栓和顶部卡具固定；大模板存放时应打开支撑架，将板面后倾一定角度，防止倾倒伤人。

（1）面板：面板是直接与混凝土接触的部分，通常采用钢面板（3～5mm 厚的钢板制成）或胶合板面板（用 7～9 层胶合板）。面板的要求为：板面平整，接缝严密，具有足够的刚度。

（2）加劲肋：加劲肋的作用是固定面板，可做成水平肋或垂直肋，加劲肋把混凝土传给面板的侧压力传递到竖楞上去，加劲肋与金属面板焊接固定，与胶合板面板可用螺栓固定。加劲肋一般采用 ［65 或 ∠65 制作，肋的间距根据面板的大小、厚度及墙体厚度确定，一般为 300～500mm。

（3）竖楞：竖楞的作用是加强大模板的整体刚度，承受模板传来的混凝土侧压力和垂直力并作为穿墙螺栓的支点。竖楞一般采用 ［65 或 ［80 制作，间距一般为 1.0～1.2m。

（4）支撑桁架与稳定机构：支撑桁架采用螺栓或焊接方式与竖楞连接在一起，其作用是承受风荷载等水平力，防止大模板倾覆。桁架上部可搭设操作平台。稳定机构为在大模

图 3-23　大模板构造示意图

板两端的桁架底部伸出支腿上设置的可调整螺旋千斤顶。在模板使用阶段，用以调整模板的垂直度，并把作用力传递到地面或楼板上；在模板堆放时，用来调整模板的倾斜度，以保证模板的稳定。

（5）操作平台：操作平台是施工人员的操作场所，有两种做法：第一种是将脚手板直接铺在支撑桁架的水平弦杆上形成操作平台，外侧设栏杆，这种操作平台工作面较小，但投资少，装拆方便；第二种是在两道横墙之间的大模板的边框上用角钢连接成为搁栅，在其上满铺脚手板，这种操作平台的优点是施工安全，但耗钢量大。

（6）穿墙螺栓：穿墙螺栓的作用是控制模板间距，承受新浇混凝土的侧压力，并能加强模板刚度。为了避免穿墙螺栓与混凝土粘结，在穿墙螺栓外边套一根硬塑料管或穿孔的混凝土垫块，其长度为墙体厚度。穿墙螺栓一般设置在大模板的上、中、下三个部位，上穿墙螺栓距模板顶部 250mm 左右，下穿墙螺栓距模板底部 200mm 左右。

大模板之间的连接：内墙相对的两块平模是用穿墙螺栓拉紧，顶部用卡具固定。外墙的内外模板，多是在外模板的竖向加劲肋上焊一槽钢横梁，用其将外模板悬挂在内模板上。用大模板浇筑墙体，待浇筑的混凝土的强度达到 1MPa 就可拆除大模板，待混凝土强度达到 4MPa 及以上时才能在其上吊装楼板。

大模板的特点为：大模板是采用专业设计和工业业化加工制作而成的一种工具式模板，一般与支架连为一体。由于它自重大，施工时需配以相应的吊装和运输机械，用于现场浇筑混凝土墙体。它具有安装和拆除简便、尺寸准确、板面平整、周转使用次数多等优点。

采用大模板进行建筑施工的工艺特点是：以建筑物的开间、进深、层高为基础进行大模板设计、制作，以大模板为主要施工手段，以现浇钢筋混凝土墙体为主导工序，组织有节奏的均衡施工。这种施工方法工艺简单，施工速度快，工程质量好，结构整体性强，抗震能力好，混凝土表面平整光滑，可以减少抹灰湿作业。由于它的工业化、机械化施工程度高，综合技术经济效益好，因而受到普遍欢迎。

对于电梯井、小直径的筒体结构等，有时利用由大模板组成的筒模（图 3-24），即四面模板用铰链连接，可整体安装和脱模，脱模时旋转花篮螺栓脱模器，拉动相对两片大模板向内移动，使单轴铰链折叠收缩，模板脱离墙体。支模时，反转花篮螺栓脱模器，使相对两片大模板向外推移，单轴铰链伸张，达到支模的目的。

图 3-24 筒模
1—单轴铰链；2—花篮螺栓脱模器；
3—平面大模板；4—主肋；
5—次肋；6—连接板

4. 滑升模板

滑升模板技术是我国现浇混凝土结构工程施工中机械化程度高、施工速度快、现场场地占用少、结构整体性强、抗震性能好、安全作业有保障、环境与经济综合效益显著的一种施工技术，通常简称为"滑模"。

滑模不仅包含普通的模板或专用模板等工具式模板，还包括动力滑升设备和配套施工工艺等综合技术，目前主要以液压千斤顶（图 3-25）为滑升动力，在成组千斤顶的同步作用下，带动 1m 多高的工具式模板或滑框沿着刚成型的混凝土表面或模板表面滑动，混凝土由模板的上口分层向套槽内浇灌，每层一般不超过 30cm 厚，当模板内最下层的混凝土达到一定强度后，模板套槽依靠提升机具的作用，沿着已浇灌的混凝土表面滑动或是滑框沿着模板外表面滑动，向上再滑动约 30cm，这样如此连续循环作业，直到达到设计高度，完成整

图 3-25 液压千斤顶工作原理
1—活塞；2—上卡头；3—排油弹簧；4—下卡头；5—缸体；6—支承杆

个施工（图 3-26）。滑模施工技术作为一种现代（钢筋）混凝土工程结构高效率的快速机械施工方式，在土木建筑工程中得到广泛应用。

图 3-26　滑升模板
1—支承杆；2—液压千斤顶；3—提升架；4—油管；5—围圈；6—模板；
7—混凝土墙体；8—操作平台桁架；9—内吊脚手架；10—外脚手架

滑模技术的最突出特点就是取消了固定模板，变固定模板为滑移式活动钢模，从而不需要准备大量的固定模板架设技术，仅采用拉线、激光、声纳、超声波等作为结构高程、位置、方向的参照系。一次连续施工完成条带状结构或构件。混凝土结构的施工经济性和安全性大大提高，施工效率成倍增加。

滑模结构体系包括以下几部分：

（1）滑模操作平台支承系统

目前，操作平台支承系统有两大类，一类是刚性支承系统，另一类是柔性支承系统。

（2）爬升千斤顶

目前，爬升千斤顶由过去单一的 3.5t 级滚珠式，发展为 3.5t、6t、9t、10t 级，且有滚珠式、楔块式、松卡式和升降式等多种形式和功能。大吨位千斤顶的使用为开拓滑模工艺新领域创造了条件。

（3）滑升模板

滑升模板的高度以 1.2m 为宜，高度大，将使混凝土对模板的侧压力增大，开字架腿柱处连接焊缝容易脱开，引起胀模。

5. 爬升模板

爬升模板是一种适用于现浇钢筋混凝土竖向、高耸建（构）筑物施工的模板工艺，其工艺优于液压滑模。爬模是爬升模板的简称，国外也叫跳模，爬模按爬升方式可分为"有爬架爬模"（模板爬架子、架子爬模板）（图 3-27）和"无爬架爬模"（模板爬模板）（图 3-28）。爬模按爬升设备可分为电动爬模和液压爬模。爬升模板在施工剪力墙体系、筒体体系和桥墩等高耸结构中是一种有效的工具。由于具备自爬的能力，因此不需要起重机械的吊运，这就减少了施工中运输机械的吊运工作量。在自爬的模板上悬挂脚手架可省去施工过程中的外脚手架。综上，爬升模板能减少起重机械数量、加快施工速度，因此经济效益较好。

图 3-27　有爬架爬模
1—提升模板的动力装置；2—提升爬架的动力装置；3—外模板；4—爬架的附墙架；5—爬架的支承立柱；6—附墙螺栓；7—预留孔；8—楼面模板；9—楼面模板支撑；10—混凝土墙体

图 3-28　无爬架爬模
1—甲型模板；2—乙型模板；3—背楞；4—液压千斤顶；5—三角爬架；6—爬杆

爬升模板的工作原理是以建筑物的钢筋混凝土墙体为支承主体，通过附着于已浇筑完成的钢筋混凝土墙体上的爬升支架或大模板，利用连接爬升支架与模板的爬升设备，使一方固定，另一方相对运动，交替向上爬升，以完成模板的爬升、下降、就位和校正等工作。

爬模施工安全措施如下：

（1）爬模的外附脚手架和悬挂脚手架应满铺脚手板或钢板网，脚手架外侧设栏杆、安全网或钢板网。

（2）爬架底部满铺脚手板或钢板网，四周设置安全网或钢板网。

（3）每步脚手间有爬梯，人员应由爬梯上下，进行爬架和附墙架工作应在爬架内上下，禁止攀爬模板脚手架和由爬架外侧上下。

（4）为保证爬升设备安全可靠，每次使用前均需检查。

（5）严格按照模板和爬架爬升的程序施工模板和爬架，爬升时墙体混凝土要达到规定的强度。

（6）爬升过程中要随时检查，如有相碰等情况，应停止爬升，待问题解决后再继续爬升。

（7）爬升时人员不应站在爬升的模板或爬升的爬架上，只许站在固定的用作爬升支承的爬架或模板上。

（8）对参加爬模施工的人员要进行安全教育、操作规程教育，不是爬模专业人员不得擅自动用爬模设备，拆模和拆除附墙架等。

（9）操作人员应背工具袋，存放工具和零件，防止物件跌落，禁止在高空向下抛物。

（10）爬升时，下面应设警戒区，设明显标志，防止人员进入。

6. 台模（飞模）

飞模（其外形如桌，也称台模、桌模）是一种大型工具式模板，适用于大进深、大柱网、大开间的钢筋混凝土楼盖施工，尤其适用于现浇板柱结构（无梁楼盖）施工。施工要求用起重设备从已浇筑混凝土的楼板下吊运飞出至上层重复使用，故称飞模。

飞模分为有支腿飞模和无支腿飞模两类，国内常用有支腿飞模，设有伸缩式或折叠式支腿。飞模有钢管组合式飞模、门式架飞模、跨越式桁架飞模。飞模要求一次组装、重复使用，简化模板支拆工序，节约模板支拆用工。飞模在施工中不再落地，以免造成施工场地紧张。

飞模主要由平台板、支撑系统（包括梁、支架、支撑、支腿等）和其他配件（如升降和行走机构等）组成，适用于大开间、大柱网、大进深的现浇钢筋混凝土楼盖施工，尤其适用于现浇板柱结构（无柱帽）楼盖的施工。飞模用于现浇钢筋混凝土结构标准层楼盖的施工，楼盖模板一次组装，重复使用，从而减少了逐层组装、支拆模板的工序，简化了模板支拆工艺，节约了模板支拆用工，加快了施工进度。由于模板可以采取起重机械整体吊运，逐层周转使用，不再落地，从而减少了临时堆放模板场地的设置，尤其在施工用地紧张的闹市区施工更有其优越性。

3.2.3 模板的设计

模板及其支架的设计应根据工程结构形式、荷载大小、地基土类别、施工设备和材料等条件进行。

1. 模板设计要求及内容

（1）模板设计所需遵循的原则

1）实用性原则：模板要保证构件形状尺寸和相互位置正确，且结构简单，支拆方便，表面平整，接缝严密不漏浆等。

2）安全性原则：要有足够的强度、刚度和稳定性，保证施工中不变形、不破坏、不倒塌。

3）经济性原则：在确保工期质量安全的前提下，尽量减少一次性投入，增加模板周转，减少支拆用工，实现文明施工。

（2）模板及其支架的设计应符合的规定

1）应具有足够的承载能力、刚度和稳定性，应能可靠地承受新浇混凝土的自重、侧压力和施工过程中所产生的荷载及风荷载。

2）构造应简单，装拆方便，便于钢筋的绑扎、安装和混凝土的浇筑、养护等。

3）混凝土梁应采用从跨中向两端对称进行分层浇筑，每层厚度不得大于 400mm。

4）当验算模板及其支架在自重和风荷载作用下的抗倾覆稳定性时，应符合相应材质结构设计规范的规定。

（3）模板设计应包括的内容

1）根据混凝土的施工工艺和季节性施工措施，确定其构造和所承受的荷载。

2）绘制配板设计图、支撑设计布置图、细部构造和异型模板大样图。

3）按模板承受荷载的最不利组合对模板进行验算。

4）制定模板安装及拆除的程序和方法。

5）编制模板及配件的规格、数量汇总表和周转使用计划。

6）编制模板施工安全、防火技术措施及设计、施工说明书。

（4）设计步骤

1）划分施工段，确定流水作业顺序和流水工期，明确配置模板的数量。

2）确定模板的组装方法及支架搭设方法。

3）按配模数量进行模板组配设计。

4）进行夹箍和支撑件的设计计算和选配工作。

5）明确支撑系统的布置、连接和固定方法。

6）确定预埋件、管线的固定及埋设方法，预留孔洞的处理方法。

7）将所需模板、连接件、支撑及架设工具等统计列表，以便于备料。

2. 模板设计荷载及其组合

在设计和验算模板及支架时应考虑下列荷载：

模板设计中参与组合的永久荷载包括：模板及支架自重（G_1）、新浇筑混凝土自重（G_2）、钢筋自重（G_3）及新浇筑混凝土对模板的侧压力（G_4）等。参与组合的可变荷载包括施工人员及施工设备生产的荷载（Q_1）、混凝土下料产生的水平荷载（Q_2）、泵送混凝土或不均匀堆载等因素产生的附加水平荷载（Q_3）及风荷载（Q_4）等。

① 模板及支架自重标准值 G_1

模板及支架的自重，可按图纸或实物计算确定，或参考表 3-6。

楼板模板自重标准值　　　　　　　　　　　　　　表 3-6

模板构件	木模板（kN/m²）	定型组合钢模板（kN/m²）	钢框胶合板模板（kN/m²）
平板模板及小楞自重	0.3	0.5	0.4
楼板模板自重（包括梁模板）	0.5	0.75	0.6
楼板模板及支架自重（楼层高度 4m 以下）	0.75	1.0	0.95

② 新浇筑混凝土自重标准值 G_2

普通混凝土可采用 24kN/m³，其他混凝土按实际重力密度确定。

③ 钢筋自重标准值 G_3

根据设计图纸确定。一般梁板结构每立方米混凝土结构的钢筋自重标准值为：楼板 1.1kN，梁 1.5kN。

④ 新浇筑混凝土对模板的侧压力标准值 G_4

影响混凝土侧压力的因素很多，与浇筑高度、混凝土的重度、外加剂、坍落度、骨料种类、配筋数量、水泥用量等都有关系。此外还有外界影响，如混凝土的浇筑速度、混凝土的温度、振捣方式、模板情况、构件厚度等。

混凝土的浇筑速度是一个重要的影响因素，最大侧压力一般与其成正比。但当其达到一定速度后，再提高浇筑速度，则对最大侧压力的影响就不明显了。混凝土的温度影响混凝土的凝结速度，温度低、凝结慢，混凝土侧压力的有效压头高，最大侧压力就大；反之，最大侧压力就小。模板情况和构件厚度影响拱作用的发挥，因此对侧压力也有影响。

由于影响混凝土侧压力的因素很多，想用一个计算公式全面反映是有一定困难的。国内外研究混凝土侧压力，都是抓住几个主要影响因素，通过典型试验或现场实测取得数据，再用数学方法分析归纳后提出公式。

当采用内部振动器时，新浇筑的混凝土作用于模板的最大侧压力，当采用插入式振动器且浇筑速度不大于 10m/h，混凝土坍落度不大于 180mm 时，按式（3-1）、式（3-2）计算，并取两式中的较小值（图 3-29）；当浇筑速度大于 10m/h，或混凝土坍落度大于 180mm 时，可按式（3-2）计算。

$$F = 0.28\gamma_c t_0 \beta v^{\frac{1}{2}} \tag{3-1}$$

$$F = \gamma_c H \tag{3-2}$$

式中　F——新浇筑混凝土对模板的最大侧压力（kN/m^2）；

　　　γ_c——混凝土的重力密度（kN/m^3）；

　　　t_0——新浇筑混凝土的初凝时间（h），可按实测确定。当缺乏试验资料时，可采用 $t_0 = 200/(T+15)$ 计算（T 为混凝土的温度）（℃）；

　　　v——混凝土的浇筑速度（m/h）；

　　　H——混凝土侧压力计算位置处至新浇筑混凝土顶面的总高度（m）；

　　　β——混凝土坍落度 S 影响修正系数，当 $50mm < S \leqslant 90mm$ 时，取 0.85；当 $90mm < S \leqslant 130mm$ 时，取 0.9；当 $130mm < S \leqslant 180mm$ 时，取 1.0。

图 3-29　混凝土侧压力计算分布图形

注：h—有效压头高度，$h = \dfrac{F}{\gamma_c}$。

⑤ 施工人员及施工设备生产的荷载标准值 Q_1

a. 计算模板及直接支承模板的小楞时：均布活荷载取 $2.5kN/m^2$。施工人员及设备产生的荷载标准值，可按实际情况计算，但不应小于 $2.5kN/m^2$。

b. 计算支承小楞的构件时：均布活荷载取 $1.5kN/m^2$。

c. 计算支架立柱及其他支承结构构件时：均布活荷载取 $1.0kN/m^2$。

对大型浇筑设备（上料平台等）、混凝土泵等按实际情况计算。当木模板板条宽度小于 150mm 时，集中荷载可以考虑，由相邻两块板共同承受。当混凝土堆积料的高度超过 100mm 时，则按实际情况计算。

⑥ 混凝土下料产生的水平荷载标准值 Q_2

水平面模板时 Q_2 取 $2.0kN/m^2$，垂直面模板时 Q_2 取 $4.0kN/m^2$（作用范围在有效压头高度之内）。混凝土下料时对垂直面模板产生的水平荷载标准值，按表 3-7 采用。

混凝土下料时产生的水平荷载标准值　　　　　　　　　表 3-7

向模板中供料方法	水平荷载标准（kN/m²）
用溜槽、串筒、导管或泵管下料输出	2
吊车配备斗容器下料或小车直接倾倒	4

注：作用范围在有效压头高度以内。

⑦ 泵送混凝土或不均匀堆载等因素产生的附加水平荷载标准值 Q_3

泵送混凝土或不均匀堆载等因素产生的附加水平荷载标准值可取计算工况下竖向永久荷载标准值的 2%，该荷载在验算时，应作用在模板支架的上端。

⑧ 风荷载标准值 Q_4

风荷载标准值按现行国家标准《建筑结构荷载规范》GB 50009 有关规定确定。基本风压可按 10 年一遇的风压取值，多年基本风压不应小于 0.2kN/m²。

模板及支架设计时应根据实际情况计算不同工况下的各项荷载及其组合。按最不利的荷载基本组合进行设计。其承载力计算的各项荷载见表 3-8。

参与模板及支架承载力计算的各项荷载　　　　　　　表 3-8

计算内容		参与荷载项
模板	底面模板的承载力	$G_1 + G_2 + G_3 + Q_1$
	侧面模板的承载力	$G_4 + Q_2$
支架	支架水平杆及节点的承载力	$G_1 + G_2 + G_3 + Q_1$
	立杆的承载力	$G_1 + G_2 + G_3 + Q_1 + Q_4$
	支架结构的整体稳定	$G_1 + G_2 + G_3 + Q_1 + Q_3$ $G_1 + G_2 + G_3 + Q_1 + Q_4$

注：表中的"+"仅表示各项荷载参与组合，而不表示代数相加。

模板及支架结构构件按短暂设计状况下的承载能力极限状态进行设计，应符合下式要求：

$$\gamma_0 S \leqslant R / \gamma_R \tag{3-3}$$

式中　γ_0——结构重要性系数。对于重要的模板及支架宜取 $\gamma_0 \geqslant 1.0$；对于一般的模板及支架应取 $\gamma_0 \geqslant 0.9$；

　　R——模板及支架结构构件的承载力设计值；

　　γ_R——承载力设计值调整系数，应根据模板及支架重复使用情况取用，不应小于 1.0；

　　S——荷载基本组合的效应设计值，按式（3-4）计算。

$$S = 1.35\alpha \sum_{i \geqslant 1} S_{G_{ik}} + 1.4\psi_{cj} \sum_{j \geqslant 1} S_{Q_{jk}} \tag{3-4}$$

式中　$S_{G_{ik}}$——第 i 个永久荷载标准值产生的效应值；

　　$S_{Q_{jk}}$——第 j 个可变荷载标准值产生的效应值；

　　α——模板及支架的类型系数：对侧面模板，取 0.9；对地面模板及支架，取 1.0；

　　ψ_{cj}——第 j 个可变荷载的组合值系数，宜取 $\psi_{cj} \geqslant 0.9$。

3. 模板变形和稳定性验算

验算模板及其支架的刚度时，其最大变形值根据结构工程的要求，一般应满足：①对结构表面外露的模板，为模板构件计算跨度的 1/400；②对结构表面隐蔽的模板，为模板构件计算跨度的 1/250；③对支架的压缩变形值或弹性挠度，为相应的结构计算跨度的 1/1000。

支架的高宽比不宜大于 3；当高宽比大于 3 时，应加强整体稳固性措施。此外，支架还应按混凝土浇筑前和浇筑后两种情况进行抗倾覆验算。

3.2.4　模板的安装与拆除

1. 模板的安装

（1）模板安装前必须做好下列安全技术准备工作：

1）应审查模板结构设计与施工说明书中的荷载、计算方法、节点构造和安全措施，设计审批手续应齐全。

2）应进行全面的安全技术交底，操作班组应熟悉设计与施工说明书，并应做好模板安装作业的分工准备。采用爬模、飞模、隧道模等特殊模板施工时，所有参加作业人员必须经过专门技术培训，考核合格后方可上岗。

3）应对模板和配件进行挑选、检测，不合格者应剔除，并应运至工地指定地点堆放。

4）备齐操作所需的一切安全防护设施和器具。

（2）基础及地下工程模板应符合下列规定：

1）地面以下模板支搭时应先检查土壁的稳定情况，当有裂纹及塌方危险迹象时，应采取安全防范措施后，方可下人作业。当深度超过 2m 时，操作人员应设梯上下。

2）距基槽（坑）上口边缘 1m 内不得堆放模板。向基槽（坑）内运料应使用起重机、溜槽或绳索；运下的模板严禁立放于基槽（坑）土壁上。

3）斜支撑与侧模的夹角不应小于 45°，支于土壁的斜支撑应加设垫板，底部的对角楔木应与斜支撑连牢。高大长脖基础若采用分层支模时，其下层模板应经就位校正并支撑稳固后，方可进行上一层模板的安装。

4）在有斜支撑的位置，应于两侧模间采用水平撑连成整体。

（3）柱模板应符合下列规定：

1）现场拼装柱模时，应适时地按设临时支撑进行固定，斜撑与地面的倾角宜为 60°，严禁将大片模板系于柱子钢筋上。

2）待四片柱模就位组拼经对角线校正无误后，应立即自下而上安装柱箍。

3）若为整体预组合柱模，吊装时应采用卡环和柱模连接，不得用钢筋钩代替。

4）柱模校正（用四根斜支撑或用连接在柱模顶四角带花篮螺栓的缆风绳，底端与楼板钢筋拉环固定并校正）后，应采用斜撑或水平撑进行四周支撑，以确保整体稳定。当高度超过 4m 时，应群体或成列同时支模，并应将支撑连成一体，形成整体框架体系。当需单根支模时，柱宽大于 500mm 应每边在同一标高上设不得少于两根斜撑或水平撑。斜撑与地面的夹角宜为 45°～60°，下端尚应有防滑移的措施。

5）角柱模板的支撑，除满足上款要求外，还应在里侧设置能承受拉、压力的斜撑。

（4）墙模板应符合下列规定：

1）当用散拼定型模板支模时，应自下而上进行，下一层模板全部紧固后，方可进行上一层安装。当下层不能独立安设支撑件时，应采取临时固定措施。

2）当采用预拼装的大块墙模板进行支模安装时，严禁同时起吊两块模板，并边就位、边校正、边连接，固定后方可摘钩。

3）安装电梯井内墙模前，必须于板底下 200mm 处牢固地满铺一层脚手板。

4）模板未安装对拉螺栓前，板面应向后倾一定角度。安装过程应随时拆换支撑或增加支撑。

5）当钢楞长度需接长时，接头处应增加相同数量和不小于原规格的钢楞，其搭接长度不得小于墙模板宽或高的 15％～20％。

6）拼接时的 U 型卡应正反交替安装，间距不得大于 300mm；两块模板对接接缝处的 U 型卡应满装。

7）对拉螺栓与墙模板应垂直，松紧应一致，墙厚尺寸应正确。

8）墙模板内外支撑必须坚固、可靠，应确保模板的整体稳定。当墙模板外面无法设置支撑时，应于里面设置能承受拉压的支撑。多排并列且间距不大的墙模板，当其支撑互成一体时，应有防止浇筑混凝土时引起邻近模板变形的措施。

（5）独立梁和整体楼盖梁结构模板应符合下列规定：

1）安装独立梁模板时应设安全操作平台，并严禁操作人员站在独立梁底模或柱模支架上操作及上下通行。

2）底模与横楞应拉结好，横楞与支架、立柱应连接牢固。

3）安装梁侧模时，应一边安装一边与底模连接，当侧模高度多于两块时，应采取临时固定措施。

4）起拱应在侧模内外楞连接固定前进行。

5）单片预组合梁模，钢楞与板面的拉结应按设计规定制作，并应按设计吊点试吊无误后方可正式吊运安装，侧模与支架支撑稳定后方准摘钩。

（6）楼板或平台板模板应符合下列规定：

1）当预组合模板采用桁架支模时，桁架与支点的连接应固定牢靠，桁架支承应采用平直通长的型钢或木方。

2）当预组合模板块较大时，应加钢楞后方可吊运。当组合模板为错缝拼配时，板下横楞应均匀布置，并应在模板端穿插销。

3）单块模就位安装，必须待支架搭设稳固、板下横楞与支架连接牢固后进行。

4）U 型卡应按设计规定安装。

（7）其他结构模板应符合下列规定：

1）安装圈梁、阳台、雨篷及挑檐等模板时，其支撑应独立设置，不得支搭在施工脚手架上。

2）安装悬挑结构模板时，应搭设脚手架或悬挑工作台，并应设置防护栏杆和安全网。作业处的下方不得有人通行或停留。

3）烟囱、水塔及其他高大构筑物的模板，应编制专项施工设计和安全技术措施，并应向操作人员进行详细交底后方可安装。

4）在危险部位进行作业时，操作人员应系好安全带。

（8）安装模板的注意事项：

1）构件的连接应尽量紧密，以减小支架变形，使沉降量满足要求。

2）为保证支架稳定，应防止支架与脚手架和便桥接触。

3）模板的接缝必须密合，如有缝隙须塞堵严实，以防跑浆。

4）建筑物外露面的模板应涂石灰乳浆、肥皂水或无色润滑油等润滑剂。

5）为减少现场施工的安装和拆卸工作及便于周转使用，支架和模板应尽量做成装配式组件或块件。

6）钢制支架宜制成装配式常备构件，制作时应特别注意构件外形尺寸的准确性，一般应使用样板制作。

7）模板应用内撑支撑，用对拉螺栓销紧，内撑分为钢管内撑、钢筋内撑、塑料胶管内撑。

2. 模板的拆除

混凝土成型并养护一段时间、当强度达到一定要求时，即可拆除模板。模板的拆除日期取决于混凝土硬化的快慢、模板的用途、结构的性质及环境温度。及时拆模可提高模板周转率、加快工程进度；过早拆模，混凝土会变形，甚至断裂、造成重大质量事故。现浇结构的模板及支架的拆除，如设计无规定时，应符合下列规定：

（1）侧模应在混凝土强度能保证其表面及棱角不因拆模板而受损坏时方可拆除；对后张法预应力混凝土结构构件，侧模宜在预应力张拉前拆除。

（2）底模及支架拆除时的混凝土强度应符合设计要求，设计无要求时，应在与结构同条件养护的混凝土试块达到表 3-9 的规定时方可拆除。

底模拆除时的混凝土强度要求 表 3-9

构件类型	构件跨度（m）	达到设计的混凝土立方体抗压强度标准值的百分率（%）
板	≤2	≥50
	>2，≤8	≥75
	>8	≥100
梁、拱、壳	≤8	≥75
	>8	≥100
悬臂构件	—	≥100

拆模应遵循"先支后拆、后支先拆""先非承重部位、后承重部位"以及自上而下的原则，重大复杂模板的拆除，事前应制定拆除方案。

（1）柱模的拆除

单块组拼的柱模应先拆除钢楞、柱箍和对拉螺栓等连接件、支撑件，从上而下逐步拆除；预组拼的应拆除两个对角的卡件，并临时支撑，再拆除另两个对角的卡件，挂好吊钩，拆除临时支撑，方能脱模起吊。

（2）墙模的拆除

单块组拼的墙模在拆除对拉螺栓、大小钢楞和连接件后，从上而下逐步水平拆除；预组拼的墙模应先挂好吊钩，检查所有连接件是否拆除后，方能拆除临时支撑，脱模起吊。

（3）梁、板模板

先拆除梁侧模，再拆除楼板底模，最后拆除梁底模。拆除跨度较大的梁下支柱时，应从跨中开始分别拆向两端。多层楼板支柱的拆除：上层楼板正在浇筑混凝土时，下一层楼板的模板支柱不得拆除，再下一层楼板模板的支柱，仅可拆除一部分；跨度 4m 及以上的梁下均应保留支柱，其间距不得大于 3m。

拆模注意事项如下：

（1）拆模时，操作人员应站在安全处，以免发生安全事故；

（2）拆模时应避免用力过猛、过急，严禁用大锤和撬棍硬砸硬撬，以免损坏混凝土表面或模板；

（3）拆除的模板及配件应有专人接应传递并分散堆放，不得对楼层形成冲击荷载，严禁高空抛掷；

（4）模板及支架清运至指定地点，应及时加以清理、修理，按尺寸和种类分别堆放，以便下次使用。

3.3 混凝土工程

混凝土工程是钢筋混凝土工程的一个重要组成部分，其质量好坏直接关系到结构的承载能力和使用寿命。混凝土工程包括配料、搅拌、运输、浇筑、养护等施工过程，各工序相互联系又相互影响，因而在混凝土工程施工中，对每一个施工环节都要认真对待，把好质量关，以确保混凝土工程获得优良的质量。

3.3.1 混凝土的制备

混凝土制备技术主要包括计算混凝土的强度以及混凝土的搅拌。混凝土的制备属于混凝土工程中的一个重要环节。而施工前的准备工作又是混凝土制备是否成功的很重要的因素。混凝土的施工准备包括材料的准备、机具的准备以及作业条件的考查。混凝土结构施工宜采用预拌混凝土。

1. 材料的准备

材料的准备包括原材料的选择、混凝土配合比的确定、材料称量等方面的内容。普通混凝土的组成材料有水泥、水、砂子、石子。砂、石在混凝土中起到骨架作用，抑制了混凝土的收缩。水泥和水构成水泥浆，水泥浆包裹在砂粒的表面并填充砂粒间的空隙而形成水泥砂浆，水泥砂浆又包裹石子表面并填充石子间的空隙，形成混凝土。水泥浆凝结硬化前起填充、润滑、包裹的作用，凝结硬化后起胶结作用。

混凝土制备应符合下列规定：

1）预拌混凝土应符合现行国家标准《预拌混凝土》GB/T 14902 的有关规定；

2）现场搅拌混凝土宜采用具有自动计量装置的设备集中搅拌；

3）当不具备以上两条规定的条件时，应采用符合现行国家标准《建筑施工机械与设备 混凝土搅拌机》GB/T 9142 的搅拌机进行搅拌，并应配备计量装置。

2. 混凝土配合比的确定

混凝土配合比指的是混凝土组成材料中各组成材料（水泥、水、砂子和石子）用量之比。

（1）配合比的表示方法：

通常用 1m³ 混凝土各材料的质量来表示，如 1m³ 混凝土中，水泥：300kg，水：180kg，砂子：720kg，石子：2400kg；或以各种组成材料用量的比例来表示：水泥：砂：石＝1：2.4：4，水灰比为 0.60，其中水泥为 300kg。

（2）普通混凝土设计的基本要求：

1）满足混凝土拌合物和易性的要求；

2）满足结构要求的强度等级；

3）满足与使用环境相适应的耐久性要求。

（3）配合比设计的三个重要参数：

1）水灰比 W/C：表示水与水泥的用量之比；

2）单位用水量：指的是 1m³ 混凝土中水的用量；

3）砂率：$\beta_s = \dfrac{m_{砂}}{m_{砂} + m_{石}} \times 100\%$。

（4）普通混凝土配合比设计一般分三步：

1）初步配合比的设计：主要是利用经验公式或经验资料而获得的初步配合比。

① 确定水灰比 W/C

水灰比的大小直接影响混凝土的强度和耐久性。因此，确定水灰比应分别根据强度和耐久性来考虑。

a. 求满足强度要求的水灰比 $(W/C)_1$

$$f_{cu,o} \geqslant f_{cu,k} + 1.645\sigma \tag{3-5}$$

式中，$f_{cu,o}$ 表示混凝土的配制强度；$f_{cu,k}$ 表示混凝土的设计强度；σ 表示混凝土强度标准差，可查表 3-10 得到。

不同混凝土强度等级下的 σ 值 表 3-10

混凝土强度等级	σ 值（MPa）
≤C20	4.0
C20～C35	5.0
＞C35	6.0

b. 求满足耐久性要求的水灰比 $(W/C)_2$

主要是根据结构的类型以及使用环境，查表 3-11 得该环境下结构的最大水灰比 $(W/C)_2$，即为满足耐久性要求的水灰比。

不同环境下结构的最大水灰比 表 3-11

混凝土所处的环境要求	最大水灰比	
	无钢筋混凝土	钢筋混凝土
不受雨雪影响的干燥环境	不规定	0.65
无冻害的潮湿环境	0.70	0.60
有冻害的潮湿环境	0.55	0.55
有冻害和有除冰剂的潮湿环境	0.50	0.50

② 确定单位用水量 m_{wu}

单位用水量是指 $1m^3$ 混凝土中水的用量，单位用水量主要控制了混凝土拌合物的流动性，而流动性主要以坍落度来表示，单位用水量是根据混凝土施工要求的坍落度（表3-12）和已知的粗颗粒的种类以及最大粒径 D_{max} 查表3-13得到。

不同结构类型的坍落度（cm）   表3-12

序号	结构类型	坍落度	
		振动器捣实	人工捣实
1	基础或地面等的垫层	1～3	1～3
2	无筋基础或少筋基础	1～3	3～5
3	主柱、梁、板	3～5	5～7
4	配筋密列的薄壁、细柱等	5～7	7～9

$1m^3$ 混凝土的用水量（kg）   表3-13

混凝土所需坍落度（cm）	石子最大粒径（mm）							
	卵石				碎石			
	10	20	31.5	40	16	20	31.5	40
1.0～3.0	190	170	160	150	200	185	175	165
3.5～5.0	200	180	170	160	210	195	185	175
5.5～7.0	210	190	180	170	220	205	195	185
7.5～9.0	215	195	185	175	230	215	205	195

③ 确定混凝土的单位水泥用量 m_{co}

④ 确定混凝土的砂率 β_s

砂率是指砂所占的体积与砂、石总体积的百分比。确定砂率的原则是以砂来填充石子的空隙，并稍有富余。砂率主要根据水灰比、骨料的类型（卵石或碎石）以及最大粒径来确定。

⑤ 用体积法确定 $1m^3$ 混凝土中砂、石的用量 m_{so}、m_{go}

假定混凝土拌合物的总体积（$1m^3$）等于各组成材料的绝对体积以及拌合物中所含空气的体积之和。

$$\left.\begin{array}{l} \dfrac{m_{so}}{m_{so}+m_{go}} \times 100\% = \beta_s \\[2mm] \dfrac{m_{co}}{\rho_c} + \dfrac{m_{wo}}{\rho_w} + \dfrac{m_{so}}{\rho_s} + \dfrac{m_{go}}{\rho_g} + 0.01\alpha = 1 \end{array}\right\} \tag{3-6}$$

式中，ρ_c、ρ_w 表示水泥、水的密度，单位为"kg/m^3"；ρ_s、ρ_g 表示砂、石的表观密度，单位为"kg/m^3"；α 表示混凝土含气百分数，无外加剂时取1。

通过上述步骤，求出了单位体积（$1m^3$）混凝土中水泥、水、砂和石的用量分别为：m_{co}、m_{wo}、m_{so} 和 m_{go}，最终得到混凝土的初步配合比为：水泥、水、砂和石的用量之比为：$m_{co}:m_{wo}:m_{so}:m_{go}$，水灰比 $W/C = m_{wo}:m_{co}$。

2）试验室配合比的设计：由初步配合比出发，经过试验调整，主要对初步配合比进行和易性的调整及强度的校核。

① 和易性的调整：目的是使和易性满足施工的要求，水灰比满足强度和耐久性的要求。

② 强度的校核：分别用 W/C、$W/C+0.05$、$W/C-0.05$ 三个水灰比，拌制 3 个混凝土试样，测量其 28 天的抗压强度值，判断是否满足强度的要求。强度的验证公式为：

$$\sigma_i \geqslant f_{cu,o} = f_{cu,k} + 1.645\sigma \tag{3-7}$$

经和易性的调整和强度校核后，可以计算出试验室调整后的 $1m^3$ 混凝土中各材料的用量：

$$\frac{m_{cb}}{m_{cb} + m_{wb} + m_{sb} + m_{gb}} = \frac{C_{sh}}{1 \times \rho_{c,t}} \tag{3-8}$$

$$\frac{m_{wb}}{m_{cb} + m_{wb} + m_{sb} + m_{gb}} = \frac{W_{sh}}{1 \times \rho_{c,t}} \tag{3-9}$$

$$\frac{m_{sb}}{m_{cb} + m_{wb} + m_{sb} + m_{gb}} = \frac{S_{sh}}{1 \times \rho_{c,t}} \tag{3-10}$$

$$\frac{m_{gb}}{m_{cb} + m_{wb} + m_{sb} + m_{gb}} = \frac{G_{sh}}{1 \times \rho_{c,t}} \tag{3-11}$$

式中，m_{cb}、m_{wb}、m_{sb}、m_{gb} 表示试验室调整后，水泥、水、砂和石的实际拌合量；$\rho_{c,t}$ 表示试验室调整后混凝土的实测表观密度；C_{sh}、W_{sh}、S_{sh}、G_{sh} 分别表示试验室调整后，$1m^3$ 混凝土中水泥、水、砂、石子的用量。

3) 施工配合比的设计：考虑砂、石的含水率，计算出满足施工要求的配合比。

混凝土施工配合比的调整：试验室所确定的混凝土配合比，其和易性不一定能与实际施工条件完全适合，或当施工设备、运输方法或运输距离、施工气候等条件发生变化时，所要求的混凝土坍落度也随之改变。为保证混凝土和易性符合施工要求，需将混凝土含水率及用水量做适当调整（保持水灰比不变）。

一般情况下，砂、石中含有一定的水，设砂的含水率为 $a\%$，石的含水率为 $b\%$，则施工配合比为：

水泥：$C' = C_{sh}$

砂：$S' = S_{sh}(1 + a\%)$

石：$G' = G_{sh}(1 + b\%)$

水：$W' = W_{sh} - S_{sh} \times a\% - G_{sh} \times b\%$

3.3.2 混凝土的拌制

混凝土的拌制为将水泥、水、粗细骨料和外加剂等原材料混合在一起进行均匀拌合的过程。搅拌后混凝土要求均匀，且达到设计要求的和易性和强度。

1. 搅拌机

混凝土搅拌机是把水泥、砂石骨料和水混合并拌制成混凝土混合料的机械。其主要由拌筒、加料和卸料机构、供水系统、原动机、传动机构、机架和支承装置等组成。目前常用的搅拌机按搅拌方式分为自落式搅拌机和强制式搅拌机两种。

（1）自落式搅拌机

自落式搅拌机就是把混合料放在一个旋转的搅拌鼓内，随着搅拌鼓的旋转，鼓内的叶片把混合料提升到一定的高度，然后靠自重自由撒落下来。这样周而复始地进行，直至拌匀为止。这种搅拌机一般拌制塑性和半塑性混凝土。

（2）强制式搅拌机

强制式搅拌机是搅拌鼓不动，而由鼓内旋转轴上均匀布置的叶片强制搅拌。这种搅拌机拌制质量好，生产效率高；但动力消耗大，且叶片磨损快。一般适用于拌制干硬性混凝土。

搅拌机操作注意事项：

（1）搅拌机应设置在平坦的位置，用方木垫起前后轮轴，使轮胎搁高架空，以免在开动时发生走动。

（2）搅拌机应实施二级漏电保护，电源接通后，必须仔细检查，经空车试转认为合格，方可使用。试运转时应检验拌筒转速是否合适，一般情况下，空车速度比重车（装料后）稍快，如相差较多，应调整动轮与传动轮的比例。

（3）拌筒的旋转方向应符合箭头指示方向，否则应更正电机接线。

（4）检查传动离合器和制动器是否灵活可靠，钢丝绳有无损坏，轨道滑轮是否良好，周围有无障碍及各部位的润滑情况等。

（5）开机后，经常注意搅拌机各部件的运转是否正常。停机时，经常检查搅拌机叶片是否打弯，螺栓有否打落或松动。

（6）当混凝土搅拌完毕或预计停歇 1h 以上，除将余料出净外，应用石子和清水倒入抖筒内，开机转动，把粘在料筒上的砂浆冲洗干净后全部卸出。料筒内不得有积水，以免料筒和叶片生锈。同时还应清理搅拌筒外积灰，使机械保持清洁完好。

（7）下班后及停机不用时，应拉闸断电，并锁好开关箱，以确保安全。

2. 搅拌制度

（1）搅拌顺序

1）一次投料法：这是目前最常见的方法，强制式是将砂、石、水泥装入料斗，一次投入搅拌机内，同时加水进行搅拌；对自落式则是先投入砂（或石子），再投水泥，然后投入石子（或砂），将水泥夹在砂、石之间，最后加水搅拌。混凝土搅拌机加料过程中为了减少水泥的飞扬和水泥的粘罐现象，先倒砂子（或石子）再倒水泥，然后再倒入石子（或砂子），也就是说将水泥加在砂、石之间，最后混凝土搅拌机由上料斗将干物料送入搅拌筒内，加水搅拌。

2）二次投料法：这种投料法又分为预拌水泥砂浆法和预拌水泥净浆法。预拌水泥砂浆法是先将水泥、砂和水加入搅拌筒内进行充分搅拌，成为均匀的水泥砂浆后，再加入石子搅拌成均匀的混凝土。国内一般是用强制式搅拌机拌制水泥砂浆约 1～1.5min，然后再加入石子搅拌约 1～1.5min。预拌水泥净浆法是先将水泥和水充分搅拌成均匀的水泥净浆后，再加入砂和石子搅拌成混凝土。国内外的试验表明，二次投料法搅拌的混凝土与一次投料法相比较，混凝土的强度可提高 15%，在强度相同的情况下，可节约水泥 15%～20%。

3）两次加水法：即"裹砂石法混凝土搅拌工艺"，又称 SEC 法，采用这种方法拌制的混凝土称为 SEC 混凝土或造壳混凝土。该法的搅拌程序是先加一定量的水使砂表面的含水量调到某一规定的数值后（一般为 15%～25%），再加入石子并与湿砂拌匀，然后将全部水泥投入与砂石共同拌合，使水泥在砂石表面形成一层低水灰比的水泥浆壳，最后将剩余的水和外加剂加入搅拌成混凝土。采用 SEC 法制备的混凝土与一次投料法相比较，强度可提高 20%～30%，混凝土不易产生离析和泌水现象，工作性好。先将全部的石子、砂和 70%拌合水投入搅拌机，拌合 15s，使骨料湿润，再投入全部水泥搅拌 30s 左右，然后加入 30%拌合水再搅拌 60s 左右即可。

（2）搅拌时间

从原材料全部投入搅拌筒中时起到开始卸料时止所经历的时间称为搅拌时间，为获得混合均匀、强度和工作性都能满足要求的混凝土所需的最低限度的搅拌时间称为最短搅拌时间，这个时间随搅拌机的类型与容量、骨料的品种、粒径及对混凝土的工作性要求等因素的不同而异。一般情况下，混凝土的匀质性是随着搅拌时间的延长而提高，但搅拌时间超过某一限度后，混凝土的匀质性便无明显改善了。搅拌时间过长，不但会影响搅拌机的生产率，而且对混凝土的强度提高也无益处，甚至由于水分的蒸发和较软骨料颗粒被长时间的研磨而破碎变细，还会引起混凝土工作性的降低，影响混凝土的质量。不同类型的搅拌机对不同混凝土的最短搅拌时间如表 3-14 所示。

混凝土搅拌的最短时间（s） 表 3-14

混凝土坍落度 (mm)	搅拌机机型	搅拌机出料量（L）		
		＜250	250～500	＞500
≤30	强制式	60	90	120
	自落式	90	120	150
＞30	强制式	60	60	90
	自落式	90	90	120

混凝土搅拌时应对原材料用量准确计量，原材料的计量应按重量计，水和外加剂溶液可按体积计，其允许偏差应符合表 3-15 的规定。

混凝土原材料计量允许偏差（%） 表 3-15

原材料种类	计量允许偏差
胶凝材料	±2
粗、细骨料	±3
拌合用水	±1
外加剂	±1

3.3.3 混凝土的运输

1. 运输工具

混凝土运输工具种类繁多，运输方式也有不同。确定方法时以效率高而转运次数少者为佳。常用的运输机具有单轮手推车、双轮架子车、翻斗车、汽车、皮带运输机、塔式起重机、门式起重机（配合吊斗）和泵送混凝土等。商品混凝土生产，由搅拌站至浇筑现场，都是采用专用的搅拌运输车运输。

（1）手推车运输

采用单轮车或架子车等人力车运输混凝土，多用于较小工程的水平运输。单轮手推车适于 30~50m 的运距，双轮车适于 100~300m 的运距。路面的纵坡一般不宜大于 15%，一次爬高不宜超过 2~3m。

（2）翻斗车运输

翻斗车能直接将混凝土卸于浇筑地点，或卸于滑槽内经过吊筒（溜管）浇筑，可以随着浇筑工作进行而移动轨道。如采用工具式轨道，则更加适宜采用翻斗车。但轨道应力求平整，以免翻斗车行驶颠簸，造成混凝土分离。

采用翻斗车运送混凝土，人力推行时适用于 300m 左右的距离，机车牵引则适用于 400~1500m 以内的距离。轨道坡度大于 0.6% 时，须安装闸台，以防发生事故。

（3）自卸汽车运输

当混凝土运输量较大而运距又较远时，常利用自卸汽车运送。现在搅拌站采用搅拌自卸汽车运输，车体为密闭的，便于保温保湿。当汽车运来的混凝土尚须作垂直运输时，可在搅拌站将混凝土直接卸于载重汽车的吊斗（混凝土罐）内，运至工地后，再用起重机吊到浇筑地点。打开吊斗下部的活门，混凝土即卸入模型内。

（4）缆索式起重机运输

在大型水电工程中，浇筑混凝土大坝时常常采用缆索式起重机。采用吊斗运送混凝土，吊斗出口至混凝土仓面间的高度，不得超过 1.5~3.0m。采用载重汽车和吊斗配合运输混凝土，不经二次倒运，可以保证质量，且冬期施工还有利于保温。采用此种运输方式，必须配备足够的起吊设备，否则，会影响汽车的运输效率。

（5）皮带运输机运输

采用皮带运输机运送混凝土，以水平运送较好，斜坡道运输时，应采用较小的坡度，向上输送时坡度不应大于 14°~16°，向下输送时，坡度不应大于 6°~8°。

皮带运输机的极限速度，以不超过 1.2m/s 为宜，以避免因转速太快而造成混凝土产生分离现象。采用皮带运输机运输混凝土，应避免混凝土直接从皮带运输机卸入仓内，以防混凝土分离，或堆料过分集中影响平仓。混凝土从皮带运输机上卸料时，应设捎板或漏斗，使混凝土呈垂直下落。

为了减少砂浆损失，在皮带运输机的腰部或端部，应装有硬橡皮刮浆板，刮下皮带上黏附着的灰浆，仍掺入混凝土中。在混凝土的配合比设计中，应考虑到这种灰浆的损失。采用此种运送方法，坍落度小的混凝土最适宜，皮带转运时灰浆不致发生流淌和分离现象。皮带机的坡度和混凝土坍落度的关系，最好根据具体情况，进行试验确定。采用皮带运输机输送混凝土，操作技术比较简单，使用也较灵便，成本低，适用于大体积混凝土大浇筑量的工程。若运距较长时，可将数台皮带运输机串联成组使用。

（6）混凝土泵运输

在运输不便而且混凝土量较大的情况下，如高层建筑、隧洞等可以采用混凝土泵输送混凝土。混凝土泵分为活塞式（图 3-30）、风动式，采用汽车泵泵送混凝土十分普遍，也非常灵活。大型泵站水平输送距离可达 200~900m，高度可达 50~300m。采用混凝土泵运输混凝土，其配合比应进行专门设计。输送混凝土的管道、容器、溜槽不应吸水、漏

图 3-30　液压活塞式混凝土泵工作原理图

1—混凝土缸；2—活塞；3—液压缸；4—料斗；5—控制吸入的水平分配阀；

6—控制排出的竖向分配阀；7—Y形输送管；8—冲洗系统

浆，并应保证输送通畅。输送混凝土时应根据工程所处环境条件采取保温、隔热、防雨等措施。

2. 混凝土的运输基本要求

（1）在运输过程中应保持混凝土的均匀性，避免分层离析、泌水、砂浆流失和坍落度变化等发生。

（2）应使混凝土在初凝之前浇筑完毕。混凝土从搅拌机卸出后到浇筑完毕的延续时间不宜超过规定。

（3）当混凝土从运输工具中自由倾倒时，由于骨料的重力克服了物料间的黏聚力，大颗粒骨料明显集中于一侧或底部四周，从而与砂浆分离即出现离析，当自由倾倒高度超过2m时，这种现象尤其明显，混凝土将严重离析。为保证混凝土的质量，应根据施工实际情况，采取相应预防措施。混凝土自高处倾落的自由高度不应超过 2m；否则，应使用串筒、溜槽或振动溜管等工具协助下落，并应保证混凝土出口的下落方向垂直。串筒的向下垂直输送距离可达 8m。

（4）道路尽可能平坦且运距尽可能短。尽量减少混凝土转运次数，或不转运。

（5）采用搅拌运输车运送混凝土，当坍落度损失较大不能满足施工要求时，可在运输车罐内加入适量的与原配合比相同成分的减水剂。减水剂加入量应事先由试验确定，并应做出记录。加入减水剂后，混凝土罐车应快速旋转搅拌均匀，并应达到要求的工作性能后再泵送或浇筑。施工现场车辆出入口处应设置交通安全指挥人员，施工现场道路应顺畅，有条件时宜设置循环车道；危险区域应设警戒标志；夜间施工时，应有良好的照明。

3.3.4　混凝土的浇筑

混凝土浇筑指的是将混凝土浇筑入模直至塑化的过程。

1. 浇筑前的施工准备

（1）混凝土浇筑前，应由商品混凝土供应商出具砂石、水泥、外加剂的试验报告和配合比设计报告以及该配合比试验的强度和混凝土浇灌令。

（2）输送泵垂直管道应固定牢固，水平管布置宜直、转弯宜缓，接头应严密。每段应有支架或汽胎抬垫，炎热季节施工宜用湿麻袋遮盖泵管。

（3）模板的强度、刚度符合规定要求，标高位置与结构截面尺寸符合设计要求，预留拱度正确。

（4）支撑系统稳定，支架与模板的结合处稳定可靠。

（5）模板内无杂物，钢筋清洁，模板缝隙和孔洞已封堵密实，模板已湿润无积水。

（6）钢筋与预埋件规格、数量、安装的几何尺寸与位置以及钢筋接头等满足要求。

（7）楼板钢筋上铺设专用通道，防止板筋变形。

（8）钢筋工程、模板工程、水电安装预埋均已验收合格。

（9）准备工具：振动棒、平板振动器、撬棍、2m刮尺、木拖板、铁抹子、木抹子、铁铲、洗管槽、丝线、存料板、串筒。

（10）操作人员应穿戴绝缘胶鞋和绝缘手套、电缆线长度满足要求，振动棒符合安全要求。

2. 混凝土浇筑的一般规定

（1）应对支架（拱架）、模板、钢筋、支座、预拱度和预埋件进行检查，并做好记录，符合要求后方可浇筑。

（2）模板内的杂物、积水和钢筋上的污垢应清理干净。模板如有缝隙，应填塞严密，模板内面应涂刷隔离剂，木模板应预先湿润。浇筑混凝土前，应检查混凝土的均匀性和坍落度。在炎热气候时，混凝土入模温度不宜高于28℃，当混凝土绝热温度不低于45℃时，浇筑温度需进一步降低。还应避免模板和新浇混凝土受阳光直射，模板与钢筋温度以及周围温度不宜超过40℃。

自高处向模板内倾卸混凝土时，为防止混凝土离析，应符合下列规定：

1）从高处直接倾卸时，在不发生离析的情况下，其自由倾落高度不宜超过2m。

2）当倾卸不满足上述要求时，应通过串筒、溜管或振动溜管等设施下落；倾落高度过高时，应设置减速装置。在串筒出料口下面，混凝土堆积高度不宜超过1m，并严禁用振动棒分摊混凝土。

（3）混凝土应按一定厚度、顺序和方向分层浇筑，应在下层混凝土初凝或能重塑前完成上层混凝土浇筑。在倾斜面上浇筑混凝土时，应从低处开始逐层扩展升高，保持水平分层。混凝土分层浇筑厚度不宜超过表3-16的规定。

混凝土浇筑层厚度（mm）　　　　　　　　　　　　表3-16

捣实混凝土的方法		浇筑层的厚度
插入式振捣		振捣器作用部分长度的1.25倍
表面振动		200
人工振捣	在基础、无筋混凝土或配筋稀疏的结构中	250
	在梁、墙板、柱结构中	200
	在配筋密列的结构中	150
轻骨料混凝土	插入式振捣	300
	表面振动（振动时需加荷）	200

（4）浇筑混凝土时，应采用振动器振实，当确实无法使用振动器振实时，采用人工捣固。

1）使用插入式振动器时，移动间距不应超过振动器作用半径的 1.5 倍；与侧模应保持 50～100mm 的距离；插入下层混凝土 50～100mm；每一处振动完毕后应边振动边徐徐提出振动棒；应避免振动棒碰撞模板、钢筋及其他预埋件。

2）表面振动器的移位间距，应以使振动器平板能覆盖已振实部分 100mm 左右为宜。

3）附着式振动器的布置距离，应根据构造物形状及振动器性能等情况并通过试验确定。

4）对每一振动部位，必须振动到该部位混凝土密实为止。密实的标志是混凝土停止下沉，不再冒出气泡，表面呈现平坦、泛浆。

（5）混凝土的浇筑应连续进行，如因故必须间断时，其间断时间应小于前层混凝土的初凝时间或能重塑的时间。

（6）施工缝与后浇带的施工

混凝土结构多要求整体浇筑，如因技术或组织上的原因不能连续浇筑，且停顿时间有可能超过混凝土的初凝时间时，则应事先确定在适当的位置设置施工缝。此外，结构设计往往因沉降或温度裂缝控制的需要，在结构中会设置后浇带。施工缝与后浇带是混凝土浇筑施工中的重要环节，应注意其施工质量。

① 施工缝与后浇带的留设。

施工缝的留设位置应在混凝土浇筑之前确定。施工缝宜留设在结构受剪力较小且便于施工的位置。受力复杂的结构构件或有防水抗渗要求的结构构件，施工缝留设位置应经设计单位认可。

施工缝、后浇带留设界面应垂直于结构构件和纵向受力钢筋。

后浇带留设位置一般由设计确定，施工中应符合设计要求。

② 施工缝和后浇带的处理。

结构构件厚度或高度较大时，施工缝或后浇带界面应采用专用材料封挡。施工缝和后浇带的钢筋应采取防锈或阻锈等保护措施。

施工缝或后浇带处浇筑混凝土前应对结合面进行处理，形成粗糙面，并清除其表面的浮浆、疏松石子或软弱混凝土层，并应清理干净，采用洒水方法进行充分湿润，但不得有积水，再用与混凝土浆液同成份的水泥砂浆进行接浆（柱、墙水平施工缝水泥砂浆接浆层厚度不应大于 30mm）。已浇筑混凝土的强度不小于 1.2MPa 后再继续后浇带混凝土施工。

后浇带的混凝土强度等级及性能则应符合设计要求。当设计无要求时，后浇带混凝土强度等级宜比两侧混凝土提高一级，并宜采用减少收缩的技术措施。

（7）结构混凝土浇筑完成后，应及时对混凝土裸露面进行修整、抹平，待定浆后再抹第二遍并压光或拉毛。当裸露面积较大或气候不良时，应加盖防护，但在开始养生前，覆盖物不得接触混凝土面。浇筑混凝土时，应填写混凝土施工记录。

3. 混凝土结构的浇筑方法

（1）现浇框架结构的浇筑方法

框架结构的主要构件有基础、柱、梁、板等。其中柱、梁、板等构件是沿垂直方向重复出现的，施工时，一般按结构层来划分施工层。当结构平面尺寸较大时，还应划分施工段，以便组织各工序流水施工。

框架柱基多为台阶式基础。台阶式基础施工时一般按台阶分层浇筑，中间不允许留施工缝；倾倒混凝土时宜先边角后中间，确保混凝土充满模板各个角落，防止一侧倾倒混凝土挤压钢筋造成柱插筋的位移；各台阶之间最好留有一定时间间歇，以给下面台阶混凝土一段初步沉实的时间，避免上下台阶之间出现裂缝，同时也便于上一台阶混凝土的浇筑。

在框架结构每层、每段施工时，混凝土的浇筑顺序是先浇柱，后浇梁、板。柱的浇筑宜在梁板模板安装后进行，以便利用梁、板模板稳定柱模并作为浇筑混凝土的操作平台；一排柱子浇筑时，应从两端向中间推进，以免柱模板在横向推力作用下向另一方倾斜；柱在浇筑前，宜在底部先铺一层 50～100mm 厚与所浇混凝土成分相同的水泥砂浆，以免底部产生蜂窝现象；柱高在 3m 以下时，可直接从柱顶浇入混凝土，若柱高超过 3m，断面尺寸小于 400mm×400mm，并有交叉分段浇筑，也可采用串筒直接从柱顶进行浇筑；随着柱子浇筑高度的上升，混凝土表面将积聚大量浆水面，可能造成混凝土强度不均匀现象，宜在浇筑到适当的高度时，适量减少混凝土的配合比用水量。

如柱、梁和板混凝土是一次连续浇筑，则应在柱混凝土浇筑完毕后停歇 1～1.5h，待其初步沉实，排除泌水后，再浇筑梁、板混凝土。

梁、板混凝土一般同时浇筑，浇筑方法应先将梁分层浇捣成阶梯形，当达到板底位置时即与板的混凝土一同浇捣；倾倒混凝土的方向与浇筑方向相反。当梁高度超过 1m 时，可先单独浇筑混凝土，水平施工缝设置在板下 20～30mm 处。

（2）大体积混凝土浇筑

混凝土结构物实体最小几何尺寸不小于 1m 的大体量混凝土，或预计会因混凝土中胶凝材料水化引起的温度变化和收缩而导致有害裂缝产生的混凝土，称为大体积混凝土。

大体积混凝土基础的整体性要求高，一般要求混凝土连续浇筑，一气呵成。施工工艺上应做到分层浇筑、分层捣实，但又必须保证上下层混凝土在初凝之前结合好，不致形成施工缝。在特殊的情况下可以留有基础后浇带。即在大体积混凝土基础中预留有一条后浇的施工缝，将整块大体积混凝土分成两块或若干块浇筑，待所浇筑的混凝土经一段时间的养护干缩后，再在预留的后浇带中浇筑补偿收缩混凝土，使分块的混凝土连成一个整体。

基础后浇带的浇筑，考虑到补偿收缩混凝土的膨胀效应，当后浇带的直径长度大于50m 时，混凝土要分两次浇筑，时间间隔为 5～7d。要求混凝土振捣密实，防止漏振，也避免过振。混凝土浇筑后，在硬化前 1～2h，应抹压，以防沉降裂缝的产生。

1）浇筑方案

浇筑方案应根据整体性要求、结构大小、钢筋疏密、混凝土供应等具体情况，选用如下三种方式：

① 全面分层（图 3-31a）：在整个基础内全面分层浇筑混凝土，要做到第一层全面浇筑完毕再浇筑第二层时，第一层浇筑的混凝土还未初凝，如此逐层进行，直至浇筑完成。这种方案适用于结构的平面尺寸不太大，施工时从短边开始，沿长边进行较适宜。必要时也可分为两段，从中间向两端或从两端向中间同时进行。

② 分段分层（图 3-31b）：该方法适宜于厚度不太大而面积或长度较大的结构。混凝

土从底层开始浇筑，进行一定距离后回来浇筑第二层，如此依次向前浇筑以上各分层。

③ 斜面分层（图 3-31c）：该方法适用于结构的长度超过厚度的 3 倍的结构。振捣工作应从浇筑层的下端开始，逐渐上移，以保证混凝土施工质量。

图 3-31　大体积混凝土的浇筑方法
（a）全面分层；（b）分段分层；（c）斜面分层

2）混凝土温度裂缝的产生原因

① 水泥水化热：水泥在水化过程中要释放出一定的热量，而大体积混凝土结构断面较厚，表面系数相对较小，所以水泥发生的热量聚集在结构内部不易散失。这样混凝土内部的水化热无法及时散发出去，以至于越积越高，使内外温差增大。单位时间混凝土释放的水泥水化热，与混凝土单位体积中水泥用量和水泥品种有关，并随混凝土的龄期而增长。由于混凝土结构表面可以自然散热，实际上内部的最高温度，多数发生在浇筑后的最初 3～5d。

② 外界气温变化：大体积混凝土在施工阶段，它的浇筑温度随着外界气温变化而变化。特别是气温骤降，会大大增加内外层混凝土温差，这对大体积混凝土是极为不利的。温度应力是由于温差引起温度变形造成的；温差越大，温度应力也越大。同时，在高温条件下，大体积混凝土不易散热，混凝土内部的最高温度一般可达 60～65℃，并且有较长的延续时间。因此，应采取温度控制措施，防止混凝土内外温差引起的温度应力。

③ 混凝土的收缩：混凝土中约 20% 的水分是水泥硬化所必需的，而约 80% 的水分要蒸发。多余水分的蒸发会引起混凝土体积的收缩。混凝土收缩的主要原因是内部水蒸发引起混凝土收缩。如果混凝土收缩后，再处于水饱和状态，还可以恢复膨胀并几乎达到原有的体积。干湿交替会引起混凝土体积的交替变化，这对混凝土是很不利的。

3）混凝土温度裂缝的控制措施

① 优选低水化热水泥拌制混凝土，并适当使用缓凝减水剂和微膨胀剂，减少大体积混凝土体积收缩影响，以降低混凝土可开裂的可能性。

② 在保障混凝土设计强度的前提下，适当降低水灰比，掺加适量粉煤灰以降低水泥用量。

③ 降低混凝土入模温度，控制混凝土内外温差（当无设计要求时，控制在 25℃ 以内），如降低拌合水温度、骨料用水冲洗降温、避免暴晒等。

④ 适当设置后浇带，以减少外应力和温度应力，也有利于散热，降低混凝土内部温度。

⑤ 必须二次抹面，以减少表面收缩裂缝，紧接着进行保湿覆盖、保温养护。

⑥ 可预埋冷水管，通过循环水将混凝土内部热量带出，进行人工导热。

（3）水下混凝土浇筑

水下混凝土浇筑是在水下指定部位直接浇筑混凝土的施工方法。这种方法只适用于静水或流速小的水流条件。它常用于浇筑围堰、混凝土防渗墙、墩台基础以及水下建筑物的局部修补等工程。水下混凝土浇筑的方法很多，常用的有导管法、压浆法和袋装法，以导管法应用最广。

采用导管法浇筑水下混凝土，适用于水深不超过 15～25m 的情况。导管的直径为 25～30cm，每节长 1～2m，用橡皮衬垫的法兰盘连接，底部应装设自动开关阀门，顶部装设漏斗。导管的数量与位置，应根据浇筑范围和导管的作用半径来确定。一般作用半径不应大于 3m。

在浇筑过程中，导管只允许上下升降，不得左右移动。开始浇筑时，导管底部应接近地基约 5～10cm，而且导管内应经常充满混凝土，管下口必须恒埋于混凝土表面下约 1.0m，使只有表面一层混凝土与水接触。随着混凝土的浇筑，徐徐提升漏斗和导管。每提到一个管节高度后，即拆除一个管节，直到混凝土浇出水面为止。与水接触的表层约 10cm 厚的混凝土，因质量较差，最后应全部予以清除。

（4）混凝土振捣

用混凝土拌合机拌合混凝土浇筑构件时，必须排除其中气泡，进行捣固，使混凝土密实结合，消除混凝土的蜂窝麻面等现象，以提高其强度，保证混凝土构件的质量。混凝土振捣器就是机械化捣实混凝土的机具。按传递振动的方法分类混凝土振捣器可分为内部振捣器、外部振捣器和表面振捣器三种。

内部振捣器又称插入式振捣器。工作时将振动头插入混凝土内部，将其振动波直接传给混凝土。这种振捣器多用于振压厚度较大的混凝土层，如桥墩、桥台基础以及基桩等。它的优点是重量轻，移动方便，使用很广泛。

外部振捣器又称附着式振捣器，是一台具有振动作用的电动机，在该机的底面安装了特制的底板，工作时底板附着在模板上，振捣器产生的振动波通过底板与模板间接地传给混凝土。这种振捣器多用于薄壳构件、空心板梁、拱肋、T形梁等施工。根据施工的需要，外部振捣器除附着式外，还有一种振动台，它是用来振捣混凝土预制品的。装在模板内的预制品放在与振捣器连接的台面上，振捣器产生的振动波通过台面与模板传给混凝土预制品。

表面振捣器是将它直接放在混凝土表面上，振捣器产生的振动波通过与之固定的振捣底板传给混凝土。由于振动波是从混凝土表面传入，故称表面振捣器。工作时由两人握住振捣器的手柄，根据工作需要进行拖移。它适用于厚度不大的混凝土路面和桥面等工程的施工。

混凝土振捣方法：垂直插入、快插、慢拔、"三不靠"等。

（1）插入时要快，拔出时要慢，以免在混凝土中留下空隙。

（2）每次插入振捣的时间为 20～30s，并以混凝土不再显著下沉，不出现气泡，开始泛浆时为准。

（3）振捣时间不宜过久，否则会出现砂与水泥浆分离，石子下沉，并在混凝土表面形成砂层，影响混凝土质量。

（4）振捣时振捣器应插入下层混凝土 10cm，以加强上下层混凝土的结合。

（5）振捣插入的前后间距一般为 30～50cm，防止漏振。

（6）振捣时不要碰到模板、钢筋和预埋件，在模板附近振捣时，应同时用木锤轻击模板，在钢筋密集处和模板边角处，应配合使用铁钎捣实。

3.3.5　混凝土的养护

混凝土浇筑后应及时进行保湿养护，保湿养护可采用洒水、覆盖、喷涂养护剂等方式。选择养护方式应考虑现场条件、环境温度湿度、构件特点、技术要求、施工操作等因素。

（1）混凝土的养护时间应符合下列规定：

① 采用硅酸盐水泥、普通硅酸盐水泥或矿渣硅酸盐水泥配制的混凝土，不应少于 7d；采用其他品种水泥时，养护时间应根据水泥性能确定；

② 采用缓凝型外加剂、大掺量矿物掺合料配制的混凝土，不应少于 14d；

③ 抗渗混凝土、强度等级 C60 及以上的混凝土，不应少于 14d；

④ 后浇带混凝土的养护时间不应少于 14d；

⑤ 地下室底层墙、柱和上部结构首层墙、柱宜适当增加养护时间；

⑥ 基础大体积混凝土养护时间应根据施工方案确定。

（2）洒水养护应符合下列规定：

① 洒水养护宜在混凝土裸露表面覆盖麻袋或草帘后进行，也可采用直接洒水、蓄水等养护方式；洒水养护应保证混凝土处于湿润状态；

② 当日最低温度低于 5℃时，不应采用洒水养护。

（3）覆盖养护应符合下列规定：

① 覆盖养护宜在混凝土裸露表面覆盖塑料薄膜、塑料薄膜加麻袋、塑料薄膜加草帘后进行；

② 塑料薄膜应紧贴混凝土裸露表面，塑料薄膜内应保持有凝结水；

③ 覆盖物应严密，覆盖物的层数应按施工方案确定。

（4）喷涂养护剂养护应符合下列规定：

① 应在混凝土裸露表面喷涂覆盖致密的养护剂进行养护；

② 养护剂应均匀喷涂在结构构件表面，不得漏喷；养护剂应具有可靠的保湿效果，保湿效果可通过试验检验；

③ 养护剂使用方法应符合产品说明书的有关要求。

（5）大体积混凝土结构养护应符合下列规定：

基础大体积混凝土裸露表面应采用覆盖养护方式；当混凝土表面 40～80mm 位置的温度与环境温度的差值小于 25℃时，可结束覆盖养护。覆盖养护结束但尚未到达养护时间要求时，可采用洒水养护方式直至养护结束。

（6）柱、墙混凝土养护方法应符合下列规定：

地下室底层和上部结构首层柱、墙混凝土带模养护时间，不宜少于 3d；带模养护结束后可采用洒水养护方式继续养护，必要时也可采用覆盖养护或喷涂养护剂养护；其他部位柱、墙混凝土可采用洒水养护；必要时，也可采用覆盖养护或喷涂养护剂养护。

3.3.6 混凝土的质量检查

混凝土的质量检查包括施工过程中的质量检查和施工后的质量检查。施工中的检查主要是对混凝土拌制和浇筑过程中材料的质量及用量、搅拌地点和浇筑地点的坍落度等进行检查，在每一工作班内至少检查 2 次；当混凝土配合比由于外界影响有变动时，应及时检查；对混凝土搅拌时间也应随时进行检查。对于预拌混凝土，应注意在施工现场进行坍落度检查。施工后的质量检查主要是对已完工的混凝土进行外观质量检查和强度检查。对有抗冻、抗渗等特殊要求的混凝土，还应进行抗冻、抗渗性能检查。

1. 混凝土浇筑完毕后的强度检验

检查混凝土质量应通过留置试块做抗压强度试验的方法进行。当有特殊要求时，还需做混凝土的抗冻性、抗渗性等试验。

（1）试块制作

用于检验结构构件混凝土质量的试件，应在混凝土浇筑地点随机制作，采用标准养护。标准养护就是在温度 $20\pm3℃$ 和相对湿度为 90% 以上的潮湿环境或水中的标准条件下进行养护。评定强度用试块需要在标准养护条件下养护 28d，再进行抗压强度试验，所得结果就作为判定结构或构件是否达到设计强度等级的依据。

（2）试件组数确定

工程施工中，试件留置的组数应符合下列规定：

1）每拌制 100 盘且不超过 $100m^3$ 的同配合比的混凝土，其取样不得少于一次；

2）每工作班拌制的同配合比的混凝土不足 100 盘时，其取样不得少于一次；

3）对现浇混凝土结构，还应满足：每一现浇楼层同配合比的混凝土，取样不得少于一次；同一单位工程每一验收项目同配合比的混凝土，取样不得少于一次。

每次取样应至少留置一组（3 个）标准试件，同条件养护的试件组数，可根据实际需要确定。对于预拌混凝土其试件的留置也应符合上述规定。

（3）每组试件强度代表值

每组 3 个试件应在同盘混凝土中取样制作，并按下面规定确定该组试件的混凝土强度代表值。

1）取 3 个试件强度的平均值；

2）当 3 个试件强度中的最大值或最小值之一与中间值之差超过中间值的 15% 时，取中间值；

3）当 3 个试件强度中的最大值和最小值与中间值之差均超过中间值的 15% 时，该组试件不应作为强度评定的依据。

（4）强度评定

混凝土强度应分批进行验收。同一验收批的混凝土应由强度等级相同、生产工艺和配合比基本相同的混凝土组成，对现浇混凝土结构构件，尚应按单位工程的验收项目划分验收批。对同一验收批的混凝土强度，应以同批内标准试件的全部强度代表值来评定。

当对混凝土试件强度的代表性有怀疑时，可采用非破损检验方法或从结构、构件中钻取芯样的方法，按有关标准的规定，对结构构件中的混凝土强度进行推定，作为是否进行处理的依据。

2. 外观检查及其防治措施

混凝土结构构件拆模后,应从其外观上检查其表面有无麻面、蜂窝、露筋、裂缝、孔洞等缺陷,预留孔道是否通畅无堵塞,如有类似情况应加以修正。

(1) 蜂窝

产生的原因:

1) 混凝土配合比不当或砂、石子、水泥材料、加水量计量不准,造成砂浆少、石子多。

2) 混凝土搅拌时间不够,未拌合均匀,和易性差,振捣不密实。

3) 下料不当或下料过高,未设串筒使石子集中,造成石子砂浆离析。

4) 混凝土未分层下料,振捣不实,或漏振,或振捣时间不够。

5) 模板缝隙未堵严,水泥浆流失。

6) 钢筋较密,使用的石子粒径过大或坍落度过小。

7) 基础、柱、墙根部未稍加间歇就继续灌上层混凝土。

防治的措施:

1) 认真设计、严格控制混凝土配合比,经常检查,做到计量准确,混凝土拌合均匀,坍落度适合;混凝土下料高度超过2m应设串筒或溜槽:浇灌应分层下料,分层振捣,防止漏振:模板缝应堵塞严密,浇灌中,应随时检查模板支撑情况,防止漏浆;基础、柱、墙根部应在下部浇完间歇1~1.5h,沉实后再浇上部混凝土,避免出现"烂脖子"。

2) 小蜂窝:洗刷干净后,用1:2或1:2.5水泥砂浆抹平压实;较大蜂窝,凿去蜂窝处薄弱松散颗粒,刷洗净后,支模用高一级细石混凝土仔细填塞捣实,较深蜂窝如清除困难,可埋压浆管、排气管,表面抹砂浆或灌筑混凝土封闭后,进行水泥压浆处理。

(2) 麻面

混凝土局部表面出现缺浆和许多小凹坑、麻点,形成粗糙面,但无钢筋外露现象为麻面。

产生的原因:

1) 模板表面粗糙或黏附水泥浆渣等杂物未清理干净,拆模时混凝土表面被粘坏。

2) 模板未浇水湿润或湿润不够,构件表面混凝土的水分被吸去,使混凝土失水过多出现麻面。

3) 模板拼缝不严,局部漏浆。

4) 模板隔离剂涂刷不匀,或局部漏刷或失效,混凝土表面与模板粘结造成麻面。

5) 混凝土振捣不实,气泡未排出,停在模板表面形成麻点。

防治的措施:

1) 将模板表面清理干净,不得黏有干硬水泥砂浆等杂物;浇筑混凝土前,模板应浇水充分湿润;模板缝隙,应用油毡纸、腻子等堵严;模板隔离剂应选用长效的,涂刷均匀,不得漏刷;混凝土应分层均匀振捣密实,至排出气泡为止。

2) 表面作粉刷的,可不处理;表面无粉刷的,应在麻面部位浇水充分湿润后,用原混凝土配合比(去石子)砂浆,将麻面抹平压光。

(3) 孔洞

混凝土结构内部有尺寸较大的空隙,局部没有混凝土或蜂窝特别大,钢筋局部或全部裸露。

产生的原因：

1）在钢筋较密的部位或预留孔洞和预埋件处，混凝土下料被搁住，未振捣就继续浇筑上层混凝土。

2）混凝土离析，砂浆分离，石子成堆，严重跑浆，又未进行振捣。

3）混凝土一次下料过多，过厚，下料过高，振捣器振动不到，形成松散孔洞。

4）混凝土内掉入工具、木块、泥块等杂物，混凝土被卡住。

防治的措施：

1）在钢筋密集处及复杂部位，采用细石混凝土浇筑，在模板内充满，认真分层振捣密实；预留孔洞，应两侧同时下料，侧面加开浇筑门，严防漏振；砂石中混有黏土块、模板工具等杂物掉入混凝土内，应及时清除干净。

2）将孔洞周围的松散混凝土和软弱浆膜凿除，用压力水冲洗，湿润后用高强度等级细石混凝土仔细浇灌、捣实。

（4）露筋，混凝土内部主筋、负筋或箍筋局部裸露在结构构件表面。

产生的原因：

1）浇筑混凝土时，钢筋保护层垫块位移或垫块太少或漏放，致使钢筋紧贴模板外露。

2）结构构件截面小，钢筋过密，石子卡在钢筋上，使水泥砂浆不能充满钢筋周围，造成露筋。

3）混凝土配合比不当，产生离析，模板部位缺浆或模板漏浆。

4）混凝土保护层太小或保护层处混凝土振捣不实；或振捣棒撞击钢筋或踩踏钢筋，使钢筋位移，造成露筋。

5）木模板未浇水湿润，吸水粘结或脱模过早，拆模时缺棱、掉角，导致漏筋。

防治的措施：

1）浇灌混凝土，应保证钢筋位置和保护层厚度正确，并加强检验查；钢筋密集时，应选用适当粒径的石子，保证混凝土配合比准确和良好的和易性；浇灌高度超过 2m，应用串筒或溜槽进行下料，以防止离析；模板应充分湿润并认真堵好缝隙；混凝土振捣时严禁撞击钢筋，操作时，避免踩踏钢筋，如有踩弯或脱扣等应及时调整；保护层混凝土要振捣密实；正确掌握脱模时间，防止过早拆模，碰坏棱角。

2）表面漏筋，刷洗净后，在表面抹 1：2 或 1：2.5 水泥砂浆，将漏筋部位抹平；漏筋较深的凿去薄弱混凝土和凸出颗粒，洗刷干净后，用比原来高一强度等级的细石混凝土填塞压实。

（5）缝隙、夹层，混凝土内存在水平或垂直的松散混凝土夹层。

产生的原因：

1）施工缝或变形缝未经接缝处理，清除表面水泥薄膜和松动石子，未除去软弱混凝土层并充分湿润就浇筑混凝土。

2）施工缝处锯屑、泥土、砖块等杂物未清除或未清除干净。

3）混凝土浇筑高度过大，未设串筒、溜槽，造成混凝土离析。

4）底层交接处未灌接缝砂浆层，接缝处混凝土振捣不实。

防治的措施：

1）认真按施工验收规范要求处理施工缝及变形缝表面；接缝处锯屑、泥土砖块等杂物应清理干净并洗净；混凝土浇筑高度大于2m应设串筒或溜槽，接缝处浇筑前应先浇50～100mm厚原配合比无石子砂浆，以利于结合，并加强接缝处混凝土的振捣密实。

2）缝隙夹层不深时，可将松散混凝土凿去，洗刷干净后，用1∶2或1∶2.5水泥砂浆填密实；缝隙夹层较深时，应清除松散部分和内部夹杂物，用压力水冲洗干净后支模，灌细石混凝土或将表面封闭后进行压浆处理。

（6）缺棱掉角，结构或构件边角处混凝土局部掉落，不规则，棱角有缺陷。

产生的原因：

1）木模板未充分浇水湿润或湿润不够，混凝土浇筑后养护不好，造成脱水，强度低，或模板吸水膨胀将边角拉裂，拆模时，棱角被粘掉。

2）低温施工过早拆除侧面非承重模板。

3）拆模时，边角受外力或重物撞击，或保护不好，棱角被碰掉。

4）模板未涂刷隔离剂，或涂刷不均。

防治措施：

1）木模板在浇筑混凝土前应充分湿润，混凝土浇筑后应认真浇水养护，拆除侧面非承重模板时，混凝土应具有1.2N/mm²以上强度；拆模时注意保护棱角，避免用力过猛过急；吊运模板，防止撞击棱角，运输时，将成品阳角用草袋等保护好，以免碰损。

2）缺棱掉角，可将该处松散颗粒凿除，冲洗充分湿润后，视破损程度用1∶2或1∶2.5水泥砂浆抹补齐整，或支模用比原来高一强度等级混凝土捣实补好，认真养护。

（7）表面不平整，混凝土表面凹凸不平，或板厚薄不一，表面不平。

产生的原因：

1）混凝土浇筑后，表面仅用铁锹拍平，未用抹子找平压光，造成表面粗糙不平。

2）模板未支承在坚硬土层上，或支承面不足，或支撑松动、泡水，致使新浇筑混凝土早期养护时发生不均匀下沉。

3）混凝土未达到一定强度时，上人操作或运料，使表面出现凹陷不平或印痕。

防治措施：

严格按施工规范操作，浇筑混凝土后，应根据水平控制标志或弹线用抹子找平、压光，终凝后浇水养护；模板应有足够的强度、刚度和稳定性，应支在坚实地基上，有足够的支承面积，防止浸水，保证不发生下沉；在浇筑混凝土时，加强检查，混凝土强度达到1.2N/mm²以上，方可在已浇结构上走动。

（8）强度不够，均质性差，同批混凝土试块的抗压强度平均值低于设计要求强度等级。

产生的原因：

1）水泥过期或受潮，活性降低；砂、石集料级配不好，空隙大，含泥量大，杂物多，外加剂使用不当，掺量不准确。

2）混凝土配合比不当，计量不准，施工中随意加水，使水灰比增大。

3）混凝土加料顺序颠倒，搅拌时间不够，拌合不匀。

4）冬期施工，拆模过早或早期受冻。

5）混凝土试块制作未振捣密实，养护管理不善，或养护条件不符合要求，在同条件养护时，早期脱水或受外力砸坏。

防治措施：

1）水泥应有出厂合格证，新鲜无结块；砂、石子粒径、级配、含泥量等应符合要求，严格控制混凝土配合比，保证计量准确，混凝土应按顺序拌制，保证搅拌时间和拌匀；防止混凝土早期受冻，冬期施工用普通硅酸盐水泥配制混凝土，强度达到30％以上，矿渣硅酸盐水泥配制的混凝土，强度达到40％以上，按施工规范要求认真制作混凝土试块，并加强对试块的管理和养护。

2）当混凝土强度偏低，可用非破损方法（如回弹仪法、超声波法）来测定结构混凝土实际强度，如仍不能满足要求，可按实际强度校核结构的安全度，研究处理方案，采取相应加固或补强措施。

3.3.7 混凝土的冬期施工

受工期制约，许多工程的商品混凝土冬期施工是不可避免的。商品混凝土在凝结过程中如受到负温侵袭，水泥的水化作用受到阻碍，其中游离水分开始结冰，体积增大，使商品混凝土冻裂而严重影响商品混凝土质量，因此商品混凝土在冬期施工的过程中做好质量控制是十分重要的。

混凝土冬期施工应符合下列规定：

（1）当工地昼夜平均气温（最高和最低的平均值或当地时间6时、14时及21时室外气温的平均值）连续3d低于5℃或最低气温低于－3℃时，混凝土施工应符合本节有关规定。

（2）冬期施工期间，当用硅酸盐水泥或普通硅酸盐水泥配制混凝土且其抗压强度达到设计强度的30％前；或用矿渣硅酸盐水泥配制混凝土且其抗压强度达到设计强度的40％前，均不得受冻。C15及以下的混凝土，当其抗压强度达到5MPa前，也不得受冻。浸水冻溶条件下的混凝土开始受冻时，其强度不得小于设计强度的75％。

（3）进入冬期施工前，应预先做好下列准备工作：

1）根据年度计划和施工组织设计，确定冬期施工的工程项目。对于大跨度拱桥、高架桥、隧道洞口附近及零小分散工程，不宜安排在冬期施工。

2）收集工地气象台（站）历年气象资料，设置工地气象观测点，建立观测制度，及时掌握气象变化情况。

3）落实有关工程材料、防寒物资、能源和机具设备。

4）编制冬期施工方案及技术措施，对有关人员进行技术交底或培训。

（4）冬期混凝土的配制和运输应符合下列规定：

1）宜选用较小的水灰比和较小的坍落度的混凝土。当混凝土掺加防冻剂时，其试配强度应较设计强度提高一个等级。

2）水及骨料应按热工计算和实际试拌，确定满足混凝土浇筑需要的加热温度。首先应将水加热，其加热温度不宜高于80℃。当骨料不加热时，水可加热至80℃以上，但应先投入骨料和已加热的水，拌匀后再投入水泥。当加热水尚不能满足要求时，可将骨料均匀加热，其加热温度不应高于60℃。片石混凝土掺用的片石可预热。水泥不得直接加热，宜在使用前运入暖棚内预热。当拌制的混凝土出现坍落度减小或发生速凝现象时，应重新调整拌合料的加热温度。混凝土搅拌时间宜较常温施工延长50%。

3）骨料不得混有冰雪、冻块及易冻裂的矿物质。

4）拌制设备宜设在气温不低于10℃的厂房或暖棚内。拌制混凝土前及停止拌制后，应用热水冲洗搅拌机鼓筒。

5）混凝土的运输容器应用热水冲洗搅拌，有保温设施。运输时间应缩短，并减少中间倒运。

（5）冬期混凝土的浇筑应符合下列规定：

1）混凝土浇筑前，应清除模板及钢筋上的冰雪和污渍。当环境气温低于−10℃时，应将直径大于或等于25mm的钢筋和金属预埋件加热至正温。

2）新、旧混凝土施工缝的清理工作应符合规范的有关规定。当旧混凝土面外露钢筋（预埋件）暴露在冷空气中时，应对距离新、旧混凝土施工缝1.5m范围内的旧混凝土和长度在1.0m范围内的外露钢筋（预埋件）进行防寒保温。当混凝土不需要加热养护时，混凝土和地基接触面的温度不得低于2℃。当浇筑负温早强混凝土时，对于用冻结法开挖的地基，或在冻结线以上且气温低于−5℃的地基应做隔热层。

3）混凝土应采用机械振捣并分层连续浇筑，分层厚度不得小于20cm。

4）采用加热养护的整体结构，当混凝土的养护温度高于40℃时，应预先安排混凝土的浇筑顺序和施工缝的位置。

5）喷射混凝土作业区的环境气温和进入喷射机的材料温度不应低于5℃。已喷射混凝土的强度未达到5MPa前不得受冻。

6）预应力混凝土的孔道灌浆应在正温下进行，其强度达到25MPa前，不得受冻。

（6）冬期混凝土的养护与拆模应符合下列规定：

1）混凝土开始养护时的温度应按施工方案通过热工计算确定，但不得低于5℃，细薄截面结构不宜低于10℃。

2）当室外最低温度高于−15℃时，地下工程或表面系数（冷却面积和体积的比值）不大于15m⁻¹的工程应优先采用蓄热法养护，并符合下列规定：所采用的保温措施应使混凝土的温度下降到0℃以前达到规定的强度；混凝土浇筑成型后，应立即防寒保温。保温材料应按施工方案设置，并保持干燥。结构的边棱隅角应按加强覆盖保温，迎风面应采取防风措施；位于基坑中的混凝土，当地下水位较高时，可待顶面混凝土初凝后，采用放水淹没的方法养护；但当基坑地下水位超出混凝土顶面的高度小于冰层厚度时，不得放水养护。

3）当用蓄热法养护不能达到要求时，可采用外部热源加热法养护，养护制度应通过试验确定。

4）当采用电热法养护混凝土时，应符合下列规定：

① 所有混凝土外露面覆盖后，方可通电加热。

② 必须采用交流电源，电极的布置应保证混凝土的温度均匀。当达到设计强度的50%时，应停止通电加热。

③ 工作电压宜采用50～110V。当每立方米混凝土内钢筋用量不大于50kg时，也可采用120～220V，严禁采用电压大于380V的电源。

④ 养护过程中应观察混凝土表面的湿度。当表面开始干燥时，应暂停通电，并以温

水湿润混凝土表面。

⑤ 掺用减水剂的混凝土，应经试验确认电热法养护对其强度无影响后，方可采用。

5）当采用暖棚法养护混凝土时，棚内底部温度不得低于5℃，且混凝土表面应保持湿润；采用燃煤加热时，应将烟气排出棚外。

6）当混凝土掺加防冻剂时，其养护应符合下列规定：

① 外露表面应覆盖，在负温条件下不得浇水。

② 混凝土初期养护的温度，不得低于防冻剂规定的温度；当达不到规定的温度时，应采取保温措施。

③ 当混凝土温度低于防冻剂的规定温度时，其强度不应小于3.5MPa。

思政小课堂

三峡工程的混凝土

三峡水利枢纽工程主要建筑物由大坝、水电站、通航建筑物三大部分组成，是治理开发长江的关键工程，也是迄今为止世界上最大的水利枢纽工程。三峡大坝也是世界上最大的混凝土重力坝（图3-32）。所谓混凝土重力坝，是用混凝土浇筑，主要依靠坝体自身重量来抵抗上游来水压力及其他外荷载并保持大坝建筑稳定。世界各国修建于宽阔河谷处的高坝，多选择混凝土重力坝。

图 3-32　三峡大坝

三峡工程大坝最大坝高181m，混凝土量达2800万 m³，属于典型的大体积混凝土。这种坝体混凝土方量较多，施工中需要采取严格的温度控制措施。

对于大体积混凝土，如大坝、桥墩等，建设过程中内外温差高达几十摄氏度，使混凝土处于外部收缩而内部膨胀的状态，容易导致开裂破坏。为了减少水化热的影响，三峡工程施工时主要采取的措施如下：

使用强度等级为 42.5 的中热硅酸盐水泥，从水泥水化热出发降低大体积混凝土放热量以避免大坝混凝土裂缝产生。

所用水泥的熟料中 MgO 含量控制在 3.5%～5.0% 范围内，利用水泥中方镁石后期水化体积膨胀的特点，以补偿混凝土降温阶段的部分温度收缩。

其他降温措施，比如在水泥中加冰，这个冰可不是冰块，而是厚度仅有 2mm 的薄冰，出机口处的混凝土混合着薄冰和冰水，并在出机时严格检测混凝土温度。

混凝土在搅拌施工时再进行两次冷气输送，一次为 -8℃，一次为 -14℃，这样就能保证混凝土充分散热。

智慧不止于此，为了预防混凝土内部出现散热问题，浇筑时内部还贯穿了水管，导入冷水散热，如果外部温度过高还能启动喷雾设备来洒水散热，防患于未然，不得不佩服我国工程师的伟大智慧。

思 考 题 及 习 题

1. 钢筋和混凝土为什么能共同工作？
2. 钢筋有哪些分类方法？
3. 钢筋的质量验收包括哪些内容？
4. 钢筋的加工时应注意哪些事项？
5. 钢筋的调直包括哪两种方法？
6. 钢筋的连接有哪几种方法？
7. 钢筋焊接有哪几种方法？
8. 简述钢筋焊接方法的分类及其适用范围。
9. 简述钢筋电弧焊的工艺流程。
10. 电弧焊的接头形式有哪些？
11. 简述电渣压力焊的工作原理和操作工艺。
12. 简述气压焊的施焊要点。
13. 常用的钢筋机械连接接头类型有哪些？
14. 什么是模板工程？模板工程的分类有哪些？
15. 组合钢模板的三个部分组成分别是什么？
16. 模板设计所需遵循的原则是什么？
17. 模板拆除的顺序是什么？
18. 简述混凝土的搅拌方法。
19. 简述大体积混凝土的浇筑方案。
20. 简述混凝土的振捣方法。
21. 试述闪光对焊工艺种类与适用范围，质量检查的内容与方法。
22. 对模板及支架的基本要求有哪些？
23. 试述确定混凝土施工缝留设位置的原则，接缝的时间与施工要求。
24. 浇筑框架结构混凝土的施工要点是什么？柱子的施工缝应留在什么位置？
25. 某高层混凝土剪力墙厚 200mm，采用大模板施工，模板高为 2.6m，已知现场施工条件为：混凝土温度 20℃，混凝土浇筑速度为 2.1m/h，混凝土坍落度为 150mm，采用泵管布料，试确定该模板设计的荷载设计值及荷载组合。

第3章思考题及
习题参考答案

第4章 预应力混凝土工程

内容提要 本章主要介绍了预应力混凝土的概念、工作基本原理和分类，预应力钢筋制备和选择，以及预应力工程中所使用到的台座、夹具、锚具和张拉设备的种类，详细介绍预应力施工的主要两种施工工艺：先张法和后张法。

学习要求 通过本章学习，了解预应力混凝土的概念及其在工程应用中的优点；熟悉先张法的施工工艺；掌握先张法预应力筋的控制应力、张拉程序和放张顺序的确定和注意事项；熟悉后张法的施工工艺，掌握后张法孔道留设、锚具选择、预应力筋的张拉顺序、孔道灌浆等施工方法及注意要点；了解无粘结预应力混凝土施工原理及应用。

4.1 概　　述

4.1.1 预应力混凝土概述

普通混凝土结构或构件，由于混凝土的抗拉强度及极限拉应变很小，其极限拉应变为 $(0.1\sim0.15)\times10\mathrm{m}^{-3}$（每米只能拉长 0.1～0.15mm）。所以在使用荷载作用下，一般均带裂缝工作。对使用上不允许开裂的构件，相应的受拉钢筋的应力仅达到 20～30MPa；对于允许开裂的构件，通常当受拉钢筋应力达到 250MPa 时，混凝土裂缝宽度已达到 0.2～0.3mm。为了满足变形和裂缝控制的要求，需增加构件的截面尺寸和钢筋用量，因为截面尺寸和自重的增大，而使普通钢筋混凝土结构用于大跨度或承受动力荷载的结构时不现实或不经济，钢筋的抗拉强度未能充分发挥。

预应力混凝土是解决这一问题的有效方法：设法在结构构件受外荷载作用前，预先对由外荷载引起的混凝土受拉区施加压力，以此产生的预压应力来减少或抵消外荷载所引起的混凝土拉应力，使结构构件的混凝土拉应力不大，甚至处于受压状态。也就是可借助混凝土较高的抗压能力来弥补其抗拉能力的不足。这种构件受到外荷载以前预先对混凝土受拉区施加压力的结构称为"预应力混凝土结构"。

4.1.2 预应力混凝土工作的基本原理

预应力混凝土工作的基本原理是通过预应力钢筋或锚具，将预应力钢筋的弹性收缩力传递到混凝土构件上，并产生预应力。本节以预应力混凝土构件与普通混凝土构件为例，来说明预应力混凝土工作的基本原理。

普通的钢筋混凝土在均布荷载 q 作用下，构件发生变形并且有一定的挠度（图 4-1），挠

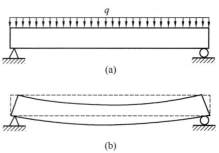

图 4-1　普通钢筋混凝土受力原理
(a) 梁的受力情况；(b) 梁受力后的变形

度达到一定程度后混凝土即带裂缝工作，现假设 f_{max} 为混凝土开裂时的极限挠度，对于均布荷载作用下的简支梁来说，挠度是指梁中点偏离平衡位置的最大距离。

如果在外荷载作用之前，预先在梁的受拉区施加一对大小相等、方向相反的偏心预加力 N，使梁的下边缘产生预压应力，梁的上边缘产生预拉应力；当外荷载 q' 作用时，首先必须平衡受拉区的压应力和受压区的拉应力，使梁构件达到平衡状态，然后构件要达到其本身的最大挠度 f_{max}，并继续再加外力 q，那么在相同挠度条件下构件承载力变为 $q+q'$，从而提高了构件的承载能力，如图 4-2 所示。

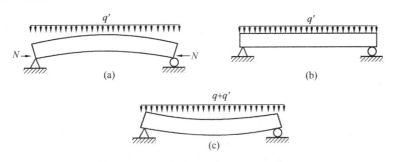

图 4-2　预应力钢筋混凝土受力原理
(a) 施加预应力；(b) 承受荷载；(c) 增加荷载

由此可见，预应力混凝土构件与普通混凝土构件相比，除能提高构件的抗裂度和刚度外，还具有增加构件的耐久性、节约材料、减少自重等优点，也为采用高强度混凝土创造了条件。同时在制作预应力混凝土构件时，增加了张拉工作，相应增添了张拉机具和锚固装置，使制作工艺也较为复杂。预应力混凝土广泛应用于工民建、桥梁、管道、水塔等领域。

4.1.3　预应力混凝土的分类

预应力混凝土按照不同的方式，可以分为不同的预应力混凝土构件，见图 4-3。在土木工程中，常根据施加预应力的方法不同，将预应力混凝土按施工顺序可分为先张法和后张法。

先张法是先张拉预应力筋，后浇筑混凝土的预应力混凝土的生产方法，以便张拉和临时锚固预应力筋，待混凝土达到设计强度后，放松预应力筋。预应力是通过预应力筋与混凝土间的粘结应力传递给混凝土的。先张法适用于预制厂生产中小型预应力混凝土构件，

图 4-3　预应力混凝土种类区分图

如空心板、多空板、槽形板、屋面梁等；道路桥梁工程中的轨枕、桥面空心板、简支梁等；在基础工程中应用的预应力方桩及管桩等。

后张法是先浇筑混凝土，后张拉预应力筋的预应力混凝土生产方法。这种方法需要预留孔道和专用的锚具，张拉锚固的预应力筋要求进行孔道灌浆。后张法适用于在施工现场生产大型预应力混凝土构件与结构，预应力是通过锚具传递给混凝土的。

针对上述两种预应力混凝土施工工艺、预应力筋的控制应力、张拉程序和放张顺序的确定和注意事项等详见第 4.3 和 4.4 节。

4.2 预应力钢筋、锚（夹）具、张拉机械

4.2.1 预应力钢筋

预应力钢筋是指在预应力结构中用于建立预加应力的单根或成束的预应力钢丝、钢绞线或钢筋等。预应力钢筋宜采用螺旋肋钢丝、刻痕钢丝和低松弛钢绞线，也可采用热处理钢筋。冷拔低碳钢丝和冷拉钢筋由于存在残余应力、屈强比低，已逐渐为螺旋肋钢丝、刻痕钢丝或 1×3 钢绞线所取代，不再作为预应力钢筋使用。以下介绍几种常用的预应力钢筋。

1. 预应力钢丝

预应力钢丝分为两类，其一是中强度预应力钢丝，它主要用于中、小跨度的预应力构件；其二是消除应力钢丝，其强度较高。这两类钢丝的外形都是光面带螺旋肋（图 4-4）。

预应力钢丝经矫直回火后，可消除钢丝冷拔过程中产生的残余应力，其比例极限、屈服强度和弹性模量等也会有所提高，塑性也有所改善，同时也解决钢丝的调直问题。这种钢丝通常被称为消除应力钢丝。消除应力钢丝的松弛损失虽比消除应力前低一些，但仍然较高。于是人们又发展了一种叫作"稳定化"的特殊生产工艺，即在一定的温度（如 350℃）和拉应力下进行应力消除回火处理，然后冷却至常温。经"稳定化"处理后，钢丝的松弛值仅为普通钢丝的 0.25～0.33。这种钢丝被称为低松弛钢丝，目前已在国内外广泛应用。

过去预应力钢丝还有一种直径 5～7mm 的刻痕钢丝，但这种钢丝的锚固性能很差，现也已被淘汰。

2. 预应力钢绞线

钢绞线是用冷拔钢丝绞扭而成，其方法是在绞线机上以一种稍粗的直钢丝为中心，其余钢丝则围绕其进行螺旋状绞合（图 4-5），再经低温回火处理即可。钢绞线根据深加工的

图 4-4 预应力钢丝的外形

图 4-5 预应力钢绞线的截面
D—钢绞线直径；d_0—中心钢丝直径；
d—外层钢丝直径

要求不同又可分为普通松弛钢绞线（消除应力钢绞线）、低松弛钢绞线和镀锌钢绞线、环氧涂层钢绞线和模拔钢绞线等。

钢绞线有 2~19 股规格，其中 7 股钢绞线由于面积较大、柔软、施工定位方便，适用于先张法和后张法预应力结构与构件，是目前国内外应用最广的一种预应力筋。

3. 热处理钢筋

热处理钢筋是由普通热轧中碳合金钢筋经淬火和回火调质热处理制成，具有高强度、高韧性和高粘结力等优点，直径为 6~10mm。成品钢筋为直径 2m 的弹性盘卷，开盘后自行伸直，每盘长度为 100~120m。热处理钢筋的螺纹外形有带纵肋和无纵肋两种，如图 4-6 所示。

图 4-6　热处理钢筋的类型

（a）有纵肋热处理钢筋；（b）无纵肋热处理钢筋

精轧螺纹钢筋是一种用热轧方法在整根钢筋表面上轧出不带纵肋、横肋为不连续的梯形螺纹的直条钢筋，如图 4-7 所示。该钢筋在任意截面处都能拧上带内螺纹的连接器进行接长，或拧上特制的螺母进行锚固，无须冷拉与焊接，施工方便，主要用于房屋、桥梁与构筑物等的直线筋。目前，国内生产的精轧螺纹钢筋有公称直径为 25mm 和 32mm 两种型号，其屈服点分别为 750MPa 和 900MPa。

图 4-7　精轧螺纹钢筋外形

预应力钢筋的一大特性为应力松弛。应力松弛是钢材受到一定的张拉力后，在长度保持不变的条件下，钢材的应力随时间的增长而降低的现象，其降低值称为应力松弛损失。产生应力松弛的原因主要是金属内部错位运动使一部分弹性变形转化为塑性变形。

4.2.2　台座及夹具

1. 台座

台座由台面、横梁和承力结构等组成，是先张法生产的主要设备之一。预应力筋张拉、锚固，混凝土浇筑、振捣和养护及预应力筋放张等全部施工过程都在台座上完成。预应力筋放松前，台座承受全部预应力筋的拉力。因此，台座应有足够的强度、刚度和稳定性。台座按构造形式不同，分为墩式台座和槽式台座两类。

（1）墩式台座

墩式台座由台墩、台面与横梁等组成。台墩和台面共同承受拉力。墩式台座用于生产各种形式的中小型构件，见图4-8。

1）台墩

台墩，一般埋置在地下，由现浇钢筋混凝土做成。台墩应有合适的外伸部分，以增大力臂而减少台墩自重，台墩应具有足够的强度、刚度和稳定性，稳定性验算一般包括抗倾覆验算与抗滑移验算。

抗倾覆系数不得小于1.5，抗滑移系数不得小于1.3。抗倾覆验算的计算简图如图4-9所示，按式（4-1）计算：

图4-8　墩式台座（单位：mm）
1—钢筋混凝土墩；2—钢横梁；
3—混凝土台面；4—预应力筋

图4-9　墩式台座的稳定性验算
简图（单位：mm）

$$K_0 = \frac{M_1}{M} = \frac{GL + E_p e_2}{N e_1} \tag{4-1}$$

式中　K_0——台座的抗倾覆安全系数；

M——由张拉力产生的倾覆力矩，$kN \cdot m$；

N——预应力筋的张拉力，kN；

e_1——张拉合力作用点到倾覆转动点的力臂，m；

M_1——抗倾覆力矩，$kN \cdot m$；

G——台墩的自重力，kN；

L——台墩重心至倾覆点的力臂，m；

E_p——台墩后面的被动土压力合力，当台墩埋置深度较浅时，可忽略不计，kN；

e_2——被动土压力合力至倾覆点的力臂，m。

综合台墩、台面共同受力及面层的施工质量，倾覆点的位置宜取在混凝土台面端部往下4～5cm处。

抗滑移能力按式（4-2）验算：

$$K_e = \frac{N_1}{N} \tag{4-2}$$

式中　K_e——抗滑移安全系数；

N——张拉力合力，kN；

N_1——抗滑移的力，kN。

对于独立的台墩，滑移问题由侧壁上压力和底部摩阻力等产生；对与台面共同工作的台墩，其水平推力几乎全部传给台面，不存在滑移问题，可不作抗滑移计算，此时应验算台面的强度。

为了增加台墩的稳定性，减小台墩的自重，可采用锚杆式台墩。台墩的牛腿和延伸部分，分别按钢筋混凝土结构的牛腿和偏心受压构件计算。

2）台面

台面是预应力构件成型的胎模，要求地基坚实平整，它是在150mm厚夯实碎石垫层上，浇筑60～100mm厚C20混凝土面层，原浆压实抹光而成。台面要求坚硬、平整、光滑，沿其纵向有3%的排水坡度。台面按轴心受压杆件计算。其承载力按式（4-3）计算：

$$P = \frac{\Phi A f_c}{K_1 K_2} \tag{4-3}$$

式中　Φ——轴心受压纵向弯曲系数，取1；

　　　A——台面截面面积，m^2；

　　　f_c——混凝土抗压强度设计值，MPa；

　　　K_1——超载系数，取1.25；

　　　K_2——考虑台面面积不均匀和其他影响因素的附加安全系数，取1.50。

台面伸缩缝可根据当地温度和经验设置，一般约10m设置1条。

3）横梁

横梁以墩座牛腿为支承点安装其上，是锚固夹具临时固定预应力筋的支承点，也是张拉机械张拉预应力筋的支座。横梁常采用型钢或钢筋混凝土制作。横梁按承受均布荷载的简支梁计算，台墩横梁的挠度不应大于2mm，并不得产生翘曲，预应力筋的定位板必须安装准确，其挠度不大于1mm。

（2）槽式台座

槽式台座由端柱、传力柱、上下横梁和台面组成。槽式台座既可承受拉力，又可作蒸汽养护槽，适用于张拉吨位较高的大型构件，如屋架、吊车梁等。槽式台座构造如图4-10所

图4-10　槽式台座（单位：mm）

示。槽式台座一般与地面相平，以便运送混凝土和蒸汽养护以及砖墙挡水和防水。端柱和传力柱的端面比较平整，对接接头比较紧密。槽式台座需进行强度和稳定性计算。端柱和传力柱的强度按钢筋混凝土结构偏心受压构件计算。槽式台座端柱抗倾覆力矩由端柱、横梁自重力矩及部分张拉力矩组成。

2. 夹具

夹具是在先张法预应力混凝土构件施工时，为保持预应力筋的拉力并将其固定在生产台座（或设备）上的临时性锚固装置。夹具应与预应力筋相适应。夹具应具有良好的自锚性能、松弛性能和安全的重复使用性能。主要锚固零件宜采取镀膜防锈。要求夹具工作可靠，构造简单，施工方便，成本低。根据夹具的工作特点分为张拉夹具和锚固夹具。

（1）张拉夹具

张拉夹具是将预应力筋与张拉机械连接起来，进行预应力张拉的工具。常用的张拉夹具有两种。

1）偏心式夹具。偏心式夹具由一对带齿的月牙形偏心块组成，见图 4-11。

2）楔形夹具。楔形夹具由锚板和楔块组成，见图 4-12。

图 4-11　偏心式夹具　　　　　图 4-12　楔形夹具

1—钢丝；2—锚板；3—楔块

（2）锚固夹具

锚固夹具是将预应力筋临时固定在台座横梁上的工具。常用的锚固夹有以下几种。

1）锥形夹具。锥形夹具是用来锚固预应力钢丝的，由中间开有圆锥形孔的套筒和刻有细齿的锥形齿板或锥销组成，分别称为圆锥齿板式夹具和圆锥三槽式夹具，见图 4-13、图 4-14。

图 4-13　圆锥齿板式夹具　　　　图 4-14　圆锥三槽式夹具

圆锥齿板式夹具的套筒和齿板均用 45 号钢制作。套筒不需做热处理。

圆锥三槽式夹具锥销上有三条半圆槽，依锥销上半网槽的大小，可分别锚固一根 $\Phi^b 3$、$\Phi^b 4$ 或 $\Phi^b 5$ 钢丝。套筒和锥销均用 45 号钢制作，套筒不做热处理。

锥形夹具工作时依靠预应力钢丝的拉力就能够锚固住钢丝。锚固夹具本身牢固可靠地锚固住预应力筋的能力，称为自锚。

2）圆套筒三片式夹具。圆套筒三片式夹具用于锚固预应力钢筋，由中间开有圆锥形孔的套筒和三片夹片组成，见图 4-15。

3）方套筒两片式夹具。方套筒两片式夹具用于锚固单根热处理钢筋。该夹具的特点是：操作非常简单，钢筋从套筒小直径一端插入，夹片后退，两夹片间距扩大，钢筋从两夹片之间通过，由套筒大直径一端穿出。夹片受弹簧的顶推前移，两夹片间距缩小，夹持钢筋，见图 4-16。

图 4-15　圆套筒三片式夹具　　　　　图 4-16　方套筒两片式夹具

4.2.3　锚具

在后张法预应力混凝土结构或构件中，为保持预应力筋的拉力并将其传递到混凝土上所用的永久性锚固装置称为锚具。另一类用于后张法施工的夹具，是在张拉千斤顶或设备上夹持预应力筋的临时性锚固装置，简称为工具锚。

锚具是建立预应力值和保证结构安全的技术关键，要求锚具的形状尺寸准确，有足够的强度和刚度，受拉后变形小，锚固可靠，不致产生预应力筋的滑移和断裂现象。此外，还应力求取材容易、加工简单、成本低廉、使用方便，锚具或其附件上宜设置灌浆孔道，灌浆孔道应有使浆液通畅的截面面积。

根据锚固原理和构造形式不同，后张法所用锚具可分为螺杆锚具、夹片锚具、锥销式锚具和墩头锚具四种体系；在预应力筋张拉过程中，按锚具所在位置与作用不同，又可分为张拉端锚具和固定端锚具。预应力筋有热处理钢筋束、消除应力钢筋束或钢绞线束、钢丝束。因此，按锚具的锚固钢筋或钢丝的数量，可分为单根粗钢筋锚具、钢筋束和钢绞线束锚具、钢丝束锚具等。

1. 单根粗钢筋锚具

（1）螺母端杆锚具

螺母端杆锚具属于支承式锚具，由螺母端杆、垫板和螺母等组成，适用于锚固直径 18～36mm 的热处理钢筋，如图 4-17 所示。

（2）帮条锚具

帮条锚具由一块方形衬板与三根帮条组成，如图 4-18 所示。衬板采用普通低碳钢板，帮条采用与预应力筋同类型的钢筋。帮条锚具一般用在单根粗钢筋作预应力筋的固定端。

图 4-17　螺母端杆锚具

1—螺母端杆；2—螺母；3—垫板；4—排气槽；5—对焊接头；6—冷拉钢筋

图 4-18　帮条锚具

1—衬板；2—帮条；3—预应力筋

帮条安装时，3 根帮条与衬板相接触的截面应在一个垂直平面上并互成 120°角，以免受力产生扭曲。

2. 钢筋束和钢绞线束锚具

钢绞线预应力筋由多根高强钢丝在绞线机上呈螺旋形绞合并经消除应力、回火处理而成。目前使用的钢筋束和钢绞线束锚具主要有 JM 型，固定端也可采用墩头锚具。

(1) JM 型锚具

JM 型锚具为单孔夹片式锚具，适用于锚固 3～6 根直径为 12mm 钢筋束和 5～6 根直径为 12mm 钢绞线束。它由锚环和夹片组成（图 4-19），夹片呈扇形，用两侧的半圆槽锚固预应力钢筋，为增加夹片与预应力钢筋之间的摩擦力，在半圆槽内刻有截面为梯形的齿痕，夹片背面的坡度与锚环一致。锚固时，用穿心式千斤顶张拉钢筋后随即顶紧夹片。锚环与夹片均采用 45 号钢制成。它可以作为张拉端或固定端锚具，也可作为重复使用的工具锚。

图 4-19　JM12 型锚具

(2) 墩头锚具

墩头锚具用于固定端，由锚固板和带墩头的预应力筋组成，如图 4-20 所示。

3. 钢丝束锚具

目前国内常用的钢丝束锚具有钢质锥形锚具、锥形螺杆锚具、钢丝束墩头锚具、XM型锚具和 QM 型锚具。

（1）钢质锥形锚具

钢质锥形锚具属于锥塞式锚具，由锚环和锚塞组成（图 4-21），适用于锚固钢丝束。钢丝分布在锚环锥孔内侧，由锚塞塞紧锚固。锚环内孔的锥度应与锚塞的锥度一致，锚塞上刻有细齿槽，以防止夹紧的钢丝滑移。

图 4-20　墩头锚具　　　　　图 4-21　钢质锥形锚具

1—锚固板；2—预应力钢筋；3—墩头　　1—锚环；2—锚塞

（2）锥形螺杆锚具

锥形螺杆锚具属于锥塞式锚具，主要由锥形螺杆、套筒和螺母等组成，如图 4-22 所示，用于锚固 14～28 根直径 5mm 的钢丝束。使用时先将钢丝束均匀整齐地紧贴在螺杆锥体部分，然后套上套筒，用拉杆式千斤顶使端杆锥体通过钢丝挤压套筒，从而锚紧钢丝。由于锥形螺杆锚具不能自锚，必须事先加力顶压套筒才能锚固钢丝。

（3）钢丝束墩头锚具

钢丝束墩头锚具属于支承式锚具，一般用以锚固 12～54 根碳素钢丝，分为 DMSA 型和 DMSB 型两种。DMSA 型由锚环和螺母组成，用于张拉端；DMSB 型用于固定端，仅有一块锚板。钢丝束镦头锚具如图 4-23 所示。钢丝束墩头锚具的工作原理是将预应力筋穿过锚环的蜂窝眼后，用专门的墩头机将钢筋或钢丝的端头镦粗，将镦粗头的预应力束直接锚固在锚环上，待千斤顶拉杆旋入锚环内螺纹后即可进行张拉，当锚环带动钢筋或钢丝伸长到设计值时，将锚圈沿锚环外的螺纹旋紧顶在构件表面，于是锚圈通过支撑垫板将预应力传到混凝土上，操作简单迅速。

图 4-22　锥形螺杆锚具　　　　　图 4-23　钢丝束墩头锚具

1—钢丝；2—套筒；3—锥形螺杆；4—垫板；5—螺母　　（a）DMSA 型；（b）DMSB 型

1—锚环；2—螺母；3—锚板

4.2.4 张拉设备

1. 先张法张拉设备

在先张法施工中，常用的张拉机械有：YC-20 型穿心式千斤顶（图 4-24）、电动螺杆张拉机（图 4-25）、电动卷扬张拉机（图 4-26）。在长线台座上张拉钢筋时，由于千斤顶行程不能满足要求，小直径钢筋可采用卷扬机张拉，用杠杆或弹簧测力。弹簧测力时，宜设行程开关，在张拉到规定的应力时，能自行停机等。

张拉机械上装有测力仪表，以准确建立和测定张拉力。张拉设备应由专人使用和保管，并定期维护与标定。

图 4-24　YC-20 型穿心式千斤顶
(a) 张拉；(b) 临时锚固，回油
1—钢筋；2—台座；3—穿心式夹具；4—弹性顶压头；
5、6—油嘴；7—偏心式夹具；8—弹簧

图 4-25　电动螺杆张拉机构造图
1—螺杆；2、3—拉力架；4—张拉夹具；5—顶杆；6—电动机；7—减速箱；8—测力计；
9、10—胶轮；11—底盘；12—手柄；13—横梁；14—螺杆；15—锚固夹具

图 4-26　电动卷扬张拉机
1—电气箱；2—电动机；3—减速箱；4—卷筒；5—撑杆；6—夹钳；
7—前轮；8—测力计；9—开关；10—后轮

2. 后张法张拉设备

后张法张拉设备主要有液压千斤顶、高压油泵。

预应力用液压千斤顶是以高压油泵驱动，完成预应力筋的张拉、锚固和千斤顶的回程动作。按机型不同分为拉杆式千斤顶、穿心式千斤顶、锥锚式千斤顶等；按使用功能不同分为单作用千斤顶、双作用千斤顶和三作用千斤顶，张拉的吨位不大于 250kN 为小吨位，张拉吨位 250～1000kN 为中吨位，张拉吨位超过 1000kN 为大吨位千斤顶。

（1）拉杆式千斤顶

拉杆式千斤顶适用于张拉以螺母端杆锚具为张拉锚具的粗钢筋，以及以锥型螺杆锚具为张拉锚具的钢丝束，拉杆式千斤顶的构造如图 4-27 所示。

图 4-27　拉杆式千斤顶构造示意图

1—主缸；2—主缸活塞；3—主缸油嘴；4—副缸；5—副缸活塞；6—副缸油嘴；7—连接器；8—顶杆；
9—拉杆；10—螺帽；11—预应力筋；12—混凝土构件；13—预埋钢板；14—螺母端杆

张拉前，先将连接器旋在预应力的螺母端杆上，相互连接牢固。千斤顶由传力架支承在构件端部的钢板上。张拉时，高压油进入主缸，推动主缸活塞及拉杆，通过连接器和螺母端杆，预应力筋被拉伸。千斤顶拉力的大小可由油泵压力表直接显示。当张拉力达到规定值时，拧紧螺母端杆上的螺母，此时张拉完成的预应力筋被锚固在构件的端部。锚固后回油缸进油，推动回油活塞工作，千斤顶脱离构件，主缸活塞、拉杆和连接器回到原始位置。最后将连接器从螺母端杆上卸掉，卸下千斤顶，张拉结束。

（2）穿心式千斤顶

穿心式千斤顶，是利用双液压缸张拉预应力筋和顶压锚具的双作用千斤顶。穿心式千斤顶适用于张拉带 JM 型锚具的钢筋束或钢绞线束；配上撑脚、张拉杆和连接器后，可以张拉以螺母端杆锚具为张拉锚具的预应力筋。穿心式千斤顶有 YC-20D、YC-60 与 YC-120 型号。

YC-60 型穿心式千斤顶适用于张拉各种形式的预应力筋，是目前我国预应力混凝土构件施工中应用最为广泛的张拉机械，如图 4-28 所示。YC-60 型穿心式千斤顶加装撑脚、张拉杆和连接器后，就可以张拉以螺母端杆锚具为张拉锚具的单根粗钢筋，张拉以锥型螺杆锚具和 DM5A 型墩头锚具为张拉锚具的钢丝束。YC-60 型穿心式千斤顶增设顶压分束器，就可以张拉以 KT-Z 型锚具为张拉锚具的钢筋束和钢绞线束。张拉时，高压油由张拉缸油嘴 A 进入张拉工作油室 I，张

图 4-28　YC-60 型穿心式千斤顶的构造示意图

1—张拉油缸；2—顶压油缸（即张拉活塞）；3—顶压活塞；
4—弹簧；5—预应力筋；6—工具式锚具；7—螺帽；
8—工作锚具；9—混凝土构件；10—顶杆；11—拉杆；
12—连接器；I—张拉工作油室；II—顶压工作油室；
III—张拉回程油室；A—张拉缸油嘴；B—顶压油嘴；
C—油孔

拉活塞 2 顶住构件后油缸 1 左移；同时顶压缸油嘴 B 开启，张拉回程油室 Ⅲ 回油。完成张拉，关闭张拉缸油嘴 A，高压油由顶压缸油嘴 B 经油孔 C 进入顶压工作油室 Ⅱ，顶压活塞 3 右移，顶压夹片或锚塞，锚固钢筋。完成张拉顶压后，开启 A、B 油嘴继续进油，张拉油缸 1 右移，恢复到初始位置；开启油嘴 B，弹簧 4 使顶压活塞 3 恢复到初始位置。

（3）锥锚式千斤顶

锥锚式千斤顶是具有张拉、顶锚和退楔功能的三作用千斤顶，仅用于张拉带钢质锥形锚具的钢丝束，如图 4-29 所示。张拉时，楔块 10 锚固钢筋 1，高压油由油嘴 11 进入主缸，主缸带动钢筋左移。完成张拉，关闭主缸油嘴 11，高压油由副缸油嘴 12 进入副缸，副缸活塞及顶压头 2 右移，顶压锚塞，锚固钢筋。完成张拉顶压后，主缸、副缸回油，弹簧 7、8 使主缸、副缸恢复到初始位置，放松楔块 10，拆下千斤顶。

图 4-29　锥锚式千斤顶构造示意图

1—预应力筋；2—顶压头；3—副缸；4—副缸活塞；5—主缸；6—主缸活塞；7—手缸拉力弹簧；8—副缸压力弹簧；9—锥形卡环；10—楔块；11—主缸油嘴；12—副缸油嘴；13—锚塞；14—构件；15—锚环

高压油泵与液压千斤顶配套使用，作用是向液压千斤顶各个油缸供油，使其活塞按照一定速度伸出或回缩的主要设备。油泵的额定压力应大于或等于千斤顶的额定压力。

用千斤顶张拉预应力筋时，张拉力的大小是用过油泵上的油压表的读数来控制的。油压表的读数表示千斤顶张拉油缸活塞单位面积的油压力，理论上，如已知张拉力 N，活塞面积 A，则可求出张拉时油表的相应读数 $P = \dfrac{N}{A}$。

由于千斤顶活塞与油缸之间存在着一定的摩擦力，为保证预应力筋张拉力的准确性，所以实际张拉力往往比上面公式计算结果小。故应定期校验千斤顶与油压表读数的关系，制成表格或绘制 P 与 A 的关系曲线，供施工中直接查用。

4.3　先张法施工

4.3.1　先张法施工概念

先张法是在浇筑混凝土前张拉预应力钢筋，并将其固定在台座或钢模上，然后浇筑混凝土，待混凝土达到规定强度（一般不低于设计强度的 75%），保证预应力钢筋与混凝土有足够粘结力时，以规定的方式放松预应力钢筋，借助预应力筋的弹性回缩及其与混凝土的粘结，使混凝土产生预压应力的施工方法。

先张法施工可采用台座法和机组流水法。

台座法：预应力筋的张拉、锚固，混凝土的浇筑、养护及预应力筋放张等均在台座上进行，用于成批生产配直线预应力筋的混凝土构件，如屋面板、空心楼板等，预应力筋放张前，其拉力由台座承受。

机组流水法：预应力钢筋的张拉力由钢模承受，构件连同钢模按流水方式，通过张拉、浇筑、养护等固定机组完成每一生产过程，预应力筋放松前，其拉力由钢模承受。此法适合于工厂化大批量生产，但模板耗钢量大，需采用蒸汽养护，不适合大、中型构件的制作。图 4-30 为采用先张法施工工艺生产预应力构件的示意图。

先张法施工的优点是生产效率高、施工工艺简单、夹具可重复使用等。

图 4-30　先张法施工工艺简图

（a）预应力筋的张拉；（b）混凝土构件制作；（c）构件获得预应力

1—预应力筋；2—混凝土构件；3—台座；4—夹具

4.3.2　先张法施工工艺

先张法施工工艺包括预应力筋的铺设、预应力筋的张拉、混凝土浇筑与养护和预应力筋的放张等施工过程，见图 4-31。

1. 张拉前的准备

（1）预应力筋的张拉力和伸长值计算

先张法生产的构件，常采用的预应力钢材有钢丝及钢筋两类，施工时的预应力钢筋张拉，可以是单根张拉或成组张拉。成组张拉可以使用油压千斤顶，也可以使用其他设备。张拉前需要准备好预应力钢筋、对应的张拉机具，并需要对预应力筋的张拉力和伸长值进行计算。

预应力筋的张拉力和伸长值需要张拉前确定，其中，

控制张拉力：
$$F_p = \sigma_{con} A_p n \tag{4-4}$$

超张拉力：
$$F = (103 \sim 105)\% F_p \tag{4-5}$$

伸长值：
$$\Delta L = \frac{\sigma_{con}}{E_s} L = \frac{F_p L}{A_p E_s} \tag{4-6}$$

式中　σ_{con}——预应力张拉控制应力，kN/mm^2；

A_p——预应力筋截面面积，mm^2；

n——同时张拉预应力筋的根数；

E_s——预应力筋的弹性模量，kN/mm^2；

L——预应力筋的长度，mm。

图 4-31　先张法预应力施工工艺流程图

（2）张拉机具设备及仪表定期维护和校验

张拉设备应定期校验，以确定张拉力与仪表读数的关系曲线，保证张拉力的准确，每半年校验一次。设备出现反常现象或检修后应重新校验。张拉设备宜定岗负责，专人专用。

（3）预应力筋（丝）的铺设

长线台座面（或胎模）在铺放钢丝前，应清扫并涂刷隔离剂。一般涂刷皂角水溶性隔离剂，易干燥，污染钢筋易清除。涂刷均匀不得漏涂，待其干燥后，铺设预应力筋，一端用夹具锚固在台座横梁的定位承力板上，另一端卡在台座张拉端的承力板上待张拉。在生产过程中，应防止雨水或养护水冲刷掉台面隔离剂。为避免铺设预应力筋时因其自重下垂破坏隔离剂，沾污预应力筋，影响预应力筋与混凝土的粘结，应在预应力筋设计位置先放置好垫块或定位钢筋后。预应力钢丝宜用牵引车铺设。铺设时，钢筋接长或钢筋与螺杆的连接，可采用套筒双拼式连接器。钢筋采用焊接时，应合理布置接头位置，尽可能避免将焊接接头拉入构件内。

2. 预应力筋的张拉

预应力筋张拉应根据设计要求进行。当进行多根成组张拉时，应先调整各预应力筋的初应力，使其长度和松紧一致，以保证张拉后各预应力筋的应力一致。

（1）张拉前的复核

1）检查预应力筋的品种、级别、规格、数量（排数、根数）是否符合设计要求。

2）预应力筋的外观质量应全数检查，预应力筋应符合展开后平顺，没有弯折，表面无裂纹、小刺、机械损伤、氧化铁皮和油污等。

3）张拉设备是否完好，测力装置是否校核准确。

4）横梁、定位承力板是否贴合及严密稳固。

5）预应力筋张拉后，对设计位置的偏差不得大于 5mm，也不得大于构件截面最短边长的 4%。

6）在浇筑混凝土前发生断裂或滑脱的预应力筋必须予以更换。

7）张拉、锚固预应力筋应由专人操作，实行岗位责任制，并做好预应力筋张拉记录。

8）在已张拉钢筋（丝）上进行绑扎钢筋、安装预埋铁件、支承安装模板等操作时，要防止踩踏、敲击或碰撞钢丝。

先张法预应力筋的张拉有单根张拉和多根成组张拉。预应力筋的张拉工作是预应力混凝土施工中的关键工序，为确保施工质量，在张拉中应严格控制张拉应力、张拉程序、计算张拉力和进行预应力值校核。

（2）张拉控制应力

张拉控制应力是指在张拉预应力筋时所达到的规定应力，应按设计规定采用。控制应力的数值影响预应力的效果。控制应力高，建立的预应力值则大。但控制应力过高，预应力筋处于高应力状态，使构件出现裂缝的荷载与破坏荷载接近，破坏前无明显的预兆，这是不允许的。此外，施工中为减少由于松弛等原因造成的预应力损失，一般要进行超张拉。现行国家标准《混凝土结构设计规范》GB 50010 规定预应力钢筋的张拉控制应力值不宜超过表 4-1 规定的张拉控制应力限值，且消除应力钢丝、钢绞线、中强度预应力钢丝的张拉控制应力值不应小于 $0.4 f_{ptk}$；预应力螺纹钢筋的张拉应力控制值不宜小于 $0.5 f_{pyk}$。

张拉控制应力限值　　　　　　　　　　　　　表 4-1

预应力筋种类	先张法	后张法
消除应力钢丝、钢绞线	$0.75 f_{ptk}$	$0.75 f_{ptk}$
中强度预应力钢丝	$0.70 f_{ptk}$	—
预应力螺纹钢筋	—	$0.85 f_{pyk}$

注：f_{ptk} 是按极限抗拉强度确定的强度标准值；f_{pyk} 是按屈服强度确定的强度标准值。

预应力筋的张拉控制应力，应符合设计要求。施工中预应力筋需要超张拉时，可比设计要求提高 3%～5%。

当符合下列情况之一时，上述张拉控制应力限值可相应提高 $0.05 f_{ptk}$ 或 $0.05 f_{pyk}$：

要求提高构件在施工阶段的抗裂性能，而在使用阶段受压区内设置预应力筋。

要求部分抵消由于应力松弛、摩擦、钢筋分批张拉以及预应力筋与张拉台座之间的温差等因素产生的预应力损失。

（3）张拉程序

张拉程序为：$0 \rightarrow 105\% \sigma_{con}$（持荷 2min）$\rightarrow \sigma_{con}$ 或 $0 \rightarrow 103\% \sigma_{con}$

上述张拉程序的目的是为了减少预应力的松弛损失。即钢筋在常温、高应力状态下具有不断塑性变形的特性。松弛的数值与控制应力和延续时间有关，控制应力高则松弛大。松弛损失随着时间的延续增加，在第 1min 内可完成损失总值的 50% 左右，24h 内则可完成 80%。张拉程序中，如先超张拉 5% 再持荷几分钟，则可大大减少松弛损失。超张拉 3% 也是为了弥补这一预应力损失。

用应力控制张拉时，为了校核预应力值，在张拉过程中应测出预应力筋的实际伸长值。如果实际伸长值大于计算伸长值 10% 或小于计算伸长值 5%，应暂停张拉，查明原因并采取措施调整后，方可继续张拉。

（4）预应力值校核

预应力筋的预应力值，一般用其伸长值校核。当实测伸长值与理论伸长值的差值与理论伸长值相比，在 5%～10% 之间时，表明张拉后建立的预应力值满足设计要求。

两端张拉的曲线筋的拉应力取张拉端的拉应力与跨中扣除孔道摩阻损失后拉应力的平均值。

（5）预应力筋张拉注意事项

对多根预应力筋张拉，为避免台座承受过大的偏心力，应先张拉靠近台座截面重心处的预应力筋。张拉机具与预应力筋应在同一条直线上，张拉力应以稳定的速率逐渐加大。

钢质锥形夹具锚固时，敲击锥塞或楔块应先轻后重，同时倒开张拉设备并放松预应力筋，两者应密切配合，既要减少钢丝滑移，又要防止锤击力过大导致钢丝在锚固夹具处断裂。

对重要结构构件（如吊车梁、屋架等）的预应力筋，用应力控制方法张拉时，在拧紧螺母时，应时刻观察压力表上的读数，始终保持所需要的张拉力，应校核预应力筋的伸长值。

同时张拉多根预应力钢丝时，应预先调整初应力（ $10\%\sigma_{con}$ ），使其相互之间的应力一致。预应力筋张拉完毕后与设计位置的偏差不得大于 5mm，且不得大于构件截面最短边长的 4%。

同一构件中，各预应力筋的应力应均匀，其偏差的绝对值不得超过设计规定的控制应力值的 5%。

台座两端应有防护设施，沿台座长度方向每隔 4～5m 放一个防护架，张拉钢筋时两端严禁站人，也不准进入台座。

3. 混凝土浇筑与养护

预应力筋张拉完毕后，应立即绑扎钢筋、支模、浇筑混凝土。台座内每条生产线上的构件，其混凝土应连续浇筑。混凝土必须振捣密实，特别对构件的端部，要注意加强振捣，以保证混凝土强度和粘结力。浇筑和振捣混凝土时，不可碰撞预应力筋；在混凝土未达到一定强度前，不允许碰撞或踩动预应力筋；当叠层生产时，必须待下层混凝土强度达 8～10N/mm² 后方可进行上层混凝土的浇筑。

混凝土可采用自然养护或湿热养护，自然养护不得少于 14d。干硬性混凝土浇筑完毕后，应立即进行覆盖养护。当采用湿热养护时，采取二次升温制，初次升温的温差不宜超过 20℃，当构件混凝土强度达到 7.5～10N/mm² 时，再按一般规定继续升温养护，这样可以减少预应力的损失。

4. 预应力筋的放张

在进行预应力筋的放张时，混凝土强度必须符合设计要求；当设计无具体规定时，混凝土强度不得低于设计标准值的 75%。

（1）放张顺序

预应力筋放张时，应缓慢放松锚固装置，使各根预应力筋缓慢放松。

预应力筋放张顺序应符合设计要求，当设计未规定时，可按下列要求进行：

1）对承受轴心预压力的构件（拉杆、桩等），所有预应力筋应同时放张。

2）对承受偏心预压力的构件，应先同时放张预应力较小区域的预应力筋，再同时放张预应力较大区域的预应力筋。

3）当不能按上述规定放张时，应分阶段、对称、相互交错地放张，以防止在放张过程中构件产生翘曲、开裂及断筋现象。

长线台座生产的钢弦构件，剪断钢丝宜从台座中部开始；叠层生产的预应力构件，宜按自上而下的顺序进行放张；板类构件，从两边逐渐向中心进行放张。

（2）放张方法

1）对预应力钢丝或细钢丝的板类构件，放张时可直接用钢丝钳或氧炔焰切割，并宜从生产线中间处切断，以减少回弹量，且有利于脱模；对每一块板，应从外向内对称放张，以免构件扭转两端开裂。

2）对预应力筋数量较少的粗钢筋构件，可采用氧炔焰在烘烤区轮换加热每根粗钢筋，使其同步升温，钢筋内应力均匀徐徐下降，外形慢慢伸长，待钢筋出现颈缩现象时，即可切断。

3）对预应力筋配置较多的构件，不允许采用剪断或割断等方式突然放张，以避免最后放张的几根预应力筋产生过大的冲击而断裂，致使混凝土构件开裂。为此，应采用千斤顶或在台座与横梁间设置砂箱和楔块，或在准备切割的一端预先浇筑混凝土块等方法，进行缓慢放张。

4.4 后张法施工

4.4.1 后张法施工概念及其分类

后张法施工，先制作构件，并在构件体内按预应力筋的位置留出相应的孔道，待构件的混凝土强度达到规定的强度（一般不低于设计强度标准值的75%）后，在预留孔道中穿入预应力筋进行张拉，并利用锚具把张拉后的预应力筋锚固在构件的端部，依靠构件端部的锚具将预应力筋的预张拉力传给混凝土，使其产生预压应力；最后在孔道中灌入水泥浆，使预应力筋与混凝土构件形成整体，见图4-32。

后张法预应力施工，不需要台座设备，灵活性大，广泛用于施工现场生产大型预制预应力混凝土结构。图4-33为后张法制作的工艺流程图。后张法预应力施工，又可分为有粘结预应力施工、无粘结预应力施工两类。

（1）有粘结预应力施工过程：混凝土构件或结构制作时，在预应力筋部位预先留设孔道，然后浇筑混凝土并进行养护；制作预应力筋并将其穿入孔道；待混凝土达到设计要求的强度后张拉预应力筋并用锚具锚固；再进行孔道灌浆与封锚。这种施工方法通过孔道灌浆，使预应力筋与混凝土相互粘结，减轻了锚具传递预应力作用，提高了锚固可靠性与耐久性，广泛用于主要承重构件或结构。

（2）无粘结预应力施工过程：混凝土构件或结构制作时，预先铺设无粘结预应力筋，然后浇筑混凝土并进行养护；待混凝土达到设计要求的强度后，张拉预应力筋并用锚具锚固，最后进行封锚。这种施工方法不需要留孔灌浆，施工方便，但预应力只能永久地靠锚具传递给混凝土。该施工方法宜用于分散配置预应力筋的楼板与墙板、次梁及低预应力度

图 4-32　后张法施工示意图

（a）制作混凝土构件；（b）张拉钢筋；（c）锚固和孔道灌浆

1—混凝土构件；2—预留孔道；3—预应力筋；4—张拉机械；5—锚具

图 4-33　后张法制作的工艺流程图

的主梁等。

4.4.2　后张法预应力施工工艺

1. 有粘结预应力施工工艺

（1）预留孔道

1）预应力筋孔通道布置

预应力筋孔道形状有直线、曲线和折线三种类型。

预留孔道的直径，应根据预应力筋根数、曲线孔道形状和长度、穿筋难易程度等因素确定。孔道内径应比预应力筋与连接器外径大 10～15mm，孔道面积宜为预应力筋净面积的 3～4 倍。

预应力筋孔道的间距与保护层应符合下列规定：

① 对预制构件，孔道的水平净间距不宜小于 50mm。孔道至构件边缘的净间距不应小于 30mm，且不应小于孔道直径的一半。

② 在框架梁中，预留孔道垂直方向净间距不应小于孔道外径，水平方向净间距不宜小于 1.5 倍孔道外径；从孔壁算起的混凝土最小保护层厚度，梁底为 50mm，梁侧为 40mm，板底为 30mm。

2）预埋金属波纹管留孔

金属波纹管又称螺旋管，是用冷轧钢带或镀锌钢带，在卷管机上压波后螺旋咬合而成的，如图 4-34 所示。按照相邻咬口之间的凸出部（即波纹）的数量分为单波纹和双波纹；按照截面形状分为圆形和扁形；按照径向刚度分为标准型和增强型；按照钢带表面状况分为镀锌螺旋管和不镀锌螺旋管。

图 4-34　金属波纹管

（a）圆形单波纹；（b）圆形双波纹；（c）扁形波纹管

3）抽拔芯管留孔

① 钢管抽芯法，即制作后张法预应力混凝土构件时，在预应力筋位置预先埋设钢管，待混凝土初凝后再将钢管旋转抽出的留孔方法。为防止在浇筑混凝土时钢管产生位移，每隔 1m 用钢筋井字架固定牢靠。钢管接头处可用长度为 30～40cm 的铁皮套管连接。在混凝土浇筑后，每隔一定时间慢慢转动钢管，使之不与混凝土粘结；待混凝土初凝后、终凝前抽出钢管，即形成孔道。钢管抽芯法适用于留设直线孔道。

② 胶管抽芯法，即制作后张法预应力混凝土构件时，在预应力筋的位置预先埋设胶管，待混凝土结硬后再将胶管抽出的留孔方法，采用 5～7 层帆布胶管。为防止在浇筑混凝土时胶管产生位移，直线段每隔 60cm 用钢筋井字架固定牢靠，曲线段应适当加密。胶管两端应有密封装置。在浇筑混凝土前，胶管内充入压力为 0.6～0.8MPa 的压缩空气或压力水，管径增大约 3mm，待浇筑的混凝土初凝后，放出压缩空气或压力水，管径缩小，混凝土脱开，随即拔出胶管。胶管抽芯法适用于留设直线与曲线孔道。

4）灌浆孔、排气孔和泌水管

在预应力筋孔道两端，应设置灌浆孔和排气孔，灌浆孔可设置在锚垫板上或利用灌浆管引至构件外，其间距对抽芯成型孔道不宜大于 12m。灌浆孔的孔径应能保证浆液畅通，一般不宜小于 20mm。曲线孔道的曲线波峰部位应设置排气兼泌水管，必要时可在最低点设置排水孔，泌水管伸出构件顶面的高度不宜小于 0.5m。

（2）预应力筋穿入孔道

预应力筋穿入孔道，简称穿束。穿束需要解决两个问题，即穿束时机与穿束方法。

1）穿束时机

根据穿束与浇筑混凝土之间的先后关系，可分为先穿束和后穿束两种方法。

① 先穿束法。先穿束法即在浇筑混凝土之前穿束，此法穿束省力；但穿束占用工期，束自重引起的波纹管摆动会增大摩擦损失，束端保护不当易生锈。

② 后穿束法。后穿束法即在浇筑混凝土之后穿束。此法可在混凝土养护期内进行。不占工期，便于用通孔器或高压水通孔，穿束后即张拉，易于防锈，但穿束较为费力。

2）穿束方法

根据一次穿入数量，可分为整束穿和单根穿。钢丝束应整束穿；钢绞线宜采用整束穿，也可用单根穿。穿束工作可由人工、卷扬机和穿束机进行施工。

（3）预应力筋张拉

1）预应力筋张拉方式

根据预应力混凝土结构特点、预应力筋形状与长度，以及施工方法的不同，预应力筋张拉方式有以下几种：

① 一端张拉方式。即张拉设备放置在预应力筋一端的张拉方式，适用于长度小于或等于30m的直线预应力筋与锚固损失影响长度 $L_f \geqslant L/2$（L 为预应力筋长度）的曲线预应力筋；如设计人员根据计算资料或实际条件认为可以放宽以上限制，也可采用一端张拉，但张拉端宜分别设置在构件的两端。

② 两端张拉方式。即张拉设备放置在预应力筋两端的张拉方式。其适用于长度大于30m的直线预应力筋与锚固损失影响长度 $L_f < L/2$ 的曲线预应力筋。当张拉设备不足或由于张拉顺序安排关系，也可先在一端张拉完成后，再移至另一端张拉，补足张拉力后锚固。

③ 分批张拉方式。即对配有多束预应力筋的构件或结构分批进行张拉的方式。由于后批预应力筋张拉所产生的混凝土弹性压缩对先批张拉的预应力筋造成预应力损失，所以先批张拉的预应力筋张拉力应加上该弹性压缩损失值，或将弹性压缩损失平均值统一增加到每根预应力筋的张拉力内。为此，先批张拉的预应力筋的张拉应力应增加 $\alpha_E \sigma_{PC}$。

$$\alpha_E = \frac{E_s}{E_c} \tag{4-7}$$

$$\sigma_{PC} = \frac{(\sigma_{con} - \sigma_{l1})A_p}{A_n} \tag{4-8}$$

式中　E_s——预应力筋的弹性模量；

　　　E_c——混凝土的弹性模量；

　　　σ_{PC}——张拉后批预应力筋时，对已张拉的预应力筋重心处混凝土产生的法向应力；

　　　σ_{con}——张拉控制应力；

　　　σ_{l1}——预应力筋的第一批应力损失（包括锚具变形和摩擦损失）；

　　　A_p——后批张拉的预应力筋的截面积；

　　　A_n——构件混凝土的净截面面积（扣除孔道、凹槽等削弱部分以外的混凝土全部截面面积及纵向非预应力钢筋截面面积换算成混凝土的截面面积之和）。

对平卧叠浇的预应力混凝土构件，上层构件的重量产生的水平摩阻力，会阻止下层构件在预应力筋张拉时混凝土弹性压缩的自由变形，待上层构件起吊后，由于摩阻力影响消失会增加混凝土弹性压缩的变形，从而引起预应力损失。该损失值随构件形式、隔离层和张拉方式的不同而不同。为便于施工，可采取逐层加大超张拉的办法来弥补该预应力损失，但底层超张拉值不宜比顶层张拉力大 5%σ_{con}。根据有关研究和工程实践，对钢筋束，采用不同隔离层的构件逐层增加张拉力可按表 4-2 取值。

不同隔离层的构件逐层增加张拉力   表 4-2

预应力筋	隔离剂种类	逐层增加张拉力的百分比（%）			
		顶层	第二层	第三层	第四层
高强钢筋束	I	0	1.0	2.0	3.0
	II	0	1.5	3.0	4.0
	III	0	2.0	3.5	5.0

注：I 类隔离剂：塑料薄膜、油纸；

    II 类隔离剂：废机油滑石粉、纸筋灰、石灰水废机油、柴油石蜡；

    III 类隔离剂：废机油、石灰水、石灰水滑石粉。

在预应力筋张拉时，往往需要采取超张拉的方法来弥补多种预应力的损失。此时，当预应力筋的张拉应力较大，超过表 4-2 的规定值时，例如多层叠浇的最下一层构件中的先批张拉钢筋，既要考虑钢筋的松弛，又要考虑多层叠浇的摩阻力影响，还要考虑后批张拉钢筋的张拉影响，往往张拉应力会超过规定值，此时，可采取下述方法解决：

先采用同一张拉值，而后复位补足；分两阶段建立预应力，即全部预应力张拉到一定数值（例如 90%σ_{con}），再第二次张拉至控制值。

当采用应力控制方法张拉时，应校核预应力筋的伸长值，计算方法同先张法预应力筋的伸长值计算。

2）张拉操作程序

预应力筋的张拉操作程序，主要根据构件类型、张拉锚固体系、松弛损失等因素确定，为减少松弛损失，张拉程序一般与先张法相同。

① 采用低松弛钢丝和钢绞线时，张拉操作程序为 0→σ_{con} 锚固；

② 采用普通松弛预应力筋时，按下列超张拉程序进行操作：对墩头锚具等可卸载锚具 0→1.05σ_{con}→σ_{con} 锚固；对夹片锚具等不可卸载锚具 0→1.03σ_{con} 锚固。

（4）孔道灌浆

预应力筋张拉后，利用灌浆泵将水泥浆压灌到预应力筋孔道中去，其作用有：一是保护预应力筋，以免锈蚀；二是使预应力筋与构件混凝土有效的粘结，以控制超载时裂缝的间距与宽度，并减轻梁端锚具的负荷状况。因此，对孔道灌浆的质量必须重视。

预应力筋张拉完成并经检验合格后，应尽早进行孔道灌浆。灌浆时应注意以下几点：

1）灌浆前应全面检查构件孔道及灌浆孔、泌水孔、排气孔是否畅通。对抽拔管成孔，可采用压力水冲洗孔道；对预埋管成孔，必要时可采用压缩空气清孔。

2）灌浆前应对锚具夹片空隙和其他可能产生的漏浆处，采用高强度水泥浆或结构胶等方法封堵。封堵材料的抗压强度大于 10MPa 时方可灌浆。

3）灌浆顺序宜先灌下层孔道，后浇上层孔道。

4）灌浆工作应缓慢均匀地进行，不得中断，并应排气通顺，在孔道两端冒出浓浆并封闭排气孔后，宜再继续加压至 $0.5\sim0.7\mathrm{N/mm^2}$，稳压 2min，再封闭灌浆孔。

5）当孔道直径较大且水泥浆不掺微膨胀剂或减水剂进行灌浆时，可采取下列措施：

① 二次压浆法，但二次压浆的间隙时间宜为 $30\sim45\mathrm{min}$；

② 重力补浆法，在孔道最高处连续不断地补充水泥浆。

6）如遇灌浆不畅通，更换灌浆孔，应将第一次灌入的水泥浆排出，以免两次灌浆之间有空气存在。

7）室外温度低于 -5℃时，孔道灌浆应采取抗冻保温措施，防止浆体冻胀使混凝土沿孔道产生裂缝。抗冻保温措施有：采用早强型普通硅酸盐水泥，掺入一定量的防冻剂；水泥浆用温水拌合，灌浆后将构件保温，宜采用木模板，待水泥浆强度上升后，再拆除模板。

【**例 4-1**】某预应力混凝土屋架，混凝土强度等级为 C40（$E_c=3.25\times10^4\mathrm{N/mm^2}$），下弦配有 4 束钢丝束预应力筋（$E_s=2.05\times10^5\mathrm{N/mm^2}$），$\sigma_{con}=0.75\mathrm{N/mm^2}$，$f_{ptk}=0.75\times1570=1177.5\mathrm{N/mm^2}$；已知采用对角线对称分两批张拉，$\sigma_{PC}=12.0\mathrm{N/mm^2}$，计算第一批预应力钢筋张拉控制应力。

【**解**】先批张拉的预应力筋的张拉应力增加值 $\alpha_E\sigma_{PC}$ 为：

其中：
$$\alpha_E=\frac{E_s}{E_c}$$

$$\alpha_E\sigma_{PC}=\frac{2.05\times10^5}{3.25\times10^4}\times12.0=75.7\mathrm{N/mm^2}$$

所以，第一批张拉的预应力筋的张拉应力为

$$\sigma_{con1}=\sigma_{con}+\alpha_E\sigma_{PC}=1177.5+75.7=1253.2\mathrm{N/mm^2}$$

在分批张拉时，张拉宜对称进行，并尽量减少张拉设备的移动次数；如预应力屋架下弦杆预应力钢筋张拉顺序为：当预应力钢筋为 2 束时（图 4-35a），可将两台千斤顶分别设置在构件两端，对称张拉，一次完成；当预应力钢筋为 4 束（图 4-35b）、需分两批张拉时，可将两台千斤顶分别设置在构件两端，分别张拉对角线上的 2 束，再张拉另一对角线上的 2 束（图中 1、2 为张拉顺序）。图 4-36 为一双跨预应力混凝土框架钢绞线束的张拉顺序，该梁预应力钢筋为双跨钢绞线曲线筋，长度 40m，采用两端张拉方式，两台千斤顶分别设置在梁的两端，按左右对称先张拉 1，再张拉 2，再分别在另一端补张拉。

图 4-35　屋架下弦杆预应力钢筋张拉顺序图
（a）2 束时；（b）4 束时

图 4-36　框架梁预应力钢筋张拉顺序

2. 无粘结预应力混凝土施工工艺

无粘结预应力混凝土施工工艺起源于20世纪50年代的美国，我国20世纪70年代开始研究该技术，并于20世纪80年代初应用于实际工程中。无粘结预应力混凝土是在浇灌混凝土之前，把预先加工好的无粘结筋与普通钢筋直接放置在模板内，然后浇筑混凝土，待混凝土达到设计强度时，即可进行张拉。它与有粘结预应力混凝土不同之处就在于：不需在放置预应力钢筋的部位预先留设孔道和沿孔道穿筋；预应力钢筋张拉完后，不需进行孔道灌浆。

（1）无粘结预应力钢筋的制作

无粘结预应力筋（图4-37）的制作是无粘结后张预应力混凝土施工中的主要工序。无粘结预应力筋一般采用钢丝、钢绞线等柔性较好的预应力钢材制作，当用电热法张拉时，也可用冷拉钢筋制作。

图 4-37 无粘结预应力筋
1—塑料外包层；2—防腐润滑脂；3—钢绞线（或碳索钢丝束）

无粘结预应力筋的涂料层应由防腐材料制作，一般防腐材料可以采用沥青、油脂、蜡、环氧树脂或塑料。涂料应具有良好的延性及韧性；在一定的温度范围内（至少在 $-20\sim70℃$）不流淌、不变脆、不开裂；应具有化学稳定性，与钢、水泥以及护套材料均无化学反应，不透水、不吸湿，防腐性能好；油滑性能好，摩擦阻力小，如规范要求，防腐油脂涂料层无粘结筋的张拉摩擦系数不应大于0.12，防腐沥青涂料则不应大于0.25。

无粘结预应力筋的护套材料可以用纸带、塑料带包缠或用注塑套管。护套材料应具有足够的抗拉强度及韧性，以免在工作现场因运输、储存、安装引起难以修复的损坏和磨损；同时，还要求其防水性及抗腐蚀性强；低温不脆化、高温化学稳定性高。如用塑料作为外包材料时，还应具有抗老化的性能。高密度的聚乙烯和聚丙烯塑料就具有较好的韧性和耐久性；低温下不易发脆；高温下化学稳定性较好，并具有较高的抗磨损能力和抗蠕变能力。但目前我国这种塑料的产量还较低，价格昂贵。目前用高压低密度的聚乙烯塑料通过专门的注塑设备挤压成型，将涂有防腐油脂层的预应力钢筋包裹上一层塑料。当用沥青防腐剂作涂料层时，可用塑料带密缠作外包层，塑料各圈之间的搭接宽度应不小于带宽的1/4，缠绕层数不应小于两层（图4-38）。

图 4-38 挤压涂层工艺流水线图
1—放线盘；2—钢丝；3—梳子板；4—给油装置；5—塑料挤压机机头；
6—风冷装置；7—水冷装置；8—牵引机；9—定位支架；10—收线盘

（2）无粘结预应力筋的铺放

无粘结预应力筋的铺设通常在绑扎完底筋后进行。无粘结筋铺放的曲率，可用垫铁马凳，或其他构造措施控制。其放置间距不宜大于2m，用铁丝与非预应力钢筋扎紧。铺设双向配筋的无粘结筋时，应先铺低的，再铺高的，尽量避免两个方向的无粘结筋相互穿插编结。绑扎无粘结筋时，应先在两端拉紧，同时从中间往两端绑扎定位。

浇筑混凝土前应对无粘结筋进行检查验收，如各控制点的矢高、塑料保护套有无脱落和歪斜、固定端镦头与锚板是否贴紧、无粘结筋涂层有无破损等。合格后方可浇筑混凝土。

（3）无粘结预应力筋的张拉

无粘结预应力束的张拉与有粘结预应力钢丝束的张拉相似。张拉程序一般采用0→$1.03\sigma_{con}$，然后进行锚固。由于无粘结预应力束为曲线配筋，故应采用两端同时张拉。

成束无粘结筋正式张拉前，宜先用千斤顶往复抽动几次，以降低张拉摩擦损失。试验表明，进行三次张拉时，第三次的摩阻损失值可比第一次降低16.8%～49.1%。在张拉过程中，当有个别钢丝发生滑脱或断裂时，可相应降低张拉力，但滑脱或断裂的根数，不应超过结构同一截面钢丝总根数的2%。

（4）锚头端部的处理

无粘结预应力束通常采用镦头锚具，外径较大，钢丝束两端留有一定长度的孔道，其直径略大于锚具的外径。钢丝束张拉锚固以后，其端部便留下孔道，且该部分钢丝没有涂层，必须采取保护措施，防止钢丝锈蚀，见图4-39。

（a）

1—油枪；2—锚具；3—端部孔道；4—有涂层的无粘结
　预应力束；5—无涂层的端部钢丝；6—构件；
　7—注入孔道的油脂；8—混凝土封闭

（b）

1—无粘结预应力束；2—无涂层的端部钢丝；3—环氧
　树脂水泥砂浆；4—锚具；5—端部加固螺旋钢筋；
　6—构件；7—混凝土封闭

图4-39　锚头端部处理方法

（a）锚头端部处理方法之一；（b）锚头端部处理方法之二

无粘结预应力束锚头端部处理的办法，目前常用的有两种办法：一是在孔道中注入油脂并加以封闭；二是在两端留设的孔道内注入环氧树脂水泥砂浆，将端部孔道全部灌注密实，以防预应力钢筋发生局部锈蚀。灌注用环氧树脂水泥砂浆的强度不得低于35MPa。同时将锚环内也用环氧树脂水泥砂浆封闭，既可防止钢丝锈蚀，又可起到一定的锚固作用。最后浇筑混凝土或外包钢筋混凝土，或用环氧砂浆将锚具封闭。用混凝土做堵头封闭时，要防止产生收缩裂缝。当不能采用混凝土或环氧砂浆作封闭保护时，预应力钢筋锚具要全部涂刷抗锈漆或油脂，并加其他保护措施。

4.5 体外预应力混凝土

体外预应力混凝土施工方法是后张法预应力混凝土体系的一个重要分支。它通过对布置在结构外部的预应力筋施加预应力，形成预应力结构体系。预应力筋两端通过锚具锚固，并通过结构表面设置的转向块确定曲线形状。体外预应力技术常用于现有梁结构（如屋架、桥梁）的加固，也有部分桥梁直接采用体外预应力结构体系。

体外预应力结构的预应力索设置在结构的外部，用于加固时对原结构损伤小，用于修建预应力结构时，可以减小结构构件的体积。体外预应力结构施工方便，也便于日后的检查、维护和修理。由于体外预应力索不与混凝土粘结，由荷载产生的应力变化均匀地分布在结构的全长上，应力变化值小，对结构整体受力有益。但是，预应力索暴露在空气中，对防腐的要求较高。根据结构体系的不同，不同体外预应力混凝土结构施工的工艺流程有所不同，以新建混凝土桥梁为例，常见的聚乙烯管道的体外预应力施工流程如图 4-40 所示。

图 4-40　体外预应力混凝土施工流程

思政小课堂

北京工人体育场改建工程

北京工人体育场（图 4-41）改建工程是本着节俭办奥运的原则对既有场馆进行改扩建的项目之一。其采用的高强钢绞线网-聚合物砂浆复合面层加固技术是一种新型的加固技术，具有高强、防火、聚合力强、无污染等特点，有效解决了传统加固方法存在的技术缺陷，可同时满足对加固效果、建筑外观保护、结构防火性能及环境保护等多方面的综合要求。

高强钢绞线网-聚合物砂浆复合面层加固技术是指将被加固构件进行界面处理后，将

图 4-41　北京工人体育场

钢绞线网敷设于被加固构件的受拉区，再在其表面涂抹聚合物砂浆。其中钢绞线是受力的主体，在加固结构中发挥高于普通钢筋的抗拉强度；聚合物砂浆有良好的渗透性，对氯化物和一般化工品的阻抗性好，粘结强度和密实程度很高，它一方面起到有效保护钢绞线网和原有钢筋的作用，防止其内混凝土进一步碳化，另一方面将钢绞线网良好地粘结于原结构上，形成整体，使钢绞线网与原结构变形协调、共同工作，有效提高结构构件的刚度和承载能力，而且其耐久性、耐腐蚀性和防火性能均有优异表现。

思 考 题 及 习 题

1. 预应力混凝土结构的优缺点是什么？

2. 什么是张拉控制应力？

3. 预应力混凝土的张拉控制应力为何不能太高？

4. 先张法与后张法在施工工艺上有什么区别？

5. 预应力钢筋张拉和钢筋冷拉的目的与控制应力各有什么区别？

6. 锚固夹具与锚具有哪些异同点？

7. 现有一批采用后张法制作的预应力大型屋面板，预应力筋为直径 14mm 冷拉 HRB400 钢筋，已知预应力筋的屈服强度标准值 $f_{pyk}=500\mathrm{N/mm^2}$。

求：（1）预应力筋张拉控制应力 σ_{con}；

（2）确定张拉程序并计算单根预应力筋的张拉力。

第4章思考题及
习题参考答案

第5章 砌 筑 工 程

内容提要 本章主要介绍了砌筑材料的类型、质量规格和砌筑施工工艺及冬期施工要求，重点介绍了砌体材料的性能及要求，砌体（主要包括砌砖、砌块、砌石）的施工工艺、组砌原则、质量要求和方法。

学习要求 通过本章学习，了解砌筑工程的概念，砌筑材料的类型，掌握砌砖的施工工艺和质量要求，以及砌块的排列图；熟悉砌块的施工工艺和石料的砌筑方法；了解砌体工程冬期施工方法。

砌筑工程是指砖、石和各类砌块的砌筑。砖石结构的应用在我国有着悠久的历史。砖石结构取材容易、造价低、施工简便。其缺点是结构自重大，结构的整体性和抗震性能差，施工以手工操作为主，劳动强度大，且黏土砖生产需要大量的燃料，能源消耗大，砖的生产要用大量的黏土，不利于水土保持和环境保护。目前，在国内许多地区和城市，都已限制生产和使用黏土砖，取而代之的是页岩砖、硅酸盐砖、煤渣砖、中小型硅酸盐砌块等能源消耗低且有利于环保的新型材料砌块。

5.1 砌 筑 材 料

常用的砌筑材料有块体和砂浆。块体包括砖、石、砌块三类。砖与砌块通常是按块体的高度尺寸划分的。块体高度小于180mm的称为砖，大于180mm的称为砌块。砌体工程所用的材料在施工中应有产品的合格证书、性能检测报告，块材、水泥、钢筋、外加剂等尚应有材料主要性能的进场复验报告。严禁使用已经淘汰的材料。

5.1.1 砖

砖是我国砌体结构中应用最广泛的一种块体，历史悠久。我国目前用于承重结构中的砖，主要有烧结普通砖、烧结多孔砖和烧结空心砖、蒸压灰砂砖、蒸压粉煤灰砖等。

（1）烧结普通砖

烧结普通砖是以黏土、页岩、煤矸石或粉煤灰为主要原料，经焙烧而成。其分为烧结黏土砖、烧结页岩砖、烧结煤矸石砖和烧结粉煤灰砖等。烧结普通砖具有全国统一的规格尺寸：240mm×115mm×53mm，孔洞率小于15%，干重度约为2.5kN/m³，统称为"标准砖"。

烧结普通砖的强度等级是根据10块样砖的抗压强度平均值、抗压强度标准值和单块最小抗压强度值来划分的，共分为MU30、MU25、MU20、MU15和MU10五个强度等级。根据尺寸偏差和外观质量分为合格和不合格两个等级。

（2）烧结多孔砖和烧结空心砖

烧结多孔砖是以黏土、页岩、煤矸石或粉煤灰为主要原料，经焙烧而成，孔洞率不小于 25％，孔的尺寸小而数量多的砖（图 5-1）。烧结多孔砖主要用于承重部位，砌筑时孔洞垂直于受压面。我国主要采用的空心砖规格有三种：KP1 型、KP2 型、KM1 型。其中：符号 K 表示空心，P 表示普通，M 表示模数。

KM1型   KP1型

图 5-1　烧结多孔砖（单位：mm）

KM1，尺寸为 190mm×190mm×90mm 或 190mm×90mm×90mm；

KP1，尺寸为 240mm×115mm×90mm；

KP2，尺寸为 240mm×180mm×115mm。

国家标准只规定了外形尺寸而未规定孔洞形式，各地生产的空心砖规格并不统一，空心率在 10％～40％之间。在上述三种空心砖中，KP1 型较受欢迎，因为其平面尺寸和标准砖一致，强度又高于标准砖。

烧结多孔砖或烧结空心砖的强度等级是根据 10 块样砖毛面积的抗压强度平均值、抗压强度标准值和单块最小抗压强度值来划分的。烧结多孔砖共分为 MU30、MU25、MU20、MU15 和 MU10 五个强度等级；烧结空心砖共分为 MU10、MU7.5、MU5、MU3.5 和 MU2.5 五个强度等级。

（3）蒸压灰砂砖

蒸压灰砂砖是以石灰和砂为主要原料，经坯料制备、压制成型、蒸汽养护而成的实心砖，简称灰砂砖。蒸压灰砂砖与烧结普通砖相比耐久性较差，所以不宜用于防潮层以下的勒脚、基础及高温、有酸性侵蚀的砌体中。

蒸压灰砂砖的强度等级是根据 5 块样砖的抗压强度和抗折强度试验值确定的，分为 MU25、MU20、MU15 和 MU10 四个强度等级。

（4）蒸压粉煤灰砖

蒸压粉煤灰砖是以粉煤灰、石灰为主要原料，掺加适量的石膏和集料，经坯料制备、压制成型、高压蒸汽养护而成的实心砖，简称粉煤灰砖。这种砖的抗冻性、长期稳定性及防水性能等均不如烧结黏土砖，可用于一般建筑。

蒸压粉煤灰砖的强度等级是根据 10 块样砖的抗压强度和抗折强度试验值确定的，分为 MU25、MU20、MU15 和 MU10 四个强度等级。

5.1.2　砌块

砌块是一种新型墙体材料，用于砌筑工程的人造块体材料。砌块的尺寸较砖大，用砌块代替砖砌筑砌体，可以节省砂浆，减轻劳动量，加快施工速度。

目前我国砌块的种类规格较多，按形状分为实心砌块和空心砌块两种。按规格可分为小型砌块、中型砌块和大型砌块。砌块高度在 $180\sim390mm$ 的称小型砌块；高度在 $390\sim900mm$ 的称中型砌块；高度大于 $900mm$ 的称大型砌块。

砌块的强度等级，是根据 5 个砌块试样毛面积截面抗压强度的平均值和最小值进行划分的，混凝土砌块分为 MU20、MU15、MU10、MU7.5 和 MU5 五个强度等级；轻骨料混凝土砌块分为 MU20、MU15、MU10、MU7.5、MU5 和 MU3.5 六个强度等级，其中 MU3.5 强度等级的轻骨料混凝土砌块仅用于自承重墙。

5.1.3 石材

在承重结构中，常用的石材有花岗岩、石灰岩和凝灰岩等。石材抗压强度高，耐久性好，多用于房屋的基础及勒脚部位。在有开采和加工石材能力的地区，也用于房屋的墙体，但石材传热性较高，所以用于供暖房屋的墙壁时，需很大的厚度。

石材按其外形规则程度分为毛石和料石。毛石形状不规则，中部厚度不小于 $200mm$，长度约为 $300\sim400mm$。料石为比较规则的六面体，其高度与宽度不小于 $200mm$，料石按加工平整程度不同分为细料石、半细料石、粗料石和毛料石。其中细料石、半细料石价格较高，一般用作镶面材料。粗料石、毛料石和毛石一般用于承重结构。石材的强度等级是根据 3 个边长为 $70mm$ 的立方体石块抗压强度的平均值划分的，分为 MU100、MU80、MU60、MU50、MU40、MU30 和 MU20 七个强度等级。

5.1.4 砂浆

砂浆在砌体中所占体积虽小，但它却能将块体粘结成受力整体，抹平块体间的接触面，使应力均匀传递。同时，砂浆填满块体间的缝隙，减少了砌体的透气性，提高了砌体的隔热、防水和抗冻性能。

1. 砂浆分类

砂浆是由胶凝材料（如水泥、石灰等）及细骨料（如粗砂、中砂、细砂）加水搅拌而成的粘结块体的材料。按其成分可分为三类：

（1）无塑性掺合料的纯水泥砂浆：即由水泥与砂加水拌合而成的砂浆。这种砂浆具有较高的强度和较好的耐久性，能在潮湿环境下硬化。但这种砂浆和易性和保水性较差，施工难度较大，适用于砂浆强度要求较高的砌体和潮湿环境中的砌体。

（2）有塑性掺合料的混合砂浆：即在水泥砂浆中掺入一定塑性的掺合料（石灰浆或黏土浆）所形成的砂浆。这种砂浆具有一定的强度和耐久性，而且可塑性和保水性较好，适用于砌筑一般墙、柱砌体。

（3）混凝土砌块（砖）专用砌筑砂浆：由水泥、砂、水以及根据需要掺入的掺合料和外加剂等组成，按一定比例，采用机械搅拌制而成，专门用于砌筑混凝土砌块的砌筑砂浆，简称砌块专用砂浆。

砂浆按其重度可分为两类：重砂浆（重度 $\geqslant15kN/m^3$）和轻砂浆（重度 $<15kN/m^3$）。

2. 砂浆等级的确定

确定砂浆强度等级时应采用同类块体为砂浆强度试块的底模。按标准方法制作边长为 $70.7mm$ 的立方体试块，在温度为 $15\sim25℃$ 环境下养护 28d，以抗压试验所测得的抗压强度平均值来确定砂浆强度等级。当验算施工阶段砂浆尚未硬化的新砌砌体的强度和稳定性时，可按砂浆强度为零确定其砌体强度。砂浆的强度等级用符号"M""Ms""Mb"加相应数字表示，其数字表示砂浆的强度大小，单位为"MPa"（即"N/mm²"）。

（1）烧结普通砖、烧结多孔砖、蒸压灰砂普通砖和蒸压粉煤灰普通砖砌体采用的普通砂浆强度等级共分为 5 级，依次为 M15、M10、M7.5、M5 和 M2.5。

（2）蒸压灰砂普通砖和蒸压粉煤灰普通砖砌体采用的专用砌筑砂浆强度等级共分为 4 级，依次为 Ms15、Ms10、Ms7.5、Ms5。

（3）混凝土普通砖、混凝土多孔砖、单排孔混凝土砌块和煤矸石混凝土砌块砌体采用的砂浆强度等级共分为 5 级，依次为 Mb20、Mb15、Mb10、Mb7.5 和 Mb5。

（4）双排孔或多排孔轻集料混凝土砌块砌体采用的砂浆强度等级共分为 3 级，依次为 Mb10、Mb7.5 和 Mb5。

（5）毛料石、毛石砌体采用的砂浆强度等级共分为 3 级，依次为 M7.5、M5 和 M2.5。

5.2 砌筑施工工艺

5.2.1 砌砖施工

1. 砖墙的施工工艺

砖的品种、强度等级必须符合设计要求，并应规格一致。用于清水墙、柱表面的砖，应边角整齐、色泽均匀。砌筑时，砖应提前 1～2d 浇水湿润，烧结普通砖、多孔砖以及填充墙砌筑用的空心砖的含水率宜为 10%～15%；灰砂砖、粉煤灰砖含水率宜为 8%～12%。

砖墙砌筑的施工过程一般有：施工前的准备（如润砖等）、抄平、放线、摆砖、立皮数杆、挂线、砌砖、勾缝、清理等工序。下面以房屋建筑砖墙砌筑为例，说明各工序的具体做法。

（1）抄平。砌筑砖墙前，先在基础防潮层或楼面上定出各层标高，并用水泥砂浆或 C15 细石混凝土抄平，使各段砖墙底部标高符合设计要求。

（2）放线。建筑物底层轴线可以龙门板上定位钉为准拉麻线，沿麻线挂下线锤，将墙身中心轴线放到基础面上，并据此墙身中心轴线为准弹出纵横墙身边线，定出门窗洞口位置。各楼层的轴线则可利用预先引测在外墙面上的墙身中心轴线，借助于经纬仪把墙身中心轴线引测到楼层上去；或采用悬挂线锤的方法，对准外墙面上的墙身中心轴线，从而向上引测。轴线的引测是放线的关键，必须按图纸要求尺寸用钢皮尺进行校核。然后按楼层墙身中心线，弹出各墙边线，划出门窗洞口位置。

砌筑基础前，应校核放线尺寸，允许偏差应符合表 5-1 中的规定。

放线尺寸允许偏差 表 5-1

长度 L、宽度 B（m）	允许偏差（mm）
L（或 B）≤30	±5
30<L（或 B）≤60	±10
60<L（或 B）≤90	±15
L（或 B）>90	±20

（3）摆砖。在弹好线的基面上由经验丰富的瓦工按选定的组砌方式，在墙基顶面放线位置试摆砖样（生摆，即不铺灰），尽量使门窗垛符合砖的模数，偏差小时可通过竖缝调整，以减小砍砖数量，并保证砖及砖缝排列整齐、均匀，以提高砌砖效率。摆砖在清水墙砌筑中尤为重要。

（4）立皮数杆。砌墙前先要立好皮数杆，作为砌筑的依据之一。使用皮数杆对保证灰缝一致，避免砌体发生错缝、错皮的作用较大。皮数杆一般是用 5cm×7cm 的方木做成，在皮数杆上必须按设计规定的层高、施工规定的灰缝大小及施工现场砖的规格，计算出灰缝厚度，标明砖的皮数、灰缝厚度、门窗、楼板、圈梁、过梁、屋架等构件位置，及建筑物各种预留洞口和加筋的高度。

皮数杆应立在墙的转角，内外墙交接处、楼梯间及墙面变化较多的部位。立皮数杆时可用水准仪测定标高，使各皮数杆立在同一标高上。在砌筑前，应先检查皮数杆上 ±0.000 与抄平桩上的 ±0.000 是否符合，所有应立皮数杆的部位是否立了皮数杆。检查合格后才可砌墙。

（5）砌砖。砌砖的操作方法与各地区操作习惯、使用工具等有关。实心砖砌体多采用一顺一丁、梅花丁或三顺一丁的砌筑形式（图 5-2）。使用大铲砌筑宜采用一铲灰、一块砖、一揉浆的"三一砌砖法"，也叫满铺满挤操作法；使用瓦刀铺浆砌筑时，铺浆长度不得超过 750mm，施工期间气温超过 30℃时，铺浆长度不得超过 500mm。

图 5-2 砖的组砌方法
（a）一顺一丁；（b）三顺一丁；（c）梅花丁

"三一砌砖法"的操作顺序是：

① 铲灰取砖：砌墙时操作者应顺墙斜站，砌筑方向是由前向后退着砌，这样易于随时检查已砌好的墙面是否平直。铲灰时，取灰量应根据灰缝厚度，以满足一块砖的需要量为标准。取砖时应随拿随挑选。左手拿砖右手舀砂浆，同时进行，以减少弯腰次数，争取砌筑时间。

② 铺灰：铺灰是砌筑时比较关键的动作，如掌握不好就会影响砖墙砌筑质量。一般常用的铺浆手法是甩浆，有正手甩浆和反手甩浆。灰不要铺得超过砖长太多，长度比一块砖稍长 1～2cm，宽 8～9cm，灰口要缩进外墙 2cm。

用大铲砌筑时，所用砂浆稠度为 7～9cm 较适宜，不能太稠，过稠不易揉砖，竖缝也填不满，太稀大铲又不易舀上砂浆，容易滑下去，操作不方便。

③ 揉浆：灰浆铺好后，左手拿砖在离已砌好的砖约有 3～4cm 处，开始平放并稍稍蹭着灰面，把灰浆刮起一点到砖顶头的竖缝里，然后把砖揉一揉，顺手用大铲把挤出墙面的灰刮起来，甩到竖缝里。揉砖时，眼要上看线，下看墙面。揉砖的目的是使砂浆饱满，揉到"下齐砖棱上齐线"为适宜。

砖砌体组砌方法应正确，上下错缝、内外搭砌，砌砖不得采用包心砌法。240mm

厚承重墙的每层墙最上一皮砖或梁、梁垫下面，或砖砌体的台阶水平面上及挑出层，应整砖顶砌。砌筑时多孔砖的孔洞应垂直于受压面。

砌砖时通常先在墙角以皮数杆进行盘角，然后将准线挂在墙侧，作为墙身砌筑的依据，每砌一皮或两皮，准线向上移动一次。

（6）勾缝、清理。清水墙砌完后，要进行墙面修正及勾缝。墙面勾缝宜采用细砂拌制的1∶1.5的水泥砂浆，勾缝应横平竖直，深浅一致，搭接平整，不得有丢缝、开裂和粘结不牢等现象；内墙也可采用原浆勾缝，但必须随砌随勾，并使灰缝光滑密实。砖墙勾缝宜采用凹缝或平缝，凹缝深度一般为4～5mm。勾缝完毕后，应进行墙面、柱面和落地灰的清理。

2. 砌砖的质量

砌筑质量应符合现行国家标准《砌体结构工程施工质量验收规范》GB 50203的要求，砌筑应横平竖直、砂浆饱满、灰缝均匀、上下错缝、内外搭砌、接槎牢固。

对砌砖工程，要求每一皮砖的灰缝横平竖直、砂浆饱满。由于砌体的重量主要通过砌体之间的水平灰缝传递到下面，水平灰缝不饱满往往会使砖块折断。为了使砌块受力均匀，保证砌体紧密结合，砌体水平灰缝的砂浆饱满度不得小于80%。竖向灰缝的饱满程度，影响砌体抗透风和抗渗水的性能，故宜采用挤浆或加浆方法，不得出现透明缝，严禁用水冲浆灌缝。砌体的水平灰缝厚度和竖向灰缝宽度一般规定为10mm，不宜小于8mm，也不宜大于12mm，过厚的水平灰缝容易使砖块浮滑，墙身倾倒；过薄的水平灰缝会影响砖块之间的粘结力。

上下错缝是指砖砌体上下两皮砖的竖缝应当错开，以避免上下通缝。所谓通缝，是指砌体中上下皮块材搭接长度小于规定数值的竖向灰缝。在垂直荷载作用下，砌体会由于"通缝"丧失整体性，影响砌体强度。同时，内外搭砌使同皮的里外砌体通过相邻上下皮的砖块搭砌而组砌得牢固。

"接槎"是指相邻砌体不能同时砌筑而设置的临时间断，它可便于后砌的砌体与已砌砌体之间的接合。为使接槎牢固，后面墙体施工前，必须将留设的接槎处表面清理干净，浇水湿润并填实砂浆，保持灰缝平直。一般情况下砖砌体的转角处和交接处应同时砌筑、相互连接牢固，以保证房屋的整体性和抗震能力。对于受到施工条件限制、纵横墙不能同时砌筑而需要分段施工的情况，需采取可靠的留槎措施。接槎的形式有斜槎和直槎两种。对不能同时砌筑而又必须留置的临时间断处，应砌成斜槎，斜槎水平投影长度应不小于高度的2/3（图5-3a）。非抗震设防及抗震设防烈度为6度、7度地区的临时间断处，当不能留斜槎时，除转角处外，可留直槎，但直槎必须做成凸槎。留直槎处应加设拉结钢筋，拉结钢筋的数量每120mm墙厚放置1φ6拉结钢筋（120mm厚墙放置2φ6拉结钢筋），间距沿墙高不应超过500mm；埋入长度从留槎处算起每边均不应小于500mm，对抗震设防烈度6度的地区，不应小于1000mm；末端应有90°弯钩（图5-3b）。

设置钢筋混凝土构造柱的墙体，应先绑扎构造柱钢筋，然后砌砖墙，最后支模浇筑构造柱混凝土。构造柱与墙体的连接处应砌成马牙槎，从每层柱脚开始，先退后进，每一马牙槎沿高度方向的尺寸不宜超过300mm（五退五进，先退后进），并应沿墙高度方向每500mm设水平拉结筋，每边伸入墙内不应少于1000mm。

构造柱浇筑混凝土前，必须将砌体留槎部位和模板浇水湿润，将模板内的落地灰、砖

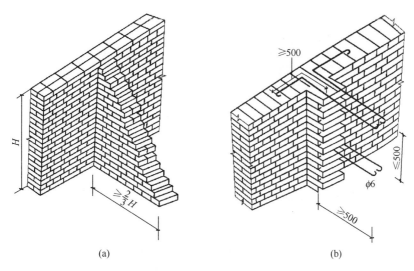

图 5-3 砖砌体施工留槎（单位：mm）
(a) 斜槎砌筑；(b) 直槎砌筑

渣和其他杂物清理干净，并在接合面处灌入适量与构造柱混凝土相同强度等级的水泥砂浆。振捣时应避免触及墙体，严禁通过墙体传振。

5.2.2　砌块施工

1. 砌块的施工

混凝土小型空心砌块是一种新型的墙体材料，目前在我国的房屋建筑工程中已得到广泛应用。混凝土小型空心砌块的材料包括：普通混凝土小型空心砌块、轻骨料混凝土小型空心砌块等。混凝土小型砌块使用时的龄期不应小于 28d。由于混凝土小型砌块墙体容易产生收缩裂缝，充分的养护可使其在早期完成大部分收缩量，从而减少墙体的裂缝。

2. 砌块排列图

砌块在吊装前应先绘制砌块排列图，以指导吊装施工和砌块准备，如图 5-4 所示。

砌块排列图的绘制方法为：在立面图上用 1：50 或 1：30 的比例绘制出纵横墙面，然后将过梁、平板、大梁、楼梯、混凝土垫块等在图上标出，再将管道等孔洞标出。

在纵横墙上画水平灰缝线，按砌块错缝搭接的构造要求和竖缝的大小，尽量以主砌块为主、其他各种型号砌块为辅进行排列。需要镶砖时，尽量对称分散布置。

砌块排列应遵守的技术要求为：上下皮砌块错缝搭接长度一般为砌块长度的 1/2（较短的砌块必须满足这个要求），或不得小于砌块皮高的 1/3，以保证砌块牢固搭接。外墙转角处及纵横墙交接处应交错搭接，如纵横墙不能互相搭接，则应在每两皮砖设置一道钢筋网片，若要镶砖时，砖应分散布置。

3. 砌块施工工艺与构造要求

(1) 砌块施工的工艺流程

砌块施工工艺流程为铺灰、吊装砌块就位、校正、灌缝、浇灌芯柱混凝土和镶砖等。

① 铺灰

181

图 5-4　砌块排列图（单位：mm）

砌块墙体所采用的砂浆，应具有较好的和易性，砂浆稠度为 50～80mm，铺灰应均匀平整，长度一般以不超过 5m 为宜，炎热的夏季或寒冷的冬季时应按设计要求适当缩短长度。

② 吊装砌块就位

吊装砌块一般用摩擦式夹具，夹砌块时应避免偏心。砌块就位时，应使夹具中心尽可能与墙身中心线在同一垂直线上，对准位置徐徐下落至砂浆层上，待砌块安放稳当后，方可松开夹具。

③ 校正

用垂球或托线板检查垂直度，用拉准线的方法检查水平度。校正时可用人力轻微推动砌块或用撬杠轻轻撬动砌块，质量 150kg 以下的砌块可用木锤敲击偏高处。

④ 灌缝

竖缝可用夹板在墙体内外夹住，然后灌砂浆，用竹片插或铁棒捣，使其密实。当砂浆吸水后，用刮缝板把竖缝和水平缝刮齐。此后，砌块一般不准撬动，以防止破坏砂浆的粘结力。

⑤ 浇灌芯柱混凝土

完成一段墙体的砌筑以后，应将灰缝抠清，将墙面和操作地点清扫干净，有条件时，应随手把灰缝勾抹好，并组织检查验收。

⑥ 镶砖

镶砖工序必须在砌块校正后立即进行，镶砖时应注意要使砖的竖缝灌捣密实。

（2）混凝土小型砌块构造要求

混凝土小型空心砌块砌体所用的材料，除满足设计强度要求外，尚应符合下列要求：

① 小砌块的产品龄期不应小于 28d，以避免其干燥收缩，引起墙面裂缝。

② 砌筑砂浆宜选用现行《混凝土小型空心砌块和混凝土砖砌筑砂浆》JC/T 860 规定的专用小砌块砌筑砂浆。承重墙体严禁使用断裂的小砌块。

③ 在墙体的下列部位，应用C20混凝土灌实砌块的孔洞：底层室内地面以下或防潮层以下的砌体；无圈梁的楼板支承面下的一皮砌块；没有设置混凝土垫块的屋架、梁等构件支承面下，高度不应小于600mm，长度不应小于600mm的砌体；挑梁支承面下，距墙中心线每边不应小于300mm，高度不应小于600mm的砌体。

④ 砌块墙与后砌隔墙交接处，应沿墙高每隔400mm在水平灰缝内设置不少于2φ4、横筋间距不大于200mm的焊接钢筋网片，钢筋网片伸入后砌隔墙内不应小于600mm，如图5-5所示。

砌块建筑在相邻施工段之间或临时间断处的高度差不应超过一个楼层，斜槎水平投影长度不应小于高度的2/3。

砌块砌体的灰缝应横平竖直、灰浆饱满、错缝搭接、接槎可靠，水平灰缝应平直、表面平整，竖向灰缝应垂直。水平灰缝厚度和竖向灰缝宽度宜为10mm，一般在8～12mm之间。水平灰缝的砂浆饱满度，按净面积计算应不小于90%，竖向灰缝饱满度应不小于80%，竖缝凹槽部位宜采用加浆措施用砌筑砂浆填实，不得出现瞎缝、透明缝和假缝等。

图5-5　砌块墙与后砌隔墙交接处钢筋网片（单位：mm）

5.2.3　砌石施工

石砌体包括毛石砌体和料石砌体两种。石砌体在建筑基础、挡土墙、桥梁墩台中应用较多。

1. 毛石砌体

毛石基础一般采用M5水泥砂浆铺灰法砌筑。砌筑基础前，必须用钢尺校核毛石基础放线尺寸。毛石基础大放脚第一层，应首先坐浆，然后选择大而平整的石块，大面朝下平放安砌，砌好后要以双脚左右摇踩不动为准，使地基受力均匀，基础稳固。毛石基础扩大部分一般做成阶梯形，每阶内至少砌二皮毛石。上级阶梯的石块应至少压砌下级阶梯石块的1/2，相邻阶梯的毛石应相互错缝搭砌。

毛石砌体应采用铺灰法砌筑，灰缝厚度一般为20～30mm，要求石块间不得有相互接触现象。石块间较大的空隙应先填塞砂浆，然后嵌入小石块并用手锤打紧，再填以砂浆，务必使砂浆填满空隙，砌体平稳密实。各皮石块间应利用自然形状经敲打修整使其能与先砌石块基本吻合、搭砌紧密。毛石砌体的第一皮及转角处、交接处和洞口处，应用较大的平毛石砌筑；每一楼层（包括基础）砌体的最上一皮，应选用较大的毛石砌筑。毛石砌体应分皮卧砌，上下错缝，内外搭砌。一般每皮厚约30cm，上下皮毛石间搭接不小于8cm，不得有通缝。毛石砌体的转角处和交接处应同时砌筑，否则应留踏步槎。为了增强毛石墙体的整体性、稳定性，除了要做到内外搭砌、上下错缝外，还必须按规定设置拉结石（顶头石）。如基础宽度或墙厚小于或等于400mm时，拉结石的长度一般与宽度或厚度相等；如基础宽度或墙厚大于400mm时，可用两块拉结石内外搭接，搭接长度不小于150mm，且其长度不小于基础宽度或墙厚的2/3。上下层拉结石要均匀分布，相互错开，在立面上呈梅花状分布。毛石基础同皮内每间隔

2m左右设置一块拉结石；毛石墙应每0.7m²墙面至少设置一块拉结石。考虑到毛石形状不规则和自重较大的特点，为保证砌体的稳定性，规定毛石砌体每日的砌筑高度应不超过1.2m。

2. 料石砌体

料石砌体砌筑时，应放置平稳。砂浆铺设厚度应略高于规定的灰缝厚度。在料石和毛石或砖的组合墙中，料石砌体和毛石砌体或砖砌体应同时砌筑，并每隔2~3皮料石层用顶砌层与毛石砌体或砖砌体拉结砌筑。顶砌料石的长度宜与组合墙厚度相同。

下面以桥梁石砌墩台为例，简述其施工方法。

在砌筑前应按设计图放出实样，挂线砌筑。砌筑基础的第一层砌块时，如基底为土质，不需坐浆；如基底为石质，应先坐浆再砌石。砌块间用砂浆黏结并保持一定缝厚，所有砌缝要求砂浆饱满。形状比较复杂的工程，应先做出配料设计图。注明石材尺寸；形状比较简单的，也要根据砌体高度、尺寸、错缝等，先放样配好料石再砌。

砌筑方法：同一层石料及水平灰缝的厚度要均匀一致，每层按水平砌筑，丁顺相间，砌石灰缝相互垂直，灰缝宽度和错缝应符合表5-2规定。砌石顺序为先角石，后镶面，再填腹石。填腹石的分层高度应与镶面相同；圆端、尖端及转角形砌体的砌石顺序，应自顶点开始，按丁顺排列接砌镶面石。

浆砌镶面石灰缝规定（cm）　　　　　　　　　　　　　表 5-2

种类	灰缝宽度	错缝（层间或行列间）	三块石料相接处空隙	砌筑行列高度
粗料石	1.5~2		1.5~2	
半细料石	1~1.5	不小于10	1~1.5	每层石料厚度一致
细料石	0.8~1		0.8~1	

5.3　砌体的冬期施工

当室外日平均气温连续5d稳定低于5℃时，砌体工程应该采取冬期施工措施。在冬期施工期限以外，如果当日最低气温低于0℃时，也应按冬期施工执行。

冬期施工所用的材料应符合如下规定：

（1）砖和石材在砌筑前，应清除冰霜；

（2）砂浆宜采用普通硅酸盐水泥拌制；

（3）石灰膏、黏土膏和电石膏等应防止受冻，如遭冻应融化后使用；

（4）拌制砂浆所用的砂，不得含有冰块和直径大于10cm的冰结块；

（5）拌合砂浆时，水的温度不得超过80℃，砂的温度不得超过40℃。

基土无冻胀性时，基础可在冻结的地基上砌筑；基土有冻胀性时，应在未冻结的地基上砌筑。在施工期间和回填土前，均应防止地基遭受冻结。

普通砖、多孔砖和空心砖在气温高于0℃条件下砌筑时，应浇水湿润。在气温小于等于0℃的条件下砌筑时，可不浇水，但必须增大砂浆稠度。抗震设防烈度为9度的建筑物，普通砖、多孔砖和空心砖无法浇水湿润时，如无特殊措施，不得砌筑。

冬期进行砌体施工时，拌合砂浆宜采用两步投料法。水的温度不得超过 80℃，砂的温度不得超过 40℃。当采用掺外加剂法时，砂浆使用温度不应低于 5℃；当采用氯盐砂浆法时，砂浆使用温度不应低于 5℃；当采用暖棚法时，不应低于 5℃，即块材在砌筑时的温度不应低于 5℃，距离所砌的结构底面 0.5m 处的棚内温度也不应低于 5℃；当采用冻结法且室外空气温度分别为 0～－10℃、－11～－25℃、－25℃以下时，砂浆使用最低温度分别为 10℃、15℃、20℃。

当采用掺盐砂浆法施工时，宜将砂浆强度等级按常温施工的强度等级提高一级。配筋砌体不得采用掺盐砂浆法施工。

冬期施工砂浆试块，除应按照常温规定要求留置外，尚应增留不少于 1 组与砌体同条件养护的试块，测试检验 28d 强度。

在冻结施工法施工的解冻期间，应经常对砌体进行观测和检查，如发现裂缝、不均匀下沉等情况，应立即采取加固措施。

思政小课堂

"秦砖汉瓦"之魅力

"秦砖汉瓦"是华夏文明宝库中一颗璀璨的明珠。

中国古代建筑成就非凡，在世界建筑史上占有重要位置。尤其到了秦汉盛世，房屋建筑及装饰工艺发展迅猛，作为其建筑及装饰构件的重要组成部分，秦砖汉瓦经过几千年的衍生发展，逐渐形成了一脉内涵丰富、品类繁多而自成体系的文化遗产。长乐未央以及阿房宫已经随着历史烟消云散，但从这些精美的瓦当和砖雕中，我们还可以看到当时的建筑风格和社会民情风俗文化的痕迹。据说秦代阿房宫壁画和壁饰充满了建筑的每一个角落。汉砖的画像更是包括了人物、车马、狩猎、乐舞、杂技和神话故事等。文字瓦当（图 5-6）还让我们看到当时中国统一的文字模样，既有小篆，也有隶书。

图 5-6　西安秦砖汉瓦博物馆藏汉代青龙瓦当

秦砖汉瓦就是历史文化的标本。它们历千年而不朽，以精美的文字、奇特的动物形象、充满活力的生活场景，再现了当时人们的现实世界与美好愿景。一枚瓦片就是一页鲜活的历史，一块砖就是一部耐人寻味的传奇故事。

思 考 题 及 习 题

1. 简述砖墙砌筑的施工工艺。
2. 砖砌筑前的摆砖的作用是什么？什么是皮数杆？其作用是什么？如何布置？
3. 什么是"三一砌砖法"？

4. 砖砌体工程的质量要求有哪些？

5. 砖墙临时间断处的接槎方式有哪两种？各有何要求？

6. 如何绘制砌块排列图？简述砌块的施工工艺。

第5章思考题及
习题参考答案

第6章 钢结构工程

内容提要 本章主要介绍了钢结构的工厂加工，包括钢材矫正、放样和号料、切割、制孔、边缘加工、弯制成型和装配等，还介绍了两种基本的钢结构连接方式：焊接和螺栓连接。

学习要求 通过本章学习，熟悉钢结构制作加工的工艺和质量要求，了解电弧焊的施工工艺，掌握焊接质量检查要求，熟悉普通螺栓和高强度螺栓的受力机理、紧固方法，掌握它们的质量控制要求。

钢结构是钢材制成的工程结构，通常由型钢和钢板等制成的梁、桁架、柱、板等构件组成，各部分之间用焊缝、螺栓或铆钉连接。有些钢结构还部分采用钢丝绳或钢丝束。

钢结构具有下列优缺点：

① 强度高，质量轻。钢材强度较高，弹性模量也高，因而钢结构构件小而轻。现在有多种强度等级的钢材，即使强度较低的钢材，其密度与强度的比值一般也小于混凝土和木材，从而在同样受力情况下钢结构自重小，可以做成跨度较大的结构。由于杆件小，所占空间少，便于运输和安装。

② 材质均匀，可靠性高。钢材组织均匀，接近于各向同性匀质体。钢材由钢厂生产，控制严格，质量比较稳定。钢结构的实际工作性能比较符合目前采用的理论计算结果，所以钢结构可靠性较高。

③ 塑性和韧性好。钢结构的抗拉和抗压强度相同，塑性和韧性均好，适于承受冲击和动力荷载，有较好的抗震性能。

④ 便于机械化制造。钢结构由轧制型材和钢板在工厂制成，便于机械化制造，生产效率高，速度快，成品精确度较高，质量易于保证，是工程结构中工业化程度最高的一种结构。

⑤ 安装方便，施工期限短。钢结构安装方便，施工期限短，可尽快地发挥投资的经济效益。

⑥ 密封性好。钢结构的密封性较好，容易做成密不漏水和密不透气的常压和高压容器结构和大直径管道。

⑦ 耐热性较好。结构表面温度在200℃以内时，钢材强度变化很小，因而钢结构适用于热车间。但结构表面长期受辐射热达150℃时，应采用隔热板加以防护。

⑧ 耐火性差。钢结构耐火性较差，钢材表面温度达300～400℃以后，其强度和弹性模量显著下降，600℃时强度几乎降到零。当耐火要求较高时，需要采取保护措施，如在钢结构外面包混凝土或其他防火板材，或在构件表面喷涂一层含隔热材料和化学助剂等的防火涂料，以提高耐火等级。

⑨ 耐锈蚀性差。钢结构耐锈蚀性较差，特别在潮湿相有腐蚀性介质的环境下，容易锈蚀，需要定期维护，增加了维护费用。

由于钢材和钢结构有上述特点，钢结构常用于各种工程结构中。钢结构的合理应用范围大体如下：

① 大跨径结构。随着结构跨度增大，结构自重在全部荷载中所占的比重也就越大，减轻自重可获得明显的经济效益。对于大跨度结构，钢结构质量轻的优点显得特别突出。可容纳 8 万人的上海体育场是一平面为椭圆形的建筑，采用了由径向悬挑格架和环向桁架组成的空间钢屋盖结构。长轴为 288.4m，短轴为 274.4m，屋盖最大悬挑跨度达 73.5m。2005 年建成通车的润扬长江大桥，其中南汊主桥采用单孔双铰钢箱梁悬索桥，主跨径 1490m。

② 高层建筑。高层建筑已成为现代化城市的一个标志。钢材强度高和钢结构质量轻的特点对高层建筑具有重要意义。钢材强度高则构件截面尺寸小，可提高有效使用面积；质量轻可大大减轻构件、基础和地基所承受的荷载，降低基础工程等的造价。当今世界上最高的 50 幢建筑中，钢结构和钢-混凝土混合结构占 80% 以上。1974 年建成的纽约西尔斯大厦，共 110 层，总高度达 443m，为全钢结构建筑。近年来我国的高层钢结构建筑如雨后春笋般拔地而起。2012 年竣工的中央电视台新址主楼由两栋分别为 52 层 234m 高和 44 层 194m 高的塔楼组成，并由在 162m 高空大跨度外伸、高 14 层重 1.8 万吨的钢结构大悬臂相交对接，总用钢量达 14 万吨。该建筑获世界高层都市建筑学会（CTBUH）"2013 年度全球最佳高层建筑奖"。2023 年 3 月封顶的广州的广商中心项目，建筑高度 375.5m，地上 61 层，是我国目前在建最高纯钢结构超高层建筑。

③ 工业建筑。当工业建筑的跨度和柱距较大，或者设有大吨位吊车，结构需承受大的动力荷载时，往往部分或全部采用钢结构。为了缩短施工工期，尽快发挥投资效益，近年来我国的普通工业建筑也大量采用钢结构。

④ 轻型结构。使用荷载较小或跨度不大的结构为轻型结构。自重是这类结构的主要荷载，常采用冷弯薄壁型钢或小型钢制成的轻型钢结构。

⑤ 高耸结构。如塔架和桅杆等，它们的高度大，构件的横截面尺寸较小，风荷载和地震作用为主要作用，自重对结构的影响较大，因此常采用钢结构。

⑥ 活动式结构。如水工钢闸门、升船机等，可充分发挥钢结构质量轻的特点，降低启闭设备的造价和运转所耗费的动力。

⑦ 可拆卸或移动的结构。如施工用的建筑和钢栈桥、流动式展览馆、移动式平台等，可发挥钢结构质量轻、便于运输和安装方便的优点。

⑧ 容器和大直径管道。如贮液（气）罐、输（油、气、原料）管道、水上压力管道等。三峡水利枢纽工程中的发电机组采用的压力钢管内径达 12.4m。

⑨ 在地震区抗震要求高的结构。

⑩ 急需早日交付使用的工程。这类工程可发挥钢结构施工工期短和质量轻，便于运输的特点。

综上所述，钢结构是在各种工程中广泛应用的一种重要的结构形式。随着我国经济建设的发展和钢产量的提高，钢结构将会发挥日益重要的作用。

6.1　钢 结 构 的 加 工

由于钢材的强度高、硬度大，对钢结构的制造精度要求较高，因而钢结构构件的制造必须在具有专门机械设备的金属结构制造厂进行。

钢结构的制造从钢材进厂到构件出厂，一般要经过生产准备、零件加工、装配、油漆和装运等一系列工序。因而金属结构制造厂通常由钢材仓库和准备车间、放样间、零件加工车间、半成品仓库、装配车间、油漆和装运车间等组成。在钢材仓库和准备车间内进行材料验收，分类存放，并在供料前进行校正。在放样间根据施工图制成实际尺寸的样板，以供加工车间号料用。在加工车间进行号料、切割、制孔、边缘加工和弯曲等工序并送入半成品仓库存放。在装配车间进行装配、焊接、铆前扩孔、铆接、铣端和钻安装孔等工序。在整个制造过程中，必须及时对零件或构件进行校正，以满足设计要求。在装配、焊接及铆接过程中，必须对结构进行全面的技术检查和验收。验收合格的构件或运输单元送到油漆装运车间进行油漆和编号，然后运往安装工地。

从各工序所需的平均劳动量来看，焊接结构最费工的工序是切割、装配和焊接，而铆接结构最费工的工序是制孔、装配和打铆。它们几乎各占其全部劳动量的60%以上。在设计时构件应尽量采用焊接，构件间的连接应尽量采用高强度螺栓连接，以提高钢结构的制造和安装质量、节约钢材和降低钢结构的制造费用。

6.1.1 钢材矫正

从轧钢厂运到钢结构制造厂的钢材，常因长途运输、装卸不慎而产生较大的变形，给加工造成困难，影响制造的精度，因此在加工前必须进行矫正使之平直。图6-1是钢板矫正辊床工作简图；槽钢和工字钢一般用水平直弯机矫正，图6-2是其工作简图。

图6-1 钢板矫正辊床工作简图　　　图6-2 水平直弯机工作简图

6.1.2 放样和号料

在一个结构中往往有很多完全相同的构件，而每一构件又由各种零件组成，所以一个结构工程中各种零件的数量一般是很多的。为了保证构件的制作质量和提高工作效率，应按施工图上的图形和尺寸绘出1:1的大样，并做成足尺寸的样板，这一工序叫放样。然后利用样板在钢材上画线，以得到所需的切割线和孔眼位置，这一工序叫号料。样板采用质轻、价廉且不易产生伸缩变形的材料做成，最常用的有铁皮、纸板和油毡等，也可采用薄木板或胶合板，应根据零件要求的精度和重复使用的次数进行选择。

号料时，长度测量采用钢卷尺，画线采用钢针，用梅花冲在钢材上打孔眼，以标定孔心位置。放样和号料时，应根据工艺要求预留焊接收缩余量及切割、刨边和铣平等的加工余量。

6.1.3 切割

钢材的切割有剪切、锯切和气割等方法。用剪切机切割钢板最方便，图6-3是钢板剪切机的工作简图。薄钢板可以用一般的压力剪切机切割，厚钢板要用强大的龙门剪床切割，圆弧剪切机可以把钢板的边缘切割成圆弧形。钢板的最大剪切厚度视剪床的功率而定。

钢材经剪切后在离剪切边缘 2～3mm 范围内产生严重的冷作硬化，使这部分钢材变脆。因此，对于厚度较大且受动力荷载作用的重要结构，剪切后应将该部分刨去。

对于工字钢、槽钢、钢管和大号角钢可用机械锯锯切，通常用无齿圆盘摩擦锯，其切割质量好而且效率高，缺点是噪声大。

此外，氧气切割也经常采用，特别适用于板厚大于 25mm 的切割工序。它的优点是生产效率高，较经济，可以切任何厚度，既能切直线也能切曲线，还能直接做成 V 形和 X 形焊缝的坡口。

氧气切割分手工切割、自动切割和半自动切割，以及精密切割。精密切割质量最好，但自动切割和半自动切割已能满足制造精度要求。

6.1.4 制孔

制孔的方法有冲孔和钻孔两种。冲孔在冲床（图6-4）上进行，一般只能冲较薄的钢板，直径大小也有一定限度，一般不能小于钢板的厚度。冲孔的原理是剪切。因此在孔壁周围将产生严重的冷作硬化，质量较差，但冲孔的生产效率很高。所以，当对孔的质量要求不高时，可以采用冲孔。

图6-3　钢板剪切机工作简图　　　　图6-4　冲孔简图

钻孔在钻床上进行，可以钻任何厚度的钢材。钻孔的原理是切削，故孔壁损伤较小，质量较好，但生产效率较低，仅用于厚钢板以及直接承受动力荷载作用的结构中。为了避免拼装时孔眼对不齐和加快钻孔速度，有时先在零件上冲成或钻成比设计孔径小 3mm 的孔。待结构预总装时再将孔扩钻到设计孔径。

6.1.5 边缘加工

有些构件根据其受力特点常需经过刨边和铲边的工序。例如对接焊钢板边缘的坡口和磨光顶紧传力板端的刨边等。刨边在刨床上进行，对于几米长的钢板需要用大型龙门刨边机。刨边是很费工的工序，生产效率低、成本高，因此非必要时应尽量避免。

对于重级工作制吊车梁，翼缘板切割边的冷作硬化部分应在零件装配前先行刨掉。有时为使零件的端部能直接传力，也要将其端部在刨床上刨平。

对于工作量不大，且加工质量要求不高的边缘加工，例如屋架连接角钢的铲棱可用风铲。风铲是一种利用高压空气作为动力的风动机具。其优点是设备简单，使用方便，成本低；缺点是噪声大，质量不如刨好。

6.1.6 弯制成型

当钢板或型钢需要弯成某一角度或弯成某一圆弧时，就需经过弯曲这道工序。弯曲可在常温下进行，称为冷弯；也可在热塑状态下进行，称为热弯。钢板和型钢的冷弯可在专门的辊弯机上进行（图6-5）。要把钢板冷弯成具有某种截面形式的杆件，可采用模压机。图6-6是模压机的工作简图。模压机可根据要弯成的形状设置相应的上下冲模。冷弯只适用于薄钢板，其曲率半径也不宜过小，以免钢材的塑性损失过大而出现裂纹。

图6-5 角钢辊弯机工作简图　　　　图6-6 模压机工作简图

对于厚钢板或型钢，当弯曲的角度过大或弯曲的曲率半径较小时，一般都需要将钢材加热至呈浅黄色（1000～1100℃），在模子上进行弯曲，即热弯。热弯后应使零件缓慢而均匀地冷却，以防钢材变脆。热加工使钢结构制造工序复杂化，并使造价增高，在设计时应尽量避免。

加工过程中，零件可能扭曲，必须在装配前加以校正，然后进行验收。验收合格的零件送到半成品仓库分类存放，以备后面的工序使用。

6.1.7 装配

装配是把加工好的零件按照施工图纸拼装成构件，并点焊加以固定的工序。在装配前应将零件上的铁锈、毛刺和油污等清除干净。

有的构件在装配时，为了固定零件的相对位置常需用模架。例如，装配工字形截面的焊接组合梁就需要采用如图6-7所示的模架。

钢结构制作的工序较多，因此，对加工顺序要周密安排，避免工件倒流，以减少往返运输时间。图6-8为钢结构作业生产的一般工艺流程。钢结构构件运入工地后再进行现场安装。

图 6-7　拼装焊接工字梁的模架

图 6-8　钢结构生产的一般工艺流程

6.2　钢结构的连接

钢结构的连接就是把板材或型钢组合成构件，再将构件组合成结构，以保证结构的共同受力。因此，钢结构的连接方式及质量直接影响钢结构的工作性能。钢结构的连接必须符合安全可靠、传力明确、构造简单、制造方便和节约钢材的原则。

钢结构采用的连接方法有焊接连接、铆钉连接和螺栓连接，如图 6-9 所示。

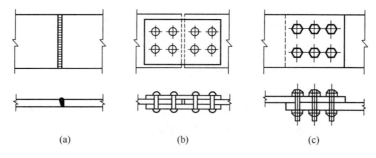

图 6-9　钢结构的连接方法
（a）焊接连接；（b）铆钉连接；（c）螺栓连接

1. 焊接连接

焊接是现代钢结构的主要连接方法。它的主要优点是不削弱构件截面（不必钻孔）、可省去拼接板，因而构造简单、节约钢材、制造加工方便、密封性能好。其缺点是由于焊件连接处局部受高温，在热影响区形成的材质较差、冷却又很快，同时，由于热影响区的不均匀收缩，易使焊件产生焊接残余应力以及残余变形，甚至可能造成裂缝，导致脆性破坏。

2. 铆钉连接

铆钉连接的优点是塑性及韧性较好，质量易检查和保证，可用于承受动载的重型结构。但是，由于铆接工艺复杂，连接件受钉孔削弱及需要拼接板，因此，费钢又费工。近30年以来在钢结构中已很少采用。

铆钉连接包括制孔和打铆两个主要工序。被连接的板件按设计要求制成钉孔，孔径应比钉杆公称直径大1.0mm。打铆时先将铆钉加热到900～1000℃，迅速插入钉孔，用风动铆钉枪或液压铆钉机把钉端打或压成铆钉头。铆合后的钉杆充满钉孔。由于钉杆冷缩，压紧被连接的板件，有利于铆接接头的整体工作。试验结果表明，钉孔质量直接影响连接的强度。铆钉连接的钢结构，其塑性和韧性都比焊接连接的好，传力可靠，连接质量容易检查，而且对主体金属材质质量的要求比焊接结构低。但铆钉连接的钉孔削弱截面，制孔和打铆费钢费工，而且要求技工的技术水平高，且劳动条件差。所以目前在钢结构连接中已被焊接连接和高强度螺栓连接取代。

3. 螺栓连接

螺栓连接就是先在连接件上钻孔，然后装入预制的螺栓，拧紧螺母即成，安装时不需要特殊设备，操作简单，又便于拆卸，故螺栓连接常用于结构的安装连接，需经常装拆的结构以及临时固定连接中。螺栓又分为普通螺栓和高强度螺栓。高强度螺栓连接紧密，耐疲劳，承受动载可靠，成本也不太高。目前在一些重要的永久性结构的安装连接中，高强度螺栓连接已成为代替铆接的优良连接方法。

6.2.1 焊接施工

建筑钢结构焊接时应考虑以下问题：

① 焊接方法的选择应考虑焊接构件的材质和厚度、接头的形式和焊接设备；

② 焊接工艺及作业程序；

③ 焊接质量检验。

焊缝连接常用的有三种形式：电弧焊、电阻焊及气焊。电弧焊是工程中应用最普遍的焊接形式，本节主要讨论其施工工艺。

1. 焊接接头

电弧焊分为手工电弧焊与自动或半自动电弧焊（图6-10）。根据焊件的厚度、使用条

(a)　　　　　　　　　　　　　　(b)

图 6-10　电弧焊

（a）手工电弧焊；（b）自动电弧焊

1—电源；2—导线；3—夹具；4—焊条；5—电弧；6—焊件；7—焊缝；8—转盘；9—漏斗；

10—熔剂；11—熔化的熔剂；12—移动方向

件、结构形状又分为对接接头、角接接头、T形接头和搭接接头等形式。为了提高焊接质量，较厚的构件往往要开坡口。开坡口的目的是保证电弧能深入焊缝的根部，使根部能焊透，以便清除熔渣，获得较好的焊缝形态。常用的焊接接头形式见表6-1。

焊接接头形式 表6-1

序号	名称	图示	接头形式	特点和适用性
1	对焊接头		不开坡口 V、X、U形坡口	应力集中较小，有较高的承载力
2	角焊接头		不开坡口	适用厚度在8mm以下
			V、K形坡口	适用厚度在8mm以下
			卷边（非焊接）	适用厚度在2mm以下
3	T形接头		不开坡口	适用厚度在30mm以下的不受力构件
			V、K形坡口	适用厚度在30mm以上的只承受较小剪应力构件
4	搭接接头		不开坡口	适用厚度在12mm以下的钢板
			塞焊	适用双层钢板的焊接

按施焊的空间位置，焊缝形式可分为平焊缝、横焊缝、立焊缝及仰焊缝四种。平焊的熔滴靠自重过渡，操作简单，质量稳定；横焊时，由于重力熔化金属容易下淌，而使焊缝上侧产生咬边，下侧产生焊瘤或未焊透等缺陷；立焊焊缝成型较困难，易产生咬边、焊瘤、夹渣、表面不平等缺陷；仰焊施工最为困难，施焊时易出现未焊透、凹陷等质量问题。

2.焊接前的准备

焊前准备包括坡口制备、预焊部位清理、焊条烘干、预热、预变形及高强度钢切割表面探伤等。

焊条、焊剂使用前必须烘干。一般酸性焊条的烘焙温度为75～150℃，时间为1～2h；碱性低氢型焊条的烘焙温度为350～400℃，时间为1～2h。烘干的焊条应放在100～150℃保温筒（箱）内，低氢型焊条在常温下超过4h应重新烘焙，重复烘焙的次数不宜超过2次。焊条烘焙时，应注意随箱逐步升温。

焊接不同类别钢材时，焊接材料的匹配应符合设计要求。表6-2为Q235和Q345结构钢材采用手工电弧焊进行焊接时，常用焊接材料的选配。

Q235和Q345钢材手工电弧焊接材料的选配 表6-2

结构钢材		手工电弧焊焊条型号
Q235	A	E4303①
	B	
	C	E4303①、E4328、E4315、E4316
	D	
Q345	A	E5003①
	B	E5003①、E5015、E5016、E5018
	C	
	D	E5015、E5016、E5018
	E	②

注：①用于一般结构；

②供需双方协议。

194

3. 焊接施工

（1）引弧与熄弧

引弧有碰击法和划擦法两种。碰击法是将焊条垂直于工件进行碰击，然后迅速保持一定距离；划擦法是将焊条端头轻轻划过工件，然后保持一定距离。施工中，严禁在焊缝区以外的母材上打火引弧。在坡口内引弧的局部面积应熔焊一次，不得留下弧坑。

（2）运条方法

电弧点燃之后，就进入正常的焊接过程。焊接过程中焊条同时有三个方向的运动：沿其中心线向下送进；沿焊缝方向移动；横向摆动。由于焊条被电弧熔化逐渐变短，为保持一定的弧长，就必须使焊条沿其中心线向下送进，否则会发生断弧。焊条沿焊缝方向移动速度的快慢要根据焊条直径、焊接电流、工件厚度和接缝装配情况及所在位置而定。移动速度太快，焊缝熔深太小，易造成未透焊；移动速度太慢，焊缝过高，工件过热，会引起变形增加或烧穿。为了获得一定宽度的焊缝，焊条必须横向摆动。在做横向摆动时，焊缝的宽度一般是焊条直径的 1.5 倍左右。以上三个方向的动作密切配合，根据不同的接缝位置、接头形式、焊条直径和性能、焊接电流、工件厚度等情况，采用合适的运条方式（表6-3），就可以在各种焊接位置得到优质的焊缝。

常用运条方法及适用范围

表 6-3

运条方法	图例	适用范围	运条方法	图例	适用范围
直线形	→	要求焊缝很小的薄小构件	下斜线形	∿	一般用于横焊
带火形	∿	要求焊缝很小的薄小构件	椭圆形	ℓℓℓℓ	一般用于横焊
折线形	∧∧∧	普通焊缝	三角形	◁◁◁◁	常用于加强焊缝的中心加热
正半月形	∿∿∿	普通焊缝	圆圈形	◯◯◯	角焊或平焊的堆焊
反半月形	∿∿∿	普通焊缝	一字形	⊓⊔⊓	角焊或平焊的堆焊
斜折线形	∿	一般用于边缘堆焊			

（3）完工后的处理

焊接结束后的焊缝及两侧，应彻底清除飞溅物、焊渣和焊瘤等。无特殊要求时，应根据焊接接头的残余应力、组织状态、熔敷金属含氢量和力学性能决定是否需要焊后热处理。

4. 焊接工艺参数

手工电弧焊的焊接工艺参数主要有焊条直径、焊接电流、焊接层数、电源种类及极性等。

（1）焊条直径

焊条直径的选择主要取决于焊件厚度、接头形式、焊缝位置和焊接层次等因素（表

195

6-4）。平焊时焊条直径可选择大些，立焊时焊条直径不大于 5mm，仰焊和横焊时最大焊条直径为 4mm，多层焊及坡口第一层焊缝使用的焊条直径为 3.2～4mm。

焊条直径的选择

表 6-4

焊件厚度（mm）	2	3	4～5	6～12	≥13
焊条直径（mm）	2	3.2	3.2～4	4～5	4～6

（2）焊接电流

焊接电流过大或过小都会影响焊接质量，所以其选择应根据焊条的类型、直径、焊件的厚度、接头形式、焊缝空间位置等因素来考虑，其中焊条直径和焊缝空间位置最为关键。在一般钢结构的焊接中，焊接电流大小与焊条直径关系可用以下经验公式进行试选：

$$I = 10d^2 \tag{6-1}$$

式中　I——焊接电流，A；

　　　d——焊条直径，mm。

另外，立焊时，电流应比平焊时小 15%～20%；横焊和仰焊时，电流应比平焊电流小 10%～15%。

（3）焊接层数

焊接层数应视焊件的厚度而定。除薄板外，一般都采用多层焊。对于同一厚度的材料，其他条件相同时，焊接层次增加，热输入量减少，有利提高接头的塑性，但层次过多，焊件的变形会增大，因此，应该合理选择焊接层数，施工中每层焊缝的厚度不应大于 4～5mm。

5. 焊接质量检查

由于焊缝连接受材料、操作影响很大，施工后应进行认真的质量检查。钢结构焊缝质量检查分为三级，检查项目包括外观检查、超声波探伤以及 X 射线探伤等。

所有焊缝均应进行外观检查，检查其几何尺寸和外观缺陷。焊缝感观应达到：外形均匀、成型较好，焊道与焊道、焊道与基本金属间过渡较平滑，焊渣和飞溅物基本清除干净。焊缝表面不得有裂纹、焊瘤等缺陷。一级、二级焊缝不得有表面气孔、夹渣、弧坑裂纹、电弧擦伤等缺陷；一级焊缝不得有咬边、未焊满、根部收缩等缺陷。

设计要求全焊透的一、二级焊缝应采用超声波探伤进行内部缺陷的检验，超声波探伤不能对缺陷作出判断时，应采用射线探伤。

6.2.2　螺栓施工

螺栓作为钢结构连接紧固件，通常用于构件间的连接、固定、定位等。钢结构中的连接螺栓一般分普通螺栓和高强度螺栓两种。采用普通螺栓或高强度螺栓而不施加紧固力，该连接即为普通螺栓连接；采用高强度螺栓并对螺栓施加紧固力，该连接称为高强度螺栓连接。

图 6-11 为两种螺栓连接工作机理的示意图。普通螺栓连接在受外力后，节点连接板即产生滑动，外力通过螺栓杆受剪和连接板孔壁承压来传递（图 6-11a）。高强度螺栓则分为摩擦型和承压型。摩擦型高强度螺栓连接，通过对高强度螺栓施加紧固轴力，将被连接的连接钢板夹紧产生摩擦效应，受外力作用时，外力靠连接板层接触面间的摩擦来传递，

应力流通过接触面平滑传递，无应力集中现象（图 6-11b），此时螺栓不受剪力而只受拉力。承压型高强度螺栓则容许连接件之间产生滑移，其受力与普通螺栓相同。

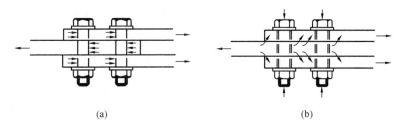

图 6-11　螺栓连接工作机理示意图

(a) 普通螺栓连接；(b) 摩擦型高强度螺栓连接

图 6-12 为螺栓连接典型拉伸曲线，从曲线上可以把螺栓连接工作过程分为 4 个阶段：阶段 1 为静摩擦抗滑移阶段，即为摩擦型高强度螺栓连接的工作阶段。对普通螺栓连接，阶段 1 不明显，可忽略不计。阶段 2 为荷载克服摩擦阻力，接头产生滑移，螺栓杆与连接板孔壁接触进入承压状态，此阶段为摩擦型高强度螺栓连接的极限破坏状态。阶段 3 为螺栓和连接板处于弹性变形阶段，荷载-变形曲线呈线性关系。阶段 4 为螺栓和连接板处于弹塑性变形阶段，最后螺栓剪断或连接板破坏（拉脱、承

图 6-12　螺栓连接的典型拉伸曲线

压和净截面拉断），整个连接接头破坏。曲线的终点对于普通螺栓连接为极限破坏状态；对于高强度螺栓，则为承压型高强度螺栓连接的极限破坏状态。

螺栓按照性能等级分为 3.6、4.6、4.8、5.6、5.8、6.8、8.8、9.8、10.9、12.9 十个等级，其中 8.8 级以上（含 8.8 级）螺栓材质为低碳合金钢或中碳钢并经热处理（淬火、回火），统称为高强度螺栓，8.8 级以下统称为普通螺栓。

螺栓性能等级标号由两部分数字组成，分别表示螺栓的公称抗拉强度和材质的屈强比。例如性能等级 4.6 级的螺栓其含义为：第一部分数字（4.6 中的"4"）为螺栓材质公称抗拉强度（N/mm²）的 1/100；第二部分数字（4.6 中的"6"）为螺栓材质屈强比的 10 倍；两部分数字的乘积（4×6＝24）为螺栓材质公称屈服点（N/mm²）的 1/10。4.6 级则表示其抗拉强度为 400N/mm²，屈强比为 0.6，屈服点为 240N/mm²。

1. 普通螺栓

钢结构普通螺栓连接即将普通螺栓、螺母、垫圈机械地和连接件连接在一起形成的一种连接形式。

（1）普通螺栓的种类

普通螺栓分为 A、B、C 三级。A 级螺栓称为精制螺栓，B 级螺栓为半精制螺栓。A、B 级适用于拆装式结构或连接部位需传递较大剪力的重要结构的安装。C 级螺栓统称为粗制螺栓。钢结构用连接螺栓，除特殊注明外，一般为普通粗制 C 级螺栓（图 6-13a、b），图中螺纹规格 d 通常有 8mm、10mm、12mm，直至 95mm，也表示为 M8、M10、M12 等。

双头螺栓一般又称双头螺柱，图 6-13（c）为等长双头螺柱 C 级的外形图。双头螺柱多用于连接厚板和需两端调节的地方，如混凝土屋架、屋面梁悬挂单轨梁吊挂件等。

图 6-13　普通螺栓
（a）六角头螺栓；（b）六角头全螺纹螺栓；（c）等长双头螺柱

地脚螺栓分为一般地脚螺栓、锤头螺栓和锚固地脚螺栓，用于柱底或设备基础处的连接。

一般地脚螺栓的埋入端做成直角形或 U 形，在浇筑混凝土基础时，预埋在基础之中用以固定钢柱。锤头螺栓是基础螺栓的一种特殊形式，一般在混凝土基础浇筑时将特制模箱（锚固板）预埋在基础内。锚固地脚螺栓是在已成形的混凝土基础上经钻机制孔后再浇筑固定的一种地脚螺栓，或采用化学锚固剂锚固。

（2）普通螺栓的施工要求

1）连接要求

普通螺栓在连接时应符合下列要求：

① 永久螺栓的螺栓头和螺母的下面应放置平垫圈。垫置在螺母下面的垫圈不应多于 2 个，垫置在螺栓头部下面的垫圈不应多于 1 个。

② 螺栓头和螺母应与结构构件的表面及垫圈密贴。

③ 对于槽钢和工字钢翼缘之类倾斜面的螺栓连接，则应放置斜垫片垫平，以使螺母和螺栓的头部支承面垂直于螺杆，避免螺栓紧固时螺杆受到弯曲力。

④ 永久螺栓和锚固螺栓的螺母应根据施工图纸中的设计规定，采用有防松装置的螺母或弹簧垫圈。

⑤ 对于动荷载或重要部位的螺栓连接，应在螺母的下面按设计要求放置弹簧垫圈。

⑥ 各种螺栓连接，从螺母一侧伸出螺栓的长度应保持在不小于两个完整螺纹的长度。

2）长度选择

连接螺栓的长度可按下式计算：

$$L = \delta + H + nh + C \tag{6-2}$$

式中　　δ——连接板约束厚度，mm；

　　　　H——螺母的高度，mm；

　　　　h——垫圈的厚度，mm；

n——垫圈的个数，个；

C——螺杆的余长，5～10mm。

3）紧固轴力

普通螺栓连接对螺栓紧固轴力没有要求，因此螺栓的紧固施工以操作者的手感及连接接头的外形控制为准。为了使连接接头中螺栓受力均匀，螺栓的紧固次序应从中间开始，对称向两边进行；对大型接头应采用复拧，即两次紧固方法，保证接头内各个螺栓能均匀受力。

普通螺栓连接螺栓紧固检验比较简单，一般采用锤击法。用质量为3kg的小锤，一手扶螺栓（或螺母）头，另一手用锤敲，要求螺栓头（螺母）不偏移、不颤动、不松动，锤声比较干脆，否则说明螺栓紧固质量不好，需要重新进行紧固施工。

2. 高强度螺栓

（1）高强度螺栓的种类

高强度螺栓连接现已成为与焊接并重的钢结构主要连接形式之一，它具有受力性能好、耐疲劳、抗震性能好、连接刚度大、施工简便等优点，被广泛地应用在土木工程中。

高强度螺栓连接按其受力状况，主要分为摩擦型连接、承压型连接两种类型，其中摩擦型连接是目前广泛采用的基本连接形式。

摩擦型连接的连接应力传递圆滑，接头刚性好，通常所指的高强度螺栓连接，就是这种摩擦型连接，其极限破坏状态即为连接接头滑移。

承压型高强度螺栓的材料、构件摩擦面处理方法及预拉力与摩擦型高强度螺栓均相同，其连接接头承载力高，可以利用螺栓和连接板的极限破坏强度，经济性能好，但连接变形大，可应用在非重要的构件连接中。

(a)   (b)

图 6-14 高强度螺栓

(a) 高强度大六角头螺栓；(b) 扭剪型高强度螺栓

高强度螺栓的形式有高强度大六角头螺栓和扭剪型高强度螺栓等（图 6-14）。

1）高强度大六角头螺栓

钢结构用高强度大六角头螺栓，分为 8.8 和

10.9 两种等级，一个连接副一个螺栓、一个螺母和两个垫圈。高强度螺栓连接副应同批制造，保证扭矩系数稳定，同批连接副扭矩系数平均值为 0.110～0.150，其扭矩系数标准偏差不应大于 0.110。

扭矩系数按下式计算：

$$K = \frac{M}{Pd} \tag{6-3}$$

式中　K——扭矩系数；

　　d——高强度螺栓公称直径，mm；

　　M——施加扭矩，kN·m；

　　P——高强度螺栓预拉力，kN。

在确定螺栓的预拉力 P 时，应根据设计预拉力值，一般考虑螺栓的施工预拉力损失 10%，即螺栓施工预拉力 P 按 1.1 倍的设计预拉力取值，表 6-5 为大六角头高强度螺栓施

工预拉力 P 值。

大六角头高强度螺栓施工预拉力（kN）　　　　　表 6-5

性能等级	螺栓公称直径（mm）						
	M12	M16	M20	M22	M24	M27	M30
8.8S	50	90	140	165	195	255	310
10.9S	60	110	170	210	250	320	390

2）扭剪型高强度螺栓

钢结构用扭剪型高强度螺栓一个螺栓连接副包括一个螺栓、一个螺母和一个垫圈，它适用于摩擦型连接的钢结构。其连接副紧固轴力见表 6-6。

扭剪型高强度螺栓连接副紧固轴力（kN）　　　　　表 6-6

螺纹规格		M16	M20	M22	M24
每批紧固轴力的平均值	公称	109	170	211	245
	最小	99	154	191	222
	最大	120	186	231	270
紧固轴力标准偏差		≤1.01	≤1.57	≤1.95	≤2.27

（2）高强度螺栓的施工

1）施工的机具

① 手动扭矩扳手

各种高强度螺栓在施工中以手动紧固时，都要使用有示明扭矩值的扳手施拧，使达到高强度螺栓连接副规定的扭矩和剪力值。一般常用的手动扭矩扳手有指针式、音响式和扭剪型三种（图 6-15）。

图 6-15　手动扭矩扳手
（a）指针式；（b）音响式；（c）扭剪型
1—扳手；2—千分表；3—主刻度；4—副刻度

a. 指针式扭矩扳手

在头部设一个指示盘配合套筒头紧固六角螺栓，当给扭矩扳手预加扭矩时，指示盘即显示出扭矩值。

b. 音响式扭矩扳手

这是一种附加棘轮机构预调式的手动扭矩扳手，配合套筒可紧固各种直径的螺栓。音响式扭矩扳手在手柄的根部带有力矩调整的主、副两个刻度，施拧前，可按需要调整预定的扭矩值。当施拧到预调的扭矩值时，便有明显的音响和手上的触感。这种扳手操作简单、效率高，适用于大规模的组装作业和检测螺栓紧固的扭矩值。

c. 扭剪型扭矩扳手

这是一种紧固扭剪型高强度螺栓使用的手动扭矩扳手。配合扳手紧固螺栓的套筒，设有内套筒弹簧、内套筒和外套筒。这种扳手靠螺栓尾部的卡头得到紧固反力，使紧固的螺栓不会同时转动。内套筒可根据所紧固的扭剪型高强度螺栓直径而更换相适应的规格。紧固完毕后，扭剪型高强度螺栓卡头在颈部被剪断，所施加的扭矩可以视为合格。

② 电动扳手

钢结构用高强度大六角头螺栓紧固时用的电动扳手有 NR—9000A、NR—12 和定扭矩、定转角电动扳手等，是拆卸和安装高强度大六角头螺栓的机械化工具，可以自动控制扭矩和转角，适用于钢结构桥梁、厂房建设、化工、发电设备安装高强度大六角头螺栓施工的初拧、终拧和扭剪型高强度螺栓的初拧，以及对螺栓紧固件的扭矩或轴力有严格要求的场合。

扭剪型电动扳手是用于扭剪型高强度螺栓终拧紧固的电动扳手，常用的扭剪型电动扳手有 6922 型和 6924 型两种。6922 型扭剪型电动扳手只适用于紧固 M16、M20、M22 三种规格的扭剪型高强度螺栓。6924 型扭剪型电动扳手则可以紧固 M16、M20、M22 和 M24 四种规格的扭剪型高强度螺栓。

2）高强度螺栓的施工

① 高强度大六角头螺栓

a. 扭矩法施工

对高强度大六角头螺栓连接副来说，当扭矩系数 K 确定之后，根据设计的预拉力 P，则可以确定螺栓应施加的扭矩值 M。根据计算确定的施工扭矩值，使用扭矩扳手（手动、电动、风动）按施工扭矩值进行终拧。

在采用扭矩法终拧前，应首先进行初拧，对螺栓数量多的大接头，还需进行复拧。初拧的目的就是使连接接触面密贴，一般常用规格螺栓（M20、M22、M24）的初拧扭矩在 200~300N·m，螺栓轴力达到 10~50kN 即可。

初拧、复拧及终拧一般都应从中间向两边或四周对称进行，初拧和终拧的螺栓都应做不同的标记，避免漏拧、超拧等安全隐患，同时也便于检查紧固质量。

b. 转角法施工

因扭矩系数具有一定的离散性，特别是螺栓制造质量或施工管理不善等，采用扭矩值控制螺栓轴力的方法就会出现较大的误差，欠拧或超拧问题突出。采用转角法施工可避免较大的误差。

转角法就是利用螺母旋转角度以控制螺杆弹性伸长量来控制螺栓轴向力的方法。试验结果表明，螺栓在初拧以后，螺母的旋转角度与螺栓轴向力成对应关系，当螺栓受拉处于弹性范围内，两者呈线性关系，因此根据这一线性关系，在确定了螺栓的施工预拉力（一般为 1.1 倍设计预拉力）后，就很容易得到螺母的旋转角度，施工操作人员按照此旋转角度紧固施工，就可以满足设计上对螺栓预拉力的要求。

转角法施工分初拧和终拧两步（必要时需增加复拧），初拧的要求比扭矩法施工更严，因为起初连接板间隙的影响，螺母的转角大都消耗于板缝，转角与螺栓轴力关系不稳定。

初拧的目的是为消除板缝影响，使终拧具有一致的初始扭矩。转角法施工在我国已有 30 多年的历史，但对初拧扭矩尚没有一定的标准，各个工程根据具体情况确定，一般来讲，对于常用螺栓(M20、M22、M24)，初拧扭矩在 200～300N·m 比较合适，初拧应该使连接板缝密贴为准。终拧是在初拧的基础上，再将螺母拧转一定的角度，使螺栓轴向力达到施工预拉力。图 6-16 为转角法施工示意。

图 6-16　转角法施工示意

转角法施工步骤为：从栓群中心顺序向外拧紧螺栓（初拧），然后用小锤逐个检查，防止螺栓漏拧，对螺栓逐个进行画线，再用专用扳手使螺母再旋转一个额定角度（图 6-16），螺栓群终拧紧固的顺序与初拧相同。终拧后逐个检查螺母旋转角度是否符合要求。最后对终拧完成的螺栓做好标记，以备检查。

② 扭剪型高强度螺栓

扭剪型高强度螺栓连接副紧固施工比高强度大六角头螺栓连接副紧固施工要简便得多，正常的情况采用专用的电动扳手进行终拧，梅花头拧掉标志着螺栓终拧的结束。

为了减少接头中螺栓群间相互影响及消除连接板面间的缝隙，紧固也要分初拧和终拧两个步骤，对于超大型的接头还要进行复拧。

扭剪型高强度螺栓连接副的初拧扭矩可适当加大，一般初拧螺栓轴力可以控制在螺栓终拧轴力值的 50%～80%，对常用规格的高强度螺栓（M20、M22、M24）初拧扭矩可以控制在 400～600N·m，若用转角法初拧，初拧转角控制在 45°～75°，一般以 60°为宜。

图 6-17 为扭剪型高强度螺栓紧固过程。先将扳手内套筒套入梅花

图 6-17　扭剪型高强度螺栓紧固过程
(a) 紧固前；(b) 紧固中；(c) 紧固后
1—梅花头；2—断裂切口；3—螺栓；4—螺母；5—垫圈；
6—被紧固的构件；7—扳手外套筒；8—扳手内套筒

头上，再轻压扳手，然后将外套筒套在螺母上；按下扳手开关，外套筒旋转，使螺母拧紧、切口拧断；关闭扳手开关，将外套筒从螺母上卸下，将内套筒中的梅花头顶出。

6.3　钢结构的预拼装

为了保证安装顺利进行，应根据构件或结构的复杂程度、设计要求或合同协议规定，在构件出厂前进行预拼装。另外，受运输条件、现场安装条件等因素的限制，大型钢结构构件不能整件出厂，必须分成两段或若干段出厂时，也要进行预拼装。

预拼装一般分为立体预拼装和平面预拼装两种形式，除管结构为立体预拼装外，其他结构一般均为平面预拼装。预拼装所用的支承凳或平台应测量找平，检查时应拆除全部临

时固定架和拉紧装置，预拼装的构件应处于自由状态，不得强行固定。

预拼装时，构件与构件的连接形式为螺栓连接，其连接部位的所有节点连接板均应装上，除检查各部位尺寸外，还应用试孔器检查板叠孔的通过率，并应符合下列规定：当采用比孔公称直径小 1.0mm 的试孔器检查时，每组孔的通过率不应小于 85%，当采用比螺栓公称直径大 0.3mm 的试孔器检查时，通过率应为 100%。

节点的各部件在拆开之前必须予以编号，做出必要的标记。预拼装检验合格后，应在构件上标注上下定位中心线、标高基准线、交线中心点等，必要时焊上临时撑件和定位器等，以便于根据预拼装的状况进行最后安装。

思政小课堂

国家体育场（鸟巢）钢结构技术揭秘

在 2008 年北京奥运会上大放异彩的（鸟巢）（以下称为"鸟巢"）又获殊荣。2010 年 1 月，北京市政府授予"国家体育场（鸟巢）钢结构工程关键施工技术与应用"等 15 项科技成果为北京市科学技术一等奖。"鸟巢"是北京奥运会主会场（图 6-18）。其大跨度空间钢结构屋盖由 4.2 万吨钢结构构件有序编织形成"鸟巢"独特的建筑造型。"鸟巢"南北向跨度 333m、东西向跨度 297m，巨型空间桁架编织结构在国内外尚无先例，是当今世界难度最高、最复杂建筑之一。

图 6-18　国家体育场（鸟巢）

"鸟巢"钢结构是怎样建成的呢？下面给大家来揭秘：

"鸟巢"钢结构工程是由 24 榀门式钢架围绕着体育场内部混凝土碗状看台区旋转而成，其中 22 榀是通过桁架对接拉通或基本拉通。钢结构编织顺序是先进行钢柱角安装，随后进行 24 榀门式钢架安装、屋面主结构安装、次结构安装、合龙、卸载等，整个钢结构安装历时 13 个月。

我国技术人员在一无先例、二无规范可循的情况下先后研究与创新了如箱型弯扭构件制作技术研究与应用、钢结构综合安装技术研究与应用、钢结构合龙施工技术研究与应用、钢结构支撑卸载技术研究与应用、焊接综合技术研究与应用、施工测量测控技术研究与应用六项最难施工技术。

"鸟巢"钢结构施工中的技术研究与应用，填补了我国钢结构技术多项空白，开创了钢结构技术之先河，为我国钢结构施工发展做出了巨大贡献。

用"筷子"像搭积木一样建房

杭州市上城区住房和城乡建设局曾发生过这么一件有意思的事儿：局里接到举报，称中河北路与庆春路交叉口，瑞丰国际商务大厦的工地上不见混凝土搅拌机，一夜之间盖完了4层楼。举报者说："这肯定是在违规施工！"

图 6-19　在建的钢结构住宅

这当然不是违规施工，而是正在进行的钢结构施工，这幢大楼还为国内高层、超高层钢结构建筑业树立了技术标杆。随后的几年，钢结构被运用在各种标志性建筑上。眼下，全国最大面积的钢结构绿色保障性住房——钱江世纪城人才专项用房即将落成（图 6-19）。何谓绿色建筑？即在建筑全寿命周期内，最大限度地节约资源、保护环境和减少污染，为人们提供健康、适用和高效的使用空间的建筑。简单地说，就是最终实现把蔚蓝还给天空，把碧绿还给大地，把清澈还给河流。

即将落成的钱江世纪城人才专项用房，建筑面积约 66 万 m^2。在施工现场，见不到混凝土搅拌工人，更没有轰鸣的机器声，几幢还未封顶的楼房四面，可以清晰地看到全钢结构的承重墙。更令人吃惊的是，穿着皮鞋在工地走一圈，鞋上竟没沾染一点儿灰尘。

除了建筑材料 80％为钢材，建筑垃圾也少了 60％，装配式施工现场还可以减少 80％的噪声、扬尘、污水。钱江世纪城人才专项用房项目是对现有住宅体系的突破。

而这个突破来自杭萧钢构的第三代"钢管束"技术。简单来说，造这样的房子类似搭积木，而这些积木都是用像筷子一样的钢管束组装而成，32 层的建筑只花 60 天就封顶了。据了解，这个全球领先的"钢管束"建筑体系已在全世界 110 多个国家申请了专利。

时代在变，建筑业也在变革，钢结构绿色住宅时代已经到来。

思 考 题 及 习 题

1. 钢结构生产的一般流程是什么？

2. 钢材切割有哪几种方法？

3. 钻孔和冲孔有何特点？分别适用哪种构件？

4. 试述钢结构电弧焊接头的形式。

5. 焊接的质量检查主要有哪几方面？

6. 常用的扭矩扳手有哪几种？

7. 高强度大六角头螺栓和扭剪型高强度螺栓应如何紧固？

8. 8.8 级 M20 大六角头高强度螺栓，预拉力为 110kN，扭矩系数为 0.12，试确定其施工扭矩。

第6章思考题及
习题参考答案

第7章 脚手架工程

内容提要 本章主要介绍了扣件式钢管脚手架、碗扣式脚手架、承插型盘扣式钢管脚手架、门式脚手架、悬挑（挂）式脚手架的基本构造和搭设要求，自升降式、互升降式、整体升降式3种升降式脚手架的结构形式和升降原理，并对里脚手架作了简单介绍。

学习要求 通过本章学习，掌握扣件式钢管脚手架、碗扣式脚手架、承插型盘扣式钢管脚手架、门式脚手架、悬挑（挂）式脚手架的基本构造，熟悉其搭设要求，了解升降式脚手架的升降原理。

脚手架是建筑施工中不可缺少的临时设施。它是为保证高处作业安全，顺利进行施工而搭设的工作平台或作业通道。脚手架在砌筑工程、混凝土工程、装修工程中有着广泛的应用。

过去的脚手架主要利用竹、木材料。后来发展了钢管扣件式脚手架以及各种钢制工具式脚手架。20世纪80年代以后，随着土木工程的发展，又开发出一系列新型脚手架，如升降式脚手架等。目前脚手架的发展趋势是采用金属制作的、具有多种功能的组合式脚手架，可以适用不同情况作业的要求。

1. 脚手架在使用时应满足的基本要求

（1）满足使用要求。脚手架的宽度应满足工人操作、材料堆放及运输的要求。脚手架的宽度一般为2m左右，最小不得小于1.5m。

（2）有足够的强度、刚度及稳定性。施工期间，在各种荷载作用下，脚手架要不变形、不摇晃、不倾斜。脚手架的标准荷载值，取脚手架上实际作用荷载，其控制值为 $3kN/m^2$（砌筑用脚手架）。在脚手架上堆砖，只许单行摆3层。脚手架所用材料的规格、质量应经过严格检查，符合有关规定；脚手架的构造应符合规定，搭设要牢固，有可靠的安全防护措施并在使用过程中经常检查。

（3）搭拆简单，搬运方便，能多次周转使用。

（4）因地制宜，就地取材，尽量节约用料。

2. 脚手架的分类

脚手架可根据与施工对象的位置关系、支承特点、结构形式以及使用的材料等划分为多种类型：

（1）按其搭设位置划分为外脚手架和里脚手架两大类；

（2）按其所用材料划分为木脚手架、竹脚手架和金属脚手架；

（3）按其构造形式划分为多立杆式、框式、挂式、悬挑式、桥式、升降式等。

7.1 外 脚 手 架

外脚手架是在建筑物的外侧（沿建筑物周边）搭设的一种脚手架。既可用于外墙砌筑，又可用于外装修施工。其主要结构形式有扣件式、碗扣式、承插型盘扣式、门式、悬挑（挂）式、升降式等。下面介绍几种常见的外脚手架。

7.1.1 扣件式钢管脚手架

扣件式钢管脚手架属于多立杆式外脚手架，是目前常用的一种脚手架，由立杆、大横杆（纵向水平杆）、小横杆（横向水平杆）、斜撑（紧贴脚手架外侧与地面约成45°角的斜杆，上下连续设置，呈之字形）、剪刀撑（设在脚手架外侧交叉成十字的双支斜，与地面成45°～60°的夹角）、抛撑（在脚手架立面以外设置的斜撑）、脚手板等组成。其特点是：通用性强；装卸方便，利于施工操作；搭设灵活，搭设高度大；坚固耐用，使用方便。虽然其一次投资较大，但其周转次数多，摊销费用低。斜撑、剪刀撑如图7-1所示。

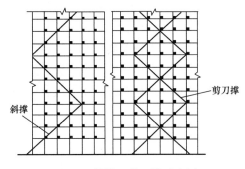

图 7-1　斜撑、剪刀撑示意图

多立杆式脚手架分为双排式和单排式两种形式（图7-2）。双排式沿墙外侧设两排立杆，小横杆两端支承在内外两排立杆上，多、高层房屋施工均可采用。单排式沿墙外侧仅设一排立杆，其小横杆一端与大横杆（或立杆）连接，另一端支承在墙上，仅适用于荷载较小、高度较低、墙体有一定强度的多层房屋。

（1）基本构造。扣件式脚手架是由标准钢管杆件（立杆、横杆、斜杆）和特制扣件构成的脚手架骨架与脚手板、防护构件、连墙杆等构成的。

① 钢管杆件。钢管杆件一般采用外径48mm、壁厚3.5mm的焊接钢管或无缝钢管，也有外径50～51mm，壁厚3～4mm的焊接钢管或其他钢管。用于立杆、大横杆、剪刀撑

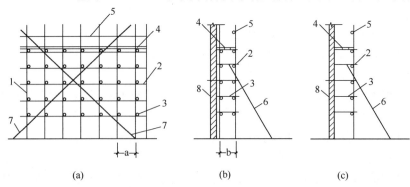

图 7-2　多立杆式脚手架

(a) 立面；(b) 侧面（双排）；(c) 侧面（单排）

1—立杆；2—大横杆；3—小横杆；4—脚手板；5—栏杆；6—抛撑；7—斜撑（剪刀撑）；8—墙体

和斜杆的钢管最大长度不宜超过 6.5m，最大重量不宜超过 250N，以便适合人工操作。用于小横杆的钢管长度宜在 1.8～2.2m，以适应脚手板宽度需要。

　　② 扣件。扣件为杆件的连接件，分为可锻铸铁铸造扣件和钢板压制扣件两种类型。扣件基本形式有 3 种，如图 7-3 所示。

图 7-3　扣件形式
(a) 直角扣件；(b) 旋转扣件；(c) 对接扣件

　　对接扣件：也叫一字扣件，用于两根钢管的对接连接；

　　旋转扣件：用于两根钢管成任意角度交叉的连接；

　　直角扣件：十字扣件，用于两根钢管成垂直交叉的连接。

　　在使用中，虽然回转扣件可连接任意角度的相交钢管，但对直角相交的钢管应用直角扣件连接，而不应用旋转扣件连接。

　　③ 脚手板。脚手板一般采用厚 2mm 的钢板压制而成，长度 2～4m，宽度 250mm，表面设有防滑措施。也可采用厚度不小于 50mm 的杉木板或松木板，长度 3～5m，宽度 200～250mm；或者采用竹脚手板，分为竹笆板和竹串片板两种形式。脚手板的材质应符合规定，且脚手板不得有超过允许的变形和缺陷。

　　④ 连墙杆。当扣件式钢管脚手架用于外脚手架时，必须设置连墙杆。连墙杆将立杆与主体连接在一起，可有效防止脚手架的失稳与倾覆。连墙杆的构造必须同时满足承受拉力和压力的要求，如图 7-4 所示。

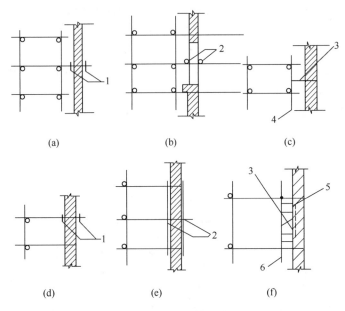

图 7-4　连墙杆的做法
(a)、(b)、(c) 双排；(d)、(e)、(f) 单排

1—扣件；2—短钢管；3—钢丝与墙内埋设的钢筋环拉住；4—顶墙横杆；5—木楔；6—短钢管

⑤底座。扣件式钢管脚手架的底座用于承受脚手架立柱传递下来的荷载，底座一般采用厚 8mm，边长 150～200mm 的钢板作底板，上焊 150mm 高的钢管。底座形式有内插式和外套式两种（图 7-5），内插式的外径 D_1 比立杆内径小 2mm，外套式的内径 D_2 比立杆外径大 2mm。

(a)   (b)

图 7-5　扣件式钢管脚手架底座（单位：mm）

（a）内插式底座；（b）外套式底座

1—承插钢管；2—钢板底座

（2）搭设要求。扣件式钢管脚手架底座底面标高宜高于自然地坪 50mm，搭设范围内的地基要夯实找平，并有可靠的排水措施，防止积水浸泡地基。

立杆必须用连墙杆与建筑物可靠连接。立杆接长除顶层顶步可采用搭接外，其余各层各步接头必须采用对接扣件连接。对接、搭接应符合下列规定：立杆上的对接扣件应交错布置；两根相邻立杆的接头不应设置在同步内，同步内隔 1 根立杆的 2 个相隔接头在高度方向错开的距离不宜小于 500mm；各接头中心至主节点的距离不宜大于步距的 1/3；搭接长度不应小于 1m，应采用不少于 2 个旋转扣件固定，端部扣件盖板的边缘至杆端距离不应小于 100mm。立杆顶端宜高出女儿墙上皮 1m，高出檐口上皮 1.5m。双管立杆中副立杆的高度不应低于 3 步，钢管长度不应小于 6m。

立杆为单排设置时，立杆离墙 1.2～1.4m；立杆为双排设置时，里排立杆离墙 0.4～0.5m，里外排立杆之间的间距为 1.5m 左右。

立杆底座须在底下垫以木板或垫块。杆件搭设时应注意立杆垂直，竖立第一节立柱时，每 6 跨应暂设 1 根抛撑（垂直于大横杆，一端支承在地面上），直至固定件架设好后方可根据情况拆除。

脚手架底层步距不应大于 2m。脚手架必须设置纵、横向扫地杆（图 7-6）。纵向扫地杆应采用直角扣件固定在距底座上皮不大于 200mm 处的立杆上。横向扫地杆也应采用直角扣件固定在紧靠纵向扫地杆下方的立杆上。当立杆基础不在同一高度上时，必须将高处

图 7-6　纵、横向扫地杆构造（单位：mm）

1—横向扫地杆；2—纵向扫地杆

的纵向扫地杆向低处延长两跨与立杆固定,高低差不应大于1m。靠边坡上方的立杆轴线到边坡的距离不应小于500mm。

大横杆宜设置在立杆内侧,其长度不宜小于3跨;上下两层相邻大横杆之间的间距(步架高)为1.8m左右。大横杆接长宜采用对接扣件连接,也可采用搭接。对接、搭接应符合下列规定:对接扣件应交错布置,两根相邻纵向水平杆的接头不宜设置在同步或同跨内,不同步或不同跨两个相邻接头在水平方向错开的距离不应小于500m;各接头中心至最近主节点的距离不宜大于纵距的1/3(图7-7);搭接长度不应小于1m,应等间距设置3个旋转扣件固定,与立杆之间应用直角扣件连接,纵向水平高差不应大于50mm。当使用冲压钢脚手板、木脚手板、竹串片脚手板时,纵向水平杆应作为横向水平杆的支座,用直角扣件固定在立杆上;当使用竹笆脚手板时,纵向水平杆应采用直角扣件固定在横向水平杆上,并应等间距布置,间距不应大于400mm(图7-8)。

图 7-7　大、小横杆节点构造(单位:mm)

1—纵杆;2—大横杆;3—小横杆

图 7-8　双排式多立杆脚手架钢管的构造

主节点处必须设置1根小横杆,用直角扣件扣接且严禁拆除。主节点处两个直角扣件的中心距不应大于150mm。在双排脚手架中,靠墙一端的外伸长度 a 不应大于 $0.4l_b$,且不应大于500mm。作业层上非主节点处的横向水平杆,宜根据支撑脚手板的需要等间距设置,最大间距不应大于纵距的1/2。当使用冲压钢脚手板、木脚手板、竹串片脚手板时,双排脚手架的横向水平杆两端均应采用直角扣件固定在纵向水平杆上;单排脚手架的横向水平杆的一端,应用直角扣件固定在纵向水平杆上,另一端应插入墙内(不宜用于墙体厚度小于或等于180mm、空斗砖墙、加气块墙等轻质墙体及砌筑砂浆强度等级小于或等于M10的砖墙),插入长度不应小于180mm。使用竹笆脚手板时,双排脚手架的横向水平杆两端，应用直角扣件固定在立杆上；单排脚手架的横向水平杆的一端，应用直角扣件固定在立杆上，另一端应插入墙内，插入长度也不应小于180mm。

7.1.2 碗扣式钢管脚手架

碗扣式钢管脚手架是我国参考国外经验自行研制的一种多功能脚手架，其杆件节点处采用碗扣连接，由于碗扣是固定在钢管上的，构件全部轴向连接，力学性能好，其连接可靠，组成的脚手架整体性好，不存在扣件丢失问题。碗扣式钢管脚手架特别适合于搭设扇形表面，常用于立交桥工程和平面变化较大的房屋建筑工程。

（1）基本构造。碗扣式钢管脚手架由钢管立杆、横杆、碗扣接头等组成。其基本构造和搭设要求与扣件式钢管脚手架类似，不同之处主要在于碗扣接头。

图7-9 碗扣接头
（a）连接前；（b）连接后
1—立杆；2—上碗扣；3—下碗扣；
4—限位销；5—横杆；6—横杆接头

碗扣接头是该脚手架系统的核心部件，由上碗扣、下碗扣、横杆接头和上碗扣的限位销等组成。在立杆上焊接下碗扣和上碗扣的限位销，将上碗扣套入立杆内。在横杆和斜杆上焊接插头。组装时，将横杆和斜杆插入下碗扣内，压紧和旋转上碗扣，利用限位销固定上碗扣（图7-9）。碗扣间距600mm，碗扣处可同时连接4根横杆，可以互相垂直或偏转一定角度，组成直线形、曲线形、直角交叉形等多种形式。

（2）搭设要求。碗扣式钢管脚手架立柱横距为1.2m，纵距根据脚手架荷载可为1.2m、1.5m、1.8m、2.4m，步距为1.8m、2.4m。

搭设时立杆的接长缝应错开，第一层立杆应用长1.8m和3.0m的立杆错开布置，往上均用3.0m长杆，至顶层再用1.8m和3.0m两种长度找平。高30m以下脚手架垂直度应在1/200以内，高30m以上脚手架垂直度应控制在1/400、1/600，总高垂直度偏差应不大于100mm。

碗扣式脚手架的连墙杆应均匀布置。对高度在30m以下的脚手架，脚手架每40m²竖向面积应设置1个连墙杆；对高层或荷载较大的脚手架每20～25m²竖向面积应设置1个连墙杆。连墙杆应尽量设置在碗扣接头内。

7.1.3 承插型盘扣式钢管脚手架

近年来在建筑工程和市政工程等施工中常采用一种新型脚手架——承插型盘扣式钢管脚手架。

（1）基本构造

承插型盘扣式钢管脚手架由立杆、水平杆、斜杆、连接盘、可调底座及可调托座等组成。立杆采用套管承插连接，水平杆和斜杆采用杆端和接头卡入连接盘，用楔形插销连接，形成结构几何不变体系的钢管支架。盘扣节点由焊接在立杆上的连接盘、水平杆杆端扣接头和斜杆杆端扣接头组成，如图7-10所示。

（2）搭设要求

用承插型盘扣式钢管脚手架搭设双排脚手架时，搭设高度不宜大于 24m。可根据使用要求选择架体几何尺寸，相邻水平杆步距宜为 2m，立杆纵距宜为 1.5m 或 1.8m，且不宜大于 2.1m，立杆横距宜为 0.9m 或 1.2m。脚手架首层立杆宜采用不同长度的立杆交错布置，错开立杆竖向距离不应小于 500mm。沿架体外侧纵向每 5 跨在每层应设置 1 根竖向斜杆或每 5 跨间应设置钢管扣件剪刀撑，端跨的横向每层应设置竖向斜杆。

图 7-10 承插型盘扣式钢管脚手架的节点
1—立杆；2—纵向水平杆；3—横向水平杆；
4—斜杆；5—扣盘；6—销扣

连墙件必须采用可承受拉压荷载的刚性杆件，连墙件与脚手架立面及墙体应保持垂直，同一层的连墙件宜在同一平面，水平间距不应大于 3 跨，与主体结构外侧面距离不宜大于 300mm。连墙件应设置在有水平杆的盘扣节点旁，连接点至盘扣节点距离不应大于 300mm，采用钢管扣件做连墙杆时，连墙杆应采用直角扣件与立杆连接。当脚手架下部暂不能设置连墙件时，宜外扩搭设多排脚手架并设置斜杆形成外侧斜面状附加梯形架，待上部连墙件设置后方可拆除。

作业层搭设时，钢脚手板的挂钩必须完全扣在水平杆上，挂钩必须处于锁住状态，并应满铺。双排脚手架每步水平杆层上如不挂扣钢脚手板，则应每 5 跨设置 1 根水平斜杆。

作业层的脚手板架体外侧应设置挡脚板、防护栏杆，并在脚手架外侧立面满挂密目安全网。当脚手架作业层与主体结构外侧间隙较大时，应设置挂扣在连接盘上的悬挑三脚架，并铺放脚手板，将脚手架的内侧完全封闭。

7.1.4 门式脚手架

门式脚手架又称多功能门式脚手架，是一种工厂生产、现场组拼的脚手架，是目前国际上应用最普遍的脚手架之一。门式脚手架不仅可作为外脚手架，也可作为移动式里脚手架或满堂脚手架。门式脚手架因其具有几何尺寸标准化，结构合理，受力性能好，施工中装拆容易，安全可靠、经济实用等特点，广泛应用于建筑、桥梁、隧道、地铁等工程施工。

（1）基本构造。门式脚手架由 2 个门式框架、2 个剪刀撑、1 个水平梁架和 4 个连接器构成基本单元（图 7-11）。若干个基本单元通过连接器在竖向叠加，组成一个多层框架。在水平方向，用加固杆和水平梁架使相邻单元连成整体，加上斜梯、栏杆柱和横杆组成上下步相通的外脚手架，图 7-12 为整片门式脚手架。门式脚手架的主要部件如图 7-13 所示。

（2）搭设要求。门式脚手架一般按以下程序搭设：铺放垫木（板）→拉线、放底座→自一端起立门架并随即装剪刀撑→安放水平梁架（或脚手板）→安装梯子→需要时，装设通长的纵向水平杆→装设连墙杆→照上述步骤，逐层向上安装→安装加强整体刚度的长剪刀撑→装设顶部栏杆。

搭设门式脚手架时，基底必须先平整夯实。门式脚手架高度一般不超过 45m，每 5 层至少应架设水平梁架1道，垂直和水平方向每隔4～6m应设1个连墙杆，脚手架转角处应用钢管通过扣件扣紧在相邻两个门框上（图7-14）。

图 7-11　门式脚手架的基本单元

图 7-12　整片门式脚手架

1—门式框架；2—平板；3—螺旋基脚；4—剪刀撑；

5—连接器；6—水平梁架；7—锁臂

图 7-13　门式脚手架的主要部件（单位：mm）

脚手架架设后，应用水平加固杆加强，通过扣件将水平加固杆扣在门式框架上，形成水平闭合圈。一般在10层以下框架，每3层设一道；在10层以上框架，每5层设一道。

最高层顶部和最底层底部应各加设一道，同时还应设置交叉斜撑。

门式脚手架架设超过 10 层时，应加设辅助支撑，一般在高 8～11 层门式框架之间，宽在 5 个门式框架之间，加设一组，使脚手架与墙可靠连接，部分荷载由墙体承受（图 7-14）。

图 7-14　门式钢管脚手架的加固处理
（a）转角用钢管扣紧；（b）用附墙管与墙体锚固；（c）用钢管与墙撑紧
1—门式脚手架；2—附墙管；3—墙体；4—钢管；5—混凝土板

7.1.5　悬挑（挂）式脚手架

外脚手架一般是沿建筑物外墙面满搭的，当施工到上部时，下面的脚手架仍需保留，但并不是施工操作必需的。当房屋高度很高时，脚手架会超过其架子的允许搭设高度，许多高层主体四周带有裙房，主体结构的脚手架不能直接支承在地面上，有时为了赶工期，±0.000 标高处的回填土还未回填，而主体结构工程还要施工，外脚手架也无法支设在地面上。因此近年来在高层建筑施工中发展了挑架、挂架、爬架等新型的脚手架。悬挑（挂）式脚手架是高层建筑施工外脚手架发展的方向。其特点是：

① 脚手架只搭设满足施工操作及安全各项要求所需的高度，脚手架的使用数量不因房屋高度增大而增加；

② 不需要地面做支承脚手架的坚实地基，也不占施工场地；

③ 脚手架及其上承担的荷载通过悬挑支承架或连接件传给与之相连的房屋结构，对这部分结构的强度要有一定要求；

④ 随着施工进程，脚手架沿外墙升降，可省去大量的材料、人力、物力，其经济效益随着房屋层数和高度的增加而尤为显著。

（1）悬挑式外脚手架

悬挑式外脚手架是将脚手架设置在悬挑的支承结构上，支承结构则固定在已建造房屋结构的外缘处，以承担脚手架传来的荷载并将之传给房屋结构。搁置在支承结构上的脚手架有两种。一种是现场搭设的脚手架，用单根钢管直接在悬挑的支承结构上搭设而成。搭设方法与一般脚手架相同，并按要求设置连墙杆。架高（或分段的高度）不得超过 25m 架子的允许搭设高度。当房屋高度大时，可按允许搭设高度分成若干段，每段脚手架分别支承在各段悬挑支承结构上。另一种是用定型预拼的脚手架事先在平地上用钢管搭设成一个工具式的定型架子。根据需要可以有不同的规格。定型架子可用起重吊车将其整体向上移动，安放在悬挑支承结构上。

支承结构可以用型钢制作，分为斜拉式和下撑式。斜拉式悬挑支承结构是用型钢作为一根悬挑梁，悬挑端用钢丝绳或钢筋作为斜向拉杆。斜拉杆的上端装有花篮螺栓，用来控制悬挑梁外端的挠度。下撑式悬挑支承结构是用型钢焊接而成的三角形桁架，桁架的上下支点直接与主体结构中的预埋件焊接。

支承在悬挑支承结构上的脚手架，其最底层水平杆处应满铺脚手板，以保证脚手架底层有足够的横向水平刚度。定型预拼脚手架是用起重吊车将其提升到支承结构上，就位后在定型架子上部用钢丝绳将定型架子拉结在房屋结构的预埋锚环上，并加上顶杆，使定型架子稳固。

（2）外挂式脚手架

外挂式脚手架是一种工具式脚手架，架体可事先组装好，材料省，耗工少，架设快，而且外挂式脚手架往往与装修工程施工综合考虑，在结构施工阶段为外挂式脚手架，到装修施工阶段只是把随结构施工升高的悬挂点改为以屋顶吊挂，俗称吊篮架子。

挂架利用在结构构件内埋设挂钩环或穿入结构预留孔洞中的螺栓将架体挂在外墙上，借助起重机械或自身装有的简易起重工具使架体沿外墙面升降。

挂架设计的关键是悬挂点，预埋在结构中的挂钩环或穿入预留孔的螺栓等应认真设计计算，另外由于挂架对房屋结构附加了较大的外荷载，对结构也要进行验算和加固。

挂架的架体根据施工使用要求设单层或多层操作平台，在纵向按一定长度形成一个单元，步高可取 1.8～3m，施工荷载一般取 2kN/m。

（3）吊篮

吊篮是将架体的悬挂点固定在建筑物顶部悬挑出来的结构上，通过设在每个吊篮上的简单提升机械和钢丝绳（或钢筋连杆），使吊篮升降。吊篮一般用于高层建筑外装修施工，与沿外墙面满搭的脚手架相比，使用吊篮可节约大量钢材和劳力，缩短工期，操作方便灵活，有较好技术经济效益。吊篮可分为手动吊篮（利用手扳葫芦进行升降）、电动吊篮（利用特制的电动卷扬机进行升降）。

7.1.6 升降式脚手架

升降式脚手架是沿结构外表面满搭的脚手架，在结构和装修工程施工中应用较为方便，但费料耗工，一次性投资大，工期也长。因此，近年来在高层建筑及筒仓、竖井、桥墩等施工中发展了多种形式的外挂脚手架。其中应用较为广泛的是升降式脚手架，包括自升降式、互升降式、整体升降式三种类型。

升降式脚手架主要特点是：脚手架不需满搭，只搭设满足施工操作及安全各项要求的高度；地面不需做支承脚手架的坚实地基，也不占施工场地；脚手架及其上承担的荷载传给与之相连的结构，对这部分结构的强度有一定要求；随施工进程，脚手架可沿外墙升降，结构施工时由下往上逐层提升，装修施工时由上往下逐层下降。

（1）自升降式脚手架。自升降式脚手架的升降运动是通过手动或电动捯链交替对活动架和固定架进行升降来实现的。从升降架的构造来看，活动架和固定架之间能够进行上下相对运动。当脚手架工作时，活动架和固定架均用附墙螺栓与墙体锚固，两架之间无相对运动；当脚手架需要升降时，活动架与固定架中的一个架子仍然锚固在墙体上，使用捯链对另一个架子进行升降，两架之间便产生相对运动。通过活动架和固定架交替附墙，互相升降，脚手架即可沿着墙体上的预留孔逐层升降（图7-15）。

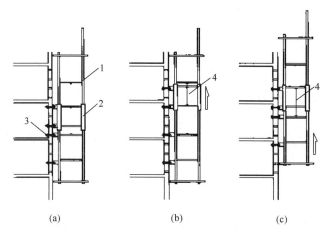

图 7-15　自升降式脚手架爬升过程
（a）爬升前的位置；（b）活动架爬升（半个层高）；（c）固定架爬升（半个层高）
1—活动架；2—固定架；3—附墙螺栓；4—捯链

自升降式脚手架的优点是脚手架可单片独立升降，可用于局部结构的施工。但其刚度较小，提升活动架时固定架上端悬臂高度较大，稳定性较差；此外，在升降过程中操作人员位于被升降的架体上，安全性较差。

（2）互升降式脚手架。互升降式脚手架将脚手架分为甲、乙两种单元，通过捯链交替对甲、乙两单元进行升降。当脚手架需要工作时，甲单元与乙单元均用附墙螺栓与墙体锚固，两架之间无相对运动；当脚手架需要升降时，一个单元仍然锚固在墙体上，使用捯链对相邻一个架子进行升降，两架之间便产生相对运动。通过甲、乙两单元交替附墙，相互升降，脚手架即可沿着墙体上的预留孔逐层升降。互升降式脚手架的性能特点是：结构简单，易于操作控制；架子搭设高度低，用料省；操作人员不在被升降的架体上，增加了操作人员的安全性；脚手架结构刚度较大，附墙的跨度大。但其必须沿结构四周全部布置，局部的结构部位无法使用。它适用于框架剪力墙结构的高层建筑、水坝、筒体等施工（图7-16）。

图 7-16　互升降式脚手架爬升过程
（a）第 n 层作业；（b）提升甲单元；（c）提升乙单元；（d）第 $n+1$ 层作业

（3）整体升降式脚手架。在超高层建筑的主体结构施工中，整体升降式脚手架有明显的优势，它结构整体好、升降快捷方便、机械化程度高、经济效益显著，是一种很有使用价值的超高建（构）筑物外脚手架。

整体升降式脚手架以电动捯链为提升机，使整个外脚手架沿建筑物外墙或柱整体向上爬升。搭设高度依建筑物施工层的层高而定，一般取建筑物标准层 4 个层高加 1 步安全栏的高度为架体的总高度。脚手架为双排，宽以 0.8～1m 为宜，里排杆离建筑物净距 0.4～0.6m。脚手架的横杆和立杆间距都不宜超过 1.8m，可将 1 个标准层高分为 2 步架，以此步距为基数确定架体横、立杆的间距。

设计架体时可将架子沿建筑物外围分成若干单元，每个单元的宽度参考建筑物的开间而定，一般在 5～9m 之间。

具体操作如下：

① 施工前的准备。按平面图先确定承力架及电动捯链挑梁安装的位置和个数，在相应位置上的混凝土墙或梁内预埋螺栓或预留螺栓孔。各层的预留螺栓或预留孔位置要求上下一致，误差不超过 10mm。

加工制作型钢承力架、挑梁、斜拉杆。准备电动捯链、钢丝绳、脚手管、扣件、安全网、木板等材料。

因整体升降式脚手架的高度一般为 4 个施工层层高，在建筑物施工时，由于建筑物的最下面几层层高往往与标准层不一致，且平面形状也往往与标准层不同，所以一般在建筑物主体施工到 3～5 层时开始安装整体脚手架。下面几层施工时往往要先搭设落地外脚手架。

② 安装。先安装承力架，承力架内侧用 M25～M30 的螺栓与混凝土边梁固定，承力架外侧用斜拉杆与上层边梁拉结固定，用斜拉杆中部的花篮螺栓将承力架调平；再在承力架上面搭设架子，安装承力架上的立杆；然后搭设下面的承力桁架。再逐步搭设整个架体，随搭随设置拉结点，并设斜撑；在比承力架高 2 层的位置安装工字钢挑梁，挑梁与混凝土边梁的连接方法与承力架相同。电动捯链挂在挑梁下，并将电动捯链的吊钩挂在承力架的花篮挑梁上。在架体上每个层高满铺厚木板，架体外面挂安全网。

③ 爬升。短暂开动电动捯链，将电动捯链与承力架之间的吊链拉紧，使其处在初始受力状态。松开架体与建筑物的固定拉结点。松开承力架与建筑物相连的螺栓和斜拉杆，开动电动捯链开始爬升，爬升过程中应随时观察架子的同步情况，如发现不同步应及时停机进行调整。爬升到位后，先安装承力架与混凝土边梁的紧固螺栓，并将承力架的斜拉杆与上层边梁固定，然后安装架体上部与建筑物的各拉结点。待检查符合安全要求后，脚手架可开始使用，进行上一层的主体施工。在新一层主体施工期间，将电动捯链及其挑梁摘下，用滑轮或手动捯链转至上一层重新安装，为下一层爬升做准备（图 7-17）。

④ 下降。利用电动捯链顺着爬升用的墙体预留孔倒行，脚手架即可逐层下降，同时把留在墙面上的预留孔修补完毕，最后脚手架返回地面。

⑤ 拆除。爬架拆除前应清理脚手架上的杂物。拆除爬架有两种方式：一种和常规脚手架拆除方式相同，采用自上而下的顺序，逐步拆除；另一种是用起重设备将脚手架整体吊至地面拆除。

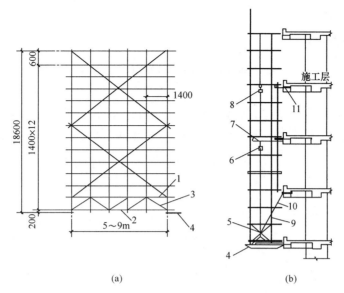

图 7-17　整体升降式脚手架（单位：mm）

（a）立面图；（b）侧面图

1—上弦杆；2—下弦杆；3—承力桁架；4—承力架；5—斜撑；6—自动捣链；

7—挑梁；8—捣链；9—花篮螺栓；10—拉杆；11—螺栓

7.2　里　脚　手　架

里脚手架常用于楼层上砌砖、内粉刷等工程施工。由于使用过程中不断转移施工地点，装拆较频繁，故其结构形式和尺寸应力求轻便灵活和装拆方便。

里脚手架的形式很多，按其结构形式有折叠式、支柱式和门架式里脚手架。

7.2.1　折叠式里脚手架

折叠式里脚手架适用于民用建筑的内墙砌筑和内粉刷（图 7-18）。根据材料不同，分为角钢、钢管和钢筋折叠式里脚手架，角钢折叠式里脚手架的架设间距，砌墙时不超过 2m，粉刷时不超过 2.5m。钢管和钢筋折叠式里脚手的架设间距，砌墙时不超过 1.8m，

图 7-18　折叠式里脚手架（单位：mm）

1—立柱；2—横楞；3—挂钩；4—铰链

粉刷时不超过 2.2m。

7.2.2　支柱式里脚手架

支柱式里脚手架由若干支柱和横杆组成。其适用于砌墙和内粉刷。其搭设间距，砌墙时不超过 2m，粉刷时不超过 2.5m。支柱式里脚手架的支柱有套管式和承插式两种形式。套管式支柱如图 7-19 所示，它是将插管插入立管中，以销孔间距调节高度，在插管顶端的凹形支托内搁置方木横杆，横杆上铺设脚手架。架设高度为 1.5～2.1m。

图 7-19　套管式支柱（单位：mm）
1—支脚；2—立管；3—插管；4—销孔

7.2.3　门架式里脚手架

门架式里脚手架由两片 A 形支架与门架组成，如图 7-20 所示，适用于砌墙和粉刷。支架间距，砌墙时不超过 2.2m，粉刷时不超过 2.5m，其搭设高度为 1.5～2.4m。

(a)　　　　　　　　　　　　　　　　(b)

图 7-20　门架式里脚手架（单位：mm）
（a）A 形支架与门架；（b）安装示意
1—立管；2—支脚；3—门架；4—垫板；5—销孔

7.3　脚手架工程的安全要求

（1）具有足够的强度、刚度和稳定性，确保施工期间在规定荷载作用下不发生破坏。

（2）具有良好的结构整体性和稳定性，保证使用过程中不发生晃动、倾斜、变形，以保障使用者的人身安全和操作的可靠性。

（3）应设置防止操作者高空坠落和零散材料掉落的防护措施。

（4）架子工作业时，必须戴安全帽、系安全带、穿软底鞋。脚手材料应堆放平稳，工具应放入工具袋内，上下传递物件不得抛掷。

（5）使用脚手架时必须沿外墙设置安全网，以防材料下落伤人和高空操作人员坠落。

（6）不得使用腐朽和严重开裂的竹、木脚手板，或虫蛀、枯脆、劈裂的材料。

（7）在雨、雪、冰冻的天气施工，架子上要有防滑措施，并在施工前将积雪、冰碴清除干净。

（8）复工工程应对脚手架进行仔细检查，发现立杆沉陷、悬空、节点松动、架子歪斜等情况，应及时处理。

（9）脚手架应有良好的防电避雷装置。

（10）电动机具必须与钢脚手架接触时，要有良好的绝缘性。

思政小课堂

钢平台上"云中漫步"

2014年，位于上海浦东新区的上海中心大厦历经6年建设终于封顶（图7-21），632m的高度不仅超越之前的上海环球金融中心成为中国最高的摩天大厦，同时也跻身为世界第三高楼。俯瞰上海中心大厦核心筒施工现场，其使用的钢平台液压爬升技术（图7-22），是上海建工集团经过长期研究和不断完善的超高层建筑施工先进技术。与传统的机械爬升技术相比，液压爬升体系顶升作业时连带施工模板体系同时顶升，在大楼转换层无须拆卸，最快3天就能建1层楼。

2013年5月30日，第114层的施工已基本完成，施工已达到527m的高空。上海建工集团副总裁、上海中心总承包项目经理部总经理房庆强上楼前，加了一件衣服，因为500m上空的温度一般比地面低5℃左右。

"这还不算什么，上面的风才厉害呢。"房庆强说，伴随上海中心的长高，建设者们已经逐渐摸清了上海中心工地的脾性：下面下雨，上面下雪；下面下雪，上面结冰。"别看今天马路上微风，偶尔几片树叶飘动，到了500m的上空，照样得用力才能站住！"

不过，建设者们就是有办法做到闲庭信步。上海建工集团自主研发了一套钢平台整体液压爬升体系，从大楼跃出地面起，施工人员始终能在一个大约1000m²的钢平台上实施钢筋绑扎、模板封闭等工序，就像从来没离开地面一样。这个钢平台随着大楼的长高而逐渐向上攀升。

图7-21　上海陆家嘴
天际线的塔尖——金茂大厦、
上海环球金融中心、
上海中心大厦

每天，就算地面风平浪静，500m以上的高空也可能风起云涌。"云上的日子"，建设者们在忙些什么？在500m以上的高空施工，最考验心理承受力的，要数钢结构吊装了。您去过东方明珠电视塔的悬空观光廊吗？钢结构吊装时，工人们凌空作业防护措施必须到位，确保万无一失。500m以上，任何一样细微的"不速之客"，都可能对工程造成极大影响。比如混凝土泵送过程中，将产生强大的压力，这时候，如果混凝土里混入了超过标

219

图 7-22　上海中心钢平台

注：钢平台共 5 层，整体高度 23.35m。

准的黄沙或石子，造成"爆管"，那么，爆出来的一粒粒石子，就好比是枪中射出的一颗颗子弹，后果不堪设想。同样，500m 高空，哪怕是一枚小小的钉子坠落，都有可能造成人员伤亡。

思 考 题 及 习 题

1. 脚手架在使用时应满足的基本要求有哪些？
2. 升降式脚手架有哪几类？
3. 试述脚手架的类型。

第7章思考题及
习题参考答案

第8章 结 构 安 装 工 程

内容提要　本章主要介绍起重机械及索具设备的类型、主要构造和技术性能；结构吊装构件加工制作计划任务和现场平面布置；选择起重、运输机械；选择构件的吊装工艺；确定起重机开行路线与构件吊装顺序。

学习要求　通过本章学习，了解各种起重机械及索具设备的类型、主要构造和技术性能。了解单层混凝土结构工业厂房结构安装的工艺过程；掌握柱、吊车梁、屋架等主要构件的绑扎、吊升、就位、临时固定、校正、最后固定方法；掌握结构吊装方案；掌握制定装配式单层工业厂房结构安装的施工方案，确定起重机械的类型、型号及结构吊装方法。

8.1　起重索具及起重机械

8.1.1　起重索具

结构安装工程常用的索具设备包括卷扬机、钢丝绳、滑轮组和吊具等。

1. 卷扬机

（1）概念

卷扬机又称绞车，多为电动卷扬机，是结构吊装最常用的工具。电动卷扬机主要由电动机、卷筒、电磁制动器和减速机构等构成。卷扬机分为快速和慢速两种。快速卷扬机主要用于垂直运输和打桩作业；慢速卷扬机主要用于结构吊装、钢筋冷拉、预应力筋张拉等作业。卷扬机的主要技术参数是卷筒牵引力、钢丝绳的速度和卷筒容绳量。

（2）卷扬机的固定

卷扬机必须用地锚予以固定，以防工作时产生滑动或倾覆。根据受力大小，固定卷扬机有螺栓锚固法、水平锚固法、立桩锚固法和压重锚固法四种方法，如图8-1所示。

（3）卷扬机的布置

卷扬机的布置（即安装位置）应注意下列几点。

1）卷扬机安装位置周围必须排水畅通，并应搭设工作棚。

2）卷扬机的安装位置应能使操作人员看得清指挥人员和起吊或拖动的物件；卷扬机至构件安装位置的水平距离应大于构件的安装高度，即当构件被吊到安装位置时，操作者视线仰角应小于45°。

3）在卷扬机正前方应设置导向滑车，导向滑车至卷筒轴线的距离，带槽卷筒应不小于卷筒宽度的15倍，即倾斜角α不大于2°，无槽卷筒应大于卷筒宽度的20倍，以免钢丝绳与导向滑车槽缘产生过大的磨损。

4）钢丝绳绕入卷筒的方向应与卷筒轴线垂直，其垂直度允许偏差为6°。这样能使钢丝绳圈排列整齐，不致斜绕和互相错叠挤压。

图 8-1 卷扬机的固定方法

(a) 螺栓锚固法；(b) 水平锚固法；(c) 立桩锚固法；(d) 压重锚固法
1—卷扬机；2—地脚螺栓；3—横木；4—拉索；5—木桩；6—压重；7—压板

（4）卷扬机的使用注意事项

1）使用前，应检查卷扬机与地面的固定，弹性联轴器不得松旷；并应检查安全装置、防护设施、电气线路、接零或接地线、制动装置和钢丝绳等，全部合格后方可使用。

2）使用皮带或开式齿轮的部分，均应设防护罩，导向滑轮不得用开口拉板式滑轮。

3）以动力正反转的卷扬机，卷筒旋转方向应与操纵开关上指示的方向一致。

4）卷扬机必须有良好的接地或接零装置，接地电阻不得大于 10Ω。在一个供电网路上，接地或接零不得混用。

5）卷扬机使用前要先空运转，做空载正、反转试验 5 次，检查运转是否平稳，有无不正常响声；传动制动机构是否灵活可靠；各紧固件及连接部位有无松动现象；润滑是否良好，有无漏油现象。

6）钢丝绳的选用应符合原厂说明书的规定。卷筒上的钢丝绳全部放出时应留有不少于 3 圈；钢丝绳的末端应固定牢靠；卷筒边缘外周至最外层钢丝绳的距离应不小于钢丝绳直径的 1.5 倍等。

2. 钢丝绳

钢丝绳是吊装中的主要绳索，它具有强度高、弹性大、韧性好、耐磨、能承受冲击载荷等优点，且磨损后外部产生许多毛刺，容易检查，便于预防事故。

（1）钢丝绳的构造和种类

结构吊装中常用的钢丝绳是由 6 束绳股和 1 根绳芯（一般为麻芯）捻成，绳股是由许多高强钢丝捻成。

常用钢丝绳一般为 6×19+1、6×37+1、6×61+1 三种（6 股，每股分别由 19、37、61 根钢丝捻成），其钢丝的抗拉强度为 1400MPa、1550MPa、1700MPa、1850MPa、2000MPa。吊装中常用的是 6×19 和 6×37 两种。6×19 钢丝绳多用作缆风和吊索，6×37 钢丝绳多用作穿滑车组和起重吊索。

钢丝绳按其捻制方法可分为右交互捻、左交互捻、右同向捻、左同向捻四种。

同向捻钢丝绳中钢丝捻的方向和绳股捻的方向一致，交互捻钢丝绳中钢丝捻的方向和绳股捻的方向相反。

顺捻绳：每根钢丝股的搓捻方向与钢丝绳的搓捻方向相同，这种钢丝绳柔性好、表面平整、不易磨损，但容易松散和扭结卷曲，吊重物时，易使重物旋转，一般多用于拖拉或牵引装置。

反捻绳：每根钢丝股的搓捻方向与钢丝绳的搓捻方向相反，这种钢丝绳较硬、强度较高、不易松散，吊重时不会扭结和旋转，多用于吊装工作。

（2）钢丝绳的允许拉力计算

钢丝绳允许拉力按下式计算：

$$[F_g] = \frac{\alpha F_g}{K} \tag{8-1}$$

式中　$[F_g]$——钢丝绳的允许拉力（kN）；

　　　F_g——钢丝绳的钢丝破断拉力总和（kN）；

　　　α——换算系数，按表 8-1 取用；

　　　K——钢丝绳的安全系数，按表 8-2 取用。

钢丝绳的钢丝破断拉力换算系数 α　　　　　　　　表 8-1

钢丝绳结构	换算系数
6×19	0.85
6×37	0.82
6×61	0.80

钢丝绳的安全系数 K　　　　　　　　表 8-2

用途	安全系数	用途	安全系数
作缆风绳	3.5	作吊索、无弯曲时	6～7
用于手动起重设备	4.5	作捆绑吊索	8～10
用于机动起重设备	5～6	用于载人的升降机	14

（3）钢丝绳使用注意事项

1）钢丝绳解开使用时，应按正确方法使用，以免钢丝绳产生扭结。钢丝绳切断前，应在切口两侧用细钢丝捆扎，以防切断后绳头松散。

2）钢丝绳穿过滑轮时，滑轮槽的直径应比绳的直径大 1～2.5mm。滑轮槽过大，钢丝绳容易压扁，过小则容易磨损。滑轮的直径不得小于钢丝绳直径的 10～12 倍，以减小钢丝绳的弯曲应力。禁止使用轮缘破损的滑轮。

3）应定期对钢丝绳加润滑油（一般工作时间 4 个月左右加 1 次）。

4）存放在仓库里的钢丝绳应成卷排列，避免重叠堆置，仓库中应保持干燥，以防钢丝绳锈蚀。

5）在使用中，如绳股间有大量的油挤出，表明钢丝绳的荷载已相当大，这时必须加强检查，以防发生事故。

3. 滑轮组

滑轮组由一定数量的定滑轮和动滑轮以及穿绕的钢丝绳组成，具有省力和改变力的方向的功能。滑轮组负载重物的钢丝绳的根数称为工作线数，滑轮组的名称以滑轮组的定滑轮和动滑轮的数目来表示。定滑轮仅改变力的方向、不能省力；动滑轮随重物上下移动，可以省力，滑轮组滑轮越多，工作线数也越多，越省力。

使用时要注意以下几点：

1）使用前应查明它的允许荷载，检查滑车的各部分，有无裂缝和损伤情况，滑轮转动是否灵活等。

2）滑车组穿好后，要慢慢地加力；绳索收紧后应检查各部分是否良好，有无卡绳之处，若有不妥，应立即修正，不能勉强工作。

3）滑车的吊钩（或吊环）中心应与起吊构件的重心在一条垂直线上，以免构件起吊后不平稳；滑车组上下滑车之间的最小距离一般为700～1200mm。

4）滑车使用前后都要刷洗干净，轮轴应加油润滑，以减少磨损和防止锈蚀。

4. 吊具

吊具包括吊钩、卡环、钢丝绳卡扣、吊索、横吊梁等，是吊装的辅助工具，如图8-2所示。

图 8-2　吊具
（a）吊索；（b）卡环；（c）钢板横吊梁；（d）钢铁扁担

（1）吊钩

起重吊钩常用优质碳素钢锻成，锻成后要进行退火处理，要求硬度达到95～135HB。

吊钩表面应光滑，不得有剥裂、刻痕、锐角、裂缝等缺陷存在，并不准对磨损或有裂缝的吊钩进行补焊修理。

吊钩在勾挂吊索时要将吊索挂至钩底；直接勾在构件吊环中时，不能使吊钩硬别或歪扭，以免吊钩产生变形或使吊索脱钩。

（2）卡环

卡环用于吊索和吊索或吊索和构件吊环之间的连接，由弯环与销子两部分组成。卡环按弯环形式分，有D形卡环和弓形卡环；按销子和弯环的连接形式分，有螺栓式卡环和活络卡环。螺栓式卡环的销子和弯钩采用螺纹连接；活络卡环的销子端头和弯环孔眼无螺纹，可直接抽出，销子断面有圆形和椭圆形两种。

用活络卡环吊装柱子时应注意以下几点：

1）绑扎时应使柱起吊后销子尾部朝下，以便拉出销子，同时吊索在受力后要压紧销子。

2）在构件起吊前要用白棕绳（直径 10mm）将销子与吊索末端的圆圈连在一起，用镀锌钢丝将弯环与吊索末端的圆圈捆在一起。

3）拉绳人应选择适当位置和起重机落钩中的有利时机，即当吊索松弛不受力且自棕绳与销子轴线基本成一直线时拉出销子。

（3）吊索（千斤）

吊索分为环状吊索（又称万能吊索或闭式吊索）和 8 股头吊索（又称轻便吊索或开式吊索）。

吊索是用钢丝绳做成的，因此钢丝绳的允许拉力即为吊索的允许拉力。在工作中，吊索拉力不应超过其允许拉力。吊索拉力取决于所吊构件的质量及吊索的水平夹角，水平夹角应不小于 30°，一般用 45°～60°。

（4）横吊梁

横吊梁常用于柱和屋架等构件的吊装。用横吊梁吊柱容易使柱身保持垂直，便于安装；用横吊梁吊屋架可以降低起吊高度，减少吊索的水平分力对屋架的压力。

常用的横吊梁有滑轮横吊梁、钢板横吊梁和钢管横吊梁等。

1）滑轮横吊梁

滑轮横吊梁一般用于吊装 8t 以下的柱，它由吊环、滑轮和轮轴等部分组成，如图 8-3 所示。其中，吊环用 Q235 圆钢锻制而成，环圈的大小要保证能够直接挂上起重机吊钩；滑轮直径应大于起吊柱的厚度，轮轴直径和吊环断面应按起重量的大小计算而定。

2）钢板横吊梁

钢板横吊梁一般用于吊装 10t 以下的柱，它是由 Q235 钢制作而成，如图 8-4 所示。钢板横吊梁中的两个挂卡环孔的距离 l 应比柱的厚度大 20cm，以便柱"进档"。设计钢板横吊梁时，应先根据经验初步确定截面尺寸，再进行强度验算。

3）钢管横吊梁

钢管横吊梁一般用于吊屋架，钢管长 6～12m，如图 8-5 所示。钢管横吊梁在起吊构件时承受轴向力 N、弯矩 M（由钢管自重产生的）。设计时，可先根据容许长细比 $[\lambda]=120$ 初选钢管截面，然后按压弯构件进行稳定性验算。荷载按构件重力乘以动力系数 1.5 计算，容许应力 $[\sigma]$ 取 140MPa。钢管横吊梁中的钢管也可用两个槽钢焊接成箱形截面来代替。

图 8-3　滑轮横吊梁　　　　图 8-4　钢板横吊梁　　　　图 8-5　钢管横吊梁

1—吊环；2—滑轮；3—吊索　　1—挂吊钩孔；2—挂卡环孔

8.1.2　起重机械

建筑结构安装施工常用的起重机械有桅杆式起重机、自行杆式起重机和塔式起重机等。

1. 桅杆式起重机

桅杆式起重机是用木材或金属材料制作的起重设备，具有制作简单、装拆方便、起重量大（可达 200t 以上）、受地形限制小等特点，宜在大型起重设备不能进入时使用；但是其起重半径小，移动较困难，需要设置较多的缆风绳。它一般适用于安装工程量集中、结构质量大、安装高度大以及施工现场狭窄的构件。常用的有独脚拔杆、人字拔杆、悬臂拔杆和牵缆式桅杆起重机等。

(1) 独脚拔杆

1) 概述

独脚拔杆桅杆式起重机（以下称独脚拔杆）按材料分为木独脚拔杆、钢管独脚拔杆和型钢格构式独脚拔杆三种。

独脚拔杆由拔杆、起重滑轮组、卷扬机、缆风绳和锚锭等组成。木独脚拔杆由圆木做成，圆木直径 200～300mm，最好用整根木料，起重高度在 15m 以内，起重量在 10t 以下。钢管独脚拔杆起重高度在 20m 以内，起重量在 30t 以下。型钢格构式独脚拔杆一般制作成若干节，以便于运输，吊装中根据安装高度及构件质量组成需要长度，其起重高度可达 70m，起重量可达 100t。独脚拔杆在使用时，保持不大于 10°的倾角，以便吊装构件时不致碰撞拔杆，底部要设拖子以便移动。拔杆主要依靠缆风绳来保持稳定，其根数应根据起重量、起重高度以及绳索强度而定，一般为 6～12 根。缆风绳与地面的夹角 α 一般取 30°～45°，角度过大时对拔杆产生较大的压力。

图 8-6 滑行法竖立拔杆

1—拔杆；2—滑车组；3—辅助拔杆；
4—辅助拔杆缆风绳；5—拔杆缆风绳

2) 独脚拔杆的竖立

独脚拔杆的竖立有滑行法、旋转法和起拔法。

① 滑行法

先将拔杆就地捆扎好，使拔杆的重心位于竖立地点，再将辅助拔杆立在竖立拔杆位置的附近，用辅助拔杆的滑车组吊在竖立拔杆重心以上 1～1.5m 处，然后开动卷扬机，拔杆的顶端即上升，拔杆底端就沿着地面滑到竖立地点，当拔杆即将要垂直时，收紧缆风绳就可竖立好拔杆，辅助拔杆高度约为拔杆高的 2/3，如图 8-6 所示。

② 旋转法

将拔杆脚放在竖立地点，并将拔杆头部垫高。在竖立地点附近，立一根辅助拔杆，将辅助拔杆的滑车组吊在距离拔杆头约 1/4 处。开动卷扬机，拔杆即绕底部旋转竖立起来，当转到拔杆与水平线夹角 60°～70°时，收紧缆风绳将拔杆拉直，辅助拔杆高度约为拔杆高的 1/2，如图 8-7 所示。

③ 起拔法

将辅助拔杆立在竖立拔杆的底端，与竖立拔杆垂直，并将其连接牢固。在两拔杆之间，用滑车组连接，同时把起拔的动滑车绑于辅助拔杆的顶端，把定滑车绑在木桩上，并使起重钢丝绳通过导向滑车引到卷扬机上。开动卷扬机，辅助拔杆绕着支座旋转而向后倾倒，拔杆就被拔起，当拔杆与水平线夹角成 60°～70°时，可收紧缆风绳使拔杆竖直，辅助拔杆高度约为拔杆高的 1/2，如图 8-8 所示。

图 8-7　旋转法竖立拔杆　　　　　　　　图 8-8　起拔法竖立拔杆

1—辅助拔杆；2—拔杆；3—滑车组；4—缆风；5—卷扬机；6—支垫；7—反牵力

3）独脚拔杆的移动

先将后缆风绳慢慢放松，同时收紧前缆风绳，使拔杆向移动的一侧倾斜，倾斜角度一般不超过 10°，然后用卷扬机拖拉拔杆下部，将拔杆下部向前移动到向后倾 10°，按此反复动作，即可将拔杆移动到所需要的位置。

（2）人字拔杆

人字拔杆桅杆式起重机（以下称人字拔杆）由两根木或钢管、缆风绳、滑车组、导向滑轮组成，如图 8-9 所示。在人字拔杆的顶部交叉处悬挂滑车组，拔杆下端两脚的距离为高度的 1/3～1/2。缆风绳的数量根据起重量和起重高度决定，一般不少于 5 根。人字拔杆顶部相交成 20°～30°角，以钢丝绳绑扎或铁件铰接。人字拔杆起重时拔杆向前倾斜，在后面有两根缆风绳。为保证起重时拔杆底部的稳固，在一根拔杆底部装一导向滑轮，起重索通过它连到卷扬机上，再用另一根钢丝绳连接到锚碇上。圆木人字拔杆，起重量 40～140kN，拔杆长 6～13m，圆木小头直径 200～340mm；钢管人字拔杆，起重量 100kN，拔杆长 20m，钢管外径 273mm，壁厚 10mm；起重量 200kN，拔杆长 16.7m，钢管外径 325mm，壁厚 10mm。人字拔杆的特点是侧向稳定性好、缆风绳用量少，但起吊构件活动范围小，一般仅用于安装重型柱，也可作为辅助起重设备用于安装厂房屋盖上的轻型构件。

图 8-9　人字拔杆　　　　　　　　图 8-10　悬臂拔杆

（3）悬臂拔杆

在独脚拔杆中部或 2/3 高度处装上一根起重臂成悬臂拔杆，如图 8-10 所示。悬臂拔杆的特点是有较大的起重高度和起重半径，起重臂还能左右摆动 $120°\sim270°$，这为吊装工作带来较大的方便。但其起重量较小，多用于起重高度较高的轻型构件的吊装。

2. 自行杆式起重机

自行杆式起重机可分为履带式起重机、汽车式起重机和轮胎式起重机三种。自行杆式起重机的优点是灵活性大、移动方便。起重机是一个独立的整体，一到现场即可投入使用，无须进行拼接等工作，施工起来更方便，只是稳定性稍差。

（1）履带式起重机

1）履带式起重机概况

履带式起重机（图 8-11）是一种 $360°$ 全回转的起重机，它利用两条面积较大的履带着地行走。其优点为对场地、路面要求不高，臂杆可以接长或更换，有较大的起重能力及工作速度，在平整坚实的道路上还可负载行驶。但其行走速度较慢，稳定性差，履带对路面破坏性较大。其一般用于单层工业厂房结构安装工程中。

图 8-11 履带式起重机构造简图

图 8-12 履带式起重机主要技术参数

2）履带式起重机型号和参数

常用履带式起重机型号有机械式（QU）、液压式（QUY）和电动式（QUD）三种。电动式不适用于需要经常转移作业场地的建筑施工。目前国产履带式起重机已经形成 $30\sim300t$ 的产品系列（QUY35、QUY50、QUY100、QUY150、QUY300），中小吨位重复较多，而国外公司产品型号的覆盖面很大，最大起重量已达到 1600t，我国目前也具有该质量的起重机，并投入使用，如中华第一吊——1600t 履带式起重机在天津投入使用。

履带式起重机主要技术性能包括 3 个主要参数（图 8-12）：起重量 Q、起重半径 R 和起重高度 H。起重量是指安全工作所允许的最大起重物的质量，起重半径是指起重机回转中心至吊钩的水平距离，起重高度是指起重吊钩中心至停机面的距离。3 个工作参数之间存在着互相制约的关系，即起重量、起重半径和起重高度的数值取决于起重臂长度及其仰角。当起重臂长度一定时，随着起重臂仰角的增大，则起重量和起重高度增大，而起重半径则减小。当起重臂仰角不变时，随着起重臂长度的增加，起重半径和起重高度都增大，而起重量变小。

3）履带式起重机的使用要点

起重机应在平坦坚实的地面上作业、行走和停放。在正常作业时，坡度不得大于3°，并应与沟渠、基坑保持安全距离；作业时，起重臂的最大仰角不得超过出厂规定，当无资料可查时，不得超过78°；起重机变幅应缓慢平稳，严禁在起重臂未停稳前变换挡位；起重机载荷达到额定起重量的90％及以上时，严禁下降起重臂；在起吊载荷达到额定起重量的90％及以上时，升降动作应慢速进行，并严禁同时进行两种及以上动作；采用双机抬吊作业时，应选用起重性能相似的起重机进行。抬吊时应统一指挥，动作应配合协调，载荷应分配合理，单机的起吊载荷不得超过允许载荷的80％。在吊装过程中，两台起重机的吊钩滑轮组应保持垂直状态；起重机如需带载行走时，载荷不得超过允许起重量的70％，行走道路应坚实平整，重物应在起重机正前方，重物离地面不得大于500mm，并应拴好拉绳，缓慢行驶。严禁长距离带载行驶；起重机行走时，转弯不应过急；当转弯半径过小时，应分次转弯；当路面凹凸不平时，不得转弯；作业后，起重臂应转至顺风方向，并降至40°～60°，吊钩应提升到接近顶端的位置，应关停内燃机，将各操纵杆放在空挡位置，各制动器加保险固定，操纵室和机棚应关门加锁。

（2）汽车式起重机

汽车式起重机是装在普通汽车底盘上或特制汽车底盘上的一种起重机，也是一种自行式全回转起重机。其行驶的驾驶室与起重操作室是分开的，具有行驶速度高、机动性能好、转移迅速、对道路无损伤的特点。但吊重时需要使用支腿，因此不能负载行驶，也不适合在泥泞或松软的地面上工作。

常用的汽车式起重机有Q1型（机械传动和操纵）、Q2型（全液压式传动和伸缩式起重臂）、Q3型（多电动机驱动各工作机构）以及YD型随车起重机和QY系列等，如图8-13所示。

汽车式起重机徐工QAY500全地面汽车式起重机最大起重量500t，主臂最大起升高度84m。重型汽车式起重机Q2-32型起重

图8-13　汽车式起重机（单位mm）

臂长30m，最大起重量32t，可用于一般厂房的构件安装和混合结构的预制板安装工作。目前引进的大型汽车式起重机最大起重量达120t，最大起重高度可达75.6m，能满足吊装重型构件的需要。在使用汽车式起重机时不准负载行驶或不放下支腿就进行吊装工作，在起重工作之前要平整场地，以保证机身基本水平（一般不超过3°），支腿下要垫硬木块。支腿伸出应在吊臂起升之前完成，支腿的收回应在吊臂放下、搁稳之后进行。

汽车式起重机作业前应伸出全部支腿，并在撑脚板下垫方木；调整支腿必须在无荷载时进行；起吊作业时驾驶室严禁坐人，所吊重物不得超越驾驶室上空，不得在车的前方起吊；发现起重机倾斜或支腿不稳时，立即将重物下降落在安全地方，下降中严禁制动。

（3）轮胎式起重机

轮胎式起重机（图8-14）是把起重机构安装在加重型轮胎和轮轴组成的特制底盘上

图 8-14 轮胎式起重机
示意图

的一种自行式全回转起重机。其横向尺寸较大，故横向稳定性好，能全回转作业，并能在允许载荷下负荷行驶。随着起重量的大小不同，底盘下装有若干根轮轴，配备有 4~10 个或更多轮胎。吊装时一般用 4 个支腿支撑以保证机身的稳定性，构件重力在不用支腿允许荷载范围内也可不放支腿起吊。轮胎式起重机与汽车式起重机的优缺点基本相似，其行驶均采用轮胎，故可以在城市的路面上行走不会损伤路面，主要差别是行驶速度慢，故不宜作长距离行驶，适宜于作业地点相对固定而作业量较大的场合。轮胎式起重机可用于装卸、一般工业厂房的安装和低层混合结构预制板的安装工作。轮胎式起重机按传动方式分为机械式（QL）、电动式（QLD）和液压式（QLY），液压式发展快，已逐渐替代了机械式和电动式。

3. 塔式起重机

塔式起重机具有竖直的塔身，其起重臂安装在塔身顶部与塔身组成"Γ"形，使塔式起重机具有较大的工作空间。它的安装位置能靠近施工的建筑物，有效工作幅度较其他类型起重机大。塔式起重机的起重臂安装在塔身顶部，可作 360° 回转，具有较高的起重高度、工作幅度和起重能力。塔式起重机种类繁多，在多层、高层结构的吊装和垂直运输中应用最广。

（1）塔式起重机的类型和表示方法

1）分类

塔式起重机按行走方式分为轨道式和固定式；按变幅方法分为大臂变幅和小车变幅；按回转部位分为下（塔身）回转和上（顶部）回转；按安装方法分为自升式、整体快速拆装和拼装式。

2）表示方法

Q 代表起重机；T 代表塔式；P 代表内爬升式；数字代表起重力矩（×10⁻¹ kN·m）。QT 代表上回转式塔式起重机；QTA 代表下回转式塔式起重机；QTK 代表快速安装式塔式起重机；QTP 代表内爬式塔式起重机；QTZ 代表上回转自升式塔式起重机。

目前，应用最广的是下回转、快速拆装、轨道式塔式起重机和能够一机四用（轨道式、固定式、附着式和内爬式）的自升塔式起重机。拼装式塔式起重机因拆装工作量大逐渐被淘汰。

（2）下回转快速拆装塔式起重机

下回转快速拆装塔式起重机都是 600kN·m 以下的中小型塔机。其特点是结构简单、重心低、运转灵活、伸缩塔身可自行架设、拆装速度快、效率高、采用整体拖运、转移方便，适用于砖混砌块结构和大板建筑的工业厂房、民用住宅的垂直运输作业。

（3）上回转塔式起重机

当前主要厂家生产的上回转塔式起重机均采用液压顶升接高（自升）、水平臂小车变幅装置，如图 8-15 所示。这种塔式起重机通过更换辅助装置可改成固定式、轨道行走式、附着式、内爬式等。

（4）轨道式塔式起重机

轨道式塔式起重机是一种在轨道上行驶的自行式塔式起重机，如图 8-16 所示。其中，有的只能在直线轨道上行驶，有的可沿 L 形或 U 形轨道行驶。作业范围在 2 倍幅度的宽度和走行线长度的矩形面积内，并可负荷行驶，同时完成水平和垂直运输，且能在直线和曲线轨道上运行，使用安全、生产效率高，起重高度可按需要增减塔身、互换节架。缺点是需铺设轨道、占用施工场地过大，塔架高度和起重量较固定式小。

图 8-15　QTZ100 型塔式起重机（上回转自升式）

图 8-16　轨道式塔式起重机

低塔（塔高 30m）最大起重力矩为 800kN·m，最大起重量为 104kN，最大起重高度 48m，最大起重半径 30m。

中塔（塔高 40m）最大起重力矩为 700kN·m，最大起重量为 90kN，最大起重高度 58m，最大起重半径 30m。

高塔（塔高 50m）最大起重力矩为 600kN·m，最大起重量为 78kN，最大起重高度 68m，最大起重半径 30m。

（5）附着式塔式起重机

附着式塔式起重机是固定在建筑物近旁钢筋混凝土基础上的自升式塔式起重机，在建筑物外部布置。随建筑物升高，利用液压自升系统逐步将塔顶顶升、塔身接高。

为了保证塔身的稳定，每隔 14～20m 采用附着式支架装置将塔身固定在建筑物上。锚固装置由套装在塔身上的锚固环、附着杆及固定在建筑结构上的锚固支座构成。第一道锚固装置设于塔身高度的 30～50m 处，自第一道向上每隔 20m 左右设置一道，一般设锚固装置 3～4 道。这种塔式起重机适用于高层建筑施工，如图 8-17 所示。

（6）内爬式塔式起重机

内爬式塔式起重机是安装在建筑物内部电梯井或其他合适开间的结构上，随建筑物的升高向上爬升的起重机械，如图 8-18 所示。其优点是塔身短、不需轨道和附着装置，不占施工场地；其缺点是全部荷载由建筑物承受，拆除时需在屋面架设辅助起重设施，主要用于超高层建筑施工中。

图 8-17　附着式塔式起重机　　　　图 8-18　内爬式塔式起重机（上海世贸中心）

8.2　结构吊装方案

单层工业厂房结构吊装方案的主要内容是：起重机的选择、结构吊装方法、起重机开行路线及停机点的确定、构件平面布置等。

8.2.1　起重机的选择

起重机的选择直接影响构件吊装方法、起重机开行路线与停机点位置、构件平面布置等方面，故在吊装工程中占有重要地位。首先应根据厂房跨度、构件重量、吊装高度、施工现场条件及施工单位机械设备供应等情况确定起重机的类型。对一般中小型厂房，由于平面尺寸不大，构件质量轻，起重高度较小，可选用自行杆式起重机。对于大跨度重型工业厂房，则可选用自行杆式起重机、牵缆式起重机、重型塔式起重机等。

确定起重机的类型以后，应根据构件尺寸、重量及安装高度确定起重机的型号。所选定的起重机的 3 个工作参数（图 8-19）——起重量 Q、起重高度 H 和起重半径 R 均应满足结构吊装的要求。

1. 起重量

起重机的起重量满足下式要求：

$$Q \geqslant Q_1 + Q_2 \tag{8-2}$$

式中　Q——起重机的起重量；

　　Q_1——构件重量；

　　Q_2——索具重量。

2. 起重高度

起重机的起重高度必须满足所吊构件的高度要求（图 8-19），即

$$H \geqslant h_1 + h_2 + h_3 + h_4 \tag{8-3}$$

图 8-19　起重机参数选择

式中　H——起重机的高度，m，从停机面至吊钩的垂直距离；

　　　　h_1——安装支座表面高度，m，从停机面算起；

　　　　h_2——安装间隙，m，不小于 0.3m；

　　　　h_3——绑扎点至构件底面的距离，m；

　　　　h_4——索具高度，自绑扎点至吊钩中心的距离，m，根据具体情况而定，一般不小于 1m。

3. 起重半径

起重机起重半径的确定可按以下三种情况考虑：

（1）当起重机可以不受限制地开到构件吊装位置附近吊装时，对起重半径没有要求，在计算起重量及起重高度后，便可查阅起重机起重性能表或性能曲线来选择起重机型号及起重臂长度，并可查得在此起重量和起重高度下相应的起重半径，作为确定起重机开行路线及停机位置时的参考。

（2）当起重机不能直接开到构件吊装位置附近吊装构件时，需根据起重量、起重高度和起重半径三个参数，查起重机起重性能表或曲线来选择起重机型号及起重臂长。

（3）当起重机的起重臂需要跨过已安装好的结构吊装构件时（如跨过屋架或天窗架吊屋面板），为了避免起重臂与已安装结构相碰，或当所吊构件宽度较大，为使构件不碰起重臂，均需要求出起重机吊该构件的最小臂长及相应起重半径。其方法有数解法和图解法。

8.2.2　结构吊装方法

单层工业厂房的结构吊装方法，有分件吊装法和综合吊装法两种。

1. 分件吊装法

分件吊装法是起重机每开行一次，仅吊装一种或两种构件。通常起重机分三次开行，吊完单层工业厂房的全部构件。第一次开行，吊装全部柱，并对柱进行校正和最后固定；第二次开行，吊装全部吊车梁、连系梁及柱间支撑等；第三次开行，按节间吊装屋架、天窗架、屋面板及屋面支撑等。

分件吊装法的优点是：每次吊装同类型构件，索具不需经常更换，且操作程序相同，吊装速度快，构件分批进场，供应单一，吊装现场平面布置较简单，构件校正、固定工作有充足的时间。其缺点是起重机开行路线长，不能为后续工序及早提供工作面。

2. 综合吊装法

综合吊装法是起重机在车间内一次开行中，分节间吊装完所有各种类型构件，即先吊装 4～6 根柱子，立即校正固定后，随即吊装吊车梁、连系梁、屋面板等构件，待吊装完一个节间的全部构件后，起重机再移至下一节间进行吊装。

综合吊装法的优点是：起重机开行路线较短，停机点位置较少，后续工序可提早进行，使各工种进行交叉平行流水作业，有利于加快工程进度。其缺点是：要同时吊装各种类型构件，不能充分发挥起重机的工作效率，且构件供应紧张，平面布置复杂，校正困难。故此法目前很少采用。只有当某些结构（如门式结构）必须采用综合吊装时，或当采用移动比较困难的桅杆式起重机进行吊装时，才采用综合吊装。

8.2.3 起重机的开行路线及停机位置的确定

起重机的开行路线与停机位置和起重机的性能、构件尺寸及重量、构件平面位置、构件的供应方式、吊装方法等有关。

（1）吊装柱时，根据厂房跨度、柱的尺寸及重量、起重机性能等情况，可沿跨中开行或跨边开行（图 8-20）。

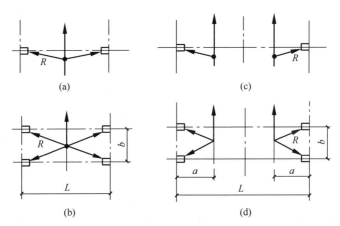

图 8-20 起重机吊装柱时的开行路线及停机位置

1）若柱布置在跨内，起重机在跨内开行，每个停机位置可吊 1～4 根柱。

当起重半径 $R \geqslant L/2$ 时，起重机沿跨中开行，每个停机位置可吊装 2 根柱（图 8-20a）；

当起重半径 $R \geqslant \sqrt{(L/2)^2 + (b/2)^2}$ 时，可吊装 4 根柱（图 8-20b）；

当起重半径 $R \leqslant L/2$ 时，起重机沿跨边开行，每个停机位置吊装 1 根柱（图 8-20c）；

当 $R \geqslant \sqrt{a^2 + (b/2)^2}$ 时，起重机沿跨边开行，每个停机位置可吊装 2 根柱（图 8-20d）。

其中，R 为起重机的起重半径，m；L 为厂房跨度，m；b 为柱的间距，m；a 为起重机开行路线到跨边的距离，m。

2）若柱布置在跨外，起重机沿跨外开行，停机位置与沿跨内靠边开行相似。

（2）屋架扶直就位及屋盖系统吊装时，起重机在跨内开行。

如图 8-21 所示为一单跨车间采用分件吊装法时，起重机的开行路线及停机位置图。

起重机从Ⓐ轴线进场，沿跨外开行吊装 A 列柱，再沿Ⓑ轴线跨内开行吊装 B 列柱，然后再转到Ⓐ轴线一侧扶直屋架及将其就位，再转到Ⓑ轴线吊装 B 列连系梁、吊车梁等，随后再转到Ⓐ轴线吊装 A 列连系梁、吊车梁等构件，最后再转到跨中吊装屋盖系统。

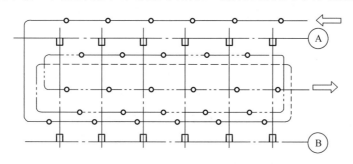

图 8-21　起重机开行路线及停机位置

当单层工业厂房面积大或具有多跨结构时，为加快工作进度，可将建筑划分为若干施工段，选用多台起重机同时施工。每台起重机可以独立作业，并负责完成一个区段的全部吊装工作，也可选用不同性能起重机协同作业，分别吊装柱和屋盖结构，组织大流水施工。

当建筑物为多跨并列且具有纵横跨时，可先吊装各纵向跨，以保证起重机在各纵向跨吊装时，运输道路畅通。若有高低跨，则应先吊高跨，后吊低跨并向两边逐步开展吊装作业。

8.2.4　构件平面布置

构件平面布置与吊装方法、起重机性能、构件制作方法等有关，故应在确定起重机型号和结构吊装方案后结合施工现场实际情况来确定构件平面布置。

构件平面布置应注意以下问题：

（1）各跨构件宜布置在本跨内，如有困难可考虑布置在跨外且便于吊装的地方；

（2）构件布置方式应满足吊装工艺要求，尽可能布置在起重机的起重半径内，以减少起重机负荷行走的距离及起重臂起伏的次数；

（3）构件的布置应便于支模和浇筑混凝土，对重型构件应优先考虑，若为预应力构件尚应考虑抽管、穿筋的操作场所；

（4）各种构件的布置应力求占地最小，保证起重机、运输车辆运行道路畅通。当起重机回转时不致与建筑物或构件相碰；

（5）构件的布置应注意安装时的朝向，避免空中调头，影响施工进度和安全；

（6）构件均应布置在坚实的地基上，在新填土上布置构件时，必须采取措施（如压实、垫通长木板等）防止地基下沉，以免影响构件质量。

构件的平面布置可分为预制阶段的平面布置和吊装阶段的平面布置两种。

单层工业厂房需要在现场预制的构件主要是柱和屋架，吊车梁有时也在现场制作。其他构件则在构件厂或预制场外制作，运到现场就位吊装。

1. 柱的布置

柱的布置按吊装方法不同，分为斜向布置和纵向布置。

（1）柱的斜向布置。若以旋转法起吊，按三点共弧布置（图 8-22），其步骤如下：

确定起重机开行路线至柱基中心的距离 a。a 的最大值不超过起重机吊装该柱时的最大起重半径 R，也不能小于起重机的最小起重半径 R，以免起重机太靠近基坑而失稳。此外，应注意起重机回转时，其尾部不与周围构件或建筑物相碰。综合考虑上述条件，即可画出起重机的开行路线。

确定起重机的停机位置。以柱基中心 M 圆心，吊装该柱的起重半径 R 为半径画弧，与起重机开行路线相交于 O 点，即为吊装该柱的起重机停机位置。以停机位置 O 为圆心，OM 为半径画弧，在靠近柱基的弧上选点 K 作为柱脚中心位置。再以 K 为圆心，以柱脚到吊点的距离为半径画弧，与 OM 为半径所画弧相交于 S，连接 KS 的柱的中心线。

布置柱时尚应注意牛腿朝向，柱布置在跨内时，牛腿应朝向起重机，柱布置在跨外时，牛腿应背向起重机。

受场地或柱尺寸的限制，有时难于做到三点共弧，则可以按照两个共弧布置，有两种布置方法：一种是将柱脚与柱基安装在起重半径 R 的圆弧上，而将吊点布置于起重半径 R 之外（图 8-23）。吊装时先用较大的起重半径 R' 起吊，并升起重臂，当起重半径变为 R 后，停升重臂，再按旋转法吊装柱。另一种是将吊点与柱基安排在起重半径 R 的同一圆弧上，而柱脚斜向任意方向（图 8-24），吊装时，柱可按旋转法吊装，也可用滑行法吊升。

图 8-22　柱斜向布置方式（一）　　　　图 8-23　柱斜向布置方式（二）

（2）柱的纵向布置。当采用滑行法吊装柱时，可以纵向布置，预制柱与厂房纵轴线平行（图 8-25）。若柱长小于 12m，为节约模板及场地，两柱可以叠浇并排成两行。柱叠浇时应刷隔离剂以防粘结，浇筑上层柱混凝土时，需待下层柱混凝土强度达到 5.0N/mm^2。

图 8-24　柱斜向布置方式（三）　　　　图 8-25　柱纵向布置

2. 屋架的布置

屋架一般在跨内平卧叠浇预制，每叠 3～4 榀，其布置方式有三种：斜向布置、正反斜向布置和正反纵向布置（图 8-26）。由于斜向布置便于屋架扶直就位，故优先选用该布置方式。若场地受限，则可选用其他两种布置方式。

确定屋架的预制位置，还要考虑屋架的扶直、堆放要求及扶直的先后顺序，先扶直的应放在上层。屋架跨度大，不易转动，在布置时应注意屋架两端的朝向。图 8-26 中虚线表示预应力屋架抽管及穿筋所需场地，每两垛屋架间留有 1m 的空隙，以便支模和浇筑混凝土。

3. 吊车梁的布置

若吊车梁在现场预制，可靠近柱子基础顺着轴线或略作倾斜布置，也可插在柱子之间预制。若具有运输条件，可另行在场外集中预制。

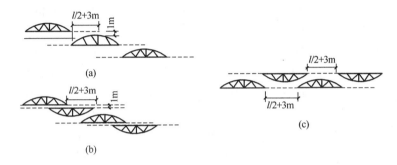

图 8-26　屋架预制时布置方式
（a）斜向布置；（b）正反斜向布置；（c）正反纵向布置

8.3　单层厂房的构件安装

8.3.1　结构安装前的准备工作

结构安装工程是装配式结构施工中的主导工程。为了开展有节奏的文明施工和提高企业的管理水平，顺利地完成施工进度和保证吊装质量，就必须做好和重视结构吊装前的准备工作。结构吊装准备工作包括两大内容：一是室内技术准备工作（如熟悉图纸、图纸会审、计算工程量、编制施工组织设计、绘制工序图表等）；二是室外现场准备工作（如现场环境、临时道路、基础检查、构件准备、水电安全等）。现将现场准备工作简述如下：

（1）清理场地和修筑道路。起重机进场之前，按照现场施工平面图中标出的起重机开行路线位置，进行场地清理，平整压实和修筑临时道路，并做好排水措施。

（2）构件外观和强度检查。构件吊装前应检查构件的外形尺寸、埋件位置、吊环规格、表面平整度、表面孔洞、蜂窝麻面、露筋和裂缝等是否符合规范要求，以及混凝土强度是否达到 75% 以上的设计强度等级。

（3）柱基础杯口弹线与杯底抄平。首先应在基础杯口面上弹出纵、横定位轴线，作为柱对位、校正的依据；其次为了保证柱牛腿标高准确，在吊装前要对杯底标高进行调整。调整前先测出杯底原有标高（小柱测中间一点，大柱测四个角点），再量测柱脚底面至牛腿面的实际长度，计算出杯底标高调整值，并在杯底标出。然后用水泥砂浆或细石混凝土将杯底垫平至标志处（因在浇筑杯底混凝土时要较设计标高低 50mm，以做调整之用）。

杯形基础准备工作完成后，应将杯口盖好，以防污物落入杯底；近基础的土面最好低于杯口，以免泥土及地面水流入杯内。

（4）构件运输与堆放。构件运输时的混凝土强度应达到不低于设计强度等级的75%；装卸时的吊点位置要符合设计的规定要求，运输过程中要防止构件倾倒、碰撞而导致损坏。构件就位前应将堆放场地平整压实，并采取有效的排水措施；构件就位时应按设计的受力情况搁置在垫木或支架上；重叠的构件之间应垫上垫木，上下层垫木应垫在同一垂直线上；较薄的构件如薄腹梁、屋架等应两边撑牢；各堆构件之间应留有不小于20mm的间距，以免构件相互碰坏。叠放构件堆垛高度，应根据构件混凝土强度、地面耐压力、垫木的强度和堆垛的稳定性而定。一般梁可叠堆2～3层，屋面板6～8层。构件的吊环要向上，标志向外。还要考虑构件吊装顺序和施工进度要求，构件要按编号进行堆放。

（5）构件弹线与编号。构件在吊装前应在表面弹出吊装中心线，作为构件对位、校正时的依据，对形状复杂的构件，还要标出它的重心及绑扎点位置。具体要求如下：

1）柱。应在柱身三个面上弹出吊装中心线。所弹中心线位置应与基础杯口面上所弹中心线相吻合（对应）。此外，还应在柱顶面和牛腿面上，弹出屋架和吊车梁的吊装中心线。

2）屋架。应在上弦顶面弹出几何中心线，并从跨度中央向两端分别弹出天窗架、屋面板或檩条的吊装中心线，屋架端头应弹出屋架的纵横吊装中心线。

3）梁。应在两端及顶面弹出吊装中心线。

在对构件进行弹线的同时，按图纸设计构件号对预制构件进行编号，编号应写在明显易见的部位。对不易辨别上下、左右的构件，还要注明方向，以免吊装时搞错。

（6）构件吊装应力复核与临时加固。由于构件吊装时与使用时的受力状况不同，可能导致构件吊装损坏。因此，在吊装前必须进行构件应力验算，并采取适当的临时加固措施。

（7）水电与安全准备。构件吊装就位后，主要是通过电焊实现最后固定。必须事先落实电源的容量和考虑电焊机放置的位置。结构吊装时高空和立体交叉作业多，要重视施工安全，必须对操作平台及脚手架等进行认真检查和加固，以确保吊装安全。

8.3.2　构件安装工艺

预制构件吊装过程，一般包括绑扎、起吊、就位、临时固定、校正和最后固定等工序。

1. 柱的吊装

（1）柱的绑扎

柱身绑扎点和绑扎位置，要保证柱身在吊装过程中受力合理，不发生变形或裂断。一般中、小型柱绑扎一点；重型柱或配筋少而细长的柱绑扎两点甚至两点以上，以减少柱的吊装弯矩。必要时，需经吊装应力和裂缝控制计算后确定。一点绑扎时，绑扎位置在牛腿下面。

按柱吊起后柱身是否能保持垂直状态，分为斜吊法和直吊法，相应的绑扎方法有斜吊绑扎法（图8-27）和直吊绑扎法（图8-28）。斜吊绑扎法用于柱的宽面抗弯能力满足吊装要求时，此法无须将预制柱翻身，但因起吊后柱身与杯底不垂直，对线就位较难；直吊绑扎法适用于柱宽面抗弯能力不足，必须将预制杆翻身后窄面向上，使刚度增大，再绑扎起吊，此法因吊索需跨过柱顶，故需要较长的起重杆。

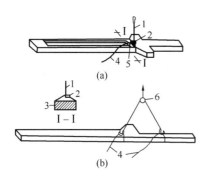

图 8-27　斜吊绑扎法
（a）—一点绑扎；（b）两点绑扎
1—吊索；2—椭圆销卡环；3—柱子；
4—棕绳；5—钢丝；6—滑车

图 8-28　直吊绑扎法
（a）—一点绑扎；（b）两点绑扎
1—第一支吊索；2—第二支吊索；3—活络
卡环；4—铁扁担；5—滑车

（2）柱的起吊

柱的起吊方法，按柱在吊升过程中柱身运动的特点分为旋转法和滑行法；按采用起重机的数量，有单机起吊和双机抬吊两种方法。单机起吊的工艺如下：

1）旋转法。起重机边起钩、边旋转，使柱身绕柱脚旋转而逐渐吊起的方法称为旋转法。其要点是保持柱脚位置不动，并使柱的吊点、柱脚中心和杯口中心三点共弧。其特点是柱身所受振动较小，但对起重机的机动性要求高，一般采用自行式起重机（图 8-29）。

图 8-29　旋转法吊柱
（a）旋转过程；（b）平面布置
1—柱子平卧时；2—起吊中途；3—直立

2）滑行法。起吊时起重机不旋转，只起升吊钩，使柱脚在吊钩上升过程中沿地面逐渐向前滑行，直至柱身直立的方法称为滑行法。其要点是柱的吊点要布置在杯口旁，并与杯口中心两点共圆弧。其特点是起重机只需转动吊杆，即可将柱子吊装就位，较安全，但滑行过程中柱子受振动。故只在场地受限时才采用此法（图 8-30）。

（3）柱的对位和临时固定

柱脚插入杯口后，使柱的安装中心线对准杯口的安装中心线，然后将柱四周八只楔子打紧加以临时固定。吊装重型、细长柱时，除采用以上措施进行临时固定外，必要时增设

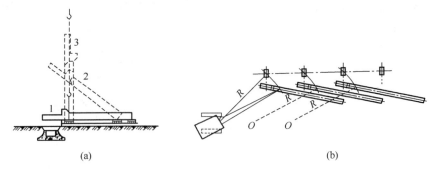

图 8-30　滑行法吊柱

（a）滑行过程；（b）平面布置

1—柱子平卧时；2—起吊中途；3—直立

缆风绳拉锚。

（4）柱的校正与最后固定

柱的校正包括平面定位轴线、标高和垂直度的校正。柱平面定位轴线在临时固定前，进行对位时已校正好。标高则在柱吊装前通过调整基础杯底的标高予以控制，使其符合施工验收规范的要求。而垂直度可用经纬仪的观测和钢管校正器或螺旋千斤顶（柱较重时）进行校正。

校正完毕即在柱底部四周与基础杯口的空隙之间，浇筑细石混凝土，捣固密实，使柱的底脚完全嵌固在基础内作为最后固定。浇筑工作分两次进行，第一次浇至楔块底面，待混凝土强度达到25%的设计强度后，拔去楔块再第二次浇筑混凝土至杯口顶面。

2. 吊车梁的吊装

待柱子与杯口第二次浇筑的混凝土强度达到75%的设计强度等级后，即可进行吊车梁的吊装。

（1）绑扎、吊升、对位与临时固定。吊车梁吊起后应基本保持水平。因此，采用两点绑扎，其绑扎点应对称地设在梁的两端，吊钩应对准梁的重心。在梁的两端应绑扎溜绳，以控制梁的左右转动，避免悬空时碰撞柱子。

吊车梁对位时应缓慢降钩，使吊车梁端与柱牛腿面的横轴线对准。在吊车梁安装过程中，应用经纬仪或线锤校正柱子的垂直度，若产生了竖向偏移，应将吊车梁吊起重新进行对位，以消除柱的竖向偏移。

吊车梁本身的稳定性较好，一般对位后，无需采取临时固定措施，起重机即可松钩移走。当梁高与底宽之比大于4时，可用8号铁丝将梁捆在柱上，以防倾倒。

（2）校正与最后固定。吊车梁吊装后，需校正标高、平面位置和垂直度。在进行杯形基础杯底抄平时，已对牛腿面至柱脚的高度做过测量和调整，因此吊车梁的标高的误差不会太大，如存在少许误差，也可待安装轨道时，在吊车梁面上抹一层砂浆找平层加以调整。吊车梁的平面位置和垂直度可在屋盖吊装前校正，也可在屋盖吊装后校正。但较重的吊车梁，由于摘钩后校正困难，则可边吊边校。平面位置的校正，主要是检查吊车梁的纵轴线以及两列吊车梁之间的跨距是否符合要求。吊车梁吊装中心线对定位轴线的偏差不得大于5mm。在屋盖吊装前校正时，跨距不得有正偏差，以防屋盖吊装后柱顶向外偏移，使跨距的偏差过大。

检查吊车梁吊装中心线偏差的常用方法有以下两种：

1）通线法。根据柱的定位轴线，在车间两端地面定出吊车梁定位轴线的位置，打下木桩，并设置经纬仪。用经纬仪将车间两端的四根吊车梁位置校正准确，并检查两列吊车梁之间的跨距是否符合要求。然后在四根已校正的吊车梁端部设置支架（或垫块），约高200mm，并根据吊车梁的定位轴线拉钢丝通线。最后根据通线来逐根拨正（用撬棍）吊车梁的吊装中心线（图8-31）。

图 8-31　通线法校正吊车梁

1—通线；2—支架；3—经纬仪；4—木桩；5—柱；6—吊车梁

2）平移轴线法。在柱列边设置经纬仪，逐根将杯口上柱的吊装中心线投影到吊车梁顶面处的柱身上，并做出标志。若柱安装中心线到定位轴线的距离为 a，则标志距吊车梁定位轴线应为 $\lambda-a$（λ 为柱定位轴线到吊车梁定位轴线之间的距离，一般 $\lambda=750\text{mm}$）。可据此来逐根拨正吊车梁的吊装中心线，并检查两列吊车梁之间的跨距是否符合要求。

在检查及拨正吊车梁中心线的同时，可用靠尺或垂球检查吊车梁的垂直度。若发现有偏差，可在吊车梁两端的支座面上加斜垫铁纠正，每端叠加垫铁不得超过三块。

吊车梁校正之后，立即按设计图纸用电焊做最后固定，并在吊车梁与柱的空隙处，浇筑细石混凝土（图8-32）。

图 8-32　平移轴线法校正吊车梁

1—经纬仪；2—标志；3—柱；4—柱基础；5—吊车梁

3. 屋架的吊装

中小型单层工业厂房屋架的跨度为12～24m，重量为30～100kN。钢筋混凝土屋架一般在施工现场平卧叠浇预制，在屋架吊装前，先将屋架扶直（或称翻身），然后将屋架吊运到预定地点就位（排放）。

（1）扶直与就位

钢筋混凝土屋架的侧向刚度较差，扶直时由于自重影响，改变了杆件的受力性质，特别是上弦杆极易扭曲，造成屋架损伤。因此，在屋架扶直时必须采取一定措施，严格遵守操作要求，才能保证安全施工。

1）屋架扶直时，应注意的问题有以下几点：

① 扶直屋架时，起重机的吊钩应对准屋架中心。吊索应左右对称，吊索与水平面的夹角不小于 45°。为使各吊索受力均匀，吊索可用滑轮串通。在屋架接近扶直时，吊钩应对准下弦中点，防止屋架摆动。

② 当屋架数榀一起叠浇时，为防止屋架在扶直过程中突然下滑造成损伤，应在屋架两端搭设枕木垛，其高度与被扶直屋架的底面齐平。

③ 叠浇的屋架之间若粘结严重时，应采用凿、撬棒、捯链等工具，消除粘结后再扶直。

④ 如扶直屋架时采用的绑扎点或绑扎方法与设计规定不同，应按实际采用的绑扎方法验算屋架扶直应力。若承载力不足，在浇筑屋架时应补加钢筋或采取其他加强措施。

2）屋架扶直方法。屋架扶直时，由于起重机与屋架的相对位置不同，可分为正向扶直和反向扶直。

① 正向扶直。起重机位于屋架下弦一边，首先以吊钩对准屋架中心，收紧吊钩。然后略起臂使屋架脱模。接着升钩并起臂，使屋架以下弦为轴，缓缓转为直立状态（图 8-33a）。

② 反向扶直。起重机位于屋架上弦一边，首先以吊钩对准屋架中心，收紧吊钩。接着起重机升钩并降臂，使屋架以下弦为轴，缓缓转为直立状态，如图 8-33（b）所示。

正向扶直与反向扶直最主要的不同点是在扶直过程中，前者为升臂，后者为降臂。升臂比降臂易于操作且较安全，故应尽可能采用正向扶直。

屋架扶直后，立即就位。屋架就位的位置与屋架安装方法、起重机械性能有关。其原则是应少占场地，便于吊装。应考虑到屋架的安装顺序、两端朝向等问题。一般靠柱边斜放或以 3～5 榀为一组，平行柱边就位。

屋架就位后，应用 8 号铁丝、支撑等与已安装的柱或已就位的屋架相互拉牢撑紧，以保持稳定。

(a)   (b)

图 8-33 屋架的扶直

(a) 正向扶直；(b) 反向扶直

（虚线表示屋架就位的位置）

（2）绑扎

屋架的绑扎点应选在上弦节点处或附近 500mm 区域内，左右对称，并高于屋架重心，使屋架起吊后基本保持水平，不晃动，不倾翻。在屋架两端应加绳，以控制屋架转动，屋架吊点的数目及位置，与屋架的形式和跨度有关，一般由设计确定。绑扎时吊索与水平线的夹角不宜小于45°，以免屋架承受过大的横向压力。当夹角小于45°时，为了减少屋架的起吊高度及所受的横向力，可采用横吊梁。横吊梁的选用应经过计算确定，以确保施工安全。一般来说，当屋架跨度小于或等于18m时绑扎2点；当跨度大于18m时需绑扎4点；当跨度大于30m时，应考虑采用横吊梁，以减小绑扎高度。对三角组合屋架等刚性较差屋架，下弦不能承受压力，故绑扎时也应采用横吊梁（图8-34）。

(a)　　　　　　(b)　　　　　　(c)　　　　　　(d)

图 8-34　屋架的绑扎

(a) 屋架跨度小于等于18m时；(b) 屋架跨度大于18m时；
(c) 屋架跨度大于30m时；(d) 三角组合屋架

（3）吊升、对位和临时固定

屋架吊升是先将屋架吊离地面约300mm，并将屋架转运至吊装位置下方，然后再起钩，将屋架提升超过柱顶约300mm。最后利用屋架端头的溜绳，将屋架调整对准柱头，并缓缓降至柱头，用撬棍配合进行对位。

屋架对位应以建筑物的定位轴线为准。因此，在屋架吊装前，应当用经纬仪或其他工具，在柱顶放出建筑物的定位轴线。如柱顶截面中线与定位轴线偏差过大时，可逐渐调整纠正。

屋架对位后，立即进行临时固定。临时固定稳妥后，起重机才可摘钩离去。

第一榀屋架的临时固定必须十分可靠，因为这时它只是单片结构，而且第二榀屋架的临时固定，还要以第一榀屋架作支撑。第一榀屋架的临时固定方法，通常是用4根缆风绳，从两边将屋架拉牢，也可将屋架与抗风柱连接作为临时固定。第二榀屋架的临时固定，是用工具式支撑撑牢在第一榀屋架上（图8-35）。以后各榀屋架的临时固定，也都是用工具式支撑撑牢在前一榀屋架上。

工具式支撑（图8-36）用 φ50 钢管制成，两端各装有两只撑脚，其上有可调节松紧的

图 8-35　屋架的临时固定与校正(单位：mm)

1—工具式支撑；2—卡尺；3—经纬仪

图 8-36　工具式支撑的构造

1—钢管；2—撑脚；3—屋架上弦

螺栓，供使用时调紧螺栓，即可将屋架可靠地固定。撑脚上的这对螺栓，既可夹紧屋架上弦杆件，又可使屋架平移位置，故也是校正机具。每榀屋架至少要用两个工具式支撑，才能使屋架撑稳。当屋架经校正，最后固定并安装了若干块大型面板以后，将支撑放下。

（4）校正与最后固定

屋架的竖向偏差可用垂球或经纬仪检查。

用经纬仪检查竖向偏差的方法，是在屋架上安装三个卡尺，一个安装在上弦中点附近，另两个分别安装在屋架的两端，自屋架几何中线向外量出一定距离（一般可取500mm），在卡尺上做出标志。然后在距屋架中线同样距离（500mm）处设置经纬仪，观测三个卡尺上的标志是否在同一垂面上。用经纬仪检查屋架竖向偏差，虽然减少了高空作业，但经纬仪设置比较麻烦，所以工地上仍广泛采用垂球检查屋架竖向偏差。

用垂球检查屋架竖向偏差法，与上述经纬仪检查法的步骤基本相同，但标志至屋架几何中线的距离可短些（一般可取300mm），在两端头卡尺的标志间连一通线，自屋架顶卡尺的标志处向下挂垂线球，检查三个卡尺标志是否在同一垂面上。若发现卡尺上的标志不在同一垂面上，即表示屋架存在竖向偏差，可通过转动工具式支撑撑脚上的螺栓加以调整，并在屋架两端的柱顶垫入斜垫铁校正。

屋架校至垂直后，立即用电焊固定。焊接时，先焊接屋架两端成对角线的两侧边，再焊另外两边，避免两端同侧焊接影响屋架的垂直度。

4. 天窗架与屋面板的吊装

天窗架可与屋架组合拼装后，整体绑扎吊装或单独吊装。前者高空作业少，但对起重机要求较高，后者为常用方式，吊装时需待天窗架两侧屋面板安装后进行，并用工具式夹具或绑扎圆木进行临时固定。其绑扎可采用两点或四点绑扎（图8-37）。

屋面板的吊装，一般多采用一钩多块叠吊或平吊法（图8-38），以提高起重机效率。吊装时，应由两边檐口左右对称逐块吊向屋脊，这样有利于屋架稳定，受力均匀。屋面板就位校正后，应立即焊接牢固，除最后一块只能焊两点外，每块屋面板可焊三点。

图8-37 天窗架的绑扎	图8-38 屋面板吊装
（a）两点绑扎；（b）四点绑扎	（a）多块叠吊；（b）多块平吊

思政小课堂

赵州桥上的中国智慧

赵州桥又称安济桥（图8-39），坐落在河北省石家庄市赵县的洨河上，横跨在37m多宽的河面上，因桥体全部用石料建成，当地人称之为"大石桥"。

赵州桥建于公元595年—605年，由著名匠师李春设计建造，距今已有1400多年的历史，是当今世界上现存年代久远、跨度最大、保存最完整的古代单孔敞肩石拱桥。赵州桥是古代劳动人民智慧的结晶，开创了中国桥梁建造的崭新局面。

图 8-39　赵州桥

赵州桥长 50.82m，跨径 37.02m，桥高 7.23m，两端宽 9.6m，桥的设计完全合乎科学原理，施工技术更是巧妙绝伦。唐朝的张嘉贞称其"制造奇特，人不知其所以为"。

这座桥的特点是：

（1）全桥只有一个大拱，长达 37.4m，在当时可算是世界上最长的石拱。桥洞不是普通半圆形，而是像一张弓，因而大拱上面的道路没有陡坡，便于车马上下。

（2）大拱的两肩上，各有两个小拱。这是创造性的设计，不但节约了石料，减轻了桥身的重量，而且在河水暴涨的时候，还可以增加桥洞的过水量，减轻洪水对桥身的冲击。同时，拱上加拱，使桥身更美观。

（3）大拱由 28 道拱圈拼成，就像同样形状的弓合龙在一起，形成了一个弧形的桥洞。每道拱圈都能独立支撑上面的重量，一道坏了，其他各道不受影响。

（4）全桥结构匀称，与四周景色配合得十分和谐；桥上的石栏石板也雕刻得古朴美观。唐朝的张鷟说，远望这座桥就像"初月出云，长虹引涧"。赵州桥高度的技术水平和不朽的艺术价值，充分显示出了我国劳动人民的智慧和力量。

赵州桥的设计构思和工艺的精巧，不仅在我国古桥是首屈一指，据世界桥梁的考证，像这样的敞肩拱桥，欧洲到 19 世纪中期才出现，比我国晚了 1200 多年。

思 考 题 及 习 题

1. 起重机工作的三个参数是什么？

2. 起重机开行路线及停车位置如何确定？

3. 柱的起吊工艺有哪些？

4. 检查吊车梁吊装中心线偏差的常用方法有哪些？

5. 屋架扶直方法有哪些？适用什么条件？

6. 试比较桅杆式起重机和自行杆式起重机的优缺点。

7. 试述履带式起重机的技术性能参数与臂长及其仰角的关系。

8. 试述分件吊装法与综合吊装法的优缺点。

9. 单层工业厂房结构吊装方案主要内容是什么？其是如何确定的？

10. 单层工业厂房结构安装的起重机械应如何选择？

11. 多层装配式房屋结构安装如何选择起重机械？

第8章思考题及
习题参考答案

第9章 防 水 工 程

内容提要 本章主要介绍了防水工程的常用分类，以及影响防水工程质量的因素有防水设计的合理性、防水材料的选择、施工工艺及施工质量、保养与维修管理等。

学习要求 通过本章学习，了解卷材防水屋面的构造及各层作用，了解地下工程的防水方案、构造、性能和做法。掌握卷材防水屋面、涂膜防水屋面和刚性防水屋面的施工要点及质量标准。能制定防水工程的施工方案，确定施工方法和安全措施。

9.1 地 下 防 水 工 程

地下工程埋设在地下或水下，常年受到潮湿和地下水的有害影响。所以，对地下工程防水的处理比屋面防水工程的要求更高，防水技术难度更大。在地下防水工程施工期间，首先应做好排除地面水和降低地下水位的工作，以保持基坑内土体干燥，创造良好的施工条件。

9.1.1 地下防水方案

确定正确的地下防水方案，是保证地下防水工程防水功能的根本。地下工程防水方案，应根据使用要求和建筑物特点，全面考虑地形、地貌、水文地质、地震烈度、冻结深度、环境条件、结构形式、施工工艺及材料来源等因素科学合理确定。

根据现行国家标准《地下工程防水技术规范》GB 50108 规定，对于不同的工程情况，应当采取相应的防水方案。地下防水工程的一般要求：

（1）地下工程的防水等级分为四级。防水混凝土的环境温度不得高于80℃。

（2）地下防水工程施工前，施工单位应进行图纸会审，掌握工程主体及细部构造的防水技术要求，编制防水工程施工方案。

（3）地下防水工程必须由具备相应资质的专业防水施工队伍进行施工，主要施工人员应持有建设行政主管部门或其指定单位颁发的执业资格证书。

9.1.2 地下室的防水构造

当常年静止水位和最高水位都高于地下室底板时，土层有滞水时，地下室的底板和外墙板将浸在水中。在水的作用下，地下室的外墙板受到地下水的侧压力，底板则受到浮力作用，而且地下水位高出地下室地面越高，侧压力和浮力就越大，渗水也越严重。因此，地下室外墙板与底板必须采取防水处理。

地下室防水做法有防水卷材防水、涂料防水、防水混凝土防水等。

1. 防水卷材防水

防水卷材防水一般用改性沥青卷材和高分子卷材做防水层，也是一种传统的防水做法。

（1）地下工程卷材防水层的防水方法

1）内防水法是将卷材防水层粘贴在地下工程结构的背水面（结构的内表面）。这种内防水层不能直接阻断地下水对主体结构的渗透和侵蚀，需要在卷材防水层内侧加设刚性内衬层来压紧卷材防水层，以共同保护主体结构。内防水法在地下防水工程中用得较少，仅用于人防工程、隧道等难以进行外贴法施工的工程中。

2）外防水法是将卷材防水层粘贴在地下工程结构的迎水面（结构的外表面）。该方法能够有效地保护地下工程主体结构免受地下水的侵蚀和渗透，是地下防水工程中最常见的防水方法。外防水分为"外贴法"和"内贴法"两种方法。

① 外贴法

外贴法的铺贴如图9-1(a)所示。在浇筑混凝土底板和结构墙体之前，先做混凝土垫层，在垫层的四周砌保护墙，再铺贴底层卷材，四周应留出卷材接头，然后浇筑底板和墙身混凝土，待侧模拆除以后，继续铺贴结构墙外侧的卷材防水层。

图9-1　卷材防水层铺贴法

（a）外贴法；（b）内贴法

1—卷材防水层；2—临时保护墙；3—永久性保护墙；4—垫层；

5—先浇构筑物；6—后浇构筑物；7—压边

② 内贴法

内贴法的铺贴如图9-1(b)所示。先在地下构筑物四周的混凝土底板垫层上做好找平层，四周干铺一层卷材，在其上砌永久性保护墙（高度按设计要求）。接着在保护墙上抹水泥砂浆找平，然后将防水卷材铺贴在保护墙上，最后浇筑钢筋混凝土底板和结构墙体。

外贴法与内贴法相比较，各有优缺点。两者的比较见表9-1，一般情况下，应采用外贴法，在施工条件受到限制时才采用内贴法。

外贴法与内贴法的比较　　　　　　　　　　　　　　　　　表9-1

比较项目	外贴法	内贴法
渗漏水检验	防水层做完后即可做试验，且修补较容易	防水层做完后，不能立即试验，而待基础及外墙施工完毕后，才可试验，如发现漏水则修补困难

比较项目	外贴法	内贴法
卷材粘贴作业	预留的卷材接头不易保护好，基础与外墙卷材转角易弄脏受损，且操作困难	基础及外墙的卷材防水层一次铺贴完，转角的铺贴质量较易保证
工期	工期长	工期短
施工条件	要有一定的工作面	地下结构外作业面很小
开挖土方量	土方量较大	土方量较小
沉陷影响	不受沉陷影响	易受沉陷影响
防水层保护与检查	防水层不易破坏，混凝土质量检查也比较方便	浇捣混凝土时，防水层易损坏，混凝土捣固质量不易检查

工程中，卷材防水一般与涂料防水一起使用。

（2）卷材防水层施工

1）卷材防水层宜用于经常处于地下水环境，且受侵蚀介质作用或受振动作用的地下工程。

2）铺贴卷材严禁在雨天、雪天、五级及以上大风中施工；冷粘法、自粘法施工的环境气温不宜低于5℃，热熔法、焊接法施工的环境气温不宜低于−10℃。施工过程中下雨或下雪时，应做好已铺卷材的防护工作。

3）卷材防水层应铺设在混凝土结构的迎水面上。用于建筑地下室时，应铺设在结构底板垫层至墙体防水设防高度的结构基面上。

4）卷材防水层的基面应坚实、平整、清洁、干燥，阴阳角处应做成圆弧或45°坡角，其尺寸应根据卷材品种确定，并应涂刷基层处理剂；当基面潮湿时，应涂刷湿固化型胶粘剂或潮湿界面隔离剂。

5）在阴阳角等特殊部位，应铺设卷材加强层，如设计无要求时，加强层宽度宜为300～500mm。

6）结构底板垫层混凝土部位的卷材可采用空铺法或点粘法施工，侧墙采用外防外贴法的卷材及顶板部位的卷材应采用满粘法施工。铺贴立面卷材防水层时，应采取防滑的措施。

7）铺贴双层卷材时，上下两层和相邻两幅卷材的接缝应错开1/3～1/2幅宽，且两层卷材不得相互垂直铺贴。

8）弹性体改性沥青防水卷材和改性沥青聚乙烯胎防水卷材采用热熔法施工应加热均匀，不得加热不足或烧穿卷材，搭接缝部位应溢出热熔的改性沥青。

9）采用外贴法铺贴卷材防水层时，应符合下列规定：

① 先铺平面，后铺立面，交接处应交叉搭接。

② 临时性保护墙宜采用石灰砂浆砌筑，内表面宜做找平层。

③ 从底面折向立面的卷材与永久性保护墙的接触部位，应采用空铺法施工；卷材与临时性保护墙或围护结构模板的接触部位，应将卷材临时贴附在该墙上或模板上，并应将顶端临时固定。当不设保护墙时，从底面折向立面的卷材接槎部位应采取可靠的保护措施。

④ 混凝土结构完成，铺贴立面卷材时，应先将接槎部位的各层卷材揭开，并将其表面清理干净，如卷材有损伤应及时修补。卷材接槎的搭接长度，高聚物改性沥青类卷材应为 150mm，合成高分子类卷材应为 100mm；当使用两层卷材时，卷材应错槎接缝，上层卷材应盖过下层卷材。

10）应用内贴法铺贴卷材防水层时，应符合下列规定：

① 混凝土结构的保护墙内表面应抹厚度为 20mm 的 1：3 水泥砂浆找平层，然后铺贴卷材。

② 卷材宜先铺立面，后铺平面；铺贴立面时，应先铺转角，后铺大面。

11）卷材防水层经检查合格后，应及时做保护层。顶板卷材防水层上的细石混凝土保护层采用人工回填土时厚度不宜小于 50mm，采用机械碾压回填土时厚度不宜小于 70mm，防水层与保护层之间宜设隔离层。底板卷材防水层上细石混凝土保护层厚度不应小于 50mm。侧墙卷材防水层宜采用软质保护材料或铺抹 20mm 厚 1：2.5 水泥砂浆层。

2. 涂料防水

涂料防水适用于受侵蚀性介质或受振动作用的地下工程迎水面或背水面的涂刷。由于其施工简便，成本较低，防水效果较好，因而在防水工程中被广泛使用。

（1）涂料防水

有机防水涂料主要包括合成橡胶类、合成树脂类和橡胶沥青类，适宜做在主体结构的迎水面。其中如氯丁橡胶防水涂料、SBS 改性沥青防水涂料等聚合物乳液防水涂料，属于挥发固化型；聚氨酯防水涂料等属反应固化型。另有聚合物水泥涂料，国外称之为弹性水泥防水涂料。

无机防水涂料主要包括聚合物改性水泥基防水涂料和水泥基渗透结晶型防水涂料，应认为是刚性防水材料，所以不适用于变形较大或受振动部位，适宜做在主体结构的背水面。

（2）施工工艺

1）基层要求及处理

基层应坚实、无松软现象，表面应平整、洁净、无浮粒及污物。基层表面若有凸出物，应予铲除并补平；若有蜂窝、麻面或凹坑，应用水泥砂浆补平；缝隙应予填嵌密实；阴阳角应抹成圆弧形。

2）涂刷冷底子施工

在成品涂料中加入与涂料等量的水，用力搅拌均匀即制成冷底子涂料，在基层上满涂一层，其用量约为 0.3kg/m²。冷底子施工比较简单，基层稍有潮湿也可涂刷，但在涂刷时一定要用力，使冷底子涂料浸入基层表面，以利于涂料与基层的牢固粘结。

3）增强涂布施工

在结构细部、接缝处或基层表面有较大裂缝处，应先做增强层。增强层的做法是：先用 25cm 宽的牛皮纸或条形聚乙烯薄膜干铺一层，再用 SL 防水涂料粘铺 45cm 宽的玻璃纤维布。

4）涂刷底层涂料施工

待增强层干燥后，即用 SL 防水涂料刮涂一层，其用量控制在 3kg/m² 左右。底层涂料的施工质量好坏关系防水工程的整体效果，因此，要特别注意涂刷均匀。涂刷的顺序是先立面、后平面。

5）粘铺玻璃纤维布施工

待底层涂料干燥后，即可粘铺玻璃纤维布。铺贴前先按铺贴的平面或立面尺寸将玻璃纤维布裁剪好，沿流水方向的下坡开始铺布，布的纵向与流水方向垂直，布的搭接宽度不小于 10cm，边铺布边将 SL 防水涂料倒在玻璃纤维布上，并用橡皮刮板反复涂刮，使涂料透过玻璃纤维布与底涂层粘结紧密，在刮涂时将气泡排出，还要注意将玻璃纤维布拉直铺平，不得出现褶皱质量问题。这一层的涂料用量约 $4kg/m^2$。

6）保护层施工

待铺布涂层干燥后，将防水涂料加入适量的水稀释，再薄涂一层涂料，随即撒粘云母粉（或蛭石、细砂）。用棕帚轻轻扫平，然后可根据实际情况做水泥砂浆或细石混凝土保护层，立面也可以砌砖保护墙。

（3）涂料防水层施工注意事项

1）无机防水涂料宜用于结构主体的背水面，有机防水涂料宜用于地下工程主体结构的迎水面，用于背水面的有机防水涂料应具有较高的抗渗性，且与基层有较好的粘结性。

2）涂料防水层严禁在雨天、雾天、五级及以上大风时施工，不得在施工环境温度低于 5℃ 及高于 35℃ 或烈日暴晒时施工。涂膜固化前如有降雨可能时，应及时做好已完涂层的保护工作。

3）有机防水涂料基层表面应基本干燥，不应有气孔、凹凸不平、蜂窝麻布等缺陷。涂料施工前，基层阴阳角应做成圆弧形，阴角直径宜大于 50mm，阳角直径宜大于 10mm，在底板转角部位应增加胎体增强材料，并增涂防水涂料。铺贴胎体增强材料时，应使胎体层充分浸透防水涂料，不得有露槎及褶皱。

4）防水涂料应分层刷涂或喷涂，涂层应均匀，不得漏刷漏涂。涂刷应待前一遍涂层干燥成膜后进行，每遍涂刷时应交替改变涂层的涂刷方向，同层涂膜的先后搭压宽度宜为 30～50mm。甩槎处接缝宽度不应小于 100mm，接涂前应将其甩槎表面处理干净。

5）用有机防水涂料时，基层阴阳角处应做成圆弧；在转角处、变形缝、施工缝、穿墙管等部位应增加胎体增强材料和增涂防水涂料，宽度不应小于 50mm。胎体增强材料的搭接宽度不应小于 100mm，上下两层和相邻两幅胎体的接缝应错开 1/3 幅宽且上下两层胎体不得相互垂直铺贴。

6）涂料防水层完工并经验收合格后应及时做保护层。底板、顶板应采用 20mm 厚 1∶2.5 水泥砂浆层和 40～50mm 厚的细石混凝土保护层，防水层与保护层之间宜设置隔离层。侧墙背水面保护应采用 20mm 厚 1∶2.5 水泥砂浆。侧墙迎水面保护层宜选用软质保护材料或 20mm 厚 1∶2.5 水泥砂浆。

3. 防水混凝土防水

为满足结构的强度和刚度需要，地下工程的底板与墙板一般采用钢筋混凝土结构。这时，以采用防水混凝土防水为佳，即在混凝土中掺入一定量的外加剂，如引气剂或密实剂，提高其密实性和抗渗性能，以达到防水的目的。外加剂防水混凝土的种类很多，目前在建筑防水工程上常用的有减水剂防水混凝土、引气剂防水混凝土、氯化铁防水混凝土、三乙醇胺防水混凝土、其他防水剂混凝土和聚合物水泥混凝土等。

为确保防水质量和结构受力，一般外墙板厚度不宜小于 200mm，底板厚度应不小于

150mm。为防止地下水对混凝土的侵蚀，在墙板外侧抹水泥砂浆找平，然后涂刷沥青涂料，如图 9-2 所示。

（1）防水混凝土制备

施工准备工作→模板安装→钢筋绑扎→混凝土搅拌→混凝土运输→混凝土的浇筑和振捣→混凝土的养护→拆除模板→防水混凝土结构的保护→施工缝。

施工缝的断面可做成不同的形状，工程上常用的断面形式有凸缝、凹缝、阶梯缝和平直缝等，如图 9-3 所示。

图 9-2　地下室防水混凝土防水构造

（2）防水混凝土施工注意事项

1）防水混凝土可通过调整配合比，或掺加外加剂、掺合料等措施配制而成，其抗渗等级不得小于 P6。其试配混凝土的抗渗等级应比设计要求提高 0.2MPa。

图 9-3　施工缝接缝形式（单位：mm）

（a）凸缝；（b）凹缝；（c）阶梯缝；（d）平直缝

1—施工缝；2—构筑物；3—垫层；4—钢板止水片

2）防水混凝土宜采用硅酸盐水泥、普通硅酸盐水泥，采用其他品种水泥时应经试验确定。宜选用坚固耐久、粒形良好的洁净石子，其最大粒径不宜大于 40mm。砂宜选用坚硬、抗风化性强、洁净的中粗砂，不宜使用海砂。用于拌制混凝土的水，应符合相关标准规定。

3）防水混凝土胶凝材料总用量不宜小于 320kg/m³，在满足混凝土抗渗等级、强度等级和耐久性条件下，水泥用量不宜小于 260kg/m³；砂率宜为 35%～40%，泵送时可增至 45%；水胶比不得大于 0.50，有侵蚀性介质时水胶比不宜大于 0.45；防水混凝土宜采用预拌商品混凝土，其入泵坍落度宜控制在 120～160mm，坍落度每小时损失值不应大于 20mm，总损失值不应大于 40mm；掺引气剂或引气型减水剂时，混凝土含气量应控制在 3%～5%；预拌混凝土的初凝时间宜为 6～8h。

4）防水混凝土拌合物应采用机械搅拌，搅拌时间不宜小于 2min。

5）防水混凝土应分层连续浇筑，分层厚度不得大于 500mm；并应采用机械振捣，避免漏振、欠振和超振。

6）防水混凝土应连续浇筑，宜少留施工缝。当留设施工缝时，应符合下列规定：

①墙体水平施工缝不应留在剪力最大处或底板与侧墙的交接处，应留在高出底板表面不小于300mm的墙体上。拱（板）墙结合的水平施工缝，宜留在拱（板）墙接缝线以下150～300mm处。墙体有预留孔洞时，施工缝距孔洞边缘不应小于300mm。

②垂直施工缝应避开地下水和裂隙水较多的地段，并宜与变形缝相结合。

7）应按设计及规范要求做好施工缝防水构造。施工缝的施工应符合如下规定：

①水平施工缝浇筑混凝土前，应将其表面浮浆和杂物清除，然后铺设净浆或涂刷混凝土界面处理剂、水泥基渗透结晶型防水涂料等材料，再铺30～50mm厚的1∶1水泥砂浆，并应及时浇筑混凝土。

②垂直施工缝浇筑混凝土前，应将其表面清理干净，再涂刷混凝土界面处理剂或水泥基渗透结晶型防水涂料，并应及时浇筑混凝土。

③遇水膨胀止水条（胶）应与接缝表面密贴；选用的遇水膨胀止水条（胶）应具有缓胀性能，7d的净膨胀率不宜大于最终膨胀率的60%，最终膨胀率宜大于220%。

④采用中埋式止水带或预埋式注浆管时，应定位准确、固定牢靠。

8）地下室外墙穿墙管必须采取止水措施，单独埋设的管道可采用套管式穿墙防水。当管道集中多管时，可采用穿墙群管的防水方法。

（3）结构施工后的质量检查

1）在施工过程中，按有关规定进行混凝土取样，经过养护一定龄期，进行混凝土强度、抗渗、抗冻等试验。

2）在施工过程中，检查各分项工程及隐蔽工程的验收记录。

3）混凝土的外观检查，主要检查其表面有无蜂窝、麻面、孔洞、露筋等影响质量的缺陷，穿墙管、变形缝等细部构造是否封闭严密，整个混凝土结构有无渗漏现象。若发现存在渗漏现象，应找出渗漏的确切部位，分析产生渗漏的原因，采取技术措施，及时进行修补。

（4）水泥砂浆刚性抹面防水的施工

水泥砂浆抹面防水层是一种刚性防水层。它是在构筑物的底面与侧面分层涂抹一定厚度的水泥砂浆，利用水泥砂浆本身的憎水性和密实性来达到抗渗防水的目的。水泥砂浆抹面防水层施工方便、效果可靠、价格较低，适用于一般防水工程。由于这种防水层抵抗变形能力差，所以不适用于受振动、沉陷或温度、湿度变化易产生裂缝的结构，也不宜用于有腐蚀的高温工程。

常用的水泥砂浆抹面防水层主要有刚性多层作法防水层（或称普通水泥砂浆防水层）、掺外加剂的水泥砂浆防水层（常用外加剂有氯化铁防水剂、膨胀剂和减水剂等）和膨胀水泥或无收缩性水泥砂浆防水层三种类型，工程上最常用的是前两种。

水泥砂浆刚性抹面防水层在结构外部为外抹面防水，在结构内部为内抹面防水。地下结构除考虑地下水渗透外，还要考虑地表水的渗透，因此，防水层的设置高度应高于室外地坪15cm以上，以防止地下水向室内渗透，如图9-4所示。

4. 止水带防水

为适应建筑结构沉降、温度伸缩等因素产生的变形，在地下建筑的变形缝（沉降缝或伸缩缝）、后浇带、施工缝、地下通道的连接口等处，两侧的基础结构之间留一定宽度的空隙，两侧的基础是分别浇筑的，这是防水结构的薄弱环节，如果这些部位产生渗漏，抗渗堵漏较难实施。为防止变形缝等处的渗漏水现象，除在构造设计中考虑结构的防水的能力外，通常还采用止水带防水。

图 9-4　防水层的设置（单位：mm）

（1）止水带分类

目前，常见的止水带材料有橡胶止水带、塑料止水带、氯丁橡胶板止水带和金属止水带等。其中橡胶及塑料止水带均为柔性材料，抗渗、适应变形能力强，是常用的止水带材料；氯丁橡胶止水板具有施工简便、防水效果好、造价低且易修补等特点；金属止水带一般仅用于高温环境下，而无法采用橡胶止水带或塑料止水带时。

1）PVC 塑料止水带

PVC 塑料止水带又称为"塑料止水带"，它是由 PVC 聚氯乙烯树脂及各种添加剂，经混合、造粒、挤出等工序而制成的止水带产品。其主要设置在施工缝及变形缝内。

2）橡胶止水带

① 遇水膨胀橡胶止水带

遇水膨胀橡胶止水带并不是指止水带本身膨胀，而是一种在普通中埋式橡胶止水带的基础上增加膨胀防水线的一种止水带类型。膨胀的部分是膨胀防水线。

② 背贴式止水带

背贴式止水带又称外贴式止水带或外置式止水带，是一种在地下构筑物混凝土变形缝、沉降缝壁板外侧（迎水面）设置的一种止水构造，具有以止水带的材料弹性和结构形式来适应混凝土伸缩变形的能力。

（2）止水带施工工艺

1）固定止水带的混凝土界面保持平整、干燥，安装前清除界面浮渣尘土及杂物，用钢钉或胶粘将止水条固定在已确定的安装部位。但必须将有注浆管的面安放在原混凝土界面上。

2）止水条连接时采用平行搭接方法，其中间不得留断点，连接处止水条用钢钉加强固定，并将止水条上的预留注浆连接管套入平行的另一条止水条上并接通。

3）根据所安装止水条的长度在约 30m 处装设三通连接件，其一头插入止水条内，另一头插入注浆连接管内，另一丁字端头应插入备用注浆内，以备缝隙渗漏水时注化学浆止水使用。

4）必须将所连接的止水条中的注浆连接管与三通连接件牢固粘结，必须保证所安装的止水条的注浆管完全通畅。安装在三通上的备用注浆管，应放入内墙方向内。

止水带构造形式有粘贴式、可卸式、埋入式等。目前较多采用的是埋入式。图 9-5 是埋入式橡胶或塑料止水带的构造图。

图 9-5　埋入式橡胶或塑料止水带（单位：mm）

(a)、(c) 橡胶止水带；(b) 变形缝构造

1—止水带；2—沥青麻丝；3—构筑物

9.2　屋面防水工程

建筑物的屋面根据排水坡度分为平屋面和坡屋面两类。在长期的工程实践中，结合建筑材料的发展，坡屋面可通过构造节点设计和加工的合理及完善，达到构造防水的目的。所选用的材料一般为防水材料。平屋面的防水主要是采用材料防水的方案，即在屋面找坡后，在上面铺设一道或多道防水材料作为防水层。根据所用材料的不同，它分为卷材防水、刚性材料防水、涂膜防水及瓦屋面防水等。

我国现行国家标准《屋面工程技术规范》GB 50345 根据建筑物的性质、重要程度、使用功能要求将屋面防水划分为 2 个等级，见表 9-2。对防水有特殊要求的建筑屋面，应进行专项防水设计。

屋面防水等级和设防要求　　　　　　　　　　　　　　　　　表 9-2

防水等级	建筑类别	设防要求
Ⅰ级	重要建筑和高层建筑	两道防水设防
Ⅱ级	一般建筑	一道防水设防

9.2.1　卷材防水屋面

卷材防水使用的卷材需要有较好的延展性及耐气候性，预防屋面在昼夜温差的作用下周而复始地热胀冷缩导致防水材料被拉裂或产生鼓泡等问题。

用于卷材防水屋面的防水卷材通常有沥青防水卷材、高聚物改性沥青防水卷材、合成高分子防水卷材及合成橡胶等类型，其中沥青防水卷材因缺陷较大而被淘汰，代之后面三种新型防水卷材。

1. 卷材防水材料

目前国内使用较普遍的是高聚物改性沥青防水卷材。以合成高分子聚合物改性沥青为涂盖层，纤维织物或纤维毡为胎体，粉状、粒状、片状或薄膜材料为覆面材料制成可卷曲的片状材料。其厚度一般为 3mm、4mm、5mm，以沥青基为主体。常用的有 SBS 改性沥青防水卷材和 APP 改性沥青防水卷材等。

1) SBS 改性沥青防水卷材是以热塑性弹性体为改性剂，将石油沥青改性后做浸渍涂

盖材料，以玻纤毡或聚酯毡等增强材料为胎体，以塑料薄膜、矿物粒、片料等作为防粘隔离层，经过选材、配料、共熔、浸渍、复合成型、卷曲、检验、分卷、包装等工序加工而制成的一种柔性中、高档的可卷曲的片状防水材料，属于弹性体沥青防水卷材中有代表性的品种。综合性能强，具有良好的耐高温和低温以及耐老化性能，施工简便。

2）APP改性沥青防水卷材属于塑性体沥青防水卷材，以纤维毡或纤维物为胎体，浸涂APP（无规聚丙烯）改性沥青，上表面撒布矿物粒、片料或覆盖聚乙烯膜，下表面撒布细砂或者覆盖聚乙烯膜，经过一定的生产工艺而加工制成的一种中、高档改性沥青可卷曲片状防水材料。其分子结构稳定、老化期长、具有良好的耐热性，拉伸强度高、伸长率大、施工简便、无污染。这种卷材具有−15～130℃的适应范围，耐紫外线能力很强。

卷材种类繁多，性能差异较大，因此对不同品种、标号和等级的卷材，应分别堆放。卷材应储藏在阴凉通风的室内，避免雨淋、暴晒和受潮，严禁接近火源等。

2. 卷材防水构造

卷材防水屋面分为保温卷材屋面和不保温卷材屋面，一般由结构层、隔汽层、保温层、找平层、防水层和保护层组成，其中是否设保温层和隔汽层，依据低温条件和使用要求而定，如图9-6所示。

图 9-6　卷材防水屋面构造层次图
（a）无保温层油毡屋面；（b）有保温层油毡屋面
1—结构层；2—隔汽层；3—保温层；4—找平层；5—底油结合层；
6—卷材防水层；7—保护层

其中，粘贴防水卷材用的胶粘剂，品种多、性能差异大，选用时应与所用的卷材的材性相容，才能很好地粘接在一起，否则就会出现粘贴不牢，脱胶开口，甚至发生相互间的化学腐蚀，使防水层遭到破坏。在防水层施工之前，预先涂刷在基层上的涂料称为基层处理剂。不同种类的卷材应选用与其材性相容的基层处理剂。高聚物改性沥青防水卷材用的基层处理剂可选用氯丁胶沥青乳液、橡胶改性沥青溶液和冷底子油。合成高分子防水卷材用的基层处理剂可选用聚氯酯二甲苯溶液、氯丁橡胶溶液和氯丁胶沥青乳液等。

3. 卷材防水层屋面施工

（1）卷材防水层施工规范要求

1）卷材防水层铺贴顺序和方向应符合下列规定：

① 卷材防水层施工时，应先进行细部构造处理，然后由屋面最低标高向上铺贴；

② 檐沟、天沟卷材施工时，宜顺檐沟、天沟方向铺贴，搭接缝应顺流水方向；

③ 卷材宜平行屋脊铺贴，上下层卷材不得相互垂直铺贴；

④ 立面或大坡面铺贴卷材时，应采用满粘法，并宜减少卷材短边搭接。

2）卷材搭接缝应符合下列规定：

① 平行屋脊的搭接缝应顺流水方向，搭接缝宽度应符合现行国家标准《屋面工程质量验收规范》GB 50207 的规定；

② 同一层相邻两幅卷材短边搭接缝错开且不应小于 500mm；

③ 上下层卷材长边搭接缝应错开，且不应小于幅宽的 1/3；

④ 叠层铺贴的各层卷材，在天沟与屋面的交接处，应采用叉接法搭接，搭接缝应错开；搭接缝宜留在屋面与天沟侧面，不宜留在沟底；

⑤ 合成高分子卷材搭接部位采用胶粘带粘结时，粘合面应清理干净，必要时可涂刷与卷材及胶粘带材性相容的基层胶粘剂，撕去胶粘带隔离纸后应及时粘合接缝部位的卷材，并应辊压粘贴牢固；低温施工时，宜采用热风机加热。搭接缝口用密封材料封严。

3）热粘法铺贴卷材应符合下列规定：

① 熔化热熔型改性沥青胶结料时，宜采用专用导热油炉加热，加热温度不应高于 200℃，使用温度不宜低于 180℃；

② 粘贴卷材的热熔型改性沥青胶结料厚度宜为 1.0～1.5mm；

③ 采用热熔型改性沥青胶结料铺卷材时，应随刮随滚铺，并应展平压实；

④ 厚度小于 3mm 的高聚物改性沥青防水卷材，严禁采用热熔法施工。搭接缝部位宜以溢出热熔的改性沥青胶结料为度，溢出的改性沥青胶结料宽度宜为 8mm，并宜均匀顺直。当接缝处的卷材上有矿物粒或片料时，应用火焰烘烤及清除干净后再进行热熔和接缝处理。

4）机械固定法铺贴卷材应符合下列规定：

① 固定件应与结构层连接牢固；

② 固定件间距应根据抗风揭试验和当地的使用环境与条件确定，并不宜大于 600mm；

③ 卷材防水层周边 800mm 范围内应满粘，卷材收头应采用金属压条钉压固定和密封处理。

（2）卷材防水层施工

卷材防水层的施工流程为：基层表面清理、修整→喷涂基层处理剂→节点附加层处理→定位、弹线、试铺→铺贴卷材→收头处理、节点密封→保护层施工。

1）基层处理

基层处理的好坏，对保证屋面防水施工质量起很大的作用。要求基层有足够的强度和刚度，承受荷载时不致产生显著的变形。采用水泥砂浆做找平层时，水泥砂浆抹平收水后应二次压光，充分养护，不得有酥松、起砂、起皮及起壳现象，否则，必须进行修补。屋面基层与女儿墙、立墙、天窗壁、烟囱、变形缝等凸出屋面结构的连接处，以及基层的转角处，均应做成圆弧。基层表面应坚实且具有一定的强度，清洁干净，表面无浮土、砂粒等污物，残留的砂浆块或凸起物应以铲刀削平。伸出屋面的管道及连接件应安装牢固，接缝严密，若有铁锈、油污应以钢丝刷、砂纸溶剂等予以清理干净。

找平层宜设置分格缝，并嵌填密封材料。分格缝应留设在板端缝处，其纵横向缝的最大间距：水泥砂浆或细石混凝土找平层不宜大于 6m，沥青砂浆找平层不宜大于 4m。

铺设防水层或隔汽层前，找平层必须干燥、洁净。基层处理剂的选用应与卷材的材性相容。基层处理剂可采用喷涂、刷涂施工。喷涂应均匀，待第一遍干燥后再进行第二遍喷涂，待最后一遍干燥后，方可铺设卷材。

2）卷材铺贴

① 施工顺序及铺设方向

卷材铺贴的整个施工过程中应采用"先高后低、先远后近"的施工顺序，即高低跨屋面，先铺高跨后铺低跨；等高的大面积屋面，先铺离上料地点较远的部位，后铺较近部位。这样可以避免已铺屋面因材料运输遭人员踩踏和破坏。

卷材大面积铺贴前，应先做好节点密封、附加层和屋面排水较集中部位（屋面与水落口连接处、檐口、天沟等）与分格缝的空铺条处理等，然后由屋面最低标高处向上施工。

施工段的划分宜设在屋脊、檐口、天沟、变形缝等处。

卷材铺贴方向应根据屋面坡度和周围是否有振动来确定。当屋面坡度小于3%时，卷材宜平行于屋脊铺贴；屋面坡度在3%～15%时，卷材可平行或垂直屋脊铺贴。屋面坡度大于15%或受振动时，高聚物改性沥青防水卷材和合成高分子防水卷材可平行或垂直屋脊铺贴，但上下层卷材不得相互垂直铺贴。当坡度大于25%时，应有固定措施，防止卷材下滑。

② 搭接方法、宽度和要求

卷材铺贴应采用搭接法，各种卷材的搭接宽度应符合表9-3的要求。

卷材搭接宽度　　　　　　　　　　　　表9-3

卷材种类		短边搭接宽度（mm）		长边搭接宽度（mm）	
		满粘法	空铺、点粘、条粘法	满粘法	空铺、点粘、条粘法
高聚物改性沥青防水卷材		80	100	80	100
合成高分子防水卷材	胶粘剂	80	100	80	100
	胶粘带	50	60	50	60
	单缝焊	60，有效焊接宽度不小于25			
	双缝焊	80，有效焊接宽度10×2+空腔宽			

当采用高聚物改性沥青防水卷材点粘或空铺时，两头部分必须全粘500mm以上。平行于屋脊的搭接缝，应顺水流方向搭接；垂直于屋脊的搭接缝，应顺年最大频率风向搭接。叠层铺贴的卷材，在天沟与屋面的连接处，应采用叉接法搭接，搭接缝应错开；接缝宜留在屋面或天沟侧面，不宜留在沟底。

3）高聚物改性沥青防水卷材铺贴

本书以热熔铺贴法为例进行说明。

① 涂布底胶

涂布底胶的目的是清理基层灰尘，隔绝基层潮气，增强卷材和基层的粘结能力。用长把刷把稀释过的氯丁胶或沥青涂料均匀的涂刷在干净和干燥的基层表面上，复杂部位用油漆刷刷涂，要求不露白，涂刷均匀。干燥4小时以上至不粘脚后方可进行下道工序。

② 附加层

底胶涂布作业完成后，先在水沟、女儿墙等重点部位铺贴一层附加层，附加层厚度为4mm。

③ 卷材实行热熔铺贴

应将卷材顺长方向进行配置，使卷材长向与流水方向垂直，卷材搭接要顺流水坡方向，不应成逆向。先铺设高跨屋面，后铺下层的屋面，先铺设排水比较集中的部位（如排水、檐口、天沟等处）按标高由低向高的顺序铺设。在基层上弹出基准线，把卷材试铺定位。用高压喷灯对卷材和基层的夹角处均匀加热，待卷材表面熔化后把成卷的改性卷材向前滚铺使其粘结在基层表面上。卷材的搭接宽度为长边不小于 100mm，短边不小于 150mm，搭接缝的边缘以溢出热熔的改性沥青为宜，然后用喷灯均匀热熔卷材搭接缝，用小抹子把边抹好。铺平面与立面相连的卷材时，应先铺贴平面，然后由下向上铺贴，并使卷材紧贴阴角，不应空鼓。

④ 质量检查与要求

所选用的改性沥青防水卷材的各项技术性能指标，应符合现行国家标准《弹性体改性沥青防水卷材》GB 18242 的要求，产品应附有现场取样的复核验证的质量检测报告或其他有关材料质量证明文件。

卷材与卷材的搭接缝必须粘结牢固，封闭严密。不允许有皱褶、孔洞、翘边脱层、滑移或影响渗漏水的其他外观缺陷存在。

卷材与穿墙管之间粘结牢固，卷材的末端收头部位，必须封闭严密。卷材防水层不允许有渗漏水的现象存在。

⑤ 成品保护

施工人员应穿软质胶底鞋，严禁穿带钉的硬底鞋。在施工过程中，严禁非本工序人员进入现场。

防水上堆料放物，都应轻拿轻放，并加以方木铺垫。施工用的小推车腿均应做包扎处理，防水层如搭设临时架子，架子管下口应加以板材铺垫，以防破坏防水层。

施工结束后要注意成品保护，严禁在防水层上堆放重物以及带棱角有尖刺的物品（如钢筋、机械、建筑垃圾）。

防水层验收合格后，可直接在防水层上浇筑细石混凝土或砂浆作刚性保护层，施工时必须防止施工机具如手推车或铁锹损坏防水层。

施工中若有局部防水层破坏，应及时采取相应的补救措施，以确保防水层的质量。

4）合成高分子防水卷材铺贴

高分子防水卷材的铺贴目前采用较多的是冷粘贴法，其施工工艺如下。

① 基层处理

基层表面为水泥砂浆找平层，找平层要求表面平整。当基层面有凹坑或不平时，可用聚合物水泥砂浆嵌平或抹成缓坡。基层在铺贴前做到洁净、干燥。

② 底胶

将高分子防水材料胶粘剂配制成的基层处理剂或胶粘带，均匀地刷在基层的表面，在干燥 4~12h 后再进行后一道工序。胶粘剂涂刷应均匀，不漏底，不堆积。

③ 卷材上胶

先把卷材在干净平整的面层上展开，用长滚刷蘸满搅拌均匀的胶粘剂，涂刷在卷材的表面，涂胶的厚度要均匀且无漏涂，但在沿搭接部位留出 100mm 宽的无胶带。静置 10~20min，当胶膜干燥且手指触摸基本不粘手时，用纸筒芯重新卷好带胶的卷材。

④ 滚铺

卷材的铺贴应从流水口下坡开始。先弹出基推线，然后将已涂刷胶粘剂的卷材一端先粘贴固定在预定部位，再逐渐沿基线滚动展开卷材，将卷材粘贴在基层上。

卷材滚铺施工中应注意：铺设同一跨屋面的防水层时，应先铺排水口、天沟、檐口等处排水比较集中的部位，按标高由低向高的顺序铺；在铺多跨或高低跨屋面防水卷材时，应按先高后低、先远后近的顺序进行；应沿卷材顺长方向铺，并使卷材长面与流水坡度垂直，卷材的搭接要顺流水方向，不应成逆向。

⑤ 上胶

在铺贴完成的卷材表面上均匀涂刷一层胶粘剂。

⑥ 复层卷材

根据设计要求可再重复上述施工方法，再铺贴一层高分子卷材，达到屋面防水的效果。

⑦ 着色剂

在高分子防水卷材铺贴完成、质量验收合格后，可在卷材表面涂刷着色剂，起到保护卷材和美化环境的作用。

9.2.2 涂膜防水屋面

1. 涂膜防水屋面材料及构造

涂膜防水屋面是将防水材料涂刷在屋面基层上，利用涂料干燥或固化后形成一层不透水的薄膜层来达到防水的目的。涂膜防水屋面具有防水、抗渗、粘结力强、耐腐蚀、耐老化、延伸率大、弹性好、不延燃、无毒、施工方便等诸多优点，主要适用于防水等级为Ⅱ级的屋面防水，也可用作Ⅰ级屋面两道防水设防中的一道防水层。涂料按其稠度有厚质涂料和薄质涂料之分，具体做法视屋面构造和涂料本身性质而定。涂膜防水屋面构造层次和泛水构造如图9-7和图9-8所示。

图 9-7　涂膜防水屋面的构造层次

图 9-8　涂膜防水屋面泛水构造
（单位：mm）

特别需要指出的是，对于涂膜防水层，它是紧密地依附于基层（找平层），形成具有一定厚度和弹性的整体防水膜而起到防水作用的。与卷材防水屋面相比，找平层的平整度对涂膜防水层质量影响更大，平整度要求更严格，否则涂膜防水层的厚度得不到保证，必将造成涂膜防水层的可靠性、耐久性降低。涂膜防水层是满粘于找平层的，按剥离区理论，找平层开裂（强度不足）易引起防水层开裂。因此涂膜防水层的找平层应有足够的强度，尽可能避免裂缝发生，出现裂缝应做修补，通常涂膜防水层的找平层宜采用掺膨胀剂的细石混凝土，强度等级不低于C15，厚度不小于30mm，宜为40mm。

2. 涂膜防水层屋面施工

（1）涂膜防水屋面施工

涂膜防水屋面的施工方法主要包括抹压法、涂刷法、涂刮法和机械喷涂法。涂膜防水屋面的施工方法不同，其适用范围也各不相同，见表9-4。

涂膜防水屋面的施工方法和适用范围　　　　　　　　　　表9-4

施工方法	具体做法	作用范围
抹压法	涂料用刮板刮平后，待其表面收水而尚未结膜时，用铁抹子压实抹光	用于流平性差的沥青基厚质防水涂膜施工
涂刷法	用棕刷、长柄刷、圆滚刷蘸防水涂料进行涂刷	用于涂刷立面防水层和节点部位细部处理
涂刮法	用胶皮刮板涂布防水涂料，先将防水涂料倒在基层上，用刮板来回涂刮，使其厚薄均匀	用于黏度较大的高聚物改性沥青防水涂料和合成高分子防水涂料在大面积上的施工
机械喷涂法	将防水涂料倒入设备内，通过喷枪将防水涂料均匀喷出	用于黏度较小的高聚物改性沥青防水涂料和合成高分子防水涂料在大面积上的施工

（2）涂膜防水屋面的施工程序

涂膜防水屋面的施工程序，与涂膜地下防水的施工程序基本相同。涂膜防水层的施工程序一般为：施工准备工作→板缝处理及基层施工→基层检查及处理→涂刷基层处理剂→节点和特殊部位附加增强处理→涂布防水涂料铺贴胎体增强材料→防水层清理与检查维修→保护层施工。

9.2.3　刚性防水屋面

刚性防水屋面是指用防水砂浆或配筋现浇细石混凝土做防水层的屋面。因混凝土抗拉强度低，属于脆性材料，故称为刚性防水屋面，其结构层如图9-9所示。这种屋面的主要优点是结构简单，施工方便，造价低，耐久性好，但容易开裂，尤其在气候变化剧烈、屋面基层变形大的情况下更是如此。所以刚性防水屋面多用于南方地区，而很少用于北方。

刚性防水，它主要依靠混凝土自身的密实或采用收缩补偿混凝土，并采取一定的构造措施（如配筋、设置隔离层、混凝土分缝、油膏嵌缝等）以达到防水目的。刚性防水主要有普通细石混凝土防水、预应力混凝土防水、补偿收缩混凝土防水、钢纤维混凝土和块体刚性防水。它主要适用于房屋屋面防水工程和地下防水工程。

由于刚性防水伸缩的弹性小，对地基的不均匀沉降、构件的微小变形、房屋受振动、温度变化极为敏感。如果设计不合理、施工不良，极易发生漏水、渗水现象，故施工时应对材料的质量和操作规程进行严格要求，才能确保防水工程的质量。

9.2.4　瓦材屋面结构

所谓瓦材屋面，是指采用各种瓦形材料作为防水层的屋面。瓦材屋面所使用的瓦材包括传统黏土瓦（小青瓦和平瓦）、防水卷材瓦、波形瓦及压形钢板等。

瓦屋面的构造原理是在屋面基层上铺设各种瓦材，瓦材之间互相搭接以防止雨水渗漏。瓦材屋面结构简单，传统瓦材取材容易，现代瓦材材质轻块大、施工简便。我国传统建筑广泛采用瓦材屋面，成为一大特色，现代建筑有时也采用瓦材屋面以减轻屋盖自重。尽管如此，瓦材屋面终因其接缝多，极易构成屋面防水薄弱环节，且结构上常使屋面坡度增大，多以坡屋顶形式出现。

防水层：40厚C25细石混凝土内配φ4
双向钢筋网片，间距100~200
隔离层：干铺卷材，或低强度等级砂浆
找平层：20厚1:3水泥砂浆
结构层：钢筋混凝土屋面板

图 9-9　刚性防水屋面结构层

瓦屋面的构造组成，概括起来包括屋顶承重结构、屋面基层和屋面防水层三部分。

思政小课堂

解码智慧冬奥
——2022 年北京冬奥会智慧场馆建设

历届奥运会都是最新科技成果应用的重要场景，无论北京还是张家口赛区，绿色节能、可持续都是冰上场馆新建和改造的核心主题，让我们一起近距离了解北京冬奥会智慧场馆建设方面蕴藏的高科技。

1. 场馆设计创新

国家速滑馆"冰丝带"是 2022 年北京冬奥会北京主赛区标志性场馆，也是唯一新建的冰上竞赛场馆（图 9-10）。它的设计理念来自冰和速度结合的创意，22 条丝带就像运动员滑过的痕迹，象征速度和激情。

图 9-10　国家速滑馆

"冰丝带"建设应用基于 BIM 的智慧建造技术，使主体结构工期节省了 2 个月时间、节约钢材 2800t。通过建立数字孪生和智能化集成管理平台，集成 45 个子系统，将场馆的设备数据进行集中管理，数据更新速度由秒级提升至毫秒级，对场馆设施实现 3D 可视化分级信息浏览，点击即可获取相关设备详细信息，有效解决了场馆相关设备多样、协议复杂等一体化管控难问题，实现场馆运行数据采集、趋势研判、提前预警和分析决策的综合智慧管理。

在轻型结构和智慧建造方面，"冰丝带"采用面向未来的单层双向正交马鞍形索网结构，大大减少屋顶用钢量。同时，建筑师为场馆建立节能体系，包括控制新建场馆容积，增强自然通风和采光利用，提升场馆能源运行水平等，降低了冰上场馆对环境的整体影响，提高了场馆运行效率。

2. 施工材料创新

在双碳背景下，绿色办奥的理念正在激发建材产业潜能，塑造人与自然和谐共生的绿色低碳节能建筑。

你能想到吗？玻璃可以作为新能源材料，应用于 2022 年北京冬奥会国家速滑馆和张家口冬奥会配套设施改造项目。我国自主开发出的碲化镉发电玻璃，具有弱光性能好、抗衰减等特点，是适用于光伏建筑一体化的理想材料（图 9-11）。

图 9-11 碲化镉发电玻璃在赤城奥运走廊项目中的应用

据了解，在 2022 年北京冬奥会项目建设中，碲化镉发电玻璃分别应用于国家速滑馆和张家口冬奥会场馆 BIPV 建筑一体化项目，以及赤城奥运走廊项目。在绿色办奥的目标下，发电玻璃的应用既满足了功能性要求，同时还兼具经济性和艺术性。以赤城奥运走廊项目为例，经过对比论证，赤城奥运走廊总容量为 12MW，是亚洲第一大碲化镉发电玻璃电站。该项目意味着我国光伏＋荒漠整治模式的成功，为未来光伏产品的应用模式、应用场景提供了新思路。

碲化镉发电玻璃不仅具有建筑材料的特性，而且能够发电，是新型绿色环保建筑材料，目前在全国已有多个应用碲化镉发电玻璃的光伏建筑一体化示范项目。通过 2022 年北京冬奥会场馆的建设应用，碲化镉发电玻璃将成为绿色和科技办奥交汇的创新点。

3. 应用理念创新

在北京 2022 年冬奥会期间，国家游泳中心（以下简称"水立方"）将变身为"冰立方"，成为冬奥冰壶和轮椅冰壶项目竞赛场馆（图 9-12）。对于冰壶赛事而言，场地的光环境效果将直接影响到赛事能否顺利进行、运动员的竞技状态、技术水平的发挥以及最终的比赛成绩。

图 9-12　国家游泳中心改造现场

水立方是既有场馆，原有建筑布局和马道主要是满足游泳和跳水等水上项目的照明需求，要在具备上述条件的同时，满足冰壶比赛的要求，且要实现节能以及赛时、赛后的综合利用，赛后要满足冰上和水上两类运动的照明需求，这就需要提供一套足够灵活和适应性强的解决方案。

国家游泳中心冰壶场地照明改造后，经现场测试，各项照明指标满足冬奥比赛和电视转播要求，并得到了奥运转播机构 OBS 专家和冬奥组委的充分肯定，为 2022 年北京冬奥会提供了重要的技术保障。在打造可持续赛后利用场景方面，"水立方"通过"水冰转换"可拆卸结构，可实现冬季、夏季两个使用场景的转换。

不难看出，在北京冬奥场馆规划建设工作中，无论建设新场馆还是改造老场馆，既从自身特点出发，又结合发展的理念，考虑到赛后运营，最大限度利用既有场馆和设施，并融入 5G、大数据等新一代科技，把近期和远期、现状和新建结合考虑，体现出可持续的发展理念。

思 考 题 及 习 题

1. 地下室防水可以采用哪些材料？
2. 外贴法与内贴法的区别有哪些？
3. 止水带适用于哪些工程条件？
4. 屋面防水中常用的高聚物改性沥青防水卷材有哪些种类？
5. 涂膜防水屋面的施工方法有哪些？
6. 屋面防水卷材的铺贴方向应如何确定？
7. 卷材防水屋面的施工顺序应如何确定？
8. 地下卷材防水的外贴法与内贴法施工的区别与特点是什么？

第9章思考题及
习题参考答案

第 10 章　装　饰　工　程

内容提要　本章主要介绍了装饰工程。装饰工程是采用装饰装修材料或饰物，对建筑物内外表面及空间进行的各种处理过程。装饰工程是整个建筑工程的重要组成部分，概括地说，建筑装饰的主要作用是：保护主体，延长其使用寿命，增强和改善建筑物的保温、隔热、防潮、隔声等使用功能，美化建筑物及周围环境，给人们创造一个良好的生活、生产的空间。

学习要求　通过本章学习，掌握主要装饰工程对材料的质量要求，装饰工程施工工艺过程和施工方法；了解装饰工程的质量标准及质量保证措施；掌握一般抹灰工程材料的质量要求、施工操作方法；掌握大理石、花岗石板面传统湿作业方法和干挂法的施工工艺，釉面砖和外墙面砖的镶贴方法；掌握建筑涂料施工方法。

10.1　抹　灰　工　程

抹灰工程按工种可分为室内抹灰和室外抹灰，按抹灰的材料和装饰效果可分为一般抹灰和装饰抹灰。

一般抹灰采用的是石灰砂浆、混合砂浆、水泥砂浆、麻刀灰、纸筋灰和石膏灰等材料；装饰抹灰按所用的材料、施工方法和表面效果可分为拉条灰、拉毛灰、水刷石、水磨石、干粘石、剁斧石及弹涂、滚涂、喷砂等。

10.1.1　一般抹灰

1. 一般抹灰的分级、组成和要求

一般抹灰按做法和质量要求分为：普通抹灰、中级抹灰和高级抹灰三级。

普通抹灰由一底层、一面层构成，施工要求分层赶平、修整，表面压光。

中级抹灰由一底层、一中层、一面层构成，施工要求阳角找方、设置标筋，分层赶平、修整，表面压光。

高级抹灰由一底层、数中层、一面层构成，施工要求阴阳角找方、设置标筋，分层赶平、修整，表面压光。

抹灰工程分层施工，主要是为了保证抹灰质量，做到表面平整，避免裂缝，粘结牢固，一般由底层、中层和面层组成，当底层和中层合并操作时，则可只分为底层和面层，各层的作用及对材料的要求如下：

（1）底层

底层主要起抹面层与基层粘结和初步找平的作用，采用的材料与基层有关，室内砖墙常用石灰砂浆或水泥砂浆；室外砖墙常采用水泥砂浆；混凝土基层常采用素水泥浆、混合砂浆或水泥砂浆；硅酸盐砌块基层应采用水泥混合砂浆或聚合物水泥砂浆；板条基层抹灰常采用麻刀灰和纸筋灰，因基层吸水性强，故砂浆稠度应较小，一般为 10～20cm，若有防潮、防水要求则应采用水泥砂浆抹底层。

（2）中层

中层主要起保护墙体和找平作用，采用的材料与基层相同，但稠度可大一些，一般为 7～8cm。

（3）面层

面层主要起装饰作用，室内墙面及顶棚抹灰常采用麻刀灰、纸筋灰或石膏灰，也可采用大白腻子，室外抹灰可采用水泥砂浆、聚合物水泥砂浆或各种装饰砂浆，稠度 10cm 左右。

抹灰层的平均总厚度要求为：内墙普通抹灰不得大于 18mm，中级抹灰不得大于 20mm，高级抹灰不得大于 25mm；外墙抹灰墙面不得大于 20mm，勒脚及凸出墙面部分不得大于 25mm；对于顶棚抹灰当基层为板条空心砖或现浇混凝土时不得大于 15mm，预制混凝土不得大于 18mm，金属顶棚、顶层金属网顶棚抹灰不得大于 20mm。

抹灰层的厚度要求为：水泥砂浆每层厚度宜为 5～7mm，水泥混合砂浆和石灰砂浆每层厚度宜为 7～9mm。

面层抹灰经过赶平压实的厚度，麻刀灰不得大于 3mm，纸筋灰、石膏灰不得大于 2mm。

2. 抹灰工具

（1）抹子

抹子是将灰浆施于抹灰面上的主要工具，有铁抹子、钢皮抹子、压子、塑料抹子、木抹子、阴阳角抹子等，可用于抹底层灰、面层灰、压光、搓平压实、阴阳角压光等抹灰操作。

（2）木制工具

木制工具主要有木杠、刮尺、靠尺、靠尺板、方尺、托线板等，可用于抹灰层的找平、做墙面楞角、测阴阳角的方正和墙面的垂直度。

（3）其他工具

其他工具有毛刷、钢丝刷、茅草把、喷壶、水壶、弹线墨斗等，可用于抹灰面的洒水、清刷基层、木抹子搓平时洒水及墙面洒水、浇水。

3. 一般抹灰的施工方法

（1）内墙一般抹灰

内墙一般抹灰操作的工艺流程为：基体表面处理→浇水润墙→设置标筋→阳角做护角→抹底层、中层灰→窗台板、踢脚板或墙裙→抹面层灰→清理。

（2）外墙一般抹灰

外墙一般抹灰的工艺流程为：基体表面处理→浇水润墙→设置标筋→抹底层、中层灰→弹分格线、嵌分格条→抹面层灰→起分格条→养护。

外墙抹灰的做法与内墙抹灰大部分相似，下面只介绍不同点。

① 抹灰顺序。外墙抹灰应先上部后下部，先檐口再墙面。大面积的外墙可分块同时施工。

高层建筑的外墙面可在垂直方向适当分段，如一次抹完有困难，可在阴、阳角交接处或分格线处间断施工。

② 嵌分格条，抹面层灰及分格条的拆除。待中层灰6～7成干后，按要求弹分格线。分格条为梯形截面，浸水湿润后两侧用黏稠的素水泥浆与墙面抹成45°角粘接。嵌分格条时，应注意横平竖直，接头平直。如当天不抹面层灰，分格条两边的素水泥浆应与墙面抹成60°角。

面层灰应抹得比分格条略高一些，然后用刮杠刮平，紧接着用木抹子搓平，待稍干后再用刮杠刮一遍，用木抹子搓磨出平整、粗糙、均匀的表面。

面层抹好后即可拆除分格条，并用素水泥浆把分格缝勾平整。如果不是当即拆除分格条，则必须待面层达到适当强度后才可拆除。

（3）顶棚一般抹灰

顶棚抹灰一般不设置标筋，只需按抹灰层的厚度在墙面四周弹出水平线作为控制抹灰层厚度的基准线。若基层为混凝土，则需在抹灰前在基层上用掺10%的107胶的水溶液或水灰比为0.4的素水泥浆刷一遍作为结合层。抹底灰的方向应与楼板及木模板木纹方向垂直。抹中层灰后用木刮尺刮平，再用木抹子搓平。面层灰宜两遍成活，两道抹灰方向垂直，抹完后按同一方向抹压赶光。顶棚的高级抹灰应加钉长350～450mm的麻束，间距为400mm，并交错布置，分别按放射状梳理抹进中层灰浆内。

4. 一般抹灰的注意事项

（1）底层砂浆与中层砂浆的配合比应基本相同。

中层砂浆的强度不能高于底层，底层砂浆的强度不能高于基层，以免砂浆凝结过程中产生较大的收缩应力，破坏强度较低的底层或基层，使抹灰层产生开裂、空鼓或脱落。一般混凝土基层上不能直接抹石灰砂浆，而水泥砂浆也不得抹在石灰砂浆层上。

（2）冬期施工，抹灰砂浆应采取保温措施。

涂抹时，砂浆温度不宜低于5℃。砂浆抹灰硬化初期不得受冻，气温低于5℃时，室外抹灰所用的砂浆可掺入混凝土防冻剂，其掺量由试验确定。用作涂料墙面的抹灰砂浆中不得掺入含氯盐的防冻剂，以免引起涂层表面反碱、咬色。

（3）外檐窗台、窗楣、雨篷、阳台、压顶和突出腰线等，上面应做流水坡度，下面应做滴水线或滴水槽，其深度和宽度均应小于10mm，并应整齐一致。

10.1.2　装饰抹灰施工

装饰抹灰除具有与一般抹灰相同的功能外，主要是装饰艺术效果更加鲜明。装饰抹灰的底层和中层的做法与一般抹灰基本相同，只是面层的材料和做法有所不同。

装饰抹灰面层所用的材料有彩色水泥、白水泥和各种颜料及石粒，石粒中较为常用的是大理石石粒，具有多种色泽。

1. 水磨石

现制水磨石一般适用于地面施工，墙面水磨石通常采用水磨石预制贴面板镶贴。

地面现制水磨石的施工工艺流程为：基层处理→抹底、中层灰→弹线、贴镶嵌条→抹面层石子浆→水磨面层→涂草酸磨洗→打蜡上光。

（1）弹线、贴镶嵌条

在中层灰验收合格24h后，即可弹线并镶嵌条。嵌条可采用玻璃条或铜条。玻璃条规格为宽×厚＝10mm×3mm，铜条规格为宽×厚＝10mm×（1～1.2）mm。镶嵌条时，先用靠尺板与分格线对齐，将其压好，然后把嵌条与靠尺板贴紧，用素水泥浆在嵌条另一侧根部抹成八字形灰埂，其灰浆顶部比嵌条顶部低3mm左右。然后取下靠尺板，在嵌条另一侧抹上对称的灰埂。

（2）抹水泥石子浆

将嵌条稳定好，浇水养护3～5d后，抹水泥石子面层。具体操作为：清除地面积水和浮灰，接着刷素水泥浆一遍，然后铺设面层水泥石子浆，铺设厚度高于嵌条1～2mm。铺完后，在表面均匀撒一层石粒，拍实压平，用滚筒压实，待出浆后，用抹子抹平，24h后开始养护。

（3）磨光

开磨时间以石粒不松动为准。通常磨四遍，使全部嵌条外露。第一遍后将泥浆冲洗干净，稍干后擦同色水泥浆，养护2～3d。第二遍用100～150号金刚砂洒水后将表面磨至平滑，用水冲洗后养护2d。第三遍用180～240号金刚砂或油石洒水后磨至表面光亮，用水冲洗擦干。第四遍在表面涂擦草酸溶液（草酸溶液为热水：草酸＝1：0.35（质量比），冷却后备用），再用280号油石细磨，直至磨出白浆为止。冲洗后晾干，待地面干燥后进行打蜡。

水磨石的外观质量要求为：表面平整、光滑，石子显露均匀，不得有砂眼、磨纹和漏磨，嵌条位置准确，全部露出。

2. 水刷石

水刷石是一种常用的外墙装饰抹灰。面层材料的水泥可采用彩色水泥、白水泥或普通水泥。颜料应选耐碱、耐光、分散性好的矿物颜料。骨料可选用中、小八厘石粒，玻璃碴、粒砂等，骨料颗粒应坚硬、均匀、洁净，色泽一致。

水刷石的施工工艺流程：基层处理→抹底、中层灰→弹线、贴分格条→抹面层石子浆→冲刷面层→起分格条及浇水养护。

（1）抹面层石子浆

待中层砂浆初凝后，酌情将中层抹灰层润湿，马上用水胶比0.4的素水泥浆满刮一遍，随即抹面层石子浆。石子浆面层稍收水后，用铁抹子把面层浆满压一遍，把露出的石子棱尖轻轻拍平，然后用刷子蘸水刷一遍，再通压一遍。如此反复刷压不少于三遍，最后用铁抹子拍平，使表面石子大面朝外，排列紧密均匀。

（2）冲刷面层

冲刷面层是影响水刷石质量的关键环节。此工序应待面层石子浆刚开始初凝时进行（手指按上去不显指痕，用刷子刷表面而石粒不掉时）。冲刷分两遍进行，第一遍用软毛刷蘸水刷掉面层水泥浆，露出石粒。第二遍紧跟着用喷雾器向四周相邻部位喷水。把表面水泥浆冲掉，石子外露约为1/2粒径，使石子清晰可见，均匀密布。喷水顺序应由上至下，喷水压力要合适，且应均匀喷洒。喷头离墙10～20cm。前道工序完成后用清水（水管或水壶）从上到下冲净表面。冲刷的时间要严格掌握，过早或过度则石子显露过多，易脱落；冲刷过晚则水泥浆冲刷不净，石子显露不够或饰面浑浊，影响美观。冲刷的顺序应由上而下分段进行，一般以每个分格线为界。为保护未喷刷的墙面面层，冲刷上段时，下段墙面可用牛皮纸或塑料布贴盖，将冲刷的水泥浆外排。若墙面面积较大，则应先罩面先冲洗，后罩面后冲洗。罩面顺序也是先上后下，这样既可保证各部分的冲刷时间，又可保护下段墙面不受到损坏。

（3）起分格条

冲刷面层后，适时起出分格条，用小线抹子顺线溜平，然后根据要求用素水泥浆做出凹缝并上色。

水刷石的外观质量要求是石粒清晰，分布均匀，紧密平整，色泽一致，不得有掉粒和接槎痕迹。

3. 剁斧石（斩假石）

斩假石是一种在硬化后的水泥石子浆面层上用斩斧等专用工具斩琢，形成有规律剁纹的一种装饰抹灰方法。其骨料宜采用小八厘的石粒，成品的色泽和纹理与细琢面花岗石或白云石相似。

斩假石的施工工艺流程：基层处理→抹底、中层灰→弹线、贴分格条→抹面层水泥石子浆→养护→斩剁面层。

（1）抹面层水泥石子浆

在已硬化的水泥砂浆中层（水胶比 1∶2 的水泥砂浆）上洒水湿润，弹线并贴好分格条，用素水泥浆刷一遍，随即抹面层。面层石粒浆的配合比为 1∶1.25 或 1∶1.5，稠度为 5～6cm，骨料采用 2mm 粒径的米粒石，内掺 0.3mm 左右粒径的白云石屑。面层抹面厚度为 12mm，抹后用木抹子打磨拍平，不要压光，但要拍出浆，随势上下溜直，每分格区内一次抹完。抹完后，随即用软毛刷蘸水顺剁纹的方向把水泥浆轻刷掉露出石粒。但注意不要用力过大，以免石粒松动。抹完 24h 后浇水养护。

（2）斩剁面层

在正常温度（15～30℃）下，面层养护 2～3d 后即可试剁，试剁时以石粒不脱掉、较易剁出斧迹为准。采用的斩剁工具有斩斧、多刃斧、花锤、扁凿、齿凿、尖锥等。斩剁的顺序一般为先上后下，由左至右，先剁转角和四周边缘，后剁大面。斩剁前应先弹顺线，相距约 10cm，按线斩剁，以免剁纹跑斜。剁纹深度一般以 1/3 石粒粒径为宜。为了美观，一般在分格缝和阴、阳角周边留出 15～20mm 的边框线不剁。斩剁完后，墙面应用清水冲刷干净，起出分格条，用钢丝刷刷净分格缝处。按设计要求，可在缝内做凹缝并上色。

斩假石的外观质量标准是：剁纹均匀顺直，深浅一致，不得有漏剁处。阳角处横剁或留出不剁的边条应宽窄一致，棱角不得有损坏。

以上介绍的三种装饰抹灰的共同特点是采用适当的施工方法，显露出面层中的石粒，以呈现天然石粒的质感和色泽，达到装饰目的。所以此类装饰抹灰又称为石碴类装饰抹灰。该类装饰抹灰还有干粘石、扒拉石、拉假石、喷粘石等做法。

4. 拉条灰

拉条灰是以砂浆和灰浆做面层，然后用专用模具在墙面拉制出凹凸状平行条纹的一种内墙装饰抹灰方法。这种装饰抹灰墙面广泛用于剧场、展览厅等公共建筑物作为吸声墙面。

拉条灰的施工工艺流程：基层处理→抹底、中层灰→弹线、贴拉模轨道→抹面层灰→拉条→取木轨道、修整饰面。

5. 拉毛灰

拉毛灰是在尚未凝结的面层灰上用工具在表面触拉，靠工具与灰浆间的粘结力拉出大小、粗细不同的凸起毛头的一种装饰抹灰方法，可用于有一定声学要求的内墙面和一般装饰的外墙面。

拉毛灰的施工工艺流程：基层处理→抹底层灰→弹线、粘贴分格条→抹面层灰、拉毛→养护。

拉毛灰的外观质量标准为：花纹、斑点分布均匀，不显接槎。

6. 洒毛灰

洒毛灰所用的材料、操作工艺与拉毛灰基本相同，只是面层采用1：1的彩色水泥砂浆，用茅草、竹丝或高粱穗绑成20cm长、手握粗细适宜的小帚，将砂浆泼洒到中层灰面上。操作时由上往下进行，要用力均匀，每次蘸用的砂浆量、洒向墙面的角度和与墙面的距离都要一样。如几个人同时操作，应先试洒，要求操作人员的手势做法基本一致，出入较大时应相互协调，以保证形成均匀呈云朵状的粒状饰面。也可使中层抹灰带有颜色，然后不均匀地洒上面层砂浆，并用抹子轻轻压平，使表面局部露底，形成带色底层与洒毛灰纵横交错的饰面。

洒毛灰的外观质量标准和质量允许偏差同拉毛灰。

除以上介绍的几种装饰抹灰外，还有采用聚合物水泥砂浆的喷涂、滚涂、弹涂等装饰抹灰。

这几种装饰抹灰是利用专用喷枪、喷斗或滚、弹涂工具将聚合物水泥（彩色）砂浆施于墙面的中层灰面层上，形成粒状、波状面层或大小、颜色不一的色点或拉毛，也是极富特色的一类饰面抹灰方法。

10.1.3 抹灰工程其他注意事项

1. 外墙抗裂控制缝

外墙抗裂控制缝可采用预留和后切两种方法留缝，金属网、找平层、防水层、饰面层应在相同位置留缝。

（1）预留抗裂控制缝：底层砂浆抹好后，根据图纸要求弹出控制缝位置线，沿线粘分格条，并在分格条两侧用素水泥浆抹成45°八字形坡。然后，抹面层砂浆与分格条平齐，砂浆表面无明水时，将分格条起出，用素水泥膏勾缝。

（2）后切抗裂控制缝：面层抹灰砂浆达到一定强度后用墨线弹出抗裂控制缝位置，然后用切割机切缝，用空气压缩机具吹除缝内粉末。

（3）用柔性密封嵌缝材料嵌填预留或后切的抗裂控制缝。

2. 施工缝及后续抹灰施工

抹灰施工需留施工缝时，要将已完成的抹灰层边缘切成与墙面成60°角的反槎，如图10-1所示，水平施工缝的反槎必须向下，防止水从槎口渗入墙体。

反槎留置不超过1～2h，在槎口处甩撒素水泥浆后可继续抹灰。当留置反槎超过终凝时，应将槎口及墙身反复浇水湿润，水浸入深度10mm且表面无明水时即可抹灰。

图 10-1 反槎留置示意图

3. 内墙抹灰注意事项

内墙阳角要做护角，墙面踢脚线应采用 M15 水泥砂浆打底抹面，卫生间为有防水要求的房间，在淋浴位置墙面的防水层高度从建筑完成地面起算 1800mm，墙面采用 1.5mm 厚Ⅱ型 JS 防水多遍涂刷。

4. 外墙抹灰注意事项

外墙上直通室内的管道，应加套管，做到内高外低，并在外墙沿套管周边嵌填密封胶；外墙找平层材料的抗拉强度不应低于外墙饰面对基层粘结强度的要求。

5. 冬、雨期施工

一般抹灰工程的施工环境温度应该在 5℃以上，环境温度低于 5℃时，应该采取升温、保温或抗冻措施，且要编制冬期施工方案，0℃以下严禁施工。抹灰砂浆层硬化初期不得受冻。油漆墙面的抹灰砂浆中不得掺入氯化钠和氯化钙。冬期施工，应设专人定时开关门窗，以便加强通风，排除湿气。雨期施工应采取防雨措施，防止抹灰层终凝前受雨淋损坏。

10.2 饰面板（砖）工程

饰面板（砖）工程是指用饰面砖、天然或人造石饰面板等安装或粘贴在室内外墙面、柱面等基层上的饰面装饰工程。

饰面砖常用的有釉面瓷砖、外墙面砖、陶瓷锦砖等。

饰面板常用的有大理石、花岗石等天然石板；预制水磨石、人造大理石等人造饰面板以及金属饰面板（如彩色涂层钢板、彩色不锈钢板、镜面不锈钢饰面板、铝合金板等）。

依据饰面板（砖）的板块大小和设计构造做法，饰面板（砖）工程施工方法主要有粘贴法、挂贴法和干挂法。

10.2.1 粘贴法施工

粘贴法施工是指用粘结砂浆、聚合物水泥浆或强力胶等粘结材料，将饰面板（砖）块材粘结在基层表面形成装饰面层的施工做法。这种施工做法施工简便、成本较低，是饰面板（砖）施工中较常用的做法，适用于地面、内墙面、建筑细部及单层或多层外墙面块材较小的饰面板（砖）施工，如地面粘贴地面砖，室内墙面粘贴釉面砖，室外墙面粘贴外墙面砖以及厚度在 10mm 以下、边长小于 400mm 的大理石或花岗石板材等。

现以室内墙面粘贴釉面砖为例说明粘贴法施工工艺。室内墙面粘贴釉面砖的基本构造做法如图 10-2 所示。

1. 材料

（1）水泥

水泥主要使用在基层和粘结层，通常选用 42.5 级矿渣硅酸盐水泥或普通硅酸盐水泥。水泥应有出厂证明或复验合格单。若出厂日期超过 3 个月而且水泥已结有小块的不得使用；白水泥主要用于擦缝或作粘结层，水泥强度等级应在 42.5 级以上，并符合设计和规范质量标准的要求。

（2）砂子

砂子应选用中砂，用前过筛，含泥量不大于 3%。

图 10-2 室内墙面粘贴釉面砖的基本构造做法

（3）面砖

面砖的表面应光洁、方正、平整、质地坚固，其品种、规格、尺寸、色泽、图案应均匀一致，并符合设计要求。不得有缺楞、掉角、暗痕和裂纹等缺陷。其性能指标均应符合现行国家标准的规定。釉面砖的吸水率不得大于 10%。

（4）石灰膏

石灰膏可用块状生石灰淋制，淋制时必须用孔径 3mm 的筛网过滤，并储存在沉淀池中。熟化时间，常温下不少于 15d。石灰膏内部不得有未熟化的颗粒和其他杂质。

（5）生石灰粉

磨细生石灰粉，其细度应通过 4900 孔/cm² 的筛子，用前用水浸泡，其时间不少于 3d。

（6）粉煤灰

用作塑化剂的粉煤灰其细度应通过 0.08mm 筛孔，筛余量不大于 5%。

（7）界面剂和矿物颜料

界面剂和矿物颜料应按设计要求配合，其质量应符合规范要求。

2. 施工工艺顺序

室内墙面粘贴釉面砖的施工工艺顺序为：基层处理→找规矩、贴灰饼与冲筋→抹底层灰→选砖、排砖→弹线、贴标准点→垫底尺、粘贴瓷砖→擦缝。

3. 施工操作要点

（1）抹底层灰

根据基层材料不同，底层灰的材料和操作也各有不同。

271

混凝土墙面抹底层灰：先用掺水 10%的乳液（胶粘剂）的素水泥浆薄薄地刷一道，然后紧跟前面用 1∶3 水泥砂浆分层抹底层灰。每层厚度控制在 5～7mm，使底层砂浆与基层粘结牢固。底层砂浆抹平压实后，应将其扫毛或划毛。

加气混凝土抹底层灰：先刷一道掺水 20%的胶粘剂水溶液，紧跟着用 1∶0.5∶4 的水泥混合砂浆分层抹底层灰，其厚度控制在 7mm，刮平压实后扫毛或划出纹道，待终凝后浇水养护。

砖墙面抹底层灰：先将砖墙面浇水湿润，然后用 1∶3 水泥砂浆分层抹底层灰，其厚度控制在 12mm，在刮平压实后，扫毛或划出纹道，待终凝后浇水养护。

（2）选砖、排砖

内墙瓷砖或釉面砖一般按 1mm 差距分类选出 1～3 个规格，选好后应根据房间大小计划好用料，一面墙或一间房间尽量用同一规格的瓷砖。要求选用方正、平整、无裂纹、棱角完好、颜色均匀、表面无凸凹和扭翘等毛病的瓷砖，不合格的瓷砖不能使用。

排砖是在底层灰六七成干时，按施工图设计要求排砖，同一方向应粘贴尺寸一致的瓷砖。如果不能满足要求，应将数量较多，规格较大的瓷砖贴在下部，以便上部的瓷砖通过缝隙宽窄来调整找齐。排砖要按粘贴顺序进行排列。一般由阴角开始粘贴，自下而上进行，尽量使不成整块的瓷砖排在阴角处或次要部位，每面瓷砖不宜有两列非整砖，并且非整砖宽度不宜小于整砖的 1/3。如遇有水池、镜框时，必须以水池、镜框为中心往两边分贴，外墙排砖时，应注意防止水的渗透，尤其是突出墙面部分的排砖，如图 10-3、图 10-4 所示。

图 10-3　墙面有装饰物处排砖示意图　　　图 10-4　外墙立面凹凸部位排砖做法示意图

（3）弹线、贴标准点

待砖层排好后，应在底层砂浆上弹垂直与水平控制线。一般竖线间距为 1m 左右，横线间距根据瓷砖规格尺寸每隔 5～10 块弹一水平控制线，作为确定水平及竖向控制标志。

标准点是用废瓷砖片粘贴在底层砂浆上，粘贴时将砖的棱角翘起，以棱角为粘贴瓷砖表面平整的标准点。标准点一般用水泥混合砂浆粘贴，其配比为水泥∶石灰膏∶砂＝1∶0.1∶3。粘贴时，上下用靠尺板找好垂直，横向用靠尺板找平。标准点粘贴好后，在标准点的棱角上拉直线，再在直线上拴活动的水平线，用来控制瓷砖的表面平整度。

尤其在门口、阳角等处，应根据两面墙面的面砖对缝的做法，两面挂直确定标准点，如图 10-5 所示为两墙面阳角处双面挂直示意图。

图 10-5　两墙面阳角处双面挂直示意图

（4）垫底尺、粘贴瓷砖

根据计算好的最下一皮砖的下口标高，垫放好尺板作为第一皮砖下口的标准，底尺上皮一般比地面低 10mm 左右，以使地面压住墙面砖。底尺安放必须平稳，底尺的垫点间距一般为 400mm，以保证垫板牢固。

粘贴时，首先将规格一致的瓷砖清理干净，放入净水中浸泡 1h 以上，再取出后擦净水痕，阴干。然后用水泥：石灰膏：砂＝1：0.1：2.5 的混合砂浆，由下而上地进行粘贴。

粘贴瓷砖的方法是：垫好底尺后，挂线；在瓷砖背面满刮砂浆，其厚度在 6～8mm，紧靠底尺上皮把砖贴在墙上，使灰浆挤满、挤牢，上口以水平线为准，再用小铲的木把轻轻敲瓷砖。贴好底层一皮砖后，再用靠尺板横向靠平，有不平处，用小铲把敲平，有亏灰处应取下瓷砖添灰重贴，不得在砖口处塞灰，否则会发生空鼓。在门口或阳角以及长墙每隔 2m 应先竖向贴一排砖，作为墙面垂直、平整和砖层的标准，然后按此标准向两侧挂线粘贴。

瓷砖粘贴到上口必须平直成一线，上口用一面圆的配件瓷砖压顶封口。如墙面有孔洞，应先用瓷砖对准孔洞，上下左右画好位置，然后用切砖刀裁切，用胡桃钳钳去局部。整面墙不宜一次铺贴到顶，以免塌落。

（5）擦缝

全部瓷砖粘贴完后，应检验是否有空鼓、不平、不直等现象，发现不符合要求时，应及时进行整改。然后用清水将砖面洗擦一遍，再用棉丝擦净，最后用长刷子蘸粥状白水泥素浆涂缝，再用麻布将缝里的素浆擦均匀，再把瓷砖表面擦干净即可。在整个粘贴瓷砖工程完成之后，要采取措施防止玷污和损坏。

4. 饰面砖粘贴的检查验收

饰面砖粘贴施工完毕后，应按国家标准进行质量检验和验收。其质量要求包括：

（1）饰面板的品种、规格、颜色和性能应符合设计要求；

（2）饰面砖粘贴工程的找平、防水、粘结和勾缝材料及施工方法应符合设计要求及国家现行产品标准和工程技术标准；

（3）饰面砖粘贴必须牢固；

（4）满粘法施工的饰面砖工程应无空鼓、裂缝；

（5）饰面板表面应平整、洁净、颜色一致，无裂痕和缺损；

（6）阴阳角处搭接方式、非整砖使用部位应符合设计要求；

（7）墙面突出物周围的饰面砖应整砖套割吻合，边缘应整齐；

（8）饰面砖接缝应平直、光滑，填嵌应连续、密实；宽度和深度应符合设计要求；

（9）有排水要求的部位做滴水线（或槽）；

（10）饰面砖粘贴的允许偏差和检验方法见表 10-1。

饰面砖粘贴的允许偏差和检验方法 表 10-1

项次	项目	允许偏差（mm）		检验方法
		内墙面砖	外墙面砖	
1	立面垂直度	3	2	用 2m 垂直检测尺检查
2	表面平整度	4	3	用 2m 靠尺和塞尺检查
3	阴阳角方正	3	3	用直角检测尺检查
4	接缝直线度	3	2	拉 5m 线，不足 5m 拉通线，用钢直尺检查
5	接缝高低差	1	0.5	用钢直尺和塞尺检查
6	接缝宽度	1	1	用钢直尺检查

10.2.2 挂贴法施工

挂贴法施工是指在装饰墙面的基体上首先固定钢筋网，将饰面板材挂在钢筋网上，或利用金属锚固件直接将板材锚固到基体上，然后在基体与饰面板材之间的缝隙中灌注细石混凝土或粘结砂浆形成装饰面层的施工做法，又称为湿挂法。这种施工做法由于板材挂在固定钢筋网上，可以将板材自重形成的拉力和剪力通过钢筋网直接传递到基体上，大大提高了板材的稳定性，在规格较大的大理石、花岗石板材饰面施工中较常采用，适用于以钢筋混凝土墙体或砖墙为基体的墙面饰面装饰。

挂贴法施工工艺主要有两种做法：绑扎固定灌浆法和金属件锚固灌浆法，如图 10-6、图 10-7 所示。

图 10-6 钢筋网片绑扎固定灌浆法示意图
1—饰面石材；2—混凝土墙体；3—预埋件；4—细石混凝土或粘结砂浆灌浆

图 10-7　U形钢钉锚固灌浆法示意图（单位：mm）

1—φ5 不锈钢锚固钉；2—混凝土基体打孔（φ5mm）；3—木楔（临时固定调整用）；
4—细石混凝土或粘结砂浆灌浆

现以钢筋网绑扎固定灌浆法为例说明挂贴法施工工艺。

1. 材料

挂贴法施工的粘贴材料参见粘贴法施工，其他材料包括：φ8 或 φ6 钢筋，绑扎钢筋用铁丝，绑扎板材用不锈钢丝或铜丝等，其质量应符合设计要求。

2. 施工工艺顺序

钢筋网绑扎固定灌浆法挂贴施工工艺顺序包括：基层处理→弹线分块、绑扎钢筋网→预拼编号→钻孔、开槽、绑丝→安装饰面板→临时固定→灌浆→清理→嵌缝。

3. 施工操作要点

（1）基层处理

将基层表面的残灰、污垢清理干净，有油污的部位可用 10% 火碱液清洗，干净后再用清水将火碱清洗干净。

基层应具有足够的刚度和稳定性，并且基体表面应平整粗糙，对于光滑的基体表面应进行凿毛处理。

基层应在板材安装前一天浇水湿透。

（2）弹线分块、绑扎钢筋网

检查基体墙面平整情况，然后在建筑物四周由顶到底挂垂直线，再根据垂直标准，拉水平通线，在边角做出板材安装厚度的标志块，根据标志块做标筋以确定饰面板留缝灌浆的厚度。

按上述找规矩确定的标准线，在水平与垂直范围内根据立面要求计算出水平方向及垂直方向的板材分块尺寸，并核对墙和柱预留的洞、槽的位置。然后先剔凿出墙面或柱面结构施工时的预埋钢筋，使其外露于墙、柱面，然后连接绑扎（或焊接）φ8 竖向钢筋（竖向钢筋的间距，如设计无要求，可按板材宽度距离设置，一般为 30~50cm），随后绑扎横向钢筋，横向钢筋的间距比板材竖向尺寸小 2~3cm。

如基体墙面上没有预埋钢筋，绑扎钢筋网之前需要在墙面上用 M10~M16 膨胀螺栓来固定铁件，膨胀螺栓的间距为板面宽；或者用冲击电钻在基体上打出 $\phi6\sim\phi8mm$、深度大于 60mm 的孔，再向孔内打入 $\phi6\sim\phi8mm$ 的短钢筋，钢筋外露 50mm 以上并做弯钩。短钢筋的间距为板面宽度。上、下 2 排膨胀螺栓或插筋的距离为板的高度减去 80～100mm 左右。将同一标高的膨胀螺栓或插筋上连接水平钢筋，水平钢筋可绑扎固定或点焊固定，如图 10-8 所示。

图 10-8　墙上埋入膨胀螺栓或钢筋

（3）预拼编号

为了使板材安装时上、下、左、右颜色花纹一致、纹理通顺、接缝严密吻合，安装前必须按大样图预拼排号。

一般应先按图样挑出品种、规格、颜色与纹理一致的板料，按设计尺寸进行试拼，校正尺寸及四角套方，使其满足要求。遇阳角对接处，应磨边卡角。

预拼好的板材应按施工顺序编号，编号一般由下往上编排，然后竖向堆好备用。

对于有缺陷的板材经过修补后可改小料用，或应用于阴角或靠近地面不显眼部位。

（4）钻孔、开槽、绑丝

为将板材绑扎在钢筋网上，板材在安装前需在板材绑扎的位置上钻孔或开槽，如图 10-9 所示。

四道槽的位置是：板材背面的边角处开两条竖槽，其间距为 30～40mm，在板材侧边外的两条竖槽位置上开一条横槽，再在板材背面上的两条竖槽位置下部开一条横槽，如图 10-9（e）所示。

板材开好槽后，把备好的不锈钢或铜丝剪成 30cm 长，并弯成 U 形。将 U 形绑丝先套入板材背横槽内，U 形的两条边从两条竖槽内通出后，在板材侧边横槽处交叉。然后再通过两竖槽将绑丝在板材背面扎牢。但要注意不要将绑丝拧得过紧，以防拧断绑丝或把槽口弄断裂。

（5）安装饰面板

饰面板安装一般由下往上进行，每层板材由中间或一端开始。先将墙面最下层的板材按地面标高线就位，如果地面未做出，就需用垫块把板材垫高至墙面标高线位置。然后使板材上口外仰，把下口不锈钢丝（或铜丝）绑好后，用木楔垫稳。随后用靠尺检查平整度、垂直度，合格后系紧绑丝，并用木楔挤紧。最下一层定位后，再拉上一层垂直线和水平线来控制上一层安装。上口水平线应到灌浆完后再拆除。

柱面可按顺时针安装，一般先从正面开始。第一层就位后要用靠尺找垂直，用水平尺找平整，用方尺打好阴、阳角。如发现板材规格不准确或板材间隙不匀，应用铅皮加垫，

图 10-9　饰面石板的钻孔和开槽示意图（单位：mm）

（a）钻直孔；（b）钻斜孔；（c）开绑扎槽（三道槽）；（d）钻锚固钉孔；（e）开绑扎槽（四道槽）

使板材间隙均匀一致，以保持每一层板材上口平直。

（6）临时固定

板材安装就位后，用纸或熟石膏将两侧缝隙堵严。

用熟石膏临时封固后，要及时用靠尺、水平尺检查板面是否平直，保证板与板的交接处四角平直，如发现问题，立即纠正。待石膏硬固后即可进行灌浆。

（7）灌浆

灌浆可采用细石混凝土或水泥砂浆，常使用1:2.5的水泥砂浆，砂浆稠度10～15cm。

灌浆应分层进行，用铁簸箕将砂浆徐徐倒入板材内侧，不要只从一处灌注，也不能碰动板材。同时检查板材因灌浆是否有移位。第一层浇灌高度为15cm左右，即不得超过板材高度1/3处。

第一次灌浆后稍停1～2h，待砂浆初凝无水溢出，并且板材无移动后，再进行第二次灌浆，高度为10cm左右，即灌浆高度达到板材的1/2高度处。稍停1～2h，再灌第三次浆，灌浆高度达到离上口5cm处，余量作为上层板材灌浆的接口。

当采用浅色的板材时，灌浆应采用白水泥和白石屑，以防透底影响美观。如为柱子贴面，在灌浆前用方木夹具夹住板材，以防止灌浆时板材外胀。

（8）清理

三次灌浆完毕，砂浆初凝后就可清理板材上口余浆，并用棉丝擦干净。隔一天再清理第一层板材上口木楔和上口有碍安装上层板材的石膏。以后用相同方法把上层板材下口绑丝拴在第一层板材上口固定的绑丝处，依次进行安装。

（9）嵌缝

嵌缝是全部板材安装完毕后的最后一道工序。首先应将板材表面清理干净，并按板材颜色调制水泥色浆嵌缝，边嵌缝边擦拭清洁，使缝隙密实干净、颜色一致。安装固定后的板材，如面层光泽受到影响，要重新打蜡上光。

10.2.3 冬期施工

一般只在冬季初期施工，严寒阶段不得施工。冬期施工注意以下几点：

1. 砂浆的使用温度不得低于5℃，砂浆硬化前，应采取防冻措施。

2. 用冻结法砌筑的墙，应待其解冻后再抹灰。

3. 镶贴砂浆硬化初期不得受冻，室外气温低于5℃时，室外镶贴砂浆内可掺入能降低冻结温度的外加剂，其掺入量应由试验确定。

4. 严防粘结层砂浆早期受冻，并保证操作质量，禁止使用白灰膏和界面剂，宜采用同体积粉煤灰代替或改用水泥砂浆抹灰。

10.3 涂 饰 工 程

10.3.1 涂饰工程分类

涂饰工程按采用的建筑涂料的主要成膜物质的化学成分不同，分为水性涂料涂饰、溶剂型涂料涂饰、美术涂饰工程。水性涂料涂饰工程包括乳液型涂料、无机涂料、水溶性涂料等涂饰工程，溶剂型涂料涂饰工程包括丙烯酸酯涂料、聚氨酯丙烯酸涂料、有机硅丙烯酸涂料等涂饰工程。美术涂饰工程包括室内外套色涂饰、滚花涂饰、仿花纹涂饰等涂饰工程。建筑装饰常用的涂料有：乳胶漆、美术漆、氟碳漆等。

10.3.2 施工环境要求

1. 水性涂料涂饰工程施工的环境温度应在5～35℃之间，并注意通风换气和防尘。

2. 涂饰工程应在抹灰、吊顶、细部、地面湿作业及电气工程等已完成并验收合格后进行。其中，新抹的砂浆常温要求7d以后，现浇混凝土常温要求28d以后，方可涂饰建筑涂料，否则会出现粉化或色泽不均匀等现象。

10.3.3 涂料的分类

涂料的分类方法较多。下面介绍几种分类方法。

1. 按建筑物的使用部位：可分为外墙涂料、内墙涂料、底面涂料、顶栅涂料、门窗涂料等。

2. 按主要成膜物质的性质：可分为有机涂料、无机涂料、有机无机复合涂料等。

3. 按涂料的状态：可分为溶剂型涂料、水溶性涂料、乳液型涂料、粉末型涂料等。

4. 按涂料的特殊性能：可分为防水涂料、防火涂料、防霉涂料、杀虫涂料、吸声隔声涂料、隔热保温涂料、防辐射涂料、防结露涂料、防锈涂料等。

5. 按涂料和涂膜状态：可分为薄质涂料、厚质涂料、砂壁状涂料、彩色复层凹凸花纹涂料等。

6. 按综合单价：可分为木材面油漆、金属面油漆、抹灰面油漆等。

涂饰工程应优先采用通过绿色环保认证的建筑涂料。

10.3.4 施工工艺

1. 乳胶漆施工

(1) 基层处理：将墙面起皮及松动处清除干净，并用水泥砂浆将墙面磕碰处及坑洼、缝隙等处补抹、找平，干燥后用砂纸将凸出处磨掉，将残留灰渣铲干净，然后将墙面扫净。

(2) 刮腻子：刮腻子遍数可由墙面平整程度决定，通常为三遍，第一遍用胶皮刮板横向满刮，干燥后打磨砂纸，将浮腻子及斑迹磨光，然后将墙面清扫干净。第二遍用胶皮刮板竖向满刮，所用材料及方法同第一遍腻子，干燥后用砂纸磨平并清扫干净。第三遍用胶皮刮板找补腻子或用钢片刮板满刮腻子，将墙面刮平刮光，干燥后用细砂纸磨平磨光，不得遗漏或将腻子磨穿。批刮的腻子层不宜过厚，且必须待第一遍干透后方可批刮第二遍。底层腻子未干透不得做面层。

(3) 刷底漆：涂刷顺序是先刷顶栅后刷墙面，墙面是先上后下。将基层表面清扫干净。乳胶漆用排笔（或滚筒）涂刷，使用新排笔时，应将排笔上不牢固的毛清理掉。底漆使用前应加水搅拌均匀，待干燥后复补腻子，腻子干燥后再用砂纸磨光，并清扫干净。

(4) 刷面漆（一至三遍）：操作要求同底漆，使用前充分搅拌均匀。刷二至三遍面漆时，需待前一遍漆膜干燥后，用细砂纸打磨光滑并清扫干净后再刷下一遍。

2. 美术漆施工

(1) 基层处理：同乳胶漆施工。

（2）刮腻子：同乳胶漆施工。

（3）刷封闭底漆：基层腻子干透后，涂刷一遍封闭底漆。涂刷顺序是先顶棚后墙面，墙面是先上后下。将基层表面清扫干净。使用排笔（或滚筒）涂刷，施工工具应保持清洁，使用新排笔时，应将排笔上不牢固的毛清理掉，确保封闭底漆不受污染。

（4）涂装质感涂料：待封闭底漆干燥后，即可涂装质感涂料。一般采用刮涂或喷涂等施工方法。刮涂（抹涂）施工是用铁抹子将涂料均匀刮涂到墙上，并根据设计图纸的要求，刮出各种造型，或用特殊的施工工具制作出不同的艺术效果。喷涂施工是用喷枪将涂料按设计要求喷涂于基层上，喷涂施工时应注意控制涂料的黏度、喷枪的气压、喷口的大小、喷射距离以及喷射角度等。

思政小课堂

建设者的中国梦
——记港珠澳大桥岛隧工程项目总经理兼总工程师林鸣

在浩瀚的伶仃洋，一条雄伟壮阔的"跨海长虹"蜿蜒而行，这就是连接香港、珠海与澳门，集桥、岛、隧为一体的超级工程——著名的港珠澳大桥。它是世界上最长的跨海大桥，被英国《卫报》评为"新世界七大奇迹"之一。项目中，海上人工岛和海底沉管隧道是整个工程中实施难度最大的部分。其中，6km 的深埋沉管是我国建设的第一条外海沉管隧道，是目前世界上规模最大的公路沉管隧道和世界上唯一的深埋沉管隧道，是公认的"当今世界上最具挑战性的工程"。

图 10-10　港珠澳大桥岛隧工程项目
总经理兼总工程师林鸣

直面这个"最具挑战性工程"的，是一支中国的交通建设队伍。队伍的举旗人，是中国交通建设股份有限公司总工程师、港珠澳大桥岛隧工程项目总经理兼总工程师林鸣（图 10-10）。前不久，林鸣带领这支建设队伍到荷兰历史最悠久的工程顾问公司进行技术经验交流，荷兰公司升起中国国旗、奏响中国国歌以示敬重与欢迎。自 1881 年成立以来，到访这家公司的外国专家与客人不计其数，而林鸣却见证了这家"百年老店"第二次举办外国国旗的升旗仪式。站在国旗下，林鸣激动而感慨："国旗升起的一刻，我为自己是一名中国的建设者而自豪，也更加深刻地明白，自己肩上有着一份举世瞩目的重任。"

在林鸣的带领下，神秘的世界级难题的解答思路逐步成熟、日益优化，一部代表世界工程顶级技术的"外海沉管隧道施工成套技术"方案记录了项目自建设至今进行的百余项试验研究和实战演练、自主研发的十几项国内首创且世界领先的专用设备和系统、获得的数百项专利，以及成功攻克的十余项外海沉管安装世界级工程难题。

由于这些技术的创新，港珠澳大桥岛隧工程项目已建成的沉管隧道的基础沉降、沉管的水密性都达到了世界最高水准，大规模尝试的深插钢圆筒快速成岛技术，用不到一年的时间，就完成了通常需要三年才能建成的两个外海人工岛，创造了外海人工岛的工程奇迹。外国业内人士在考察港珠澳大桥岛隧工程项目时由衷地感慨："除了你们，全世界没有任何一支队伍能够独立承担如此复杂的超级工程。"作为这支队伍的领军者，林鸣颇为自豪："我们依靠自己的力量，不仅解决了外国专家曾认为我们不能解决的问题，还攻克了世界唯一深埋沉管隧道的一系列难题。我们通过勇气与智慧，让中国建设者在世界级难题面前更加胸有成竹。"

思 考 题 及 习 题

1. 一般抹灰分几级？其分别有哪些具体要求？
2. 抹灰为何要分层施工？
3. 内、外墙一般抹灰的工艺流程是什么？其施工的不同点是什么？
4. 建筑涂料如何分类？

第10章思考题及
习题参考答案

第11章 流水施工原理

内容提要 本章主要介绍了流水施工原理，流水施工方法是组织施工的一种科学方法。首先讲述了流水施工的概念和流水施工参数，包括时间参数、工艺参数及空间参数。其次着重讨论了节奏流水（包括等节拍流水和异节拍流水）和无节奏流水的特点、组织方法及其工期计算。

学习要求 通过本章学习，熟悉流水施工的基本概念，流水施工的特点；掌握流水施工基本参数及计算方法，掌握流水施工的组织方法以及在工程实践中的应用。

11.1 概　　述

生产实践已经证明，在所有的生产领域中，流水作业法是组织产品生产的理想方法，流水施工也是建筑安装工程施工的最有效的科学组织方法，它是建立在分工协作的基础上，但是由于建筑产品及其生产的特点不同，流水施工的概念、特点和效果与其他产品的流水作业也有所不同。

11.1.1 流水施工概念

流水施工是将拟建工程项目的整个建造过程在工艺上分解成若干个施工过程，在平面上划分成若干个劳动量大致相等的施工段，在竖向上划分成若干个施工层，按照施工过程分别建立相应的专业工作队，各专业工作队在人数、使用的机具和材料不变的情况下，按照一定的工艺顺序和组织顺序依次地、连续地投入各施工段或施工层施工，在规定时间内有节奏、连续、均衡地完成全部施工任务。

简言之，流水施工是指所有的施工过程按一定的时间间隔依次投入施工，各施工过程陆续开工，陆续竣工，使同一个施工过程的施工班组保持连续均衡，不同施工过程尽可能平行搭接施工的组织方式。

11.1.2 流水施工与其他施工组织方式的比较

为了说明建筑工程中采用的流水施工的优越性，可将流水施工同其他施工方式进行比较，除了上述流水施工方式外，常用的施工组织方式有依次施工、平行施工、搭接施工，现以3栋房屋基础工程为例，采用上述4种方式组织施工并进行效果分析。

例如某3栋房屋基础工程有5个施工过程，基槽挖土2天，混凝土垫层1天，钢筋混凝土基础2天，墙基础（素混凝土）1天，回填土1天，一栋房屋作为一个施工段，现分别采用依次、平行、搭接、流水施工方式组织施工。

1. 依次施工

依次施工是各施工段或各施工过程依次开工、依次完工的一种施工组织方式，即按次序一段一段或一个一个施工过程施工。将上述三栋房屋的基础工程组织依次施工，其施工进度安排如图 11-1 和图 11-2 所示，这种方法的优点就是单位时间内投入的劳动力和物资资源较少，施工现场管理简单，但专业工作队的工作有间歇，工地资源消耗也有阶段性，工期明显很长，它适用于工作面积有限，规模小，工期要求不紧的工程，每段施工工期为各施工过程作业时间之和。

施工过程	施工进度（天）																				
	1	2	3	4	5	6	7	8	9	10	11	12	13	14	15	16	17	18	19	20	21
基槽挖土	1段							2段							3段						
混凝土垫层			1段							2段							3段				
钢筋混凝土基础				1段								2段						3段			
墙基础(素混凝土)						1段							2段						3段		
回填土							1段							2段							3段

图 11-1　依次施工（按段数依次施工）

施工过程	施工进度（天）																				
	1	2	3	4	5	6	7	8	9	10	11	12	13	14	15	16	17	18	19	20	21
基槽挖土	1段		2段		3段																
混凝土垫层							1段	2段	3段												
钢筋混凝土基础										1段		2段		3段							
墙基础(素混凝土)																1段	2段	3段			
回填土																			1段	2段	3段

图 11-2　依次施工（按施工过程依次施工）

2. 平行施工

平行施工是全部工程任务的各施工段同时开工、同时完成的一种施工组织方式，将上述 3 栋房屋的基础工程组织平行施工，其施工进度安排如图 11-3 所示，从图中可知完成 3 栋房屋的基础工程所需的时间等于一栋房屋基础工程施工的时间。

这种方法的优点是工期短，充分利用工作面，但专业工作队数目成倍增加，现场临时设施增加，资源消耗集中，这些情况都会带来不良的经济效果，这种方法一般适用于工期要求紧、大规模的建筑群。

3. 搭接施工

搭接施工是对施工项目中的各个施工过程，按照施工顺序和工艺过程的自然衔接关系进行安排的一种方法，将上述 3 栋房屋基础工程组织搭接施工，如图 11-4 所示，这种方

施工过程	施工进度（天）						
	1	2	3	4	5	6	7
基槽挖土	1段 2段 3段						
混凝土垫层			1段 2段 3段				
钢筋混凝土基础				1段 2段 3段			
墙基础（素混凝土）						1段 2段 3段	
回填土							1段 2段 3段

图 11-3　平行施工

法是最常见的组织方法，它既不是将 m 段施工过程依次进行施工，也不是平行施工，而是陆续开工、陆续竣工，同时把各施工过程最大限度地搭接起来，因此前后施工过程之间安排紧凑，充分利用了工作面，有利于缩短工期，但有些施工过程会出现不连续现象。如图 11-4 所示，混凝土垫层、墙基础（素混凝土）、回填土等施工过程中，工人作业有间断，但工期比流水施工（图 11-5）提前 2 天。

施工过程	班组人数	施工进度（天）										
		1	2	3	4	5	6	7	8	9	10	11
基槽挖土	10	1段		2段		3段						
混凝土垫层	10			1段		2段		3段				
钢筋混凝土基础	20					1段		2段		3段		
墙基础（素混凝土）	10							1段		2段		3段
回填土	10								1段		2段	3段

图 11-4　搭接施工

4. 流水施工

　　将上述 3 栋房屋的基础工程组织流水施工，其施工进度计划如图 11-5 所示，从图 11-5 中可以看出，流水施工方式的优点是保证了各工作队的工作和物资的消耗具有连续性和均

284

衡性，能消除依次施工和平行施工方法的缺点，同时保留了它们的优点。

流水施工是搭接施工的一种特定形式，它最主要的组织特点是每一个施工过程的作业均能连续施工，前后施工过程的最后一个施工段都能紧密衔接，使得整个工程的资源供应呈现一定规律的均匀性。

施工过程	班组人数	施工进度（天）												
		1	2	3	4	5	6	7	8	9	10	11	12	13
基槽挖土	10	1段		2段		3段								
混凝土垫层	10					1段	2段	3段						
钢筋混凝土基础	20						1段		2段		3段			
墙基础（素混凝土）	10										1段	2段	3段	
回填土	10											1段	2段	3段

图 11-5　流水施工

11.1.3　组织流水施工的条件与特点

1. 组织流水施工的条件

（1）划分施工过程

划分施工过程就是把拟建工程的整个建造过程分解为若干施工过程，划分施工过程的目的是为了对施工对象的建造过程进行分解，以便于逐一实现局部对象的施工，从而使施工对象的整体得以实现，也只有这样合理的分解，才能组织专业化施工和有效协作。

（2）划分施工段

根据组织流水施工的需要，将拟建工程尽可能划分为劳动量大致相等的若干个施工段，也可称为流水段。

建筑工程组织流水施工的关键是将建筑单件产品变成多件产品，以便成批生产，由于建筑产品体型庞大，划分施工段就可将单件产品变成"批量"的多件产品，从而形成流水作业，没有"批量"就不可能也就没有必要组织任何流水作业，每个段就是一个假定的"产品"。

（3）每个施工过程组织独立的施工班组

在一个流水分部中，每个施工过程尽可能组织独立的施工班组，其形式可以是专业班组，也可以是混合班组，这样可使每个施工班组按施工顺序依次地、连续地、均衡地从一个施工段转移到另一个施工段进行相同的操作。

（4）主要施工过程必须连续、均衡地施工

主要施工过程是指工作量较大，作业时间较长的施工工程，对于主要施工工程必须连续均衡地施工，对其他次要施工过程可考虑与相邻的施工过程合并，如不能合并，为缩短工期可以安排间断施工（此时可以采用流水施工与搭接施工相结合的方式）。

（5）不同施工过程尽可能组织平行搭接施工

关键是不同施工过程之间工作时间上有搭接和工作空间上有搭接，在有工作面的条件下，除必要的技术和组织间歇外，应尽可能组织平行搭接施工。

2. 流水施工的特点

流水施工是搭接施工的一种特定形式，它最主要的特点是每个施工过程的作业均能连续施工，前后施工过程的最后一个施工段都能紧密衔接，使得整个过程的资源供应呈现一定规律的均匀性。尽管理论上的流水施工组织方式和实际情况会有差异，甚至会有很大的差异，但是其理论方法和原理对于施工生产活动的组织还是有很大帮助的。

11.1.4 流水施工的技术经济效果和分级

1. 流水施工的技术经济效果

流水施工在工艺划分、时间排列和空间布局上的统筹安排，必然会给相应的施工项目带来显著的经济效果，具体可归纳为如下几点：

（1）由于流水施工的连续性，减少了专业工作的间隔时间，达到了缩短工期的目的，可使拟建工程项目尽早竣工交付使用，发挥投资效益；

（2）便于改善劳动组织，改进操作方法和施工机具，提高劳动生产率；

（3）专业化的生产可以提高工人的技术水平，工程质量相应提高；

（4）工人技术水平和劳动效率的提高，可以减少用工量和施工暂设建造量，降低工程成本，提高利润水平；

（5）可以保证施工机械和劳动力得到充分、合理利用；

（6）由于工期短、效率高、用人少、资源消耗均衡，可以减少现场管理费和物资消耗，实现合理储存与供应，有利于提高项目的综合经济效益。

2. 流水施工的分级

根据流水施工组织的划分，流水施工通常可分为：

（1）分项工程流水施工

分项工程流水施工也称为细部流水施工。它是在一个专业工种内部组织起来的流水施工，在项目施工进度计划表上，它是一条标有施工段或工作队编号的水平进度指示线段或斜向进度指示线段。

（2）分部工程流水施工

分部工程流水施工也称为专业流水施工。它是在一个分部工程内部各分项工程之间组织起来的流水施工，在项目施工进度计划表上，它是用一组标有施工段或工作队编号的水平进度指示线段或斜向进度指示线段来表示。

（3）单位工程流水施工

单位工程流水施工也称为综合流水施工。它是在一个单位工程内部各分部工程之间组织起来的流水施工，在项目施工进度计划表上它是若干组分部工程的进度指示线段，并由此构成一个单位工程施工进度计划。

（4）群体工程流水施工

群体工程流水施工也称为大流水施工。它是在若干单位工程之间组织起来的流水施工，反映在项目施工进度计划上，是一个项目施工总进度计划。

11.2 流水施工参数

在组织拟建工程项目流水施工时，用以表达流水施工在工艺流程、空间布置和时间排列等方面开展状态的参数称为流水参数。它主要包括工艺参数、空间参数和时间参数三类。

11.2.1 工艺参数

在组织流水施工时，用工艺参数表达流水施工在施工工艺上开展顺序及其特征的参数。通常工艺参数包括施工过程数和流水强度两种。

1. 施工过程数（n）

根据工艺性质不同，施工过程可分为制备类施工过程、运输类施工过程和砌筑安装类施工过程三种，而施工过程的数目一般以 n 表示。

（1）制备类施工过程

它是指为了提高建筑产品的装配化、工厂化、机械化和生产能力而形成的施工过程，如砂浆、混凝土、构配件、制品、门窗框扇等的制备过程。

它一般不占有施工对象的空间，不影响项目总工期，因此不在项目施工进度表上表示；只有当其占有施工对象的空间并影响项目总工期时，在项目施工进度表上才列出，如在拟建车间、实验室等场地内，预制或组装的大型构件等。

（2）运输类施工过程

它是将建筑材料、构配件、（半）成品、制品和设备等运到项目工地仓库或现场操作使用地点而形成的施工过程。

它一般不占有施工对象的空间，不影响施工总工期，通常也不列入项目施工进度计划中；只有当其占有施工对象的空间并影响项目总工期时，在项目施工进度表上才列出，如结构安装工程中采用随用随吊方案的运输过程。

（3）砌筑安装类施工过程

它是指在施工对象的空间上，直接进行加工最终形成建筑产品的过程，如地下工程、主体工程、结构安装工程、屋面工程和装饰工程等施工过程，它占有施工对象的空间，影响着工期的长短，必须列入项目施工进度计划表上，而且是项目施工进度计划表的主要内容。

2. 流水强度（V）

某施工过程在单位时间内所完成的工程量，即该施工过程的流水强度，流水强度一般以 V_i 表示，它可由式（11-1）或式（11-2）求得。

（1）机械操作流水强度

$$V = \sum_{i=1}^{x} R_i S_i \tag{11-1}$$

式中　V——施工过程的机械操作流水强度；

　　　R_i——投入施工过程的某种施工机械台数；

S_i——投入施工过程的某种施工机械产量定额；

x——投入施工过程的施工机械种类数。

（2）人工操作流水强度

$$V_i = R_i S_i \tag{11-2}$$

式中　V_i——施工过程 i 的人工操作流水强度；

R_i——投入施工过程 i 的专业工作队工人数；

S_i——投入施工过程 i 的专业工作队人均产量定额。

11.2.2　空间参数

在组织流水施工时，用以表达流水施工在空间布置上所处状态的参数，称为空间参数，空间参数主要有：工作面、施工段数和施工层数。

1. 工作面

某专业工种的工人在从事建筑产品施工生产加工过程中，所必须具有的活动空间，这个活动空间称为工作面，它的大小是根据相应工种单位时间内的产量定额、建筑安装工程操作规程和安全规程等的具体要求确定的，工作面确定的合理与否，直接影响到专业工种工人的劳动生产效率，对此，必须认真对待，合理确定。

2. 施工段数（m）

为了有效地组织流水施工，通常把拟建工程项目在平面上划分为若干个劳动量大致相等的施工段落，这些施工段落称为施工段，施工段的数目通常以 m 表示。

划分施工段是组织流水施工的基础。施工段数 m 要适当，过多了会延长工期；过少了又会造成资源供应过分集中，不利于组织流水施工。因此，施工段划分应该遵循以下原则：

（1）专业工作队在各个施工段上的劳动量要大致相等，其相差幅度不宜超过 10%～15%；

（2）对高层或多层建筑物，施工段数要满足合理流水施工组织的要求，即 $m \geqslant n$（n 为施工过程数）；

（3）为了充分发挥工人、主导机器的效率，每个施工段要有足够的工作面，使其所容纳的劳动力人数或机械台数能满足合理劳动组织的要求；

（4）为了保证拟建工程项目的结构整体完整性，施工段的分界线应尽可能与结构的自然界线（如沉降缝等）一致；如果必须将分界线设在墙体中间时，应将其设在对结构整体性影响小的门窗洞口等部位，以减少留槎，便于修复；

（5）对于多层的拟建工程项目，既要划分施工段，也要划分施工层，以保证相应的专业工作队在施工段与施工层之间组织有节奏、连续、均衡地流水施工。

对于多层或高层建筑，施工段数（m）与施工过程数（n）存在以下的关系：

（1）当 $m > n$ 时，各专业工作队能够连续作业，但是工作有空闲，如图 11-6 所示，利用这种空闲可以弥补由于技术间歇、组织管理间歇和备料等要求所必需的时间。

（2）当 $m = n$ 时，各专业工作队能够连续施工，施工段没有间歇，如图 11-7 所示。这是理想化的流水施工方式，此时要求项目管理者提高管理水平，只能进取，不能回旋、后退。

（3）当 $m < n$ 时，各专业工作队不能连续施工，施工段没有空闲，出现停工、窝工现象，如图 11-8 所示。这种流水施工是不适宜的，应加以杜绝。

施工层	施工过程	施工进度（天）									
		3	6	9	12	15	18	21	24	27	30
I	支模板	①	②	③	④						
	绑扎钢筋		①	②	③	④					
	浇筑混凝土			①	②	③	④				
II	支模板					①	②	③	④		
	绑扎钢筋						①	②	③	④	
	浇筑混凝土							①	②	③	④

图 11-6　施工计划安排（$m > n$）

施工层	施工过程	施工进度（天）									
		3	6	9	12	15	18	21	24	27	30
I	支模板	①	②	③							
	绑扎钢筋		①	②	③						
	浇筑混凝土			①	②	③					
II	支模板				①	②	③				
	绑扎钢筋					①	②	③			
	浇筑混凝土						①	②	③		

图 11-7　施工计划安排（$m = n$）

由此可见对于多层或高层建筑物，要想保证专业工作队能够连续施工必须满足 $m \geq n$。同时，应该指出，当无层间关系或无施工层（如某些单层建筑物、基础工程等）时，则施工段数（m）与施工过程数（n）的关系可以不受限制。

3. 施工层数（j）

在多层、高层建筑组织流水施工时，为了满足专业工种对操作高度和施工工艺的要求，将拟建筑工程项目在竖向划分为若干操作层，这些操作层称为施工层数，施工层数用 j 表示。

施工层	施工过程	施工进度（天）									
		3	6	9	12	15	18	21	24	27	30
I	支模板	①	②								
	绑扎钢筋		①	②							
	浇筑混凝土			①	②						
II	支模板					①	②				
	绑扎钢筋						①	②			
	浇筑混凝土							①	②		

图 11-8　施工计划安排（$m<n$）

11.2.3　时间参数

在组织流水施工时，用以表达流水施工在时间排列上所处状态的参数，称为时间参数，时间参数主要有流水节拍、流水步距、平行搭接时间、技术间歇时间、组织管理间歇时间五种。

1. 流水节拍（t）

流水节拍是一个施工过程在一个施工段上的持续时间，它的大小关系着投入的劳动力、机械和材料量的多少，决定着施工的速度和施工的节奏性。因此，流水节拍的确定具有很重要的意义，通常可以按以下方法确定：

（1）定额计算法：根据各施工段的工程量，现有能够投入的资源（工作人数、机械台数和材料量）来确定。

$$t_i = \frac{P_i}{R_i N_i} \tag{11-3}$$

式中　t_i——某专业工作队在第 i 施工段的流水节拍；

　　　P_i——某专业工作队在第 i 施工段的劳动量或机械台班数；

　　　R_i——某专业工作队在第 i 施工段投入的工作人数或机械台数；

　　　N_i——某专业工作队在第 i 施工段的工作班次。

（2）经验估算法：根据以往的施工经验进行估算。

$$t = \frac{a + 4c + b}{6} \tag{11-4}$$

式中　t——某施工过程在某施工段上的流水节拍；

　　　a——某施工过程在某施工段上的最短估计时间；

　　　b——某施工过程在某施工段上的最长估计时间；

　　　c——某施工过程在某施工段上的最可能估计时间。

（3）工期倒排法：根据合同工期的要求倒排进度来确定施工过程的持续时间，然后再估算各施工段上的流水节拍，或者按式（11-5）计算各施工段上的流水节拍。

$$t = \frac{T}{m} \tag{11-5}$$

式中　t——某施工过程的流水节拍；

　　　T——某施工过程的工作持续时间；

　　　m——某施工过程划分的施工段数。

2. 流水步距（K）

在组织流水施工时，两个相邻的施工过程先后进入同一个施工段进行流水施工的时间间隔叫流水步距，用符号 K 来表示，流水步距的数目取决于参加流水施工的施工过程数，如施工过程数为 n 个，则流水步距的总数为 $n-1$ 个。

（1）确定流水步距的基本要求如下：

① 始终保持合理的先后两个施工过程工艺顺序；

② 尽可能保持各施工过程的连续作业；

③ 做到前后两个施工过程施工时间的最大搭接（即前一施工过程完成后，后一施工过程尽可能早地进入施工）；

④ 流水步距的确定要保证工程质量，满足安全生产。

（2）确定流水步距的方法常有"累加斜减法"（又称"大差法"），步骤如下：

① 根据专业工作队各施工段上的流水节拍，求累加数列；

② 根据施工顺序，对所求相邻的两累加数列错位相减；

③ 根据错位相减的结果确定相邻专业工作队之间的流水步距，即相减结果中数值最大者。

【例 11-1】某工程由 3 个施工过程组成，分为 4 个施工段进行流水施工，其流水节拍见表 11-1，试确定流水步距。

某工程流水节拍（单位：天）　　　　　　　　　　　表 11-1

施工过程	施工段			
	①	②	③	④
Ⅰ	2	3	2	1
Ⅱ	3	2	4	2
Ⅲ	3	4	2	2

【解】（1）求各施工过程流水节拍的累加数列

施工过程Ⅰ：2，5，7，8；

施工过程Ⅱ：3，5，9，11；

施工过程Ⅲ：3，7，9，11。

（2）错位相减求得差数列

Ⅰ与Ⅱ：　　2，　5，　7，　8

　　　　－）　　　3，　5，　9，　11

　　　　────────────────

　　　　2，　2，　2，　－1，　－11

Ⅱ与Ⅲ：　　3，　5，　9，　11

$\qquad$ 一)　　3，　7，　9，－11

$\qquad$ 3，　2，　2，　2，－11

（3）在差数列中取最大值求得流水步距

施工过程Ⅰ与Ⅱ之间的流水步距：$K_{1,2}=\max\{2,2,2,-1,-11\}=2$ 天；

施工过程Ⅱ与Ⅲ之间的流水步距：$K_{2,3}=\max\{3,2,2,2,-11\}=3$ 天。

3. 平行搭接时间（C）

在组织流水施工时，有时为了缩短工期，在工作面允许的条件下，前后两个工作队在同一个施工段上平行搭接施工，这个搭接时间称为平行搭接时间，常用"C"表示。

4. 技术间歇时间（Z）

根据施工过程的工艺性质，在流水施工中，除了考虑两个相邻施工过程之间的流水步距外，还需考虑增加一定的技术间歇时间，如楼板混凝土浇筑后，需要一定的养护时间才能进行后道工序的施工；又如房屋找平层完工后，需等待一定时间，使其彻底干燥，才能进行屋面防水层施工等。这些由于工艺原因引起的等待时间，称为技术间歇时间，常用"Z"表示。

5. 组织管理间歇时间（G）

由于组织因素，要求两个相邻的施工过程在规定的流水步距以外增加必要的间歇时间，如质量验收、安全检查等，这种间歇时间称为组织间歇时间，常用"G"表示。

11.3　流水施工的组织方法

在建筑施工中，根据工程施工的特点和流水节拍特征的不同，一般流水施工组织分为：等节拍流水施工、异节拍流水施工和无节奏流水施工。

11.3.1　等节拍流水施工

等节拍流水施工是指在组织流水施工时，各施工过程的流水节拍均为常数的一种流水施工方式，即同一施工过程在各施工段上的流水节拍都相等，并且不同施工过程之间的流水节拍也相等的一种流水施工方式，也称为固定节拍流水施工或同步距流水施工。

1. 基本特征

（1）所有流水节拍都彼此相等；如有 n 个施工过程，流水节拍为 t_i，则：

$$t_1 = t_2 = \cdots\cdots = t_{n-1} = t_n = t（常数）$$

（2）所有流水步距都彼此相等，而且等于流水节拍，即：

$$K_{1,2} = K_{2,3} = \cdots\cdots = K_{n-1,n} = K = t（常数）$$

（3）每个专业工作队都能够连续作业，施工段没有间歇时间；

（4）专业工作队（N）数等于施工过程数（n）。

2. 组织步骤

（1）决定项目施工起点流向，分解施工过程；

（2）确定施工顺序，划分施工段；

划分施工段时，其数目 m 的确定方法如下：

1）无层间关系或无施工层时，取 $m=n$。

2）有层间关系或有施工层时，施工段数目可分下面两种情况确定。

① 无技术和组织间歇时，取 $m=n$；

② 有技术和组织间歇时，为了保证各专业工作队能连续施工，应取 $m>n$。此时，每层施工段空闲数为 $m-n$，一个空闲施工段的时间为 t，则每层的空闲时间为：

$$(m-n)t = (m-n)K$$

若一个楼层内各施工过程间的技术、组织间歇时间之和为 $\sum Z_1$，楼层间技术、组织间歇时间为 Z_2。如果每层的 $\sum Z_1$ 均相等，Z_2 也相等，而且为了保证连续施工，施工段上除 $\sum Z_1$ 和 Z_2 外无空闲，则：

$$(m-n)K = \sum(Z_1+Z_2)$$

所以，每层的施工段数 m 可按式（11-6）确定：

$$m = n + \sum\frac{Z_1}{K} + \sum\frac{Z_2}{K} \tag{11-6}$$

如果每层的 $\sum Z_1$ 不完全相等，Z_2 也不完全相等，应取各层中最大的 $\sum Z_1$ 和 Z_2，并按式（11-7）确定施工段数。

$$m = n + \max\sum\frac{Z_1}{K} + \max\sum\frac{Z_2}{K} \tag{11-7}$$

（3）根据等节拍专业流水要求，按定额计算法、经验估算法、工期倒排法计算流水节拍数值。

（4）确定流水步距，$K=t$。

（5）计算流水施工的工期：

1）不分施工层时，可按式（11-8）进行计算：

$$T = (m+n-1)K + \sum Z_{j,j+1} + \sum G_{j,j+1} - \sum C_{j,j+1} \tag{11-8}$$

式中　T——流水施工总工期；

　　　m——施工段数；

　　　n——施工过程数；

　　　K——流水步距；

　　　j——施工过程编号，$1 \leqslant j \leqslant n$；

　$Z_{j,j+1}$——j 与 $j+1$ 两施工过程间的技术间歇时间；

　$G_{j,j+1}$——j 与 $j+1$ 两施工过程间的组织间歇时间；

　$C_{j,j+1}$——j 与 $j+1$ 两施工过程间的平行搭接时间。

2）分施工层时，可按式（11-9）进行计算：

$$T = (mr+n-1)K + \sum Z_1 - \sum C_{j,j+1} \tag{11-9}$$

式中　r——施工层数；

　　　Z_1——第1个施工层中各施工过程之间的技术与组织间歇时间；

　$\sum C_{j,j+1}$——第 j 与 $j+1$ 施工过程间的平行搭接时间。

在式（11-9）中，没有二层及二层以上的 $\sum Z_1$ 和 Z_2，因为它们均已包括在式中的 mrK 项内。

（6）绘制流水施工指示图表。

3. 应用举例

【例 11-2】 某分部工程由 4 个分项工程组成，划分成 5 个施工段，流水节拍均为 3 天，无技术、组织间歇，试确定流水步距，计算工期，并绘制流水施工进度表。

【解】 由已知条件 $t_i=t=3$ 天可知，本分部工程宜组织等节拍专业流水。

（1）确定流水步距

由等节拍专业流水的特点可知：$K=t=3$

（2）计算工期

由式（11-8）得：

$$T=(5+4-1)\times 3=24 \text{ 天}$$

（3）绘制流水施工进度表（图 11-9）

分项工程	施工进度（天）																							
	1	2	3	4	5	6	7	8	9	10	11	12	13	14	15	16	17	18	19	20	21	22	23	24
A		1段			2段			3段			4段			5段										
B					1段			2段			3段			4段			5段							
C								1段			2段			3段			4段			5段				
D											1段			2段			3段			4段			5段	

图 11-9　等节拍流水施工进度计划

【例 11-3】 某项目由Ⅰ、Ⅱ、Ⅲ、Ⅳ 4 个施工过程组成，划分 2 个施工层组织流水施工，施工过程Ⅱ完成后需养护 1 天后下一个施工过程才能施工，且层间技术间歇为 1 天，流水节拍均为 1 天。为了保证工作队连续作业，试确定施工段数，计算工期，绘制流水施工进度表。

【解】

（1）确定流水步距

因为 $t_i=t=1$ 天，所以 $K=t=1$ 天

（2）确定施工段数

因项目施工时分 2 个施工层，其施工段数可按式（11-6）确定。

$$m=n+\sum Z_1/K+\sum Z_2/K=4+1/1+1/1=6 \text{ 段}$$

（3）计算工期

由式（11-9）得：

$$T=(mr+n-1)K+\sum Z_1-\sum C_{j,j+1}=(6\times 2+4-1)\times 1+1-0=16 \text{ 天}$$

（4）绘制流水施工进度表（图 11-10）

11.3.2　异节拍流水施工

异节拍流水施工是指在组织流水施工时，如果同一施工过程在各个施工段上的流水节拍彼此相等，而不同施工过程在同一施工段上的流水节拍之间存在一个最大公约数，为加

图 11-10　无节奏流水施工进度计划

快流水施工速度，缩短工期，在资源供应满足的前提下，对流水节拍长的施工过程，组织几个同工种的专业工作队来完成同一种施工过程在不同施工段上的任务，可按最大公约数的倍数确定每个施工过程的专业工作队，这样便构成了一个工期最短的异节拍流水施工，也称成倍节拍流水施工方案。

1. 基本特征

（1）同一施工过程在其各施工段上的流水节拍均相等；不同施工过程的流水节拍不等，但其值为倍数关系；

（2）相邻施工过程的流水步距相等，且等于流水节拍的最大公约数（K）；

（3）专业工作队数大于施工过程数，即有的施工过程只成立一个专业工作队，而对于流水节拍大的施工过程，可按其倍数增加相应专业工作队数；

（4）各专业工作队在施工段上能够连续作业，施工段之间没有空闲时间。

2. 组织步骤

异节拍流水施工的建立步骤如下：

（1）确定施工起点流向，划分施工段；

（2）分解施工过程，确定施工顺序；

（3）按以上要求确定每个施工过程的流水节拍；

（4）确定流水步距 K，等于各过程流水节拍的最大公约数；

（5）按式（11-10）、式（11-11）确定专业工作队数目和专业工作队总和；

$$b_j = \frac{t_i^j}{K} \tag{11-10}$$

$$n' = \sum_{j=1}^{n} b_j \tag{11-11}$$

式中 b_j——施工过程 j 的专业工作队数目，$n \geqslant j \geqslant 1$；

t_i^j——每个施工过程的流水节拍；

K——各过程流水节拍的最大公约数；

n'——成倍节拍流水的专业工作队总和。

（6）按式（11-11）确定计算总工期；

$$T = (m + n' - 1)K + \sum Z_{j,j+1} + \sum G_{j,j+i} - \sum C'_{j,j+1} \tag{11-12}$$

（7）绘制流水施工指示图表。

3. 应用举例

【例 11-4】某建设工程由 4 幢大板结构楼房组成，每幢楼房为 1 个施工段，施工过程划分为基础工程、结构安装、室内装修和室外工程 4 项，组织加快的成倍节拍流水施工，计算流水步距和工期。

【解】

（1）计算流水步距

流水步距等于流水节拍的最大公约数：

$$K = \min[5, 10, 10, 5] = 5$$

（2）确定专业工作队数目

每个施工过程的专业工作队数目可按下式计算：

$$b_j = t_j / K$$

式中 b_j——第 j 个施工过程的专业工作队数目；

t_j——第 j 个施工过程的流水节拍；

K——流水步距。

各施工过程的专业工作队数目分别为：

Ⅰ——基础工程：$b_{\text{I}} = 5/5 = 1$ 个

Ⅱ——结构安装：$b_{\text{II}} = 10/5 = 2$ 个

Ⅲ——室内装修：$b_{\text{III}} = 10/5 = 2$ 个

Ⅳ——室外工程：$b_{\text{IV}} = 5/5 = 1$ 个

专业工作队总数：$n' = 1 + 2 + 2 + 1 = 6$ 个

（3）绘制加快的成倍节拍流水施工进度计划图，如图 11-11 所示。

（4）确定流水施工工期

流水施工工期为：$T = (m + n' - 1)K = (4 + 6 - 1) \times 5 = 45$ 周

【例 11-5】某工程由支模板、绑钢筋和浇混凝土 3 个分项工程组成。它在平面上划分为 6 个施工段。上述 3 个分项工程在各个施工段上的流水节拍依次为 6 天、4 天和 2 天。试编制工期最短的流水施工方案。

【解】该题只能组织成拍流水；假定 3 个分项工程依次由专业工作队Ⅰ、Ⅱ、Ⅲ来完成；其施工段编号依次为①、②、…、⑥。

（1）确定流水步距，$K = $ 最大公约数 $\{6, 4, 2\} = 2$ 天

（2）确定专业工作队数目

$$b_{\text{I}} = \frac{t_i^{\text{I}}}{K_b} = \frac{6}{2} = 3 \text{ 个}$$

施工过程	专业工作队编号	施工进度（周）								
		5	10	15	20	25	30	35	40	45
基础工程	I	①	②	③	④					
结构安装	II-1	K	①		③					
	II-2		K	②		④				
室内装修	III-1			K	①		③			
	III-2				K	②		④		
室外工程	IV					K	①	②	③	④

图 11-11 例 11-4 图

$$b_{II} = \frac{t_i^{II}}{K_b} = \frac{4}{2} = 2 \text{ 个}$$

$$b_{III} = \frac{t_i^{III}}{K_b} = \frac{2}{2} = 1 \text{ 个}$$

得

$$n' = \sum_{j=1}^{3} b_j = 3 + 2 + 1 = 6 \text{ 个}$$

（3）确定计算总工期，由式（11-8）得

$$T = (6 + 6 - 1) \times 2 = 22 \text{ 天}$$

（4）绘制流水施工进度计划，如图 11-12 所示。

11.3.3 无节奏流水施工

在项目实际施工中，通常每个施工过程在各个施工段上的工作量彼此不等，各专业工作队的生产效率相差较大，导致大多数的流水节拍也彼此不相等，不可能组织等节拍流水或异节拍流水施工，在这种情况下往往利用流水施工的基本概念，在保证施工工艺，满足施工顺序要求的前提下，按照一定的计算方法，确定相邻专业工作队之间的流水步距，使其在开工时间上最大限度地合理搭接起来，形成每个专业工作队能够连续作业的流水施工方式，称为无节奏流水施工。它是流水施工的普遍形式。

1. 基本特征

（1）每个施工过程在各施工段上的流水节拍不相等，而且无变化规律；

（2）在大多数情况下，流水步距彼此不等。流水步距与流水节拍之间存在某种函数关系；

（3）每个专业工作队都能连续作业，但施工段上可能有空闲；

（4）专业施工队数等于施工过程数，即 $N = n$。

图 11-12　例 11-5 图

2. 组织步骤

(1) 确定施工流水线，分解施工过程得到施工过程数 n，确定施工顺序。

(2) 划分施工过程，确定施工段数 m。

(3) 确定各流水节拍，计算流水步距 $K_{i,i+1}$。

1) 当 $t_i \leqslant t_{i+1}$ 时，$K_{i,i+1} = t_i$；

2) 当 $t_i > t_{i+1}$ 时，$K_{i,i+1} = mt_i - (m-1)t_i$。

(4) 计算流水工期：$T = \sum K_{i,i+1} + \sum t_n + \sum Z - \sum C$。

(5) 绘制流水施工进度表。

3. 应用举例

【例 11-6】某工厂需要修建 4 台设备的基础工程，施工过程包括基础开挖、基础处理和浇筑混凝土。因设备型号与基础条件等不同，使得 4 台设备（施工段）的各施工过程有着不同的流水节拍（单位：周），见表 11-2。

基础工程流水节拍表　　　　　　　　　　　　　表 11-2

施 工 过 程	施工段			
	设备 a	设备 b	设备 c	设备 d
基础开挖	2	3	2	2
基础处理	4	4	2	3
浇筑混凝土	2	3	2	3

【解】本工程应按无节奏流水施工方式组织施工。

(1) 确定施工流向由设备 a—b—c—d，施工段数 $m=4$。

(2) 确定施工过程数，$n=3$，包括基础开挖、基础处理和浇筑混凝土。

(3) 采用累加数列错位相减取大差法求流水步距。

$$K_{1,2} = \max\left\{\begin{array}{cccccc} 2, & 5, & 7, & 9, & \\ -) & 4, & 8, & 10, & 13 \\ \hline 2, & 1, & -1, & -1, & -13 \end{array}\right\} = 2$$

$$K_{2,3} = \max\left\{\begin{array}{ccccc} 4, & 8, & 10, & 13, & \\ -) & 2, & 5, & 7, & 10 \\ \hline 4, & 6, & 5, & 6, & -10 \end{array}\right\} = 6$$

（4）计算流水施工工期：$T = K_{i,i+1} + t_n + z - c = (2+6) + (2+3+2+3) + 0 - 0 = 18$ 周

（5）绘制无节奏流水施工进度计划，如图 11-13 所示。

施工过程	施工进度/周																	
	1	2	3	4	5	6	7	8	9	10	11	12	13	14	15	16	17	18
基础开挖	A			B		C		D										
基础处理				A			B			C			D					
浇筑混凝土							A		B			C			D			

图 11-13　例 11-6 图

思政小课堂

探秘"绿色世博"——上海世博会环保科技亮点

一届世界博览会究竟将如何改变人类的生活？由 242 个国家和组织共襄盛举的中国 2010 年上海世界博览会，正在将实验室里日新月异的科技梦想"转化"为"节能、环保、可持续发展"的现实生活。

让我们来领略"绿色世博"的无限魅力吧！

"绿建筑"：梦想"照进"现实。

当冬日的阳光均匀地洒在黄浦江岸边的新地标——世博轴上，"白云"间的一朵朵"喇叭花"，仿佛向人们诉说对上海世博会的期待。华灯初上，"繁星"点点，上海世博会吉祥物海宝的形象浮现在"云端"，人们不禁为之欢呼……

世博轴（图 11-14），是上海世博会的主出入口和世博园区的中央立体交通轴线。作为上海世博会永久性建筑之一，世博轴长度超过 1000m，分地下、地上各两层。它将为海内外 7000 万参观者带来奇妙的昼与夜，它更是"绿色建筑"理念与技术的聚合体。

"白云"其实是世博轴上方所采用的世界最大规模的张拉索膜屋面。这一独特的结构，令漫步其下的人流在炎热夏季依然能感受到自然、清新的大气环流。

世博轴上那朵朵"喇叭花"名叫"阳光谷"。6 个"阳光谷"贯穿世博轴各层建筑平面，可将倾泻而下的自然光、流动的空气引入建筑内部和地下空间，这是世博轴节能的一个起点。

整个世博轴还采用了大规模的"水循环"利用设施，以及依托地源热泵和江水源热泵的空调系统。这将减轻世博园区的水电消耗，同时减少二氧化碳排放。

晚间，人们用肉眼观看到"繁星"，那其实是与世博轴自然飘逸的曲线相融合的 LED

图 11-14　世博轴

灯饰。LED 照明将为世博园区节约大量能耗。包括世博轴在内的"一轴四馆"永久性建筑，其景观照明全部采用 LED，整个园区 80% 以上夜景照明采用 LED，这将使上海世博会成为全球屈指可数的 LED 集中示范区。

思 考 题 及 习 题

1. 施工组织有哪几种方式？
2. 流水施工中主要参数有哪些？分别叙述它们的含义。
3. 施工过程是怎么划分的？
4. 流水节拍的确定方法有哪些？
5. 流水施工按节奏特征不同可分为哪几种？

第11章思考题及
习题参考答案

第12章 网络计划技术

内容提要 本章主要介绍了网络计划技术。首先介绍了双代号网络图、单代号网络图和时标网络图的表达方法、绘制要求和步骤，详细讲述了网络图的时间参数计算。其次介绍了网络计划优化和网络计划的调整。

学习要求 通过本章学习，了解系统管理的网络计划技术；掌握双代号网络图和单代号网络图的绘制；掌握网络时间参数的计算；熟悉网络优化技术；了解一种项目管理软件的使用。

12.1 概　述

12.1.1 网络计划技术

当系统决策之后，面临的问题就是制订计划和组织实施。网络计划技术就是在制订计划和组织实施过程中常用的一种管理技术和方法。它是利用网络图对计划任务的进度、费用及其组成部分之间的相互关系进行计划和控制，使系统协调运转的科学方法。其主要特点是统筹安排，因此我国把各种不同的网络计划技术与方法统称为统筹法。

管理的对象都可作为系统来研究，虽然不同系统因其内容不同各有特点，但其都必须按系统各组成单元在时间和空间上的内在联系，把物质、能量和信息有机地组织起来，在最短的时间内，以最少的消耗实现系统的目标，取得最大的效益。目前，在工业、农业、交通运输、基本建设及科学研究等项目中使用的统筹方法有甘特图法（Gantt chart）、关键线路法（CPM）、计划评审技术（PERT）、决策关键线路法（DCPM）、图解评审技术（GERT）、风险评审技术（VERT）等。

1. 甘特图法

该方法是美国福兰克兵工厂顾问甘特于20世纪40年代开发的一种计划与管理技术。它以时间为横坐标，以工序为纵坐标，以线条的长短表示一项工作或作业的开始和完成时刻以及工作的进展情况。由于它以条形图进行系统计划与管理，故又称横道图、条形图等。甘特图的最大特点是简单明了、容易绘制、使用方便。其缺点是：不能反映各项工作之间错综复杂的联系和制约关系；不能反映哪些工作是主要的、关键性的生产联系和工序，反映不出全局的关键所在，可能造成在不重要的工作上投入过分的资源，影响大局的关键性工作，虽然忙得团团转，却徒劳无功，致使系统目标难以实现。

20世纪50年代，关键路线法和计划评审技术的出现使系统的计划与管理进入一个新的阶段。

2. 关键线路法

关键线路法是美国杜邦公司为建造新工厂从事计划与管理的研究而提出的，并在

1958 年的建厂工作中发挥了很大作用，使工程工期提前 2 个月，初步显示出其优越性。而后，杜邦公司不仅把 CPM 法应用于大型工程，而且也应用于小型工程和维修工程，同样收到了良好的效果。美国加泰迪克公司在 47 项工程中使用 CPM 法，平均节约时间 22%，节约资金 15%，其效果是显著的。

该方法以网络图的形式表示各工序之间在时间和空间上的相互关系以及各工序的工期，通过时间参数的计算，确定关键线路和总工期，从而制订出系统计划并指示出系统管理的关键所在。

该方法问世后，立刻引起世界各国的重视，很多国家引入该方法都收到了良好的效果。1961 年，华罗庚教授将该方法引入我国并推广到各行各业，并派生出一些新的方法，如时间-费用网络等，使其内容更加丰富。目前，将甘特图法与关键线路法配合使用收到了良好的效果。

3. 计划评审技术

计划评审技术（也称计划协调技术）是美国海军特种计划局和洛克希德公司、汉米尔顿公司于 1958 年 1 月联合开发的一种新的计划管理方法。它的首次应用使美国"北极星"导弹潜艇工程的工期由原计划的 10 年缩短为 8 年。由于它的成功，自 1962 年起美国政府规定一切新开发的工程项目必须采用这种方法。

这种方法与 CPM 法既有联系又有区别。其联系是两者的网络图形和计算方法基本相似，两者的区别见表 12-1。

CPM 与 PERT 的区别　　　　　　　　　　　　　　　表 12-1

	CPM	PERT
研究对象	有经验系统	新开发系统
研究目的	完成任务的工期和关键工作	工作安排情况的评价和审查
计算方法	确定型工期	随机性工期

从研究对象看，PERT 主要侧重研究新开发系统。CPM 主要用于有经验的系统。

从研究目的看，PERT 主要对系统计划进行评价和审查，而 CPM 主要确定完成任务的工期和关键工作。

从计算方法看，PERT 网络中各工序的工期具有随机性，而 CPM 是确定型工期，如果将 PERT 网络中的随机性工期转化成确定型的工期，PERT 网络则变为 CPM 网络，如果将确定型问题看作是随机问题的特例，则 CPM 网络是 PERT 网络在工期不受随机因素干扰时的特例。

4. 决策关键线路法

任何一项工作都有多种方案，通过方案的比较，选择最优方案。CPM 和 PERT 只能考虑完成任务的一种方案，对不同方案必须画出不同的网络图，不仅增大绘制网络图的工作量，而且，在比较和分析时也不能一目了然。为了克服这种局限性，将 CPM 网络和决策理论结合起来，开发出决策关键线路法。

DCPM 的特点是在同一张网络图上表示完成同一任务的各种不同方案，通过绘制特定的网络图和采用特定的计算方法，可得出完成该项任务的最小费用、工期及关键路线等。

5. 图解评审技术

图解评审技术是一种广义网络计划技术。该技术可克服 CPM 与 PERT 中工序均为确定型的缺点，解决实践中存在随机工序（如检验工序后的返修工序）问题。

GERT 的特点是在网络图中同时考虑工序和工序执行时间的随机性，因此它可用于各种系统。它除可将 CPM、PERT 网络作为特例之外，尚可用于系统的模拟，因此该方法有广阔的应用前景。

12.1.2　网络计划技术应用的程序

网络计划技术是广泛用于工业、农业、交通运输、基本建设、国防事业及科学研究项目计划管理的工具，其应用应遵循系统性、协调性、动态性等基本原则并按一定的程序进行才能收到良好效果。网络计划技术应用的一般程序见表 12-2。

网络计划技术应用的一般程序　　　　　　　　　　　表 12-2

阶段	步骤
1. 准备阶段	（1）确定网络计划目标 （2）调查研究 （3）工作方案设计
2. 绘制网络图	（1）项目分解 （2）逻辑关系分析 （3）绘制网络图
3. 时间参数计算与确定关键线路	（1）计算工作持续时间 （2）计算其他时间参数 （3）确定关键线路
4. 编制可行的网络计划	（1）检查与调整 （2）编制可行的网络计划
5. 优化并确定正式网络计划	（1）优化 （2）编制正式网络计划
6. 实施、调整与控制	（1）网络计划的贯彻 （2）检查和数据采集 （3）调整、控制
7. 结束阶段	总结分析

12.1.3　网络图的绘制

网络图又叫统筹图，它是由箭线和节点组成的，用来表示工作流程的有向、有序网状图形，是计划任务及其组成部分相互关系的综合反映，是进行计划、管理和计算的基础。

1. 网络图的组成

网络图是针对一项任务编制的，由节点、工作和线路组成。

任务是指一项有开始和结束标志、由若干相互关联且有不同指标要求的工作所组成的有目的的事物。

工作或工序是将任务按需要的粗细程度划分而成的、消耗时间或同时也消耗资源的、在工艺和组织管理上相互独立的活动（子任务），它包括人的各式各样的相互协调的劳动，是网络计划的基本组成单元。

节点是网络图中箭线端部圆圈或其他形状的封闭图形。双代号网络图中节点是工作开始或结束的标志，表示工作之间的逻辑关系；节点在单代号网络图中表示工作。

线路是从网络图的起点开始沿箭线方向连续通过一系列箭线和节点，最后到达终点所经过的路线。线路所消耗的时间称路长，最长的路长为关键线路，它决定任务的工期。

2. 网络图的绘制

（1）网络图的绘制程序。绘制网络图是在对任务进行分析和分解的基础上，按规定的画法画出网络图的过程。该过程分为以下两步：

① 任务的分解和分析。把任务分解成工作，必须考虑其流程特性。流程是指一项任务随时间的推移而逐渐展开的过程。流程特性就是指任务在展开的过程中工作与工作间关联的特点。按流程特性，工作之间的关系有多种，其中最常用的是紧前工作和紧后工作。所谓紧前工作是指一项工作开始之前必须完成的工作；紧后工作是指一项工作完成之后紧接着能进行的工作。紧前工作和紧后工作是相对的，一项工作是其紧后工作的紧前工作，又是其紧前工作的紧后工作，因此按流程特性可将一项任务分解成工作，并表示出各工作间的逻辑关系。

任务分解和分析的工作内容为：把一项任务分解成工作（或工序），分析并确定各工作在工艺和组织方面的联系及制约关系；确定工作的先后顺序，找出各工作的所有紧前、紧后工作以及各工作之间的搭接关系；确定该工序的工期等。为了明显清晰起见，需列成"工作逻辑关系表"（表12-3）。只有深入调查研究，与有关技术部门相互配合、密切协作，与生产、技术部门协商，不断修改，才能客观地正确地揭示任务的结构和内在联系，才能得到符合客观实际的"工作逻辑关系表"。

工作逻辑关系表 表12-3

序号	编码	工序名称	紧后工作	工期	调整期	……

逻辑关系表中，编码通常用工作代码、WBS码等，它们在现代项目管理中有重要作用。工期一般根据经验或工程量、定额及资源配置情况计算确定。

② 画网络图。在网络计划法中，网络图有单代号和双代号两种表示法。单代号表示法可表示工作间的各种逻辑关系，应用较广；双代号表示法仅能表示工作间的紧前、紧后关系，应用有一定的局限性。

（2）单代号网络图绘制的方法与规则。单代号网络图用节点及编号表示一项工作，用箭线表示各工作之间的联系，一般采用○或□表示，如图12-1所示。

现行国家标准《工程网络计划技术规程》JGJ/T 121中规定单代号网络图绘制的基本规则为：

图 12-1　单代号网络图节点表示方法

① 网络图必须正确表述已定的逻辑关系。

② 严禁出现循环回路。

③ 严禁出现双箭头或无箭头的连线。

④ 严禁出现没有箭尾节点和没有箭头节点的箭线。

⑤ 箭线不宜交叉，当交叉不可避免时可采用过桥法和指向法绘制。

⑥ 只应有一个起点节点和一个终点节点，当网络图中有多项起点节点或多项终点节点时应在网络图的两端分别设置一项虚工作，作为该网络图的起点节点（St）和终点节点（Fin）。

（3）双代号网络图绘制方法与规则。双代号网络图用○表示节点，以箭线表示工作。在箭线上面标工作名称，在箭线下面标工期。

节点表示一项工作的开始和结束时间，是两项工作的交接点，它是紧前工作结束、紧后工作开始的标志，因其体现工作间的衔接过程且与工作持续时间相比是短暂的，故假设其不消耗资源，不占用时间和空间。网络图中的

图 12-2　代号网络图节点表示方法

第一个节点称为开始节点，最后节点称为结束节点，其余为中间节点。如图 12-2 所示的工作中，i 表示该工作的开始，j 表示该工作的结束，由 i 到 j 的箭线表示工作，箭线上面的 F 表示工作的名称，下面的数字 5 表示该工作的持续时间。

逻辑关系表

表 12-4

工作	紧后工作	工期
A	B	3
B	—	5
C	B，D	8
D	—	6

在双代号网络图中，为了正确地表示各工作之间的逻辑关系，有时需引入虚工作。虚工作是没有具体工作内容，不消耗资源和时间，只表示工作间逻辑关系的以虚箭线表示的工作，表 12-4 中的逻辑关系可用引入虚工作的网络图表示（图 12-3）。

双代号网络图绘制的基本规则为：

① 网络图必须正确表达已定的逻辑关系。

② 所有箭线方向必须由左到右，时间必须由现在到

图 12-3　双代号网络虚工作

将来，严禁出现循环回路。

③ 节点之间严禁出现双向箭头或无箭头的连线。

④ 严禁出现没有箭头或没有箭尾的箭线。

⑤ 箭线尽量避免交叉。

⑥ 进入某事项的工作虽然可有多条，但由同一事项进入该事项的工作只能有一条。如遇此情况，必须引入虚工序予以消除，如图 12-4 所示。

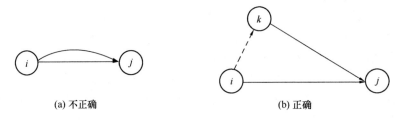

(a) 不正确   (b) 正确

图 12-4　虚工作应用

⑦ 只应有一个起点节点和一个终点节点。如果一项任务出现多个起点节点或终点节点，可引入虚工作予以消除。

3. 逻辑关系的基本表示方法

网络图中各工作逻辑关系的表示方法见表 12-5。

网络图中各工作逻辑关系的表示方法　　　　　　　　　　　　　　表 12-5

序号	工作之间的逻辑关系	双代号表示方法	单代号表示方法
1	A、B、C 三项工作依次进行	A → B → C	A → B → C
2	A 完成后同时开始 B、C 两项工作	A，后接 B、C	A → B，A → C
3	A、B 完成后进行 C 工作	A、B → C	A → C，B → C
4	A、B 完成后同时进行 C、D 两项工作	A、B → C、D	A → C、D，B → C、D
5	A 完成后进行 C、D，B 完成后进行 D	A → C、D，B → D（虚工作 0）	A → C、D，B → D

306

序号	工作之间的逻辑关系	双代号表示方法	单代号表示方法
6	A、B 完成后进行 C，B、D 完成后进行 E		
7	A 完成后进行 C、D，B 完成后进行 D、E		
8	A、B 两项先后进行的工作，各分 3 段进行		

4. 网络图节点的标号

为统一起见，无论双代号还是单代号均采用删掉箭杆法对网络图的节点进行编号，即把由已编号节点出发的所有箭线去掉，显露出来的节点按由小到大的顺序编号且需留有余地，以备修改之用，如图 12-5 所示。

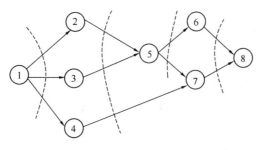

图 12-5　网络图的编号

12.2　时间参数的计算方法

CPM 网络需解决完成任务的工期、关键工作和关键线路以及非关键工作的机动时间等问题，因此需计算网络的时间参数，即工作或节点所具有的各种时间值，包括工作的最早开始时间、最早结束时间、最晚开始时间、最晚结束时间、总时差和自由时差六个时间参数。计算时间参数的基本方法是分析法，根据其原理还可在图或表上实现计算，分别称其为图算法或表算法。

12.2.1　分析法

由于 CPM 网络有双代号和单代号两种不同的描述方式，故时间参数的计算方法、参数符号的表示等也略有差别。

1. 双代号网络时间参数的计算

双代号网络时间参数的计算方法有工作计算法和节点计算法，工作计算法是直接计算各项工作的时间参数，节点计算法是先计算节点的时间参数，再计算各项工作的时间参数。

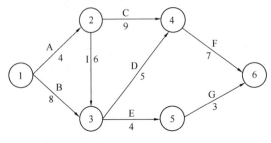

图 12-6　双代号网络时间参数计算示例

（1）工作最早开始时间 ES_{i-j} 和最早完成时间 EF_{i-j} 的计算。

工作 $i-j$ 的最早开始时间 ES_{i-j} 受其紧前工作 $k-i$ 的制约，并按下式计算：

$$ES_{i-j} = \max\{ES_{k-i} + D_{k-i}\} = \max\{EF_{k-i}\} \tag{12-1}$$

式中，ES_{k-i} 为工作 $i-j$ 各紧前工作 $k-i$ 的最早开始时间；D_{k-i} 为 $k-i$ 工作的持续时间；EF_{k-i} 为工作 $i-j$ 各紧前工作 $k-i$ 的最早完成时间：$EF_{k-i} = ES_{k-i} + D_{k-i}$。

由式（12-1）可见，如果 i 为开始节点（假设 $i=1$），令 $ES_{i-j}=0$，依据各工作的持续时间则可递推计算出全部工作的最早开始时间和最早完成时间，进而可确定任务的计算工期 T_c：

$$T_c = \max\{EF_{i-n}\} \tag{12-2}$$

式中，EF_{i-n} 为以终点节点为箭头节点的工作的最早完成时间。

根据图 12-6 计算任务的工期如下：

$ES_{1-2}=0$ 天，$EF_{1-2}=0+4=4$ 天

$ES_{1-3}=0$ 天，$EF_{1-3}=0+8=8$ 天

$ES_{2-3}= EF_{1-2}=4$ 天，$EF_{2-3}=4+6=10$ 天

$ES_{2-4}= EF_{1-2}=4$ 天，$EF_{2-4}=4+9=13$ 天

$ES_{3-4}=\max\{0+8,\ 4+6\}=10$ 天或 $ES_{3-4}=\max\{EF_{1-3},\ EF_{2-3}\}= \max\{8,\ 10\}=10$ 天，$EF_{3-4}=10+5=15$ 天

$ES_{3-5}= \max\{8,\ 10\}=10$ 天，$EF_{3-5}=10+4=14$ 天

$ES_{4-5}= \max\{4+9,\ 10+5\}=15$ 天，$EF_{4-5}=15+7=22$ 天

$ES_{5-6}=10+4=14$ 天，$EF_{5-6}=14+3=17$ 天

$T_c= \max\{EF_{4-5},\ EF_{5-6}\}= \max\{22,\ 17\}=22$ 天

所以，该任务 22 天可完成。

ES_{i-j} 和 EF_{i-j} 的计算是沿网络图箭线方向，由前向后进行的，欲确定计划工期，也只需计算 ES_{i-j} 和 EF_{i-j} 两个时间参数。

（2）工作最迟开始时间 LS_{i-j} 和最迟完成时间 LF_{i-j} 的计算。

当任务在预定的最早完成时间完成时，工作 $i-j$ 的最迟完成时间受其紧后工作制约，工作 $i-j$ 的最迟完成时间 LF_{i-j} 按下式计算：

$$LF_{i-j} = \min(LF_{j-k} - D_{j-k}) = \min(LS_{j-k}) \tag{12-3}$$

式中，LF_{j-k} 为紧后工作 $j-k$ 的最迟完成时间；D_{j-k} 为紧后工作 $j-k$ 的持续时间；LS_{j-k} 为紧后工作 $j-k$ 的最迟开始时间：$LS_{j-k}=LF_{j-k}-D_{j-k}$。

由式（12-3）可见，如果 j 为结束节点（假设 $j=n$），令 $EF_{i-n}=T_\mathrm{c}$ 或 $EF_{i-n}=T_\mathrm{p}$，依据各工作的持续时间则可递推计算出全部工作的最迟开始时间和最迟完成时间。

根据图 12-6 计算如下：

任务的最迟完成时间 $T_\mathrm{c}=22$ 天

$LF_{4-6}=LF_{5-6}=22$ 天，$LS_{4-6}=22-7=15$ 天

$LS_{5-6}=22-3=19$ 天

$LF_{3-5}=LS_{5-6}=19$ 天，$LS_{3-5}=19-4=15$ 天

$LF_{3-4}=LS_{4-6}=15$ 天，$LS_{3-4}=15-5=10$ 天

$LF_{2-3}=\min\{15-5,\ 19-4\}=10$ 天或 $LF_{2-3}=\min\{LS_{3-4},\ LS_{3-5}\}=\min\{10,15\}=10$ 天

$LS_{2-3}=10-6=4$ 天

$LF_{2-4}=LS_{4-6}=15$ 天，$LS_{2-4}=15-9=6$ 天

$LF_{1-2}=\min\{LS_{2-4},\ LS_{2-3}\}=\min\{6,4\}=4$ 天，$LS_{1-2}=4-4=0$ 天

$LF_{1-3}=\min\{LS_{3-4},\ LS_{3-5}\}=\min\{10,15\}=10$ 天，$LS_{1-3}=10-8=2$ 天

可见，受紧后工序的影响，最迟完成时间是沿网络图逆向即由后向前推算的。

（3）工作总时差 TF_{i-j} 的计算和关键线路。工作 $i-j$ 的总时差为该工作的机动时间，并按下式计算：

$$TF_{i-j}=LS_{i-j}-ES_{i-j}=LF_{i-j}-EF_{i-j} \tag{12-4}$$

当最终节点的 LF_{k-n} 等于计算工期 T_c 时，$TF_{k-n}=LS_{k-n}-ES_{k-n}=TP-EF_{k-n}$

仍用上例计算得

$TF_{1-2}=0$ 天，$TF_{1-3}=2$ 天，$TF_{2-3}=0$ 天，$TF_{3-4}=0$ 天，$TF_{3-5}=5$ 天，$TF_{4-6}=0$ 天，$TF_{5-6}=5$ 天

总时差最小的工作为关键工作。由开始节点至最终节点全部由关键工作组成的线路称为关键线路，本例中关键线路为 1—2—4—6。

图 12-7　最早结束、最早开始关系

（4）工作自由时差 FF_{i-j} 的计算。工作 $i-j$ 的自由时差又称单时差，是在紧后工作最早开始的情况下，仅供本工作单独使用的、不能存储的机动时间（图 12-7），其计算公式为

$$FF_{i-j}=ES_{j-k}-EF_{i-j} \tag{12-5}$$

自由时差和总时差的区别在于前者只能供本工作使用，不能存储，后者可存储供紧后工作使用。二者之间的关系是

$$TF_{i,j}\geqslant FF_{i,j}$$

现定义

$$I_{i-j}=TF_{i-j}-FF_{i-j} \tag{12-6}$$

为干扰时差，它是本工作可以不使用而留给紧后工作使用的机动时间。

2. 简单的单代号网络时间参数的计算

将图 12-6 的双代号网络图改成单代号网络图，见图 12-8。

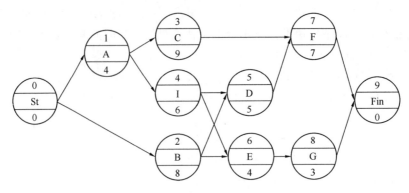

图 12-8　单代号网络图

简单的单代号网络图时间参数的计算方法与双代号基本是相同的，因其节点表示工作，故其计算方法为：

工作 i 的最早开始时间 ES_i：

$$ES_i = \max\{ES_h + D_h\} = \max\{EF_h\}$$

式中　h——工作 i 的紧前工作；

ES_h——工作 h 的最早开始时间，当 h 为开始节点时，$ES_h = 0$；

D_h——工作 h 的持续时间；

EF_h——工作 h 的最早完成时间。

工作 i 的最早结束时间：

$$EF_i = ES_i + D_i$$

工作 i 的最晚结束时间：

$$LF_i = \min\{LS_j\}$$

式中，LF_j 为 j 工作的最晚结束时间，当 j 为终点节点时，$ES_j = T_c$。

工作 i 的最晚开始时间：

$$LS_i = LF_j - D_i$$

由于单代号网络不像双代号网络那样一项工作结束就是后一项工作的开始，而紧后工作的最早开始与紧前工作之间存在时间间隔，该间隔体现了紧前工作的机动时间，因此需计算该时间间隔 $LAG_{i,j}$。各节点间的时间间隔 $LAG_{i,j}$ 按下式计算：

$$LAG_{i,j} = ES_j - EF_i$$

该式与双代号计算自由时差的公式是相同的，但它不一定是该工作的自由时差。

工作 i 的总时差 TF_i 为：

$$TF_i = LS_i - ES_i = LF_i - EF_i$$

单代号网络的总时差一般从后向前计算，当仅有紧前和紧后关系时，计算方法与双代号相同，否则是不同的。终点节点的总时差 $TF_n = T_p - EF_n$，T_p 为计划工期，当 T_p 与计算工期 T_c 相同时，$TF_n = 0$。

工作 i 的自由时差 FF_i 为：

$$FF_i = \min\{LAG_{i,j}\}$$

当 $i = n$ 时，$FF_n = T_p - EF_n$ 或 $FF_n = T_c - EF_n = 0$

总时差最小的工作为关键工作，所有工作均为关键工作且所有工作时间间隔为零的线路为关键线路。

3. 有搭接关系单代号网络时间参数的计算

（1）工作之间的逻辑关系。有搭接关系的单代号网络图是指各工作间存在搭接关系的网络图，所谓搭接关系是指相邻两工作间带有约束条件的逻辑关系，有结束到开始、开始到开始、结束到结束和开始到结束四种连接方式。

① 结束到开始的连接方式，以 $FTS_{i-j}=a$ 表示，其含义是 i 工作结束，并间隔时间 a 后，j 工作才能开始。如果 $FTS_{i-j}=0$，说明紧前工作 i 的结束时间等于紧后工作 j 的开始时间，这种关系与双代号网络和普通单代号网络是相同的，因此双代号网络和普通单代号网络只是有搭接关系的单代号网络的特例。国外不区分有搭接关系的单代号网络和普通单代号网络，统称为单代号网络正是这个道理。结束到开始的连接关系见图12-9。

结束到开始连接方式是紧前工作的结束对紧后工作的开始形成约束，其计算关系为

$$ES_j = EF_i + FTS_{i-j} \tag{12-7}$$

$$LF_i = LS_j - FTS_{i-j} \tag{12-8}$$

② 开始到开始的连接方式，以 $STS_{i-j}=a$ 表示，其含义是紧前工作开始，并间隔时间 a 后 j 工作才开始，也就是后续工作的开始取决于紧前工作的开始。如管道施工中沟槽开挖和铺设管线两工作，只有沟槽开始开挖一定时间后，管线铺设才能开始，就是这类连接方式。我国标准规定这类连接方式的绘图方法与前者相同，但国外一般采用由紧前工作的开始处，引向紧后工作的开始处，其具体画法见图12-10。

图 12-9　结束到开始的连接关系

图 12-10　开始到开始的连接关系

开始到开始连接方式是紧前工作的开始时间对紧后工作的开始时间形成约束，其计算关系为

$$ES_j = ES_i + STS_{i-j} \tag{12-9}$$

$$LS_i = LS_j - STS_{i-j} \tag{12-10}$$

③ 结束到结束的连接方式，以 $FTF_{i-j}=a$ 表示，其含义是紧前工作结束并间隔时间 a 后，后续工作才能结束，紧后工作的完成受紧前工作完成的制约。如隧道开挖与路面施工两项工作，只有隧道开挖结束后，路面施工才能结束。其网络图具体画法见图12-11。

结束到结束连接方式的是紧前工作的结束时间对紧后工作的结束时间形成约束，其计算关系为

$$EF_j = EF_i + FTF_{i-j} \tag{12-11}$$

$$LF_i = LF_j - FTF_{i-j} \tag{12-12}$$

④ 开始到结束的连接方式，以 $STF_{i-j}=a$ 表示，如在地下水位较高的地方进行基坑开挖，降水与开挖量两工作的安排为：应先降水，降水在基坑开挖工作结束后，再经一段

时间才能结束。其网络图具体画法见图 12-12。

图 12-11　结束到结束的连接关系　　图 12-12　开始到结束的连接关系

开始到结束连接方式是紧前工作的结束时间对紧后工作的结束时间形成约束，其计算关系为

$$EF_j = ES_i + STF_{i-j} \tag{12-13}$$

$$LS_i = LF_j - STF_{i-j} \tag{12-14}$$

（2）有搭接关系单代号网络时间参数的计算。有搭接关系单代号网络时间参数的计算与双代号网络和一般单代号网络计算的原理基本相同，只是在计算中考虑约束而已，但由于约束的存在，使计算较复杂。

有搭接关系的网络图，无论原网络图如何绘制，为满足计算需要，均需增加一个虚拟开始节点 St 和一个虚拟的结束节点 Fin。

① 最早开始时间和最早结束时间。一项工作的最早开始时间受其紧前工作和各种搭接关系的制约，应在各种制约关系中选最大值。

对某工作的最早开始时间具有直接影响的搭接关系是结束-开始、开始-开始两种，其计算取决于紧前工作的结束或开始，因此应先计算该工作的最早开始时间，然后加上本工作的工期，得出最早结束时间，其计算公式分别为

$$ES_j = \max\{ES_{i-1} + STS_{i-j}, EF_{i-2} + FTS_{i-j}, \cdots\} \tag{12-15}$$

$$EF_j = ES_j + D_j \tag{12-16}$$

当存在开始-结束、结束-结束限制条件时，因紧后工作的最早结束时间取决于紧前工作的开始或结束，因此应先计算紧后工作的最早结束时间，然后扣除本工作的工期，得出本工作的最早开始时间，此时工作的最早结束时间和最早开始时间按下式计算。

$$EF_j = ES_i + STF_{i-j} \text{ 或 } EF_j = EF_i + FTF_{i-j} \tag{12-17}$$

$$ES_j = \max\{EF_j - D_j\} \tag{12-18}$$

在计算中需注意两个问题，一是开始节点和终点节点都是虚工作，因此凡与起点节点相连的工作的最早开始时间均为零或规定的值；二是当计算中某工作的最早开始时间出现负值时，需将该工作与起点节点用虚箭线相连，类似增加一个紧前工作并重新计算；如果计算中某工作的最早结束时间大于终点节点的最早开始时间时，需将该工作与终点节点用虚箭线相连，类似增加一个紧后工作并重新计算。

② 最晚结束时间和最晚开始时间。最晚结束时间和最晚开始时间是从终点开始向前推算的，紧后工作决定了本工作的最晚结束时间和最晚开始时间，当两工作间为开始-开始、开始-结束关系时，根据约束，应先求最晚开始时间，加上工期，求出最晚结束时间，但计算中需分别使用紧后工作的最晚开始数据和最晚结束数据，其计算公式分别为

$$LS_i = \min\{LS_j - STS_{i-j}, LF_j - STF_{i-j}, \cdots\} \tag{12-19}$$

$$LF_i = LS_i + D_i \tag{12-20}$$

当两工作间为结束-开始、结束-结束关系时，根据约束，应先求最晚结束时间，再减去工期，求出最早结束时间，计算中也需分别使用紧后工作的最晚开始数据和最晚结束数据，其计算公式分别为

$$LF_i = LF_j - FTF_{i-j} \text{ 或} LF_i = LS_j - FTS_{i-j} \qquad (12\text{-}21)$$

$$LS_i = \min\{LF_i - D_i\} \qquad (12\text{-}22)$$

当有多个紧后工作时，均应取最小值。

在计算中需注意：凡与终点节点相连工作的最晚结束时间与终点节点最早结束时间相同；当计算出的最晚结束时间大于结束节点的最晚结束时间时，应将该工作用虚箭线与终点节点相连。

③ 时间间隔 $LAG_{i,j}$ 的计算。在有搭接关系的工作之间除搭接关系的限制外，还需考虑时间间隔 $LAG_{i,j}$，它反映的是后续工作最早开始时间与本工作最早结束时间之差，本工作最早结束时间受搭接关系制约，时间间隔的计算公式为

当搭接关系为 $FTS_{i,j}$ 时

$$LAG_{i,j} = ES_j - EF_i - FTS_{i,j} \qquad (12\text{-}23)$$

当搭接关系为 $FTF_{i,j}$ 时

$$LAG_{i,j} = EF_j - EF_i - FTF_{i,j} \qquad (12\text{-}24)$$

当搭接关系为 $STS_{i,j}$ 时

$$LAG_{i,j} = ES_j - ES_i - STS_{i,j} \qquad (12\text{-}25)$$

当搭接关系为 $STF_{i,j}$ 时

$$LAG_{i,j} = EF_j - ES_i - STF_{i,j} \qquad (12\text{-}26)$$

当相邻工作间有多种搭接关系时，应取最小值：

$$LAG_{i,j} = \min \begin{Bmatrix} ES_j - EF_i - FTS_{i,j} \\ EF_j - EF_i - FTF_{i,j} \\ ES_j - ES_i - STS_{i,j} \\ EF_j - ES_i - STF_{i,j} \end{Bmatrix} \qquad (12\text{-}27)$$

④ 工作的总时差和自由时差。

工作的总时差为

$$TF_i = LS_i - ES_i = LF_i - EF_i \qquad (12\text{-}28)$$

自由时差为

$$FF_i = \min\{LAG_{i,j}\} \qquad (12\text{-}29)$$

⑤ 关键工作和关键线路。单代号搭接网络的关键工作是总时差最小的工作，关键线路是从开始阶段到终点节点均为关键工作，且所有工作的时间间隔均为零。

12.2.2　图算法

1. 双代号网络的图算法

这是一种简单、明了、方便的算法，只适用于 50 个以下工作节点的小网络。图算法是把分析法每步的计算结果用不同的符号标在图上，节点法将节点的时间参数标在节点上，工作法将工作的时间参数标在工作上（图 12-13）。

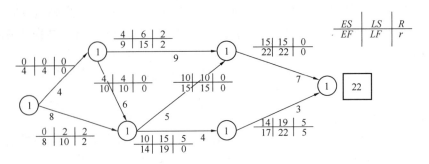

图 12-13　双代号网络的图算法

2. 单代号网络图算法

单代号法的计算在各工作间仅存在紧前、紧后关系的情况下与双代号并无差别，只是需计算各工作的时间间隔，以决定自由时差，但需注意总时差与自由时差的计算方法和关键线路的确定方法与双代号略有不同。单代号网络的图算法如图 12-14 所示。

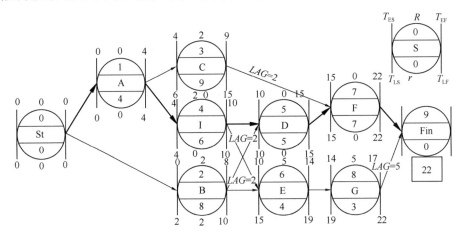

图 12-14　单代号网络的图算法

3. 有搭接关系的单代号网络的图算法

有搭接关系的单代号网络的图算法计算结果见图 12-15。

12.2.3　表算法

表算法适用于 50～100 个工作，其原理是在表格上用分析法进行计算。

先编制一表格（见表 12-6）并把已知数据填入表内。在填数据时，工作的顺序要由小到大，即首先是 i 由小到大，在相同的 i 中，j 由小到大。

在计算各工作的最早开始时间和最早完成时间时，计算 ES_{i-j} 是关键。其方法是：

从第一项工作开始：$ES_{1-j}=0$；按 $EF_{1-j}=0+D_{1-j}$ 计算工作的最早完成时间，工作的最早开始时间为 $ES_{i-j}=\max\{ES_{k-i}+D_{k-i}\}$，由上至下在已计算出的最早完成时间中查找与 i 节点号码相同的最早完成时间作为 i 节点的最早开始时间，这时有两种情况：

第一，所有以 j 为完成节点的工作的最早完成时间均相同或只有一个，则节点的最早开始时刻均为该值。

314

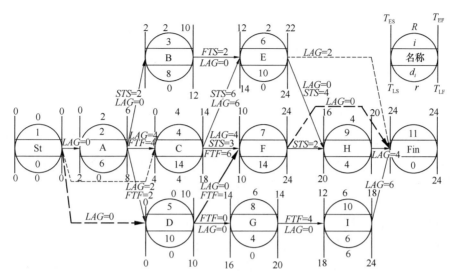

图 12-15　有搭接关系的单代号网络的图算法

第二，如以 j 为完成节点的工作的最早完成时间不相同，则 i 节点的最早开始时刻应从中选一最大值，这体现出 i 节点的最早开始时间是由紧前工作所决定的；其他工作的最早结束时刻，按 $EF_{i-j}=ES_{i-j}+D_{i-j}$ 计算，即第 3 栏加第 4 栏。由此，可求出第 4、5 栏。

然后求 LS_{i-j} 和 LF_{i-j}，将 T_p 或最后工作的最早完成时间，填入第 7 栏的相应位置，由下向上按 $LS_{i-j}=LF_{i-j}-D_{i-j}$ 即可求出第 6、7 栏的所有参数，其中 LF_{i-j} 是在进入同一节点的 LS 中选最小值。

总时差则是第 7 栏和第 5 栏的差或第 6 栏与第 4 栏的差，即

$$LF_{i-j}-EF_{i-j}=TF_{i-j} \text{ 或 } LS_{i-j}-ES_{i-j}=TF_{i-j}$$

自由时差则根据 $FF_{i-j}=ES_{j-k}-EF_{i-j}$ 计算。如确定（0，2）工作的自由时差 FF_{0-2}，则由（2，3）工作或（2，4）工作的 $ES_{2-3}=ES_{2-4}=10$ 减去（0，2）工作的 $EF_{0-2}=8$，得 $FF_{0-2}=2$。

最后根据 TF_{i-j} 最小的原则，确定关键线路。图 12-15 用表算法计算的过程见表 12-6，关键工作为 0—1、1—2、2—4、4—5，即关键线路为 0—1—2—4—5，总工期为 22 天。

CPM 时间参数计算表　　　　　　　　　　　　　　　　　　表 12-6

工序号		工期	最早开工	最早完工	最晚开工	最晚完工	总时差	自由时差	关键线路
i	j	D_{i-j}	ES	EF	LS	LF	TF_{i-j}	FF_{i-j}	CP
1	2	3	4	5=3+4	6=7−3	7	8=6−4	9	10
0	1	4	0	4	0	4	0	0	√
0	2	8	0	8	2	10	2	2	
1	2	6	4	10	4	10	0	0	√
1	4	9	4	9	6	15	2	2	
2	3	4	10	14	15	19	5	0	
2	4	5	10	15	10	15	0	0	√
3	5	3	14	17	19	22	5	5	
4	5	7	15	22	15	22	0	0	√

12.3 时标网络计划

12.3.1 概念

前面所述的网络计划都是不带时标的，工作持续时间由箭线下方标注的数字说明，而与箭线本身长短无关，这种非时标网络计划与时标网络计划相比虽然修改方便，但没有时标网络图看起来直观，不能一目了然地在网络计划上直接看出各项工作的开工和完工时间，同时也不能按天统计资源需用量和编制资源需求量计划。为了克服一般网络计划的不足，便产生了时标网络计划。双代号时标网络计划以水平时间坐标为尺度表示工作时间，时间单位根据需要在编制网络计划之前确定，可为年、季、月、周、天。

时标网络计划中以实箭线表示工作，以虚箭线表示虚工作，以波形线表示工作的自由时差。时标网络计划中所有符号在时间坐标上的水平投影位置与其时间参数相对应，节点中心对准相应的坐标位置，虚工作以垂直方向的虚箭线表示，虚工作不占用时间，有自由时差时加波形线表示。

12.3.2 时标网络计划的特点

双代号时标网络计划是以水平时间坐标为尺度编制的双代号网络计划，其主要特点如下：

时标网络计划兼有网络计划与横道计划的优点，它能够清楚地表明计划的时间进程，使用方便；

时标网络计划能在图上直接显示出各项工作的开始与结束时间、工作的自由时差及关键线路；

在时标网络计划中可以统计每一个单位时间对应的资源需要量，以便进行资源优化和调整；

由于箭线受到时间坐标的限制，当情况发生变化时，对网络计划的修改比较麻烦，往往要重新绘图。但在使用计算机以后，这一问题已较容易解决。

12.3.3 时标网络计划的编制

时标网络计划应以一般网络计划图为依据，按最早时间参数，并在横道图进度计划的表格上编制，时间坐标可上、下标注。时标网络计划的编制方法有两种：一种方法是首先计算一般网络计划节点最早开始时间，然后在时间坐标上确定位置，再按一般网络计划绘制实箭线、虚箭线和波形线，从而绘制成时标网络计划，另一种方法是不经过计算，一般是编一半时标网络计划的时间参数，直接在时标表上绘制时标网络计划。

1. 绘制要求

（1）宜按最早时间绘制；

（2）先绘制时间坐标表（顶部或底部，或顶底部均有时标，可加日历；时间刻度线用细线，也可不画或少画）；

（3）实箭线表示工作，虚箭线表示虚工作，波形线表示自由时差或时间间隔；

（4）节点中心对准刻度线；

（5）虚工作用垂直虚线表示，其水平部分（为时间间隔）用波形线。

2. 绘制方法

方法 1：先绘制一般网络计划并计算出时间参数，再绘时标网络计划图。

方法 2：直接按草图在时标表上绘制。

（1）起点定在起始刻度线上；

（2）按工作持续时间绘制外向箭线；

（3）每个节点必须在其所有内向箭线全部绘出后，定位在最晚完成的实箭线箭头处。未到该节点者，用波形线补足。

绘图注意：从左向右绘制；节点尽量向左靠，箭线不得向左斜。

3. 应用举例

在如图 12-16 所示的双代号时标网络计划中，请大家分析判断以下几个问题：

（1）计算工期；（2）关键线路；（3）自由时差（取整数）；（4）总时差。

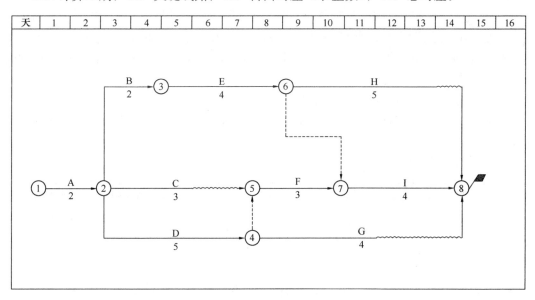

图 12-16　双代号时标网络计划示例

【解】

（1）计算工期为 14 天

（2）关键线路为 1—2—4—5—7—8

（3）C、D、G 的自由时差分别为 2、0、3 天

（4）总时差：

最后工作的总时差＝自由时差

其他工作总时差＝紧后工作的总时差（最小值）＋自由时差

I 工作总时差＝0 天，H 工作总时差＝1 天，G 工作总时差＝3 天

F 工作总时差＝0 天，6—7 工作总时差＝2 天，E 工作总时差＝1＋0＝1 天

4. 补充实际进度前锋线

所谓前锋线，是指在原时标网络计划上，从检查时刻的时标点出发，用点画线依此将各项工作实际进展位置点连接而成的折线，如图 12-17 所示。

前锋线比较法是通过绘制某检查时刻工程项目实际进度前锋线，进行工程实际进度与计划进度比较的方法，它主要适用于时标网络计划。

采用前锋线比较法进行实际进度与计划进度的比较，其步骤如下：

（1）绘制时标网络计划图

工程项目实际进度前锋线是在时标网络计划图上标示，为清楚起见，可在时标网络计划图的上方和下方各设一时间坐标。

（2）绘制实际进度前锋线

一般从时标网络计划图上方时间坐标的检查日期开始绘制，依次连接相邻工作的实际进展位置点，最后与时标网络计划图下方坐标的检查日期相连接。

（3）进行实际进度与计划进度的比较

前锋线可以直观地反映出检查日期有关工作实际进度与计划进度之间的关系。对某项工作来说，其实际进度与计划进度之间的关系可能存在以下三种情况：

① 工作实际进展位置点落在检查日期的左侧，表明该工作实际进度拖后，拖后的时间为二者之差；

② 工作实际进展位置点与检查日期重合，表明该工作实际进度与计划进度一致；

③ 工作实际进展位置点落在检查日期的右侧，表明该工作实际进度超前，超前的时间为二者之差。

（4）前锋线比较法

图 12-17　实际进度前锋线

进行实际进度与计划进度的比较。

12.4 网络计划的优化

在工程组织施工中，初始网络计划虽然以工作逻辑关系确定了施工组织的合理关系和各项时间参数，但这仅是网络计划的一个最初方案，一般还需要使网络计划中的各项参数符合工期要求、资源供应和工程成本最低等约束条件，这不仅取决于一项工作在时间上的协调，还取决于资源能否合理分配和费用的安排，要做到这些，就必须对初始网络计划进行优化。

经过调查研究，确定施工方案，划分施工过程，分析施工过程间的逻辑关系，编制施工过程一览表，绘制网络图计算时间参数等后，可以确定网络计划的初始方案，然而要使工程计划顺利实施，获得缩短工期、质量优良、资源消耗小、工程成本低的效果，就要按一定标准对网络计初始方案进行均衡化，必要时还需进行优化调整。

网络计划的优化目标应该按计划任务的需要和条件选定，有工期目标、费用目标和资源目标；根据网络计划的优化目标，网络计划的优化分为工期优化、资源优化和费用优化三类，资源优化又可以分为资源有限、工期最短优化和工期固定、资源均衡化两种。网络计划优化的原理：一是利用时差前后移动各项工作改变有关工作的时间参数，从而达到资源参数的调整，二是利用关键线路对关键工作适当增加资源的投入，缩短其工作持续时间，从而达到缩短工期的目的。网络计划的优化就是在满足既定约束条件下按选定目标，通过不断改进网络计划寻求最满意的方案。

12.4.1 工期优化

所谓工期优化，是指网络计划的计算工期不满足要求工期时，通过压缩关键工作的持续时间以满足要求工期目标的过程。

1. 工期优化的原则

网络计划的工期优化，就是指当计算工期大于要求工期时通过压缩关键工作的持续时间满足要求工期的过程，但在优化过程中不能将关键工作压缩成非关键工作，优化过程中出现多条关键线路时，必须同时压缩各关键线路上的持续时间，否则不能有效地缩短工期，网络计划在执行过程中，通过压缩关键工作的持续时间来达到缩短工期的目的，必须考虑实际情况和可能，应正确处理进度与质量、资源供应和费用的关系，按照下列因素选择缩短持续时间的关键工作：

缩短持续时间对质量和安全影响不大的关键工作；

有充足备用资源的关键工作；

缩短持续时间所增加的费用最小的关键工作。

将所有工作按其是否满足上述三方面的要求确定优选系数。选择优选系数最小的关键工作，并压缩其持续时间，若需要同时压缩多个关键工作的持续时间则它们的优选系数之和的最小者应优先作为压缩对象。

2. 工期优化方法

网络计划工期优化的基本方法是在不改变网络计划中各项工作之间逻辑关系的前提下，通过压缩关键工作的持续时间来达到优化目标。在工期优化过程中，按照经济合理的原则，不能将关键工作压缩成非关键工作。此外，当工期优化过程中出现多条关键线路时，必须将各条关键线路的总持续时间压缩相同数值，否则，不能有效地缩短工期。

网络计划的工期优化可按下列步骤进行：

（1）确定初始网络计划的计算工期和关键线路。

（2）按要求工期计算应缩短的时间 Δt：

$$\Delta t = t_c - t_r \tag{12-30}$$

式中　t_c——网络计划的计算工期；

　　　t_r——要求工期。

（3）选择优选系数最小的关键工作。

（4）将所选定的关键工作的持续时间压缩至最短，并重新确定计算工期和关键线路。若被压缩的工作变成非关键工作，则应延长其持续时间，使之仍为关键工作。

（5）当计算工期仍超过要求工期时，则重复上述（2）～（4），直至计算工期满足要求工期或计算工期已不能再缩短为止。

（6）当所有关键工作的持续时间都已达到其能缩短的极限而寻求不到继续缩短工期的方案，但网络计划的计算工期仍不能满足要求工期时，应对网络计划的原技术方案、组织方案进行调整，或重新审定要求工期。

12.4.2　费用优化

费用优化按照下列顺序进行：

（1）按工作的正常持续时间确定计算工期和关键线路。

（2）计算各项工作的直接费用率。

直接费用率＝（最短持续时间完成工作的直接费－正常持续时间完成工作的直接费）/（正常持续时间－最短持续时间）

（3）当只有一条关键线路时，应找出直接费用率最小的一项关键工作，作为缩短持续时间的对象；当有多条关键线路时，应找出组合直接费用率最小的一组关键工作，作为缩短持续时间的对象。

（4）对于选定的压缩对象（一项关键工作或一组关键工作），首先比较其直接费用率或组合直接费用率与工程间接费用率的大小。

1）如果被压缩对象的直接费用率或组合直接费用率大于工程间接费用率，说明压缩关键工作的持续时间会使工程总费用增加，此时应停止缩短关键工作的持续时间，在此之前的方案即为优化方案。

2）如果被压缩对象的直接费用率或组合直接费用率等于工程间接费用率，说明压缩关键工作的持续时间不会使工程总费用增加，故应缩短关键工作的持续时间。

3）如果被压缩对象的直接费用率或组合直接费用率小于工程间接费用率，说明压缩关键工作的持续时间会使工程总费用减少，故应缩短关键工作的持续时间。

（5）当需要缩短关键工作的持续时间时，其缩短值的确定必须符合下列两条原则：

1）缩短后工作的持续时间不能小于其最短持续时间；

2）缩短持续时间的工作不能变成非关键工作。

（6）计算关键工作持续时间缩短后相应增加的总费用。

（7）重复上述（3）～（6），直至计算工期满足要求工期，或被压缩对象的直接费用率或组合直接费用率大于工程间接费用率为止。

（8）计算优化后的工程总费用。

12.4.3 时间的优化

时间优化主要解决缩短工期的问题。网络计划有三种工期：计划工期 T_p、计算工期 T_c 和要求工期 T_r。当计划工期 T_p 或要求工期 T_r 比计算工期 T_c 短，即 $T_c > T_p$ 或 $T_c > T_r$ 时，所制定的方案不能满足需要，必须对其进行修改和调整。

T_c 的长短取决于关键线路，如果关键线路上工作的持续时间延长，总工期必定延长；反之，在关键线路不发生转移的前提下，总工期才随关键线路上工作持续时间的缩短而缩短，如果关键线路发生转移，则总工期的长短取决于新的关键路线。现主要介绍 $T_c > T_p$ 时，压缩工期的方法。

1. 消除负时差法

如图 12-18 所示网络图的关键线路为：1—3—5—6—8，计算工期为 $T_c = 45$ 天。当计划工期为 $T_p = 40$ 天时，为压缩工期，将关键线路中某一工作（如 5—6 工作）缩短 5 天，总工期只能缩短 3 天，这是由于关键线路转移到 1—3—5—7—8 造成的。现定义具有最小和次小总时差的工作所组成的线路为次关键线路并列于表 12-7 中。

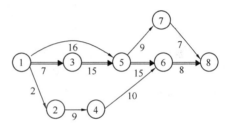

图 12-18　网络计划

总时差、关键线路与次关键线路表　　　　　　　　　　表 12-7

工序	总时差	关键线路	次关键线路	工序	总时差	关键线路	次关键线路
1—2	7			4—6	7		
1—3	−5	√	○	5—6	−5	√	
1—5	1			5—7	−2		○
2—4	7			6—8	−5	√	
3—5	−5	√	○	7—8	−2		○

消除负时差法的具体方法是：

（1）按计划工期计算出各工序的总时差，并确定关键线路和次关键线路。

（2）如仅关键线路的时差为负时，按调整费用最少的原则选择一个或几个工作进行调整，直至不存在负时差。

（3）如存在次关键线路，则说明为达到计划工期，只在某些关键工作上调整可能使关键线路转移。此时，若关键线路和次关键线路存在公共工序，且公共工序的调整费用最低，则可在公共工序上调整，使总时差为零。如不存在公共工序或公共工序调整费用较高，则需在关键线路和次关键线路上分别调整一些工作。如将关键线路和次关键线路的非公共工序部分称为平行路，则两平行路时差之差可称为平行路的有效松弛量，显然，该有效松弛量为次负时差与最负时差之差。以有效松弛量为调整量，调整关键线路上调整费用最少的非公共工序，则可得到两条关键线路。

321

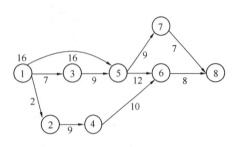

图 12-19 优化后的网络计划

（4）继续以新有效松弛量为调整量调整内条关键线路中费用较少的工序，直至总时差全部为零为止，如图 12-19 所示。

（5）继续以新有效松弛量为调整量调整两条关键线路中费用较少的工序，直至总时差全部为零为止。

两条以上关键线路工期的调整原则是在关键线路中选择调整费用最低的工序，若是公共工序，可直接压缩；若不是公共工序，则需分别考虑公共工序和非公共工序的调整费用来决定。

2. 改串行工作为并行工作

改串行工作为并行工作是一种常用的缩短工期的方法。该方法把可分段进行的工作分段进行，即采用组织流水施工的方法变顺序进行的工作为并行工作。如挖地基和浇筑混凝土两道工序，本应在挖完地基之后再进行混凝土浇筑的工作，如图 12-20 所示。但这两项工作可交叉进行，如当地基挖一半时，即可边挖地基边浇筑混凝土，从而节约了时间，网络图变成图 12-21，总工期由 6＋6＝12 天缩短为 3＋3＋3＝9 天，缩短了 3 天。如果这类工序在关键线路上，采用这种办法就可以缩短工期。

图 12-20　串行工作　　　　　　　　图 12-21　并行工作

3. 增加资源缩短工期

每项工作的持续时间取决于配置的资源数量，增加关键工作的资源配置量，可缩短持续时间，而加快工期。合理利用非关键工作的时差，合理调配资源，充实关键工作，提高资源利用效率，也可使工期缩短。用改变轮班制、加班等方法增加时间、资源也可缩短工期。

12.4.4　时间费用优化

时间费用优化主要解决以下两种类型问题：在限定工期内寻找调整费用最小的方案；寻找总费用最小的工期。这两类问题的基本思想是把线性规划和 CPM 网络结合起来，把网络结构和限定的工期作为约束条件，把调整所需的费用作为目标，应用线性规划的方法确定工序调整时间，进而编制出最优计划。

1. 限定工期 T，以最小调整费用为目标的线性规划方法

消除负时差法是以时间为主，在调整中兼顾费用的调整方法。以最小费用为目标的线性规划法是在详细计算调整费用变化的基础上确定各工作开始时间，达到计划工期。

现将包括 m 个工序 n 个节点的 CPM 网络图记为 $R(m, n-1)$，并令第 k 工序的开始

节点、结束节点、正常工期、压缩后的工期、调整费用分别为 p_k、s_k、a_k、b_k 和 c_k（$k=1,2,\cdots,m$）。

如果 $R(m,n-1)$ 的各工序均按正常工期 a_k 工作，则总工期必定最长，此时工期以 $T_{\max}$ 表示。如果各工序均按压缩后的工期 b_k 工作，则总工期必最短，此时工期以 $T_{\min}$ 表示。第 k 工序的调整范围为（a_k-b_k），如设第 k 工序的实际作业时间为 t_k，则第 k 工序的结束节点 s_k 和开始节点 p_k 的发生时刻不能小于工作的作业时间，即 $t(s_k)-t(p_k)\geqslant t_k$，如限定工期为 T（$T_{\min}\leqslant T\leqslant T_{\max}$），可用下述线性规划模型描述：

目标函数：
$$Z=\sum_{k=1}^{m}c_k(a_k-t_k)\rightarrow\min \tag{12-31}$$

（1）网络结构限制
$$t(s_k)-t(p_k)\geqslant t_k(k=1,2,\cdots,m) \tag{12-32}$$

（2）工期限制
$$t(n-1)-t(0)=T \tag{12-33}$$

（3）工序时间限制
$$b_k\leqslant t_k\leqslant a_k \quad (k=1,2,\cdots,m) \tag{12-34}$$

（4）非负条件
$$t(p_k)\geqslant 0,t(s_k)\geqslant 0(k=1,2,\cdots,m;p_k=1,2,\cdots,n-1) \tag{12-35}$$

式中，$t(p_k)$ 为 k 工序开始事项发生时刻；$t(s_k)$ 为 k 工序结束事项发生时刻。

令 $a_k-t_k=\tau_k$，$t(0)=0$，且引入松弛变量，上述模型变为

目标函数：
$$Z=\sum c_k\tau_k\rightarrow\min \tag{12-36}$$

（1）将式（12-32）与 $\tau_k=a_k-t_k$ 相加后引入松弛变量即可得网络结构限制：
$$t(s_k)-t(p_k)+\tau_k-\sigma_k=a_k(k=1,2,\cdots,m) \tag{12-37}$$

（2）因 $t(0)=0$，工期限制为
$$t(n-1)=T \tag{12-38}$$

（3）工序时间限制改写成
$$\tau_k\leqslant a_k-b_k \tag{12-39}$$

（4）非负条件
$$\tau_k\geqslant 0,t(s_k)\geqslant 0,t(p_k)\geqslant 0,\sigma_k\geqslant 0 \tag{12-40}$$

式中，σ_k 为松弛变量，其物理意义为宽裕时间。

在 $R(m,n-1)$ 中，不可压缩工序的特征为
$$b_k=t_k，\tau_k=0$$

故这类工序在约束式（式 12-33）中的形式是
$$t(s_k)-t(p_k)-\sigma_k=a_k \tag{12-41}$$

以（$n-1$）为结束事项的工序，因 $t(s_k)=T$，故该类工序在式（12-33）中的形式为
$$t(p_k)-\tau_k+\sigma_k=T-a_k \tag{12-42}$$

将上述模型写成矩阵形式为
$$Z=C^{\mathrm{T}}W\rightarrow\min \tag{12-43}$$
$$R(m,n-1)t+W-\sigma=a \tag{12-44}$$
$$t(n-1)=T \tag{12-45}$$

$$W \leqslant D \tag{12-46}$$
$$W \geqslant 0, t \geqslant 0, \sigma \geqslant 0 \tag{12-47}$$

式中，$R(m, n-1)$ 为网络矩阵。

$$C^{\mathrm{T}} = (C_1, C_2, \cdots, C_m)$$
$$a = (a_1, a_2, \cdots, a_m)^{\mathrm{T}}$$
$$W = (\tau_1, \tau_2, \cdots, \tau_m)^{\mathrm{T}}$$
$$b = (b_1, b_2, \cdots, b_m)^{\mathrm{T}}$$
$$\sigma = (\sigma_1, \sigma_2, \cdots, \sigma_m)^{\mathrm{T}}$$
$$t = (t_{(1)}, t_{(2)}, \cdots, t_{(n-1)})^{\mathrm{T}}$$
$$D = a - b = (d_1, d_2, \cdots, d_m)^{\mathrm{T}}$$

2. 确定最小费用工期的方法

（1）传统方法。生产费用可分为直接费用和间接费用，采取增加资源的方法缩短工期，其直接费用变化曲线见图 12-22（a），由于压缩了工期，使间接费用减少，间接费用变化曲线见图 12-22（b），总费用的变化为两者的合成，见图 12-22（c）。

图 12-22　费用变化图

因直接费用和间接费用与时间的变化规律一般均呈非线性关系，为了方便处理，现假设其为直线，故各工序压缩 1 天的直接费用 q 为

$$q = \frac{压缩工期后费用 - 正常工期费用}{正常完工工期 - 压缩后工期}$$

总工期每压缩 1 天的间接费用以生产管理费用的平均值 d 计算。

这样可按不同压缩方案绘出总费用变化曲线，找出最小点，从而可确定最小费用工期。

该方法的弊端是：

① 确定压缩方案、计算关键线路等工作是复杂的，而所确定的压缩方案又不是最优方案。若得到同一工期的最优压缩方案，还需计算该工期所对应的大量方案，对于大型网络显然是行不通的。

② 因每得到一个工期和该工期的相应费用即得到时间-费用曲线上的一点，因此选择方案数量的多少将直接影响时间-费用曲线的精度，若选点多，精度可提高，但计算工作量加大，因此该方法只适用于小型简单网络。

（2）用线性规划法确定最小费用工期。应用线性规划模型，可通过改变 T 的方法得

到一条时间-费用曲线。其方法是让 T 在 T_{max} 和 T_{min} 之间变化，每选一个 T 则得到一相应的最小费用的调整方案，由此可得出不同工期与所对应最小费用的变化曲线。

如果将该线性规划模型与其他最优化方法结合起来会直接搜索出最小费用工期。

12.4.5 资源优化

资源优化主要解决资源数量一定条件时资源利用更均衡的一类问题。当前资源优化主要大多采用试探法。

方差常用作衡量资源利用均衡性的指标。如果资源量是时间的函数，在离散状态下，其方差为

$$U = (F_1 - F_m)^2 + (F_2 - F_m)^2 + \cdots + (F_n - F_m)^2 = F_1^2 + F_2^2 + \cdots + F_n^2 - nF_m^2$$

$$(12\text{-}48)$$

假设 kj 工作所需资源量为 f_{kj}，如果 kj 工作向后推迟 1 天，则必然影响整个资源的分布。

设第 i 天所需资源量为 F_i，第 $j+1$ 天为 F_{j+1}。当 kj 工作向后推迟 1 天时，第 i 天所需资源量减少 f_{kj}，变成 $F'_i = F_i - f_{kj}$；第 $j+1$ 天的资源增加 f_{kj}，变成 $F'_{i+1} = F_{i+1} + f_{kj}$；第 $i+1$ 天到 j 天所需的资源量仍保持不变（图 12-23）；此时总方差的变化为

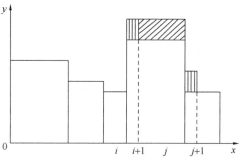

图 12-23　资源需求量

$$\Delta U = \left[(F_{j+1} + f_{kj})^2 - F_{j+1}^2 \right] - \left[(F_j - f_{kj})^2 - F_j^2 \right]$$

整理得

$$\Delta U = 2f_{kj} \left[F_{j+1} - (F_j - f_{kj}) \right]$$

由图 12-23 可知，因 $f_{kj} \geqslant 0$，所以

当 $\Delta U < 0$ 时　$\left[F_{j+1} - (F_j - f_{kj}) \right] < 0$　　　　　　　　　　(12-49a)

当 $\Delta U = 0$ 时　$\left[F_{j+1} - (F_j - f_{kj}) \right] = 0$　　　　　　　　　　(12-49b)

当 $\Delta U > 0$ 时　$\left[F_{j+1} - (F_j - f_{kj}) \right] > 0$　　　　　　　　　　(12-49c)

$\Delta U = 0$ 说明 kj 工序推迟 1 天，资源利用与推迟前相同；$\Delta U > 0$，说明 kj 工作推迟 1 天以后，方差比以前更大，资源利用更不均衡了；$\Delta U < 0$，说明 kj 工作推迟 1 天以后，资源利用较以前均衡了。因此 ΔU 可作为评价某项工作向后推移 1 天时，资源利用变化情况的指标。

如 kj 工作向后推移 2 天，则可写成

$$\Delta U = F_{j+i} - (F_j - f_{kj}) + F_{j+2} - (F_{i+1} - f_{kj})$$

$$(12\text{-}50)$$

按此规律可写出某工作向后推移 n 天的判别式。

在执行某项任务时，应注意关键工序，而在研究资源利用时需利用非关键线路上各工序的宽裕时间，因此资源调整方法和步骤如下：

（1）首先利用带关键线路和有时差标记的横条图，将非关键工序放至最早开工时刻，画出相应的资源分布图。

（2）从后向前在非关键线路上确定调整工序并在全部可能的调整范围内进行调整，确

定较好的开工时刻，直至所有非关键线路上的工序进行完为止。

（3）再按第（2）步计算，直至找不出更均衡的方案为止。

值得指出的是第一次全部调整完后，并不等于调整工作结束。因其中某一工序调整之后，其他工序的变化将对它产生影响，因此必须按第二步重新调整，直至得到较满意的方案为止。一些软件已按该原理设计了程序，可方便地调用。

思政小课堂

钱 塘 江 大 桥

钱塘江大桥在杭州市六和塔附近，大桥如飞虹，横贯钱塘江南北，是连接沪杭、浙赣铁路的交通要道（图12-24）。钱塘江大桥于1934年11月11日动工，1937年9月26日建成，是著名桥梁专家茅以升主持设计建造的我国第一座铁路、公路双层两用现代化大桥（图12-25）。下层铁路桥长1322.1m，单线行车；上层公路桥长1453m，宽6.1m。然而，1937年12月23日，在通车的第89天，因抗日战争战事急迫，为阻止日军向钱塘江南岸进攻，被迫炸桥。当晚，茅以升写下"抗战必胜，此桥必复！"。抗战胜利后，茅以升又主持修复了大桥。

钱塘江大桥不仅在中华民族抗击外来侵略者的斗争中书写了可歌可泣的一页，而且在国家经济建设中发挥了重要作用。它使沪杭与浙赣两条铁路相连接，使钱塘江两岸由天堑变通途。通车多年来，为我国交通事业的发展和当地经济的繁荣建立了不朽的功勋。

图12-24　钱塘江大桥　　　　　　　　　　　　　　图12-25　茅以升

探秘北京城市副中心最大 EPC 工程的智慧技术

人脸识别、区块链、物联网等最新的技术已经被运用在了被视为传统领域的建筑行业上。

作为建设北京城市副中心工程项目的主力军，中国建筑一局日前透露，北京城市副中心最大 EPC（工程总承包）工程——副中心160地块项目就采用当前最先进的智慧技术，打造建筑"超级大脑"，实现工地数字化、精细化、智慧化管理（图12-26）。

（1）区块链首创应用，实现建筑业"零"的突破

图 12-26

在这一工程中，区块链精细化工程信息管理系统首创应用，实现建筑业"零"的突破。该系统可用于工作流和数据储存管理，就像把每个文件设置属于自己的"身份证"，所有数据一经存储不能篡改，防止数据丢失，提高数据的及时性、真实性和安全性。系统中还内嵌专家库，当项目发现无法解决的问题时，可根据专家特长在线挂"专家号"提请诊断，专家诊断后形成专项解决方案，为项目形成"电子病历"，可为后续同类项目提供参考经验，规避同类施工问题发生。

（2）AI智能算法升级，实现100％智能抓拍巡检

160地块项目采用的智慧巡检眼镜设备融入了AI人脸识别技术，通过眼镜捕捉画面＋后台AI算法实现毫秒级别人脸检测，可对地下室等密闭空间进行智慧监测，使地下施工检查由过去的被动"监督"变为智能的主动"监控"，可对"人员、机械、物料、方法、环境"进行全方位实时监控，做到精准定位人员、远程技术指导。

（3）物联网智慧监测，实现实时监控主动监管

项目采用了当前先进的物联网技术，通过BIM＋传感设备实现对高支模、深基坑、临边防护等重点部位的实时监控，及时发现工程现场深基坑以及周边建筑物、管线等隐患。在塔式起重机、卸料平台、外用电梯安装传感设备出现危险情况时及时反馈，实现了从被动监管向主动监管，事后监督向事前、事中监督的双转变。

（4）BIM5D＋智慧工地平台，实现安全预警规避风险

项目采用的BIM5D＋智慧工地预警平台系统，实时显示多维度的监测数据，实时查看塔式起重机吊钩监控画面，实现塔式起重机运行状态的多方位监控。一旦现场发现吊钩隐患，一方面在现场语音警告，提示塔式起重机设备操作人员规避风险；另一方面警告信息通过手机App自动推送给项目管理人员，管理人员根据预警信息督促现场施工人员进行整改，避免发生安全事故。

思 考 题 及 习 题

1. 什么是网络图？什么是网络计划？

2. 单代号与双代号网络图有什么区别？

3. 工作和虚工作有什么不同？虚工作的作用有哪些？

4. 什么是关键工作？什么是关键线路？

5. 双代号网络图的时间参数有哪些？

6. 非时标网络计划与时标网络计划有什么不同？

7. 网络优化包括哪些内容？其基本原理是什么？

第12章思考题及
习题参考答案

第13章 施 工 组 织 设 计

内容提要 本章主要介绍了施工组织总设计及单位工程施工组织设计的编制程序、依据和内容。其中施工方案、施工进度计划以及施工平面图这三方面的内容是施工组织设计的核心,简称"一案、一表、一图"。

学习要求 通过本章学习,了解施工组织设计的作用,掌握其内容及编制方法,以便在后续的课程设计或毕业设计中能运用基本原理进行一般工程的施工组织设计的编制。本章的学习最好能参考有关施工组织设计的实例,并结合工程进行必要的实际设计工作以掌握施工组织设计技术。

现代化建设工程施工的特点表现为综合性与复杂性,要使施工全过程有条不紊地顺利进行,以期达到预定的目标,就必须用科学的方法加强施工管理,精心组织施工。施工组织的任务就是根据建设工程产品及其生产的特点,以及国家有关基本建设的方针和政策,按照客观的技术、经济规律,对整个施工过程做出全面、科学、合理的安排,使工程施工取得相对最佳的效果。施工组织对统筹建设工程全过程的施工、优化施工管理以及推动企业的技术进步均起到了核心的作用。

每一个建设项目都必须经过投资决策、计划立项、勘察设计、施工安装和竣工验收等阶段的工作,才能最终形成满足特定使用功能和价值要求的建筑或土木工程产品,投入生产或使用。随着社会经济的发展和建筑技术的进步,现代建筑产品越来越复杂,体现在施工过程中参与施工的工种、施工机具、建筑材料和构配件的种类多,结构的类型多和功能要求高等方面。运用科学有效的方法对整个施工过程进行施工组织和管理,最终达到提高施工工程的工程质量、缩短施工工期、降低工程成本等目的,实现安全文明施工,这是施工组织和管理的根本任务。

13.1 概　　述

13.1.1 施工组织的研究对象和任务

施工组织是研究工程建设统筹安排与系统管理客观规律,制定工程施工最合理组织与管理方法的一门学科。具体来说,施工组织的任务就是在充分理解建设意图和要求的基础上,提供各阶段的施工准备工作内容,对于人力、资金、材料、机械和施工方法等进行科学安排,协调施工中各单位、各工种之间、资源与时间之间、各项资源之间的关系,优质量、低消耗、高效率地完成施工任务。

施工组织的研究对象千差万别,现代的建筑物和构筑物无论从结构上、规模上、体形上还是功能上都在不断发展变化,给施工带来许多更加复杂的问题。面对施工中的这些问题，需要科学地加以分析，提出经济和技术可行的施工方案和组织措施，这是在施工前施工管理人员必须解决的问题。

13.1.2　工程建设项目

工程项目的种类繁多，为了适应科学管理的需要，可以从不同的角度进行分类，按照专业可分为建筑工程、公路工程、水利工程、港口工程、铁路工程等；按照建设性质可分为新建项目、扩建项目、改建项目、迁建项目和恢复项目；按照管理的差别可分为建设项目、设计项目、工程咨询项目和施工项目；按投资作用可分为生产性项目（工业建设项目、农业建设项目、基础设施建设项目和商业建设项目4种）和非生产性建设项目；按照项目规模可分为大型、中型和小型3种；按项目的效益和市场需求可分为竞争性项目、基础性项目和公益性项目3种；按其组成可分为单项工程、单位（子单位）工程、分部（子分部）工程和分项工程，如图13-1所示。

图 13-1　工程项目的分解

1. 单项工程

单项工程是指在一个工程项目中，具有独立的设计文件，竣工后可以独立发挥生产能力或效益的一组配套齐全的工程项目。单项工程是工程项目的组成部分，一个工程项目有时可以仅包括一个单项工程，也可以包括许多单项工程。单项工程体现了建设项目的主要建设内容，其施工条件往往具有相对的独立性。非生产性的工程项目的单项工程，例如一所学校的图书馆、学生宿舍楼、食堂、教学楼、办公楼等。生产性工程项目的单项工程，一般是指能独立生产的车间、各种仓库、实验楼等。

2. 单位工程

单位工程是指具备独立施工条件并能形成独立使用功能的建筑及构筑物。在工业建设项目中，单位工程是单项工程的组成部分，如某个车间是一个单项工程，则车间的厂房建筑是一个单位工程，车间的生产设备安装也是一个单位工程。而一般的民用建筑，则以一幢建筑物的建筑工程（包括基础工程、主体结构、建筑装饰装修、屋面工程和装修工程）和设备安装工程（包括给水排水及供暖、智能建筑、通风与空调工程、建筑电气和电梯）共同构成一个单位工程。

铁路、公路、港口、码头、隧道、桥涵等土木工程及市政工程根据其工程不同的特点划分单位工程。

3. 分部工程

分部工程是单位工程的组成部分，是按工程结构部位或专业而划分的。如在建筑工程中，按建筑主要部位划分为基础工程、主体工程、地面楼面工程、装饰工程、屋面工程等；建筑设备安装工程则按工程的专业划分成给排水及采暖工程、电气工程、智能建筑工程、通风与空调工程、电梯工程。

4. 分项工程

分项工程是分部工程的组成部分，是按不同的施工工种或方法而划分的，它是施工组织的基本单位。例如，砌砖工程、钢筋工程、玻璃工程、室内给水排水管道安装工程、电气配管及管内穿线工程等。

13.1.3 工程项目的建设程序

工程建设程序是指从项目的投资意向和投资机会选择、项目决策、设计、施工到项目竣工验收投入生产阶段的整个过程，是工程建设客观规律的反映，反映了建设项目内部联系和发展过程，是不可随意改变的。

我国新建项目的建设程序主要包括立项决策阶段、设计及准备阶段、实施阶段和竣工验收及交付使用阶段。

1. 立项决策阶段

立项决策阶段应形成工程建设项目的建设方案，并正式立项。具体可分为项目建议书、可行性研究、编制可行性研究报告和批准可行性研究报告（即立项）等步骤。

2. 设计及准备阶段

设计及准备阶段具体可包括初步设计、技术设计、施工图设计及建设前期准备工作。

3. 实施阶段

实施阶段是将工程建设项目的图纸实现为建筑产品的阶段。具体可划分成申请批准工程项目建设（列入基建年度计划）、施工准备、组织施工和生产（或投入使用）准备四个步骤。

4. 竣工验收及交付使用阶段

竣工验收及交付使用阶段是检验工程的质量和功能是否满足预定的目标和要求，具体进行工程的竣工验收，然后交付使用。

在工程项目建设中，土建安装工程占有重要的地位。从投资方面来看，土建安装工程的资金投入量大，施工周期长，它的进展情况直接影响到工程项目的投产或使用。所以，需多快好省地完成土建安装工程的施工任务，尽快发挥投资效益。

13.1.4 施工组织设计的分类和内容

施工组织设计是指导土木工程施工的技术经济文件。施工组织设计按照编制的主体、涉及的工程范围和编制的时间及深度要求，可以分为不同的类型，各自在工程建设过程中发挥不同的作用。

1. 按编制阶段的不同分类

（1）投标前编制的施工组织设计。在投标前由经营管理层组织编制的施工组织设计具有一定的规划性，其目的是为了能够中标取得一定的经济效益。

（2）签订工程承包合同后编制的施工组织设计。在签订工程承包合同后，由项目管理层编制的施工组织设计，具有一定的作业性和指导性，其目的是为了提高施工效率和取得一定的经济效益。

2. 按编制的对象分类

施工组织设计按编制的对象分类，主要是指根据建设项目的分解结构，分别编制不同层次、不同范围、不同对象、不同深度的施工组织设计文件。

（1）施工组织条件设计

施工组织条件设计一般在初步设计时编制，它对拟建工程从施工角度分析工程设计与建设的可行性及经济合理性，同时做出轮廓性的施工规划，提出施工准备阶段应进行的工作。

（2）建设项目施工组织总设计

建设项目施工组织总设计是以整个建设项目为对象进行编制的，一般是指大中型工程项目，必须进行分期分批建设，确定施工总体部署的要求，以及各部分的衔接和相互关系，对整个项目做出统筹规划、分步实施、有序展开的战略性规划。

（3）单项工程施工组织总设计

为进行全面施工部署和施工管理目标的控制，必须编制相应的单项工程施工组织总设计文件。

（4）单位工程施工组织设计

单位工程施工组织设计是建设项目或单项工程施工组织总设计的进一步具体化，直接用于指导单位工程的施工准备和现场的施工作业技术活动。它在施工组织总设计和施工单位总的施工部署的指导下，具体地确定施工方案，安排人力、物力、财力，它是施工单位编制作业计划和进行现场布置的重要依据，也是指导现场施工的纲领性技术文件。

（5）主要分部分项工程的施工组织设计

在单位工程中，对于施工技术复杂、工艺特殊的主要分部分项工程或冬、雨期施工等，一般都需要单独编制专门的、更为详尽的施工设计文件。例如基坑工程、桩基工程、大体积混凝土基础工程、钢结构网架拼装与吊装工程、玻璃幕墙工程等。

3. 施工组织设计的内容

施工组织设计的一般内容如下：

① 工程概况；

② 开工前施工准备；

③ 施工部署与施工方案；

④ 施工进度计划；

⑤ 施工现场平面布置图；

⑥ 劳动力、机械设备、材料和构件等供应计划；

⑦ 建筑工地施工业务的组织规划；

⑧ 主要技术经济指标的确定。

在上述几项基本内容中，第③、④、⑤项是施工组织设计的核心部分。

在不同阶段编制的施工组织设计文件，在内容和深度方面不尽相同，其作用也不一样。一般说，施工组织条件设计是概略的施工条件分析，提出实施设计思想的可能性，并作为施工条件和建筑生产能力配备的总体规划；施工组织总设计是对建设项目进行总体部署的战略性施工纲领；单位工程施工设计则是详尽的实施性的施工计划，用以具体指导现场施工活动。根据不同的阶段或对象，其内容有所不同或侧重。表 13-1 对施工组织总设计与单位工程施工组织设计的内容进行比较。

施工组织设计的内容 　　　　　　　　　　　　　　　　　　　表 13-1

内容	施工组织总设计	单位工程施工组织设计	备注
工程概况	工程项目主体 工程规模、性质、功能 生产工艺概要 工程结构形式 设备系统配制	工程项目主体 工程规模、性质、功能 设计概要（建筑、结构、 装修、设备、总体等）	
施工条件分析	合同条件 现场条件 法规条件	合同、现场及法规条件 合同目标实施的重点和难点	
施工部署与 施工方案	总体部署 分期分批实施系统 施工区段划分 施工阶段目标 开工前准备工作 各阶段施工的搭接 重大技术问题论证 施工物资供应	施工方案：技术方案—— 施工工艺、方法、手段等 组织方案——施工段划分、 施工流向与顺序、劳动力组织等	
施工进度计划	施工总工期 各节点完成时间 主要项目的施工顺序与搭接 竣工投产（使用）日期	单位工程施工工期 劳动力需求计划 材料、构配件需求计划	
施工机械设备与 设施配制	施工机械设备需求计划 供电计划 供水计划 供热、供气计划 临时道路修筑计划 仓库与堆场计划 办公、生产、生活设施	机械设备需求计划	对无施工组织总设计的 工程，其有关内容应在 单位工程施工组织设计 中完成
施工平面图	全工程现场平面规划	单位工程施工平面图	
施工措施		质量控制措施 安全管理措施 成本控制措施 文明施工措施	

13.2　单位工程施工组织设计

单位工程施工组织设计是用以指导施工全过程的技术、组织、经济文件，是施工企业进行科学管理的主要手段，是一个总体性的工作计划。单位工程施工组织设计对施工具有指导、约束和控制作用。因此，在工程施工之前必须首先编制单位工程施工组织设计。

1. 单位工程施工组织设计的主要内容

根据工程性质、规模的不同，单位工程施工组织设计的内容和深度一般也不同。通常单位工程施工组织设计的主要内容包括：工程概况、施工条件及施工特点，施工方案的拟定，施工进度计划，施工平面图，质量、安全保证措施等。

（1）工程概况、施工条件及施工特点

工程概况是对工程全貌进行综合描述，说明拟建工程的建设单位、建设地点、工程性质、用途和规模、工程造价、开工、竣工日期、施工单位、设计单位名称、上级有关要求、施工图纸情况等内容。主要应介绍以下几方面情况。

① 建筑设计特点

说明拟建工程的平面形状及尺寸、层数、层高、总高、建筑面积，室内外装修情况，屋面保温隔热及防水的做法等。

② 结构设计特点

简述建筑物的基础类型、埋置深度，主体结构类型、预制构件的类型及安装位置等。

③ 建设地点特征

其包括拟建工程的位置、地形、工程地质和水文地质条件、不同深度土壤分析、冻结期与冻结厚度、地下水位、水质、气温、冬期、雨期施工起止时间、主导风向、风力等。

④ 施工条件及施工特点

其包括三通一平情况，现场临时设施及周围环境，当地交通运输条件，材料供应及预制构件加工供应条件，施工企业机具设备供应及劳动力的落实情况，企业管理条件和内部组织形式等。

工程施工特点主要是概略地指出单位工程的施工特点和施工中的关键问题，以便在选择工程施工方案，组织资源供应，技术力量配备以及施工准备上采取有效措施，保证施工顺利进行。

工程概况和施工条件可能会影响施工方案的选择和进度计划的编制。

（2）施工方案的拟定

在任何工程施工之前，必须首先拟定施工方案。施工方案的选择是施工组织设计的核心内容。其包括确定合理的施工顺序、选择施工方法、施工机械设备等。施工方案选择的合理与否，对于施工质量、施工成本、施工工期具有决定性的影响。因此，一般需要进行多方案的技术经济比较和优化。

（3）施工进度计划

施工进度计划是对整个施工过程在时间上的安排。任何工程的施工都需要计划的指导。施工进度计划也是编制材料供应计划、劳动力供应计划、设备供应计划等的依据。施工进度计划对工程施工的时间具有约束性，是保证工期的重要前提条件。

（4）施工平面图

施工平面图就是要在整个施工过程中，对施工现场的场地使用做出规划，是对一个建筑物或构筑物的现场平面规划和空间布置图。其主要包括设备的位置、临时设施、运输道路、水电设施等的布置。施工平面图布置的合理与否会影响施工的效率，施工质量，进而影响施工成本。施工平面的管理是一个动态的过程，随施工的不同阶段可能会有所调整。

（5）质量、安全保证措施

为了保证施工质量和施工安全，一般在施工方案确定以后，结合具体的施工方法，有针对性地对在施工过程中可能产生质量问题的地方和容易发生安全事故的部位制定出具体的质量、安全保证措施，以便对施工人员进行技术交底和对质量、安全等问题进行事前控制。

另外，单位工程施工组织设计的内容还包括劳动力、材料、构件、施工机械等需要量的计划，主要技术组织措施，主要技术经济指标等。如果工程规模较小，可以编制简明扼要的施工组织设计，其内容是：施工方案、施工进度计划表、施工平面图，简称"一案一表一图"。

2. 单位工程施工组织设计的编制程序和依据

（1）单位工程施工组织设计的编制程序

单位工程施工组织设计是指导和控制施工企业施工的技术经济文件。单位工程施工组织设计的编制程序一般如图 13-2 所示。

图 13-2 单位工程施工组织设计编制程序

（2）单位工程施工组织设计的编制依据

单位工程施工组织设计应以工程对象的类型和性质、建设地区的自然条件和技术经济条件及施工企业收集的其他资料等作为编制依据。主要应包括：

① 工程施工合同。施工合同中有关工期、施工技术限制条件、工程质量标准要求等，对施工方案的选择和进度计划的安排有重要影响。

② 施工组织总设计对该工程的有关规定和安排。

③ 施工图纸及设计单位对施工的要求。其包括全部施工图纸、会审记录和标准图等有关设计资料。

④ 施工企业年度生产计划对该工程的安排和规定的有关指标。如其他项目的穿插施工的要求。

⑤ 建设单位可能提供的施工条件和水、电等的供应情况。如业主提供的临时房屋、水压、供水量、电压、供电量能否满足施工的要求。

⑥ 各种资源的配备情况。如原材料、劳动力、施工设备和机具、预制构件等的市场供应和来源情况。

⑦ 施工现场的自然条件和技术经济条件资料。如工程地质、水文地质、气象情况、交通运输及原材料、劳动力、施工设备和机具等的市场价格情况。

⑧ 预算或报价文件以及相关现行规范、规程等资料。预算文件提供了工程量报价清单和预算成本。相关现行规范、规程等资料和相关定额是编制进度计划的主要依据。

13.2.1　施工方案

任何工程的施工必须首先制定施工方案。施工方案是施工组织设计的核心，施工方案选择的合理与否直接影响单位工程施工的经济效益和工程质量。一个工程的施工方案往往有多种选择，确定施工方案必须从施工项目的特点和施工条件出发，拟定出各种可行的施工方案，进行技术经济分析比较，选择技术可行、工艺先进、经济合理的施工方案。方案选择的合理与否直接关系到工程施工的质量、进度和成本，因此必须特别慎重。

施工方案的制定和选择一般包括：确定施工程序、确定施工起点流向、确定施工顺序、确定施工方法和施工机械、制定施工技术组织措施、施工方案的技术经济比较。

1. 确定施工程序

单位工程施工的一般程序为：接受施工任务→施工准备→施工→交工验收。每一个阶段都必须完成规定的工作内容，并为下一阶段的工作创造条件。

接受任务主要是通过投标获取工程，明确施工项目的内容和范围、技术质量要求、工程造价等。施工准备是指在工程施工前必须完成的各项准备工作，包括施工环境准备，技术准备，材料、设备、劳动力等各种资源的准备。完成施工准备工作以后，就可以正式开工，进入施工阶段，要按照施工组织设计确定的施工进度计划以及施工方案进行施工，并对进度、质量、成本等进行管理和控制。工程完工后进行交工验收，工程合格交付使用，施工完毕，进入保修期。单位工程施工应遵循的一般程序原则为：

（1）先地下后地上。先地下后地上指的是在地上工程施工之前，尽量把管道、线路等地下设施和土方工程、基础工程完成或基本完成，以免对地上部分施工造成干扰。

（2）先土建后设备。先土建后设备指的是无论工业建筑还是民用建筑，都要处理好土建与水、暖、电、卫等设备的施工顺序，工业建筑的土建与设备安装的施工顺序与厂房的性质有关，如精密仪器厂房，一般要求土建、装饰工程完工之后安装工艺设备；重型工业厂房则有可能先安装设备，后建厂房或设备安装与土建同时进行，这样的厂房设备一般体积很大，若厂房建好以后，设备无法进入和安装，如重型机械厂房、发电厂的主厂房等。

（3）先主体后围护。先主体后围护主要指结构中主体与围护的关系。在框架结构施工中应注意在总的程序上有合理的搭接。一般来说，多层建筑主体结构与围护结构以少搭接施工为宜，而高层建筑则应尽量搭接施工，以便有效地节约时间。

（4）先结构后装饰。先结构后装饰主要指先进行主体结构施工，后进行装饰工程施工，这是就一般情况而言的。有时为了节约时间，也可以部分搭接施工。另外，随着建筑施工工业化水平的提高，某些装饰与结构构件是在工厂一次完成以后运到现场组装的。

2. 确定施工起点流向

确定施工起点流向，就是确定单位工程在平面和空间上施工的开始部位及其展开方向。对单层建筑物，分区分段地确定出其在平面上的施工流向。对于多层建筑物，除了确定每层在平面上的施工流向外，还需确定其在竖向上的施工流向。

确定单位工程的施工起点流向时，一般应考虑如下因素：

（1）车间的生产工艺流程，往往是确定施工流向的关键因素。因此，从生产工艺上考虑，凡是影响其他工段试车投产的工段应该先施工。

（2）满足生产和使用的需要，一般应考虑着急的工段或部位先施工。

（3）工程的繁简程度和施工过程之间的相互关系。一般技术复杂、施工进度较慢、工期较长的区段和部位应先施工。密切相关的分部分项工程的流水施工，一旦前导施工过程的起点流向确定，后续施工过程也就随之而定。如单层工业厂房的挖土工程的起点流向决定柱基础施工过程和某些预制、吊装施工过程的起点流向。

（4）房屋高低层和高低跨，如柱子的吊装应从高低跨并列处开始。屋面防水层施工应按先高后低的方向施工，同一屋面则由檐口到屋脊方向施工。基础有深浅之分时，应按先深后浅的顺序进行施工。

（5）工程现场条件和施工方案，施工场地的大小，道路布置和施工方案中采用的施工方法和机械也是确定施工起点和流向的主要因素。如土方工程边开挖边外运，则施工起点应确定在离道路远的部位，并按由远及近的方向进展。

（6）分部分项工程的特点及其相互关系。例如多层建筑的室内装饰工程除要考虑平面上的起点和流向以外，还有确定在竖向的流向，而竖向的流向确定显得更重要。

根据装饰工程的工期、质量、安全、使用要求以及施工条件，其施工起点流向一般分为：自上而下、自下而上以及自中而下再自上而中三种。

① 室内装饰工程自上而下的施工起点流向，通常是指主体结构工程封顶、做好屋面防水层后，从顶层开始，逐层往下进行。其施工流向如图 13-3 所示，有水平向下和垂直向下两种情况，通常采用如图 13-3（a）所示的水平向下的流向。此种起点流向的优点是：主体结构完成后，有一定的沉降时间，能保证装饰工程的质量；做好屋面防水层后，可防止在雨期施工时因雨水渗漏而影响装饰工程的质量。并且，自上而下的流水施工，各工序之间交叉少，便于组织施工，保证施工安全，方便从上往下清理垃圾。其缺点是不能与主体施工搭接，因而工期较长。

图 13-3 室内装饰工程自上而下的流程图
（a）水平向下；（b）垂直向下

② 室内装饰工程自下而上的起点流向，是指当主体结构工程施工到 2～3 层以上时，装饰工程从一层开始，逐层向上进行，其施工流向如图 13-4 所示，有水平向上和垂直向上两种情况。此种起点流向的优点是：可以和主体砌墙工程交叉施工，使工期缩短。其缺点是：工序之间交叉多，需要很好地组织施工并采取安全措施。当采用预制楼板时，由于板缝填灌不严密，以及靠墙边处较易渗漏雨水和施工用水，影响装饰工程质量，为此在上下两相邻楼层中，应首先抹好上层地面，再做下层顶棚抹灰。

图 13-4 室内装饰工程自下而上的流程图
（a）水平向上；（b）垂直向上

③ 室内装饰工程自中而下再自上而中的起点流向，综合了上述两者的优缺点，适用于中、高层建筑的装饰工程。室外装饰工程一般采取自上而下的起点流向。应当指出，在流水施工中，施工起点流向决定了各施工段的施工顺序，因此确定施工起点流向的同时，应当确定施工段的划分和顺序编号。

3. 确定施工顺序

施工顺序是指分项工程或工序之间的先后顺序。合理确定施工顺序也是编制施工进度计划，充分利用好空间和时间，做好工序之间的搭接，以及缩短工期的需要。

确定施工顺序时应该注意以下几点：

（1）施工流向合理。确定施工流向时，应考虑施工组织的分区、分段以及主导工程的施工顺序。对于单层建筑应确定分段（跨）在平面上的流向，多层建筑除了要定出平面流向外，还应定出分层的流向。

（2）有利于保证质量和成品保护。比如，室内装饰宜自上而下，先进行湿作业，后进行干作业，并便于后续工程插入施工，反之则会影响施工质量。又比如安装灯具和粉刷，一般应先粉刷后装灯具，否则污染灯具，不利于成品保护。

（3）减少工料消耗，有利于降低成本费用。比如室内回填土与底层墙体砌筑，应先做回填土比较合理，可为后续工序（砌墙）创造条件，方便水平运输，提高工效。

（4）有利于缩短工期。缩短工期，加快施工进度，可以通过施工组织在不增加资源的情况下实现经济效益。如装饰工程可以在主体结构施工完毕从上到下进行，但工期较长。若与主体交叉施工，则将有利于缩短工期。

因此，确定合理的施工顺序，使工程达到优且快的目的，最根本的就是要充分利用工作面，发挥工人和设备的效率，使各分部分项工程的主导工序能连续均衡地进行。

现将多层混合结构房屋、多层全现浇钢筋混凝土框架结构房屋和装配式钢筋混凝土结构单层工业厂房的施工顺序分别叙述如下。

（1）多层混合结构房屋的施工顺序

多层混合结构房屋工程一般可划分为基础工程、主体结构工程、屋面及装修工程等，施工顺序如图 13-5 所示。

图 13-5　多层混合结构房屋的施工顺序框图

1）基础工程的施工顺序

基础工程一般以房屋底层的室内地坪±0.000 为界，以上为主体工程，以下为基础工程。其施工顺序一般是：挖基槽（坑）→做垫层→砌基础→地圈梁→回填土。若有地下障碍物、坟穴、孔洞、软弱地基等，需先进行处理；若有桩基础，应先进行桩基础施工。

需注意的是，挖基槽（坑）和做垫层的施工搭接要紧凑，时间间隔不宜过长，以防雨后基槽（坑）内灌水，影响地基的承载力。垫层施工完毕要留有一定的技术间歇时间，使其具有一定强度后，再进行下一道工序。各种管沟的挖土、做管沟垫层、砌管沟墙、管道铺设等应尽可能与基础工程施工配合，平行搭接进行。回填土根据施工工艺的要求，可以在结构工程完工以后进行，也可在上部结构开始以前完成，施工中多采用后者。这样，一方面可以避免基槽（坑）遭雨水或施工用水浸泡，另一方面可以为后续工程创造良好的工作条件，提高生产效率。回填土原则上是一次分层夯填完毕。对±0.000 标高以下室内回填土（房心土）施工，最好与基槽（坑）回填土同时施工，但要注意水、暖、电、卫、煤气管道沟的回填标高，若不能同时回填，也可在装饰工程之前，与主体结构施工同步进行。

2）主体结构工程的施工顺序

主体结构工程施工阶段的工作，通常包括搭脚手架、墙体砌筑、安装门窗框、安装预制门窗过梁、安装预制楼板和楼梯、现浇构造柱、楼板、圈梁、雨篷、楼梯、屋面板等分项工程。若多层砖混结构房屋的圈梁、楼板、楼梯均为现浇，主导工程是：砌墙、现浇构造柱、楼板、圈梁和雨篷、屋面板等分项工程。其施工顺序为立柱筋→砌墙→安装柱模板→浇筑柱混凝土→安装梁、板、楼梯模板→安装梁、板、楼梯钢筋→浇筑梁、板、楼梯混凝土。若楼板为预制时，砌筑墙体和安装预制楼板工程量较大，为主导施工过程，它们在各楼层之间的施工是交替进行的。在组织工程施工时应尽量使砌墙连续施工，在浇筑构造柱、圈梁的同时浇筑厨房、卫生间楼板。各层预制楼梯段的吊装应在砌墙、安装楼板的同时完成。

主体结构施工时应尽量组织流水施工，可将每栋房屋划分为2～3个施工段，便于主导工程施工能够连续进行。

3）装饰工程的施工顺序

这个阶段具有施工任务多、劳动消耗量大、手工操作多、需要时间长的特点。主体工程完工后，首先进行屋面防水工程的施工，以保证室内装饰的顺利进行。卷材防水屋面工程的施工顺序一般为：找平层→隔汽层→保温层→找平层→冷底子油结合层→防水层→保护层。对于刚性防水屋面的现浇钢筋混凝土防水层，应在主体结构完成后开始，并尽快完成，以便为室内装饰创造条件。一般情况下，屋面工程可以和装饰工程搭接或平行施工。

装饰工程可分为室内装饰（顶棚、地面、楼地面、楼梯等抹灰、门窗扇安装、门窗油漆、安装玻璃、墙裙油漆、做踢脚线等）和室外装饰（外墙抹灰、勒脚、散水、台阶、明沟、水落管等）。

室内外装饰工程的施工顺序通常有先内后外、先外后内、内外同时进行三种顺序。具体顺序应视施工条件和气候条件而定。通常室外装饰应避开冬期或雨期；当室内为水磨石楼面，为防止楼面施工时水的渗漏对外墙面的影响，应先完成水磨石的施工；如果为了加速脚手架的周转或要赶在冬、雨期到来之前完成室外装修，则应采取先外后内的顺序。

室外装饰工程的施工顺序一般为：一般外墙抹灰（或其他饰面）→勒脚→散水→明沟→台阶。外墙装饰一般采取自上而下，同时安装落水管和拆除脚手架。

同一层的室内抹灰施工顺序有两种：一种是楼地面→顶棚→墙面；另一种是顶棚→墙面→楼地面。前一种顺序便于清理地面，地面质量易于保证，且便于收集墙面和顶棚的落地灰，节省材料。但由于地面需要留养护时间及采取保护措施，使墙面和顶棚抹灰时间推迟，影响工期。后一种顺序在做地面前必须将顶棚和墙面上的落地灰扫清洗净，否则会影响楼面面层同预制楼板间的粘结，引起地面起鼓。底层地面一般是在各层顶棚、墙面、楼面做好之后进行。

楼梯间和踏步抹面，由于其在施工期间易损坏，通常是在其他抹灰工程完成后，自上而下统一施工。门窗扇安装可在抹灰之前或之后进行，视气候和施工条件而定。例如，室内装饰工程若是在冬期施工，为防止抹灰层冻结和加速干燥，门窗扇和玻璃均应在抹灰前安装完毕。门窗玻璃安装一般在门窗扇油漆施工后进行。

(2) 多层全现浇钢筋混凝土框架结构房屋的施工顺序

多层全现浇钢筋混凝土框架结构房屋施工一般可分为基础工程、主体结构工程、围护工程和装饰工程四个施工阶段。图 13-6 为一幢 7 层现浇钢筋混凝土框架结构房屋施工顺序示意图。

1) 基础工程的施工顺序

多层全现浇钢筋混凝土框架结构房屋的基础一般可分为有地下室基础工程和无地下室基础工程。

若有地下室，且房屋建造在软土地基，基础工程的施工顺序一般为：桩基→围护结构→土方开挖→垫层→地下室底板→地下室墙、柱（防水处理）→地下室顶板→回填土。

若无地下室，且房屋建造在土质较好的地区，柱下独立基础工程的施工顺序为：挖基槽（基坑）→做垫层→基础（绑扎钢筋、支模、浇筑混凝土、养护、拆模）→回填土。

在多层全现浇钢筋混凝土框架结构房屋的基础工程施工之前，与混合结构施工一样，也要先处理好基础下部的松软土、洞穴等，然后分段进行平面流水施工。施工时，应根据当地的气候条件，加强对垫层和基础混凝土的养护，在基础混凝土达到拆模要求时及时拆模，并提早回填土，从而为上部结构施工创造条件。

2) 主体结构工程的施工顺序（假定采用木制模板）

主体结构工程的施工顺序一般为：绑扎柱钢筋→安装柱、梁、板模板→浇筑柱混凝土→绑扎梁、板钢筋→浇筑梁、板混凝土。或者为绑扎柱钢筋→安装柱、梁、板模板→绑扎梁、板钢筋→浇筑柱、梁、板混凝土。柱、梁、板的支模、绑扎钢筋、浇筑混凝土等施工过程的工程量大，耗用的劳动力和材料多，而且对工程质量和工期也起着决定性作用，为主导施工工序。通常尽可能地将多层框架结构的房屋分成若干个施工段，组织平面上和竖向上的流水施工。

3) 围护工程的施工顺序

围护工程的施工包括墙体工程、安装门窗框和屋面工程。墙体工程包括砌筑用的脚手架的搭设，内、外墙砌筑等分项工程。不同的分项工程之间可组织平行、搭接、立体交叉等流水施工。屋面工程、墙体工程应密切配合，如在主体结构工程结束之后，先进行屋面保温层、找平层施工，待外墙砌筑到顶后，再进行屋面油毡防水层的施工。脚手架应配合砌筑工程搭设，在室外装饰之后、做散水坡之前拆除。

屋面工程的施工顺序与多层混合结构房屋的屋面工程的施工顺序相同。

4) 装饰工程的施工顺序

装饰工程的施工分为室内装饰和室外装饰。室内装饰包括顶棚、墙面、楼地面、楼梯等抹灰，门窗扇安装，门窗油漆，安装玻璃等；室外装饰包括外墙抹灰、勒脚、散水、台阶、明沟等施工。其施工顺序与多层混合结构房屋的施工顺序基本相同。

图 13-6　现浇钢筋混凝土框架结构房屋施工顺序框图

（3）装配式钢筋混凝土单层工业厂房的施工顺序

装配式钢筋混凝土单层工业厂房工程可分为基础工程、预制工程、结构安装工程、围护工程和装饰工程五个施工阶段。其施工顺序如图 13-7 所示。

图 13-7　装配式钢筋混凝土单层工业厂房施工顺序

1）基础工程的施工顺序

基础工程的施工顺序为：基坑开挖→做垫层→安装基础模板→绑扎钢筋→浇筑混凝土

→养护→拆基础模板→回填土。

单层工业厂房与民用建筑不同的是一般具有设备基础和比较复杂的地下管网。由于设备基础与柱基础的埋深不同，且可能设备体积庞大、重量重，因此，厂房柱基础与设备基础的施工顺序存在几种方案，需根据具体情况决定其施工顺序，不同的施工顺序常常会影响到主体结构的安装方法和设备安装投入的时间。

① 当厂房柱基础的埋置深度大于设备基础的埋置深度时，厂房柱基础先施工，设备基础后施工，称为"封闭式"施工顺序。

一般来说，当厂房在冬期或雨期施工时，或设备基础不大，厂房结构安装后对厂房结构的稳定性并无影响时，或对于较大、较深的设备基础采用了特殊的施工方法（如沉井）时，可采用"封闭式"施工，即厂房主体结构施工完后，机械设备基础开挖。

其主要优点是：厂房施工时，工作面大，构件现场预制、安装方便，起重机开行路线灵活，主体结构施工快，设备基础施工时不受气候影响，还可利用厂房内的吊车施工。

② 当设备基础的埋置深度大于厂房柱基础的埋置深度时，通常设备基础与厂房柱基础同时施工，称为"开敞式"施工顺序。

一般只有当设备基础较大、较深，其基坑的挖土范围已经与厂房柱基础的基坑挖土范围连成一片或深于厂房柱基础，以及厂房柱基础所在地土质不佳时，才采用"开敞式"施工顺序。如果设备基础与厂房柱基础的埋置深度相同或接近时，那么两种施工顺序均可选择。

"开敞式"施工顺序的优缺点与"封闭式"施工顺序正好相反。

在单层工业厂房基础工程施工之前，和民用房屋一样，也要先处理好基础下部的松软土、洞穴等，然后分段进行平面流水施工。施工时，应根据当时的气候条件，加强对钢筋混凝土垫层和基础的养护，在基础混凝土达到拆模要求时及时拆模，并提早回填土，从而为现场预制工程创造条件。

2）预制工程的施工顺序

单层工业厂房结构构件的预制方式，通常采用加工厂预制和现场预制相结合的方法。在具体确定预制方案时，应结合构件技术特征、当地加工厂的生产能力、工程的工期要求、现场施工及运输条件等因素，经过技术经济分析之后确定。通常，对于体积大、重量重的大型构件，因运输困难而带来较多问题，所以多采用在拟建厂房内部就地预制，如柱、托架梁、屋架、预应力吊车梁等。对于中小型构件，如大型屋面板等标准构件、木制品及钢结构构件等，可在加工厂预制。加工厂生产的预制构件应随着厂房结构安装工程的施工陆续运往现场，以便安装。

单层工业厂房钢筋混凝土预制构件现场预制的施工顺序为：场地平整夯实→支模→绑扎钢筋→埋入铁件→预留孔道→浇筑混凝土→养护→拆模→张拉预应力钢筋→锚固→灌浆。

一般来说，只要基础回填土、场地平整完成一部分以后，且安装方案已定，构件平面布置图已绘出，就可以开始制作预制构件。制作的起点流向和先后次序，应与基础工程的施工流向一致。这样既能使构件早日开始制作，又能及早让出工作面，为结构安装工程提前开始创造条件。实际上，现场内部就地预制构件的预制位置和流向，是与吊装机械、吊装方法同时考虑的。

① 当预制构件采用分件安装方法时，预制构件的施工有三种方案：一是若场地狭窄而工期又允许时，不同类型的构件可分别进行制作，首先制作柱和吊车梁，待柱和吊车梁安装完毕再进行屋架制作；二是若场地宽敞时，可以依次安排柱、梁及屋架的连续制作；三是若场地狭窄且工期要求又紧迫，可首先将柱和梁等构件在拟建厂房内部就地制作，接着将屋架在拟建厂房外进行制作。

② 当预制构件采用综合安装方法时，由于是分节间安装完各种类型的所有构件，因此，构件需一次制作。这样在构件的平面布置等问题上，要比分件安装法困难得多，需视场地的具体情况确定构件是全部在拟建厂房内就地预制，还是一部分在拟建厂房外预制。

3）结构安装工程的施工顺序

结构安装工程是单层工业厂房施工中的主导工程。其施工内容为：柱、吊车梁、连系梁、地基梁、托架、屋架、天窗架、大型屋面板等构件的吊装、校正和固定。

一般来说，钢筋混凝土柱和屋架的强度应分别达到70%和100%设计强度后，才能进行吊装；预应力钢筋混凝土屋架、托架梁等构件在混凝土强度达到100%设计强度时，才能张拉预应力钢筋，而灌浆后的砂浆强度要达到15N/mm²时才可以进行就位和吊装。

结构安装工程的施工顺序取决于安装方法。当采用分件安装方法时，一般起重机分三次开行才能安装完全部构件，其安装顺序是：第一次开行安装全部柱子，并对柱子进行校正与最后固定，待杯口内的混凝土强度达到设计强度的70%后，起重机第二次开行安装吊车梁、连系梁和基础梁，第三次开行安装屋盖系统。当采用综合吊装方法时，其安装顺序是：先安装第一节间的四根柱，迅速校正并灌浆固定，接着安装吊车梁、连系梁、基础梁及屋盖系统，如此依次逐个节间地进行所有构件安装，直至整个厂房全部安装完毕。抗风柱的安装顺序一般有两种：一是在安装柱的同时，先安装该跨一端的抗风柱，另一端的抗风柱则在屋盖系统安装完毕后进行，二是全部抗风柱的安装均待屋盖系统安装完毕后进行。

结构吊装的流向通常应与预制构件制作流向一致。当厂房为多跨且有高低跨时，构件安装应从高低跨柱列开始，先安装高跨，后安装低跨，以适应安装工艺的要求。

4）围护结构工程的施工顺序

围护结构工程的施工包括：墙体砌筑、安装过梁。

5）装饰工程的施工顺序

装饰工程的施工分为室内装饰和室外装饰。室内装饰包括地面的平整、垫层、面层，门窗扇和玻璃安装，以及油漆、刷白等分项工程，室外装饰包括勾缝、扶灰、勒脚、散水等分项工程。

一般单层工业厂房的装饰工程施工是不占总工期的，常与其他施工过程穿插进行。如地面工程应在设备基础、墙体工程完成了地下部分和地下的管道电缆及管道沟完成之后进行，或视具体情况穿插进行，钢门窗的安装一般与砌筑工程穿插进行，或在砌筑工程完成之后进行，门窗油漆可在内墙刷白后进行，或与设备安装同时进行，刷白应在墙面干燥和大型屋面板灌缝后进行，并在油漆开始前结束。

土木工程施工是一个复杂的过程，建筑结构、现场条件、施工环境不同，均会对施工过程及其顺序的安排产生不同的影响。因此，对于每一个单位工程，必须根据其施工特点和具体情况，合理地确定施工顺序，最大限度地利用空间，争取时间。为此应组织立体交叉、平行流水施工，以期达到时间和空间的充分利用。

4. 确定施工方法和施工机械

施工方法和施工机械是紧密联系的，施工机械的选择是确定施工方法的中心环节，施工机械和施工方法在施工方案中具有决定性作用。施工方法一经确定，施工机具和施工组织则只能按确定的施工方法确定。施工方法的选择直接影响施工进度、质量、安全和工程成本。

(1) 选择施工方法

确定施工方法时，首先应考虑该方法在工程上是否切实可行，是否符合国家相关技术政策，经济上是否合理。其次，必须考虑是否满足工期（工程合同）要求，确保工程按期交付使用。

选择施工方法时，应重点考察工程量大的、对整个单位工程影响大以及施工技术复杂或采用新技术新材料的分部分项工程的施工方法。必要时编制单独的分部分项的施工作业设计，提出质量要求及达到这些质量要求的技术措施。

在确定施工方法时，要注意施工的技术质量要求以及相应的安全技术要求，应力求进行方案比较，在满足工期和质量的同时，选择较优的方案，力求降低施工成本。以下介绍常见的主要分部分项工程施工方法的选择。

1) 土方工程

确定土方工程施工方法时主要考虑以下几点：

① 采用机械开挖还是采用人工开挖；

② 一般建筑物、构筑物墙、柱的基础开挖方法及放坡的坡度、支撑形式等；

③ 挖土、填土、余土外运所需机械的型号及数量；

④ 地下水、地表水的排水方法、排水沟、集水井、井点的布置，所需设备的型号及数量；

⑤ 大型土方工程土方调配方案的选择。

2) 钢筋混凝土工程

① 模板工程：模板的类型和支模方法是根据不同的结构类型、现场条件确定现浇和预制用的各种类型模板（如工具式钢模、木模，翻转模板，土、砖、混凝土胎模，钢丝网水泥、竹、纤维板模板等）及各种支承方法（如钢、木立柱、桁架、钢制托具等），并分别列出采用的模板类型、部位和数量以及隔离剂的选用。

② 钢筋工程：明确构件厂与现场加工的范围，钢筋调直、切断、弯曲、成型、焊接方法；钢筋运输及安装方法。

③ 混凝土工程：一般均采用商品混凝土，若采用分散搅拌，则应确定其砂石筛选、计量、上料方法，拌合料、外加剂的选用及掺量，搅拌、运输设备的型号及数量，浇筑顺序，工作班次，分层浇筑厚度，振捣方法，施工缝的位置，养护制度等。

3) 结构安装工程

① 构件尺寸、自重、安装高度。

② 选用吊装机械型号及吊装方法，塔式起重机回转半径的要求，吊装机械的位置或开行路线。

③ 吊装顺序，运输、装卸、堆放方法，所需设备型号及数量。

④ 吊装运输对道路的要求。

4）垂直及水平运输

① 确定标准层垂直运输量，如砖、砌块、砂浆、模板、钢筋、混凝土和各种装修用料、水电材料、工具脚手架等。

② 垂直运输方式的选择及其型号、数量、布置、服务范围、穿插班次。通常垂直运输设备选用井架、门架、塔式起重机等。

③ 水平运输方式及设备的型号及数量，通常水平运输设备选用各种运输车（如手推车、机动小翻斗车、架子车、构件安装小车等）和输送泵。

④ 地面及楼面水平运输设备的行驶路线。

5）装饰工程

装饰工程主要包括室内外地面抹灰、门窗安装、油漆和玻璃等。

① 室内外装饰抹灰工艺的确定。

② 施工工艺流程与流水施工的安排。

③ 装饰材料的场内运输，减少临时搬运的措施。

6）特殊项目

对四新（新结构、新工艺、新材料、新技术）项目，高耸、大跨、重型构件，水下、深基础、软弱地基，冬期施工等项目均应单独编制施工作业设计，单独编制的内容包括工程平面、剖面示意图、工程量、施工方法、工艺流程、劳动组织、施工进度、技术要求、质量与安全措施、材料、构件及机具设备需要量等。

施工机械的选择是确定施工方法的核心。选择施工机械时应着重考虑以下几点：

① 首先选择主导施工机械。如地下工程的土石方机械、桩机，主体结构工程的垂直或水平运输机械，结构工程的吊装机械等。

② 所选机械的类型及型号必须满足施工要求。此外，为发挥主导施工机械的效率，应同时选择与主机配套的辅助机械，如土方工程施工中，采用挖土机挖土，汽车运土时，汽车的载重量应为挖土机斗容量的整数倍，同时还要选择合适的铲运比，尽可能地发挥挖土机的工作效率，降低工程成本。

③ 充分使用本单位现有机械。尽量选择本单位现有的或可能获得的机械，以降低成本。选择机械时应尽可能地减少机械类型，做到实用性与多样性的统一，以方便机械的现场管理和维修工作。当施工单位的机械不能满足工程需要时，则应购买或租赁所需的机械。

5. 制定施工技术组织措施

为保证工程进度、施工质量、安全生产，降低成本和实现文明施工需要制定技术组织措施，这些措施应既行之有效，又切实可行。主要的技术组织措施包括如下内容。

（1）保证工程进度的措施

为了保证工程施工按照进度要求顺利进行，通常可以采取以下一些措施：

1）建立工程例会制度，定期开会分析研究、解决各种矛盾问题。一般工程可由施工企业内部建立例会制度，由工地负责人主持，各工种负责人和材料、构件等物资供应部门负责人参加，主要协调施工企业内部各部门的矛盾问题。较复杂的工程，在施工企业内部例会制度基础上，应建立更大范围的例会制度，由总承包单位主持，业主单位、施工单位、设计单位、监理单位以及材料、设备供货单位参加，主要解决影响工程进度的外部问题。

2）组织劳动竞赛。在整个施工过程中，有计划地组织若干次劳动竞赛，如填充墙砌块竞赛、抹灰竞赛、贴面砖竞赛等，有节奏地掀起几次生产高潮，调动广大职工的生产积极性，以促进和保证工程进度目标的实现。

3）扩大构件预制的工厂化程度和施工机械化程度。如钢筋加工、构件预制尽可能在工厂制作完成后送往工地使用，混凝土采用泵送商品混凝土，垂直运输设备采用移动式塔式起重机，服务半径大，构件采用机械吊装等。

4）采用先进施工技术和合理组织流水作业施工。如采用工具式、组合式模板，其拆装方便、损耗少、效率高，组织流水作业施工，扩大施工作业面。

5）规范操作程序，使施工操作紧张而有序地进行，避免返工或浪费，加快施工进度。

（2）保证工程质量措施

通常可采取的质量措施包括：

1）建立各级技术责任制，完善内部质量保证体系，明确各级技术人员的职责范围，做到职责明确，各负其责。

2）推行全面质量管理活动，开展创优工程竞赛，制定奖优罚劣措施。

3）定期进行质量检查活动，召开质量分析会议。

4）加强人员培训工作，如对使用的新技术、新工艺或新材料，或是质量通病顽症，应进行分析讲解，以提高施工操作人员的质量意识和工作质量，从而确保工程施工质量。

5）制定和落实季节性施工技术措施，如雨期、夏季高温及冬期施工措施等。

（3）保证安全措施

1）建立各级安全生产责任制，明确各级施工人员的安全职责。

2）制定重点部位的安全生产措施，如土石方施工时，应明确边坡稳定的措施，对各种机电设备应明确安全用电、安全使用的措施，外用电梯、井架、塔式起重机等与主体结构拉结的措施，脚手架防止倾斜、倒塌的措施，易燃易爆品、危险品的贮存、使用安全措施，季节性施工安全措施，各施工部位要有明显的安全警示牌等。

3）加强安全交底工作，施工班组要坚持每天开好班前会，针对施工操作中的安全及质量等问题及时进行提示教育。

4）定期进行安全检查活动和召开安全生产分析会议，对不安全因素及时进行整改。

5）重视和加强对新工人的安全知识教育，需要持证上岗的岗位应严格实行持证上岗。

（4）降低施工成本措施

1）临时设施尽量利用已有的各项设施，或利用已建工程作临时设施用，或采用工具式活动工棚等，以减少临时设施费用。

2）砂浆、混凝土中掺入外加剂，节约水泥用量。有些厚大体积的基础混凝土，也可掺入粉煤灰或块石，以节约水泥用量。

3）在楼面结构层施工和室内装修施工中，采用工具模板、工具式脚手架，以节约模板和脚手架费用。

4）合理使用垂直运输设备和吊装设备，尽量减少机械设备停置费用，缩短大型和重型吊装机械设备的进场施工时间，避免多次重复进场使用。

5）采用先进的钢筋焊接技术，以节约钢筋。

6）加快工程款的回收工作。

（5）文明施工措施

1）建立现场文明施工责任制，保洁区等管理制度，做到随做随清，谁做谁清。

2）各种材料、构件进场应根据工程进度有序进入，避免盲目进场或后用先进等情况。进场的材料、构件应堆放整齐。

3）定期进行检查活动，针对薄弱环节，不断总结提高。

4）做好成品保护和机械保养工作。

6．施工方案的技术经济比较

任何一个施工项目，其施工方案往往不止一个，通常是先提出所有可行的方案，然后对所有可行方案做技术经济对比分析以后确定一个最优方案。

施工方案的技术经济分析方法有定性分析和定量分析。

定性分析是结合实际的施工经验分析各方案的优缺点，主要考虑：其工期是否符合要求，能否保证工程质量和施工安全，机械和设备供应的可能性，能否为后续工程提供有利的条件等。评价时受评价人的主观因素影响较大，因此只用于施工方案的初步评价。

定量分析是对各方案的投入与产出进行计算，即计算出各方案的劳动力、材料与机械台班消耗量、工期、成本等。直接进行计算、对比，用数据说明问题，因此定量分析方法比较客观，是方案评价的主要方法。

施工方案的技术经济分析主要指标有三类：①技术性指标，指各种技术参数，例如主体结构的混凝土用量等；②经济性指标，包括：工程施工成本、施工中主要资源需要量、主要工种工人需要量、劳动力消耗量等；③工程效果指标，指采用该施工方案后预期达到的效果，例如施工工期、工作效率、成本降低率、资源节约率等。

13.2.2 单位工程施工进度计划

施工进度计划是单位工程施工组织设计的重要组成部分。它的任务是按照组织施工的基本原则，根据选定的施工方案，在时间和施工顺序上做出安排，达到以最少的人力、财力，保证在规定的工期内完成合格的单位工程建筑产品。

施工进度计划的作用是控制单位工程的施工进度；按照单位工程各施工过程的施工顺序，确定各施工过程的持续时间以及它们相互间（包括土建工程与其他专业工程之间）的配合关系；确定施工所必需的各类资源（人力、材料、机械设备、水、电等）的需要量。同时，它也是施工准备工作的基本依据，是编制月、旬作业计划的基础。

编制施工进度计划的依据是单位工程的施工图，建设单位要求的开工、竣工日期，单位工程施工图预算及采用的定额和说明，施工方案和建筑地区的地质、水文、气象及技术经济资料等。

施工进度计划一般采用水平图表（横道图）、垂直图表和网络图的形式。本节主要阐述用横道图编制施工进度计划的方法及步骤。

单位工程施工进度计划横道图的形式和组成见表 13-2。表的左面列出各分部分项工程的名称及相应的工程量、劳动量和机械台班等基本数据。表的右面是由左面数据算得的指示图线，用横线条形式可形象地反映出各施工过程的施工进度以及各分部分项工程间的配合关系。

单位工程施工进度计划表　　　　　　　　　　表 13-2

序号	分部分项工程名称	工程量		××定额	劳动量		需用机械		每日工作班数	每日工作人数	工作天数	进度日程												
		单位	数量		工种	工日	名称	台班				×月						×月						
												5	10	15	20	25	30	5	10	15	20	25	30

1. 编制施工进度计划的一般步骤

（1）确定工程项目

编制施工进度计划应首先按照施工图和施工顺序将单位工程的各施工项目列出，项目包括从准备工作直到交付使用的所有土建、设备安装工程，将其逐项填入表中工程名称栏内（名称参照现行概（预）算定额手册）。

工程项目划分取决于进度计划的需要。对控制性进度计划，其划分可较粗，列出分部工程即可。对实施性进度计划，其划分需较细，特别是对主导工程和主要分部工程，要求更详细具体，以提高计划的精确性，便于指导施工。如对框架结构住宅，除要列出各分部工程项目外，还要把各分部分项工程都列出。如现浇工程可先分为柱浇筑、梁浇筑等项目，然后还应将其分为支模、扎筋、浇筑混凝土、养护、拆模等项目。

施工项目的划分还要结合施工条件、施工方法和劳动组织等因素。凡在同一时期可由同一施工队完成的若干施工过程可合并，否则应单列。对次要零星项目，可合并为"其他工程"，其劳动量可按总劳动量的 10％～20％计算。水、暖、电、卫设备安装等专业工程也应列于表中，但只列项目名称并标明起止时间。

（2）计算工程量

工程量的计算应根据施工图和工程量计算规则进行。若已有预算文件且采用的定额和项目划分又与施工进度计划一致，可直接利用预算工程量，若有某些项目不一致，则应结合工程项目栏的内容计算。计算时要注意以下问题。

1）各项目的计量单位，应与采用的定额单位一致。以便计算劳动量、材料、机械台班时直接利用定额。

2）要结合施工方法和满足安全技术的要求，如土方开挖应考虑坑（槽）的挖土方法和边坡稳定的要求。

3）要按照施工组织分区、分段、分层计算工程量。

（3）确定劳动量和机械台班数

根据各分部分项工程的工程量 Q，计算各施工过程的劳动量或机械台班数 p。

（4）确定各施工过程的作业天数

单位工程各施工过程作业天数 T 可根据安排在该施工过程的每班工人数或机械台数 n 和每天工作班数 b 计算。

工作班制一般宜采用一班制，因其能利用自然光照，适宜于露天和空中交叉作业，有利于安全和工程质量。在特殊情况下可采用二班制或三班制作业以加快施工进度，充分利用施工机械。对某些必须连续施工的过程或由于工作面狭窄和工期限定等时也可采用多班制作业。在安排每班劳动人数时，须考虑最小劳动组合、最小工作面和可供安排的人数。

（5）安排施工进度表

各分部分项工程的施工顺序和施工天数确定后，应按照流水施工的原则，力求主导工程连续施工。在满足工艺和工期要求的前提下，尽量使最大多数工作能平行地进行，使各个工作队的工作最大可能地搭接起来，并在施工进度计划表的右半部画出各项目施工过程的进度线。根据经验，安排施工进度计划的一般步骤如下：

1）首先找出并安排控制工期的主导分部工程，然后安排其余分部工程，并使其与主导分部工程最大可能地平行进行或最大限度地搭接施工。

2）首先安排主导分项工程，然后安排其余分项工程，并使进度与主导分项工程同步而不致影响主导分项工程的展开。如框架结构中柱、梁浇筑是主导分部工程之一，它由支模、绑扎钢筋、浇筑混凝土、养护、拆模等分项工程组成。其中浇筑混凝土是主导分项工程。因此安排进度时，应首先考虑混凝土的施工进度，而其他各项工作都应在保证浇筑混凝土的浇筑速度和连续施工的条件下安排。

3）在安排其余分部工程时，应先安排影响主导工程进度的施工过程，后安排其余施工过程。

4）所有分部工程都按要求初步安排后，单位工程施工工期就可直接从横道图右半部分起止日期求得。

（6）施工进度计划的检查与调整

施工进度计划表初步排定后，要对单位工程限定工期、施工期间劳动力和材料均衡程度、机械负荷情况、施工顺序是否合理、主导工序是否连续及工序搭接是否有误等进行检查。检查中发现有违上述各点中的某一点或几点时，要进行调整。调整进度计划可通过调整工序作业时间，工序搭接关系或改变某分项工程的施工方法等实现。当调整某一施工过程的时间安排时，必须注意对其余分项工程的影响。通过调整，在工期能满足要求的前提下，使劳动力、材料需用量趋于均衡，主要施工机械利用率比较合理。

2. 资源需要量计划

单位工程施工进度计划确定之后，应该编制主要工种的劳动力、施工机具、主要建筑材料、构配件等资源需要量计划，并提供给有关职能部门按计划调配或供应。

（1）劳动力需要量计划

将各分部分项工程所需要的主要工种劳动量叠加，按照施工进度计划的安排，提出每月需要的各工种人数，见表13-3。

劳动力需要量计划表 表13-3

序号	工种名称	总工日数	每月人数					
			1	2	3	4	…	12

（2）施工机具需要量计划

根据施工方法确定机具类型和型号，按照施工进度计划确定施工机具数量和需用时间，提出施工机具需要量计划，见表 13-4。

施工机具需要量计划表 表 13-4

| 序号 | 机具名称 | 型号 | 需要量 | | 使用时间 |
			单位	数量	

（3）主要材料需要量计划

主要材料根据预算定额按分部分项工程计算后分别叠加，按施工进度计划要求组织供应，见表 13-5。

主要材料需要量计划表 表 13-5

| 序号 | 材料名称 | 规格 | 单位 | 数量 | 每月需要量 | | | | | | |
					1	2	3	4	5	...	12

（4）构（配）件需要量计划

构（配）件需要量计划根据施工图纸和施工进度计划编制，见表 13-6。

构（配）件需要量计划表 表 13-6

| 序号 | 构（配）件名称 | 规格图号 | 单位 | 数量 | 使用部位 | 每月需要量 | | | |
						1	2	3	...	12

13.2.3 单位工程施工平面图

施工平面图是施工方案在施工现场空间的具体反映，是现场布置施工机械、仓库、堆场、临时设施、道路等设施的依据，也是施工准备工作的一项重要依据。施工平面图是实现文明施工，合理利用施工场地，减少临时设施及使用费用的前提。施工平面图设计是施工组织设计的重要组成部分。施工平面图不但要在设计时周密考虑，而且还应认真贯彻执行，这样才会使施工现场井然有序，施工顺利进行。当然，施工现场平面的管理是一个动态的过程，在不同的施工阶段可能会发生变化与调整，以便适应不同阶段的需要。

施工平面图一般按 1：500～1：200 的比例绘制。

1. 单位工程施工平面图设计的内容

（1）垂直运输设备的布置，如塔式起重机、施工电梯或井架的位置。

（2）生产和生活用临时设施的位置和面积。主要有：

① 场地内外的临时道路，可利用的永久性道路；

② 各种材料、构件、半成品的堆场及仓库；

③ 各种搅拌站、加工厂的位置；

④ 行政和生活用的临时设施，如办公室、食堂、宿舍、门卫等；

⑤ 临时水、电、气管线；

⑥ 一切安全和消防设施的位置，如消防栓的位置等。

351

（3）测量轴线及定位线标志，测量放线桩和永久水准点的位置。

2. 单位工程施工平面图编制的依据

（1）相关的设计资料。如建筑设计总平面图，原有的地下管网图等。

（2）现场可利用的房屋、施工场地、道路、水源、电源、通信等情况。

（3）环境对施工的限制情况。如施工现场周围的建筑物和构筑物的影响，交通运输条件以及施工周围环境对施工现场噪声、卫生条件、废气、废液、废物的特殊要求。

（4）施工组织设计资料，包括施工方案资源需要量计划等，以确定各种施工机械、材料和构件的堆场，施工人员办公室和生活用房的位置、面积和相互关系。

3. 单位工程施工平面设计的基本原则

（1）在满足施工条件的前提下，平面布置要力求紧凑，尽可能减少施工用地，不占或少占农田。

（2）在满足施工需要的前提下，尽可能减少临时设施，使临时管线的长度最短，尽可能地利用现场或附近原有的建筑物作为临时设施用房，以达到减少施工费用的目的。

（3）合理地布置现场的运输道路、搅拌站、加工厂、各种材料堆场或仓库的位置，尽可能做到短运距，少搬运，减少或避免二次搬运。

（4）临时设施的位置，应有利于施工管理人员和工人的生产、生活。如办公室宜靠近施工现场，生活福利设施最好能与施工区分开。

（5）施工平面布置应符合劳动保护、安全和消防的相关规范要求。

图 13-8　单位工程施工平面图的设计步骤

4. 单位工程施工平面图的设计步骤

单位工程施工平面图的设计步骤如图 13-8 所示。

（1）确定垂直运输机械的位置

垂直运输机械的位置直接影响搅拌站、材料堆场、仓库的位置及场内道路和水、电、管网的位置，因此，必须首先确定。各种垂直运输设备的位置分述如下：

1）固定式垂直运输机械（如井架、龙门架、固定式塔式起重机等）的布置，应考虑建筑物的平面形状和场地大小、施工段的划分、材料来向和已有运输道路的情况而定。其目的是充分发挥起重机械的能力，并使地面和楼面的运输距离最短。通常，当建筑物各部位的高度相同时，布置在施工段的分界处。当建筑物各部位的高度不相同时，布置在高低分界处。这样布置的优点是：楼面上各施工段的水平运输互不干扰。井架、龙门架最好布置在有窗口的地方，以避免墙体留槎，减少井架拆除以后的修补工作。井架的卷扬机不应距起重机过近，以便司机的视线能够看到整个升降过程。点式高层建筑，可选用附着式或自升式塔式起重机，布置在建筑物的中间或转角处。

2）布置有轨道式塔式起重机时，应考虑建筑物的平面形状、大小和周围场地的具体情况。应尽量使起重机在工作幅度内能将建筑材料和构件运送到操作地点，避免出现死角。

3）布置履带式起重机时，应考虑开行路线、建筑物的平面形状、起重高度、构件重量、回转半径和吊装方法等。

4）外用施工电梯。外用施工电梯又称人货两用电梯，是一种安装在建筑的外部、施工期间用于运送施工人员及建筑材料的垂直提升机械。外用施工电梯是高层建筑施工中不可缺少的关键设备之一。在施工时应根据建筑体型、建筑面积、运输量、工期及电梯价格、供货条件等选择外用电梯，其布置的位置，应方便人员上下和物料集散，由电梯口至各施工处的平均距离应最近，且便于安装附墙装置等。

5）混凝土泵。混凝土泵是在压力推动下沿管道输送混凝土的一种设备，该设备能一次连续完成水平运输和垂直运输，配以布料杆或布料机还可有效地进行布料和浇筑，在高层建筑施工中已得到广泛应用。选择混凝土泵时，应根据工程结构特点、施工组织设计要求、泵的主要参数及技术经济比较等进行选择。通常，在浇筑基础或高度不大的结构工程时，若在泵车布料杆的工作范围内，采用混凝土泵车最为适宜。在施工高度大的高层建筑时，可用一台高压泵一泵到顶，也可采用接力输送方式，这应取决于方案的技术经济比较。在使用中，混凝土泵设置处应场地平整，道路畅通，供料方便，距离浇筑地点近，便于配管、排水、供水、供电，在混凝土泵作用范围内不得有高压线等。

（2）选择搅拌站的位置

砂浆及混凝土搅拌站的位置，应根据房屋类型、现场施工条件、起重运输机械和运输道路的位置等来确定。布置搅拌站时应考虑尽量靠近使用地点，并考虑使运输、卸料方便，或布置在塔式起重机工作半径内，使水平运输距离最短。

（3）确定材料及半成品的堆放位置

材料和半成品的堆放是指水泥、砂、石、砖、石灰及预制构件等的堆放。这些材料和半成品的堆放位置在施工平面图上很重要，应根据施工现场条件、工期、施工方法、施工阶段、运输道路、垂直运输机械和搅拌站的位置以及材料储备量等综合考虑。

搅拌站所用的砂、石堆场和水泥库房应尽量靠近搅拌站布置，同时，石灰、淋灰池也应靠近搅拌站布置。若用袋装水泥，应设专门的干燥、防潮水泥库房，若用散装水泥，则需用水泥罐贮存。砂石堆场应与运输道路连通或布置在道路边，以便卸车。沥青堆放场及熬制锅的位置应离开易燃品仓库或堆放场，并宜布置在下风向。

当采用固定式垂直运输设备时，建筑物基础和第一层施工所用材料应尽量布置在建筑物的附近。当混凝土基础的体积较大时，混凝土搅拌站可以直接布置在基坑附近，待混凝土浇筑完后再转移，以减少混凝土的运输距离。同时，应根据基坑（槽）的深度、宽度和放坡坡度确定材料的堆放地点，并与基坑（槽）边缘保持一定的安全距离（≥0.5m），以避免产生土壁塌方。第二层以上用的材料、构件应布置在垂直运输机械附近。

当采用移动式起重机时，材料、构件宜沿起重机开行路线布置在有效起吊范围内，其中构件应按吊装顺序堆放。材料、构件的堆放区距起重机开行路线不小于1.5m。

（4）运输道路布置

现场运输道路应尽可能利用永久性道路，或先修好永久性道路的路基，在土建工程结束之前再铺路面。布置现场道路时，应保证行驶畅通并有足够的转弯半径。运输道路最好围绕建筑物布置成一条环形道路。单车道道路宽不小于 3.5m；双车道道路宽不小于 6m。道路两侧一般应结合地形设置排水沟，深度不小于 0.4m，底宽不小于 0.3m。

（5）临时设施布置

临时设施分为生产性临时设施和生活性临时设施。生产性临时设施有钢筋加工棚、木工房、水泵房等。生活性临时设施有办公室、工人休息室、开水房、食堂、厕所等。临时设施的布置原则是有利生产，方便生活，安全防火。

1）生产性临时设施如钢筋加工棚和木工加工棚宜布置在建筑物四周稍远位置，且有一定的材料、成品堆放场地。

2）一般情况下，办公室应靠近施工现场，设于工地入口处，也可根据现场实际情况选择合适的地点设置。工人休息室应设在工人作业区，宿舍应布置在安全的上风向一侧，收发室宜布置在入口处等。

（6）水电管线布置

1）施工现场临时供水

施工现场临时供水包括生产、生活、消防等用水。通常，施工现场临时用水应尽量利用工程的永久性供水系统，减少临时供水费用。因此在做施工准备工作时，应先修建永久性给水系统的干线，至少把干线修至施工工地入口处。对于高层建筑，必要时可增设高压泵以保证施工对水头的要求。

消防用水一般利用城市或建设单位的永久性消防设施。室外消防栓应沿道路布置，间距不应超过 120m，距房屋外墙一般不小于 5m，距道路不应大于 4m。工地消防栓 2m 以内不得堆放其他物品。室外消防栓管径不得小于 100mm。

临时供水管的铺设最好采用暗铺法，即埋置在地面以下，防止机械在其上行走时将其压坏。临时供水管线不应布置在将要修建的建筑物或室外管沟处，以免这些项目开工时，切断水源影响施工用水。施工用水的水龙头位置，通常由用水地点来确定，例如搅拌站、淋灰池、烧砖处等。此外，还应方便室内外装修工程用水。

2）施工现场临时供电

随着机械化程度不断提高，施工用电量将不断增多。因此必须正确确定用电量和合理选择电源和电网供电系统。通常，为了维修方便，施工现场多采用架空配电线路，且要求架空线与施工建筑物水平距离不小于 10m，与地面距离不小于 6m，跨越建筑物或临时设施时，垂直距离不小于 2.5m。现场线路应尽量架设在道路一侧，尽量保持线路水平，以免电杆受力不均。在低电压线路中，电杆间距应为 25～40m，分支线及引入线均应由电杆处接出，不得在两杆之间接线。

单位工程施工用电应在施工总平面图中一并考虑。一般情况下，计算出施工期间的用电总数，提供给建设单位，不另设变压器。只有独立的单位工程施工时，才根据计算的现场用电量选用变压器，其位置应远离交通要道及出入口处，布置在现场边缘高压线接入处，四周用铁丝网围绕加以保护。

建筑施工是一个复杂多变的生产过程，工地上的实际布置情况会随时改变，如基础施工、主体施工、装饰施工等各阶段在施工平面图上是经常变化的。但是，对整个施工期间使用的一些主要道路、垂直运输机械、临时供水、供电线路和临时房屋等，则不要轻易变动。对于大型建筑工程，施工期限较长或建设地点较为狭小的工程，应按施工阶段布置多张施工平面图。对于较小的建筑物，一般按主要施工阶段的要求布置施工平面图。

13.3 施工组织总设计

施工组织总设计是以若干个单位工程或整个建设项目为对象，根据初步设计或扩大初步设计图纸以及其他相关资料和现场施工条件编制，用以指导全工地各项施工准备和施工活动的技术经济文件。一般由建设总承包单位或建设主管部门领导下的工程建设指挥部（业主）负责编制。当施工项目有多个单位工程或为群体工程时，一般应编制施工组织总设计。

13.3.1 施工组织总设计概述

1. 施工组织总设计的作用

（1）从全局出发，为整个项目的施工做出全面部署。

（2）为单位工程施工组织设计提供依据。

（3）能够对整个项目的施工进行优化，达到提高经济效益的目的。

（4）为全场的各种施工准备、物资供应提供依据。

2. 施工组织总设计的内容

施工组织总设计的内容视工程性质、规模、建筑结构的特点、工期要求、施工条件等的不同可有所不同，通常包括下列内容：工程概况和工程的特点，施工部署和主要建筑物施工方案，施工总进度计划，全场性的施工准备工作计划及各项资源需要量计划，施工总平面图和主要技术经济指标等。

3. 施工组织总设计编制的依据

施工组织总设计一般以下列资料为依据：

（1）计划文件及相关的合同，包括可行性研究报告，国家批准的固定投资计划，单位工程项目一览表，分期分批投资交付使用的期限，投资额，材料和设备订货计划，建设项目所在地区主管部门的批件，招标文件及工程承包合同，材料设备的供货合同等。

（2）设计文件（包括初步设计和技术设计），设计说明书，总概算或修正总概算，建筑总平面图等。

（3）工程勘察和技术经济调查资料，包括地形、地貌、工程地质、水文、气象等自然条件，运输状况、建筑材料、预制构件、商品混凝土、设备供应及价格等技术经济条件。

（4）相关的政策法规、技术规范、规程、定额以及类似工程项目建设的资料等。

13.3.2 施工部署和主要项目施工方案

施工部署是对整个项目进行全面安排，并对影响全局的重大问题进行战略决策，拟定指导整个项目施工的技术经济文件。施工总体部署必须首先明确项目管理模式及管理目标，总承包单位或工程建设指挥部（业主）应结合实际情况，采取适宜的管理模式，明确应分包的项目，明确各施工单位的工程任务，提出质量、工期、成本等控制目标及要求。施工部署和施工方案分别为施工组织总设计和单项工程施工组织设计的核心。施工部署主要包括以下几个方面的内容。

1. 确定工程项目的开展程序

确定建设项目中各项工程合理的开展顺序，应根据生产工艺和业主的要求，确定分期分批施工交付投产使用的主要项目，以及穿插于工程施工的项目，正确处理土建工程、设备安装及其他专业工程之间相互配合与协调。

有些大型工业企业项目，如冶金联合企业、化工联合企业、火力发电厂等都是由许多工厂或车间组成的，在确定施工开展程序时，主要应考虑以下几点：

（1）在保证工期的前提下，实行分期分批建设，既可使各具体项目迅速建成，尽早投入使用，又可在全局上实现施工的连续性和均衡性，减少暂设工程数量，降低工程成本，充分发挥国家基本建设投资的效果。

（2）统筹安排各类项目施工，保证重点，兼顾其他，确保工程项目按期投产。按照各工程项目的重要程度，应优先安排的工程项目是：

1）按生产工艺要求，须先期投入生产或起主导作用的工程项目；

2）工程量大、施工难度大、工期长的项目；

3）运输系统、动力系统，如厂区内外道路、铁路和变电站等；

4）生产上需先期使用的机修车间、办公楼及部分家属宿舍等；

5）供施工使用的工程项目，如采砂（石）场、木材加工厂、各种构件加工厂、混凝土搅拌站等施工附属企业及其他为工程服务的临时设施。

对于建设项目中工程量小、施工难度不大、周期较短而又不急于使用的辅助项目，可以考虑与主体工程相配合穿插在主体工程的施工中进行。

（3）所有工程项目均应按照先地下、后地上，先深后浅，先干线后支线的原则进行安排。如地下管线和修筑道路的程序，应先铺设管线，再在管线上修筑道路。

（4）要考虑季节对施工的影响。例如大规模土方工程的深基础施工，最好避开雨期；寒冷地区入冬以后，最好封闭房屋并转入室内作业的设备安装。

对于大中型的民用建设项目（如居民小区），一般应按年度分批建设。除考虑住宅以外，还应考虑幼儿园、学校、商店和其他公共设施的建设，以便交付使用后能保证居民的正常生活。

2. 主要项目的施工方案

在施工组织总设计中应对主要项目的单位工程、分部工程或特种结构工程的施工工艺流程及施工工段的划分提出原则性的意见。这些项目通常是建设项目中工程量大、施工难度大、工期长，对整个建设项目的建成起关键性作用的建筑物（或构筑物），以及全场范围内工程量大、影响全局的特殊分项工程。

拟定主要工程项目的施工方案，目的是为了进行技术和资源的准备工作，同时也为了施工顺利开展和现场的合理布置。

施工方案拟定的主要内容包括确定施工方法、施工工艺流程、施工机械设备等。

施工方法的确定要兼顾技术的先进性和经济上的合理性，对施工机械的选择，应使主导机械的性能既能满足工程的需要，又能发挥其效能，在各个工程上能够实现综合流水作业，减少其拆、装、运的次数。对于辅助配套机械，其性能应与主导施工机械相适应，以充分发挥主导施工机械的工作效率。

3. 全场性的施工准备

全场性的施工准备包括"三通一平"，测量控制网的设置，生产、生活等临时设施的规划，材料设备、构件的加工订货及供应，施工现场排水、防洪、环保等技术措施。根据施工开展程序和主要工程项目方案，编制好施工项目全场性的施工准备工作计划。

施工准备工作计划的主要内容一般包括：

（1）安排好场内外运输、施工用主干道，水、电、气来源及其引入方案；

（2）安排场地平整方案和全场性排水、防洪；

（3）安排好生产和生活基地建设，包括商品混凝土搅拌站、预制构件厂、钢筋加工厂、木材加工厂、金属结构制作加工厂、机修厂以及职工生活设施等；

（4）安排建筑材料、成品、半成品的货源和运输、贮存方式；

（5）安排现场区域内的测量工作，设置永久性测量标志，为放线定位做好准备；

（6）编制新技术、新材料、新工艺、新结构的试验计划和职工技术培训计划；

（7）冬、雨期施工所需要的准备工作。

13.3.3 施工总进度计划

施工总进度计划是根据施工部署和施工方案，合理确定所有工程项目先后顺序，施工期限，开工和竣工的日期，以及它们之间的搭接关系。据此确定施工现场的劳动力、材料、施工机械的需要量和供应日期，以及现场临时设施、供水、供电等。因此，编制合理的施工总进度计划对于保证各项目以及整个建设项目按期交付使用，降低成本等都具有重要意义。

1. 施工总进度计划的编制原则

（1）遵守合同工期，以配套投产为目标。对于工业项目，应处理好生产车间和辅助车间之间，生产性建筑和非生产性建筑之间的先后顺序，分清各项工程的轻重缓急，把工艺调试在前，施工难度较大，工期较长的安排在前面，以便在形成新的生产能力的同时，降低投资额，充分发挥投资效益。

（2）从资金的时间价值观念出发，在年度投资额的分配上，尽可能将投资额少的工程项目安排在最初年内施工，投资额大的项目安排在最后施工年度内施工，以减少贷款利息。

（3）采用合理的施工方法。所有单位工程，主要的分部、分项工程尽可能组织流水施工，使施工连续、均衡进行，降低工程施工成本。

（4）充分估计设计出图的时间和材料、设备的到货情况，使每个施工项目的施工准备、土建工程、设备安装和试车运转的时间能合理搭接。

（5）确定一些调剂项目，如办公楼、宿舍楼等穿插其间，以达到既保证重点又达到均衡施工的目的。

（6）合理安排施工顺序，除本着先地下后地上、先深后浅、先干线后支线、先地下管线后道路的原则外，还应及时完成主要工程必需的准备工作，准备工作完成后主要工程才能开工，充分利用永久性建筑和设施为施工服务，以减少暂设工程的费用，充分考虑当地的气候条件，尽可能减少雨期施工的附加费用。如大规模土方和深基础施工应避开雨期，现浇混凝土结构应避开雨期，高空作业应避开风季等。

2. 施工总进度计划的内容

施工总进度计划一般包括：估算主要项目的工程量，确定各单位工程的施工期限，开工、竣工日期和相互搭接关系，并编制施工总进度计划表等。

3. 施工总进度计划的编制步骤和方法

（1）列出项目一览表并计算工程量

由于施工总进度计划主要起控制作用，因此项目划分不宜过细，可按确定的主要工程项目的开展顺序排列，一些辅助工程，临时设施可以合并列出。在工程项目一览表的基础上，按工程的开展顺序和单位工程计算主要实物工程量。在计算工程量时，可按初步（或扩大初步）设计图纸并根据各种定额手册进行计算。常用的定额资料有以下几种：

1）万元消耗指标，万元、10 万元投资工程量、劳动力及材料消耗指标，这种定额规定了某一种结构类型建筑每 1 万元或每 10 万元投资中劳动力、主要材料的消耗数量。根据设计图纸中的结构类型，即可估算出拟建工程各分项需要的劳动力和主要材料的消耗数量。

2）概算指标或扩大结构定额，这两种定额都是预算定额的进一步扩大，概算指标是以建筑物每 100m^3 体积为单位，扩大结构定额则以每 100m^2 建筑面积为单位。查定额时，首先查找与本建筑物结构类型、跨度、高度相类似的部分，然后查出这种建筑物按定额单位所需要的劳动力和各项主要材料消耗量，从而推算出拟计算项目所需要的劳动力和材料的消耗数量。

3）标准设计或已建房屋、构筑物的资料，可对标准设计或已建成的类似房屋实际所消耗劳动力及材料加以类比，按比例估算。但是，由于和拟建工程完全相同的已建工程是极为少见的，因此在利用已建工程资料时，一般都要进行换算、调整。

如果施工图已经完成，则可以按照预算定额计算工程量，得到工程量清单一览表。或者直接以业主招标文件提供的工程量清单中的工程量为依据。

（2）确定各单位工程的施工期限

单位工程的施工期限，应根据建筑结构类型、工程规模、施工条件及企业施工技术和管理水平来确定，此外，还应参考相关类似工程的工期。

（3）确定各单位工程开工、竣工时间和相互搭接关系

根据施工部署及单位工程施工期限，可以安排各单位工程的开工、竣工时间和相互搭接关系。安排时通常应考虑以下因素：

1）保证重点，兼顾一般。既要保证在规定的工期内能配套投产使用，同时在同一工期施工的项目不宜过多，以免人力、物力分散。

2）既要考虑冬、雨期施工的影响，又要做到全年均衡施工，使劳动力、材料和机械设备在全工地内均衡使用。

3）应使主要工种工程能流水施工，充分发挥大型机械设备的效能。

4）应使准备工程或全场性工程先行，充分利用永久性工程和设施为施工服务。

5）全面考虑各种条件的限制，如施工场地、出图时间、施工能力等的限制。

（4）总进度计划的调整与修正

施工总进度计划表绘制完后，需要调整一些单位工程的施工速度或开工、竣工时间，以便消除高峰或低谷，使各个时期的工作量尽可能达到均衡。

在编制了各个单位工程的施工进度以后，有时需对施工总进度计划进行必要的调整，在实施过程中，也应随着施工的进展及时做出必要的调整，对于跨年度的建设项目，还应根据年度国家基本建设投资情况，对施工进度计划予以调整。

13.3.4　资源需要量计划

施工总进度计划编制好以后，就可以编制各种主要资源的需要量计划。其主要内容有劳动力需要量计划，主要材料需要量计划，主要材料、预制加工品需用量进度计划，主要材料、预制加工品运输量计划及施工机具需用量计划等。

1. 劳动力需要量计划

劳动力需要量计划是规划暂设工程和组织劳动力进场的依据。将总进度计划表纵坐标方向上各单位工程同工种的人数叠加在一起并连成一条曲线，即为某工种的劳动力动态曲线图。根据各工种劳动力曲线图列出主要工种劳动力需要量计划表。将各主要工种劳动力需要量在相同时间上叠加，就可得到综合劳动力曲线图和计划表，见表13-7。

劳动力需要量计划表　　　　　表13-7

序号	工种名称	施工高峰需用人数	××××年				××××年				现有人数	多余（＋）或不足（一）
			一季度	二季度	三季度	四季度	一季度	二季度	三季度	四季度		

注：1. 工种名称除生产工人外，应包括附属辅助工人（如机修、运输、构件加工、材料保管等）以及服务和管理用工；

2. 表下应附以分季度的劳动力动态曲线（纵轴表示人数，横轴表示时间），此处略。

2. 各种物资需要量计划

根据工程量和总进度计划的要求，套用概算指标或类似工程经验资料计算和编制物资需要量计划。

（1）主要材料需要量计划

根据工程量汇总表所列各建筑物的工程量，参照本地区概算定额或已建类似工程资料便可计算出主要材料需要量，见表13-8。

主要材料需要量计划表　　　　　表13-8

材料名称　　　　工程名称	主要材料						
	钢材（t）	木材（m³）	水泥（t）	砖（块）	砂（m³）	石（m³）	…

（2）主要材料、预制加工品需要量进度计划

根据主要材料需要量计划，参照施工总进度计划和主要分部、分项工程流水施工进度计划，估计出主要建筑材料在某季度的需要量，从而编制出主要材料、预制加工品需要量进度计划，见表13-9，以便组织运输和筹建仓库。

主要材料、预制加工品需要量进度计划表　　　　　　　　　　表 13-9

序号	材料、预制加工品名称	规格	单位	需要量	需要量进度							
					××××年				××××年			
					一季度	二季度	三季度	四季度	一季度	二季度	三季度	四季度

（3）主要材料、预制加工品运输量计划（表 13-10）

主要材料、预制加工品运输量计划表　　　　　　　　　　表 13-10

序号	材料、预制加工品名称	单位	数量	折合吨数	运距（km）			运输量（t·km）	分类运输量（t·km）			备注
					装货点	卸货点	运距		公路	铁路	水路	

（4）施工机具需要量计划

主要施工机具，如挖土机、起重机等的需要量，可根据施工进度计划、主要建筑物施工方法和工程量，并套用机械产量定额求得。辅助机具可以根据建筑安装工程每 10 万元扩大概算定额指标求得，运输机械的需要量根据主要材料、预制加工品运输量计划确定，见表 13-11。

施工机具需要量计划表　　　　　　　　　　表 13-11

序号	机具设备名称	规格型号	电动机功率	数量				购置价值（千元）	使用时间	备注
				单位	需用	现有	不足			

13.3.5　全场性暂设工程

为满足工程项目施工的需要，在工程正式开工之前，应按照工程项目施工准备工作计划的要求，建造相应的暂设工程。其类型和规模因工程而异，主要有工地加工厂、工地仓库、办公及生活福利设施、临时供水和临时供电等。

1. 工地加工厂的组织

（1）工地加工厂类型及结构形式

工地加工厂类型主要有：钢筋混凝土预制构件加工厂、木材加工厂、钢筋加工厂、结构构件加工厂和机械修理厂等。

各种加工厂的结构形式，应根据使用期限长短和建设地区的条件而定。一般使用期限较短者，宜采用简易结构，如一般油毡、铁皮或草屋面的竹木结构；使用期限较长者，宜采用瓦屋面的砖木结构、砖石结构或装拆式活动房屋等。

（2）工地加工厂面积的确定

加工厂建筑面积的确定，主要取决于设备尺寸、工艺过程及设计、加工量、安全防火等。通常可参考《建筑施工手册》（第五版）以及相关经验指标等资料确定。

对于钢筋混凝土构件预制厂、锯木车间、模板加工车间、细木加工车间、钢筋加工车

间（棚）等，其建筑面积可按下式计算

$$F = \frac{KQ}{TS\alpha}$$ (13-1)

式中　F——所需确定的建筑面积（m^2）；

　　　Q——加工总量；

　　　K——不均衡系数，取 $1.3\sim1.5$；

　　　T——加工总工期（月）；

　　　S——每平方米场地月平均加工定额；

　　　α——场地或建筑面积利用系数，取 $0.6\sim0.7$。

常用各种临时加工厂的面积参考指标可参照《建筑施工手册》（第五版）中的相关指标。

2. 工地仓库面积

（1）工地仓库类型和结构

建筑工程施工中常用的仓库有：

1）转运仓库：设在火车站、码头等地，作为转运之用；

2）中心仓库：用以储存整个企业、大型施工现场材料之用；

3）现场仓库：为某一工程服务的仓库；

4）加工厂仓库：专供某加工厂贮存原材料和已加工的半成品构件的仓库。

工地仓库结构按保管材料的方法不同可分为露天仓库、库棚和封闭库房。

正确的仓库组织，应在保证施工需要的前提下，使材料的贮备量最少，贮备期最短，装卸及转运费最省。此外，还应选择经济而适用的仓库形式及结构，尽可能地利用原有的或永久性的建筑物，以减少修建临时仓库的费用，并应遵守规范的防火要求。

（2）仓库面积的确定

某一种建筑材料的仓库面积，与该建筑材料需贮备的天数、材料的需要量，$1m^2$ 仓库能贮存的定额等因素有关。仓库面积的确定可按下式计算：

$$F = \frac{P}{qk}$$ (13-2)

式中　F——仓库总面积（m^2）；

　　　P——仓库材料贮备量；

　　　q——每平方米仓库面积能存放的材料、半成品和制品的数量；

　　　k——仓库面积有效利用系数（考虑人行道和车道所占面积），见表 13-12。

对于仓库材料贮备量，一方面要确保工程施工顺利进行，另一方面要避免材料的大量积压，以免仓库面积过大，增加投资、积压资金。通常贮备量根据现场条件、供应条件和运输条件来确定。对经常或连续使用的材料，如砖、瓦、砂、石、水泥和钢材，可按下式计算：

$$P = T_e \frac{Q_i R_i}{T}$$ (13-3)

式中　P——材料贮备量（t 或 m^3）；

　　　T_e——贮备期定额（天），见表 13-12；

　　　Q_i——材料、半成品的总需用量；

T——有关项目的施工工作日；

R_i——材料使用不均衡系数。

在设计仓库时，还应正确确定仓库的长度和宽度，仓库的长度应满足货物装卸的要求。

计算仓库面积的有关系数表　　　　表 13-12

序号	材料及半成品	单位	贮备天数 T_e（天）	不均衡系数 R_i	每平方米贮存定额	有效利用系数 k	仓库类别	备注
1	水泥	t	30~60	1.3	1.5~1.9	0.65	封闭式	堆高 10~12 袋
2	生石灰	t	30	1.1	1.7	0.7	棚	堆高 2m
3	砂子（人工堆放）	m³	15~30	1.4	1.5	0.7	露天	堆高 1~1.5m
4	砂子（机械堆放）	m³	15~30	1.4	2.5~3	0.8	露天	堆高 2.5~3m
5	石子（人工堆放）	m³	15~30	1.5	1.5	0.7	露天	堆高 1~1.5m
6	石子（机械堆放）	m³	15~30	1.5	2.5~3	0.8	露天	堆高 2.5~3m
7	块石	m³	15~30	1.5	10	0.7	露天	堆高 1m
8	预制钢筋混凝土槽形板	m³	30~60	1.3	0.26~0.30	0.6	露天	堆高 4 块
9	梁	m³	30~60	1.3	0.8	0.6	露天	堆高 1~1.5m
10	柱	m³	30~60	1.3	1.2	0.6	露天	堆高 1.2~1.5m
11	钢筋（直筋）	m³	30~60	1.4	2.5	0.6	露天	堆高 0.5m
12	钢筋（盘筋）	t	30~60	1.4	0.9	0.6	封闭式或棚	堆高 1m
13	钢筋成品	t	10~20	1.5	0.07~0.1	0.6	露天	
14	型钢	t	45	1.4	1.5	0.6	露天	堆高 0.5m
15	金属结构	t	30	1.4	0.2~0.3	0.6	露天	
16	原木	m³	30~60	1.4	0.3~1.5	0.6	露天	堆高 2m
17	成材	m³	30~45	1.4	0.7~0.8	0.6	露天	堆高 1m
18	废木材	m³	15~20	1.2	0.3~0.4	0.6	露天	
19	门窗扇	m³	30	1.2	45	0.6	露天	堆高 2m
20	门窗框	m³	30	1.2	20	0.6	露天	堆高 2m
21	木屋架	m³	30	1.2	0.6	0.6	露天	
22	木模板	m³	10~15	1.4	4~6	0.7	露天	
23	模板修理	m³	10~15	1.2	1.5	0.65	露天	
24	砖	千块	15~30	1.2	0.7~0.8	0.6	露天	堆高 1.5~1.6m

3. 办公及生活福利设施的组织

在工程建设期间，必须为施工人员修建一定数量的临时房屋，以供行政办公和生活福利之用。行政管理和生产用房包括：施工单位办公室、传达室、车库及各类材料仓库和辅助性修理车间等；居住生活用房包括：家用宿舍、职工单身宿舍、商店、医务室、浴室、厕所等。这类房屋尽可能利用原有的或永久性的建筑物，以减少修建临时房屋的费用，对必需的临时房屋的建筑面积，可根据建筑工地的人数参照表 13-13 所列的指标计算。

计算所需要的各种生活、办公用房屋，应尽量利用施工现场及其附近的永久性建筑物，不足的部分修建临时建筑物。临时建筑物的修建，应遵循经济、适用、装拆方便的原则，按照当地的气候条件、工期长短确定结构形式，通常有帐篷、装拆式房屋或利用地方材料修建的简易房屋等。

行政、生活福利临时建筑面积参考指标表（单位：m²/人）　　表 13-13

序号	临时房屋名称	指标使用方法	参考指标	序号	临时房屋名称	指标使用方法	参考指标
一	办公室	按使用人数	3～4	3	理发室	按高峰年平均人数	0.01～0.03
二	宿舍	按高峰年（季）平均人数		4	俱乐部	按高峰年平均人数	0.1
1	单层通铺	（扣除不在工地住人数）	2.5～3.0	5	小卖部	按高峰年平均人数	0.03
2	双层床	（扣除不在工地住人数）	2.0～2.5	6	招待所	按高峰年平均人数	0.06
3	单层床	按高峰年平均人数	3.5～4.0	7	托儿所	按高峰年平均人数	0.03～0.06
三	家属宿舍		16～25	8	开水房	按高峰年平均人数	10～40
四	食堂	按高峰年平均人数	0.5～0.8	9	厕所	按工地平均人数	0.02～0.07
	食堂兼礼堂	按高峰年平均人数	0.6～0.9	10	工人休息室	按工地平均人数	0.15
五	其他合计	按高峰年平均人数	0.5～0.6	11	其他公用	按高峰年平均人数	0.05～0.1
1	医务室	按高峰年平均人数	0.05～0.07				
2	浴室	按高峰年平均人数	0.07～0.1				

4. 临时供水

建筑工地需敷设临时供水系统，以满足生产、生活和消防用水的需要。在规划临时供水系统时，必须充分利用永久性供水设施为施工服务。

工地各类用水量计算如下：

（1）现场施工用水量，可按下式计算：

$$q_1 = K_1 \sum \frac{Q_1 N_1}{T_1 t} \frac{K_2}{8 \times 3600} \tag{13-4}$$

式中　q_1——生产用水量（L/s）；

　　　K_1——未预计用水量的修正系数（1.05～1.15）；

　　　Q_1——年（季）度工程量（以实物计量单位表示）；

　　　N_1——施工用水定额（见《建筑施工手册》（第五版））；

　　　T_1——年（季）度有效作业日（天）；

　　　t——每天工作班数（班）；

　　　K_2——用水不均衡系数，见表 13-14。

施工用水不均衡系数　　　　　　　　　　　表 13-14

编号	用水名称	系数
K_2	现场施工用水 附属生产企业用水	1.5 1.25
K_3	施工机械、运输机械 动力设备	2.00 1.05~1.10
K_4	施工现场用水	1.30~1.50
K_5	生活区生活用水	2.00~2.50

（2）施工机械用水量

$$q_2 = K_1 \sum Q_2 N_2 \frac{K_3}{8 \times 3600} \tag{13-5}$$

式中　q_2——施工机械用水量（L/s）；

　　　K_1——未预见用水量的修正系数（1.05~1.15）；

　　　Q_2——同一种机械台数（台）；

　　　N_2——施工机械用水定额（见《建筑施工手册》（第五版））；

　　　K_3——施工机械用水不均衡系数，见表 13-14。

（3）施工现场生活用水量

$$q_3 = \frac{P_1 N_3 K_4}{t \times 8 \times 3600} \tag{13-6}$$

式中　q_3——施工现场生活用水量（L/s）；

　　　P_1——施工现场高峰期工人数（人）；

　　　N_3——施工现场生活用水定额（一般为 20~60L/人·班，主要视当地气候而定）；

　　　K_4——施工现场用水不均衡系数，见表 13-14；

　　　t——每天工作班数（班）。

（4）生活区生活用水量

$$q_4 = \frac{P_2 N_4 K_5}{24 \times 3600} \tag{13-7}$$

式中　q_4——生活区生活用水量（L/s）；

　　　P_2——生活区居民人数（人）；

　　　N_4——生活区昼夜全部用水定额（见《建筑施工手册》（第五版））；

　　　K_5——生活区用水不均衡系数，见表 13-14。

（5）消防用水量

消防用水量 q_5 应根据建筑工地的大小及居住人数确定，可参考表 13-15 取值。

消防用水量　　　　　　　　　　　表 13-15

序号	用水名称	火灾同时发生次数	单位	用水量
1	居民区消防用水 5000 人以内 10000 人以内 25000 人以内	一次 二次 三次	L/s L/s L/s	10 10~15 15~20
2	施工现场消防用水 施工现场在 0.25km² 以内 每增加 0.25km² 递增	一次	L/s L/s	10~5 5

（6）总用水量

① 当 $q_1 + q_2 + q_3 + q_4 \leqslant q_5$ 时，则

$$Q = q_5 + \frac{1}{2}(q_1 + q_2 + q_3 + q_4) \tag{13-8}$$

② 当 $q_1 + q_2 + q_3 + q_4 > q_5$ 时，则

$$Q = q_1 + q_2 + q_3 + q_4 \tag{13-9}$$

③ 当工地建筑面积小于 5 万 m^2，并且 $q_1 + q_2 + q_3 + q_4 < q_5$ 时，则

$$Q = q_5 \tag{13-10}$$

供水管径的大小，则根据工地总的需水量计算确定，即

$$D = \sqrt{\frac{4Q \times 1000}{\pi v}} \tag{13-11}$$

式中　D——供水管径（mm）；

Q——总用水量（L/s）；

v——管网中的水流速度（m/s），考虑消防供水时取 2.5～3。

5. 临时供电

建筑工地临时供电组织包括：计算用电总量，选择电源，确定变压器，确定配电导线截面积并布置配电线路等。

（1）工地总用电计算

施工现场用电量大体上可分为动力用电和照明用电两类。在计算用电量时，应考虑以下几点：

1）全工地使用的电力机械设备、工具和照明的用电功率；

2）施工总进度计划中，施工高峰期同时用电数量；

3）各种电力机械的利用情况。

总用电量可按式（13-12）计算：

$$P = (1.05 \sim 1.1)\left(K_1 \frac{\sum P_1}{\cos\varphi} + K_2 \sum P_2 + K_3 \sum P_3 + K_4 \sum P_4\right) \tag{13-12}$$

式中　　　P——供电设备总需要容量（kVA）；

P_1——电动机额定功率（kW）；

P_2——电焊机额定容量（kVA）；

P_3——室内照明容量（kW）；

P_4——室外照明容量（kW）；

$\cos\varphi$——电动机的平均功率因数（施工现场最高为 0.75～0.78，一般为 0.65～0.75）；

K_1、K_2、K_3、K_4——需要系数，见表 13-16。

（2）电源选择

工地上临时供电的电源，应优先选用施工现场附近已有的高压线路或变电所，只在无法利用或电源不足时，才考虑设临时电站供电。通常是将附近的高压电，经设在工地的变压器降压后引入工地。但事先必须将施工需要的用电量向供电部门提出申请。

用电名称	数量	需要系数	
		K	数值
电动机	3～10 台	K_1	0.7
	11～30 台		0.6
	30 台以上		0.5
加工厂动力设备			0.5
电焊机	3～10 台	K_2	0.6
	10 台以上		0.5
室内照明		K_3	0.8
室外照明		K_4	1.0

（3）确定变压器

变压器功率可由式（13-13）计算：

$$P = K \frac{\sum P_{\max}}{\cos\varphi} \tag{13-13}$$

式中　P——变压器输出功率（kVA）；

　　　K——功率损失系数，取 1.05；

　　　$\sum P_{\max}$——各施工区最大计算负荷累计（kW）；

　　　$\cos\varphi$——功率系数。

在变压器产品目录中选用略大于计算所得功率的变压器，根据变压器规格确定变压器站的面积。

（4）确定配电导线截面积

配电线路的布置方案有枝状、环状和混合式三种，主要根据用户的位置和要求、永久性供电线路的形状而定。一般 3～10kV 的高压线路采用环状，380/220V 的低压线路可用枝状。线路中的导线截面必须具有足够的机械强度、耐受电流通过所产生的温升，且使得电压损失在允许范围内。通常先根据负荷电流的大小选择导线截面积，然后再以机械强度和允许电压降进行复核。

13.3.6　施工总平面图

施工总平面图是拟建项目施工场地的总布置图。按照施工部署、施工方案和施工总进度计划（施工总控制网络计划），将各项生产、生活设施（包括房屋建筑、临时加工预制场、材料仓库、堆场、水源、电源、动力管线和运输道路等）在现场平面上进行周密规划和布置，从而正确处理全工地施工期间所需各项设施和永久性建筑以及拟建工程之间的空间关系。

建筑施工是一个变化的过程，工地上的实际情况随时在改变。因此，对于大型建筑工程或施工期限较长或场地狭窄的工程，施工总平面图还应按照施工阶段分别进行布置，或者根据工地的变化情况，及时对施工总平面图进行调整和修正，以便适应不同时期的需要。绘图的比例一般为1：1000或1：2000。

1．施工总平面图的内容

施工总平面图的内容如下：

（1）原有地形图和等高线，一切已有的地上、地下建筑物和构筑物、铁路、道路和各种管线、测量的基准点、钻井和探坑等。

（2）一切拟建的永久性建筑物、构筑物、铁路、公路、地上、地下管线和建筑坐标网。

（3）为施工服务的一切临时设施的布置，其中包括：

1）工地上各种运输业务用的建筑物和运输道路；

2）各种加工厂、半成品制备站及机械化装置等；

3）各种材料、半成品及零件的仓库和堆场；

4）行政管理、宿舍、文化生活及福利用的临时性建筑物；

5）水源、电源、变压器位置，临时给水排水管线、供电线路、蒸汽及压缩空气管道等；

6）机械站和车库位置；

7）一切安全、防火设施。

（4）永久性及半永久性坐标位置，取土与弃土位置。

2．施工总平面图设计的原则

（1）尽量减少施工用地，少占农田，使平面布置紧凑合理。

（2）合理组织运输，减少运输费用，保证运输方便通畅。

（3）施工区域划分和场地的确定应符合施工流程要求，尽量减少专业工种和各工程之间的干扰。

（4）充分利用各种永久性建筑物、构筑物和原有设施为施工服务，降低临时设施的费用。

（5）各种生产生活设施应便于工人的生产和生活。

（6）满足安全防火和劳动保护的要求。

3．设计施工总平面图所需资料

设计施工总平面图所需的资料主要有：

（1）设计资料，包括建筑总平面图，竖向设计、地形图、区域规划图，建设项目范围内的一切已有和拟建房屋及地下管网位置等。

（2）施工总进度计划和拟建主要工程施工方案，以了解各施工阶段情况，便于进行施工平面规划。

（3）各种建筑材料、构件、加工品、施工机械和运输机械需要量一览表，以便规划工地内部的贮放场地和运输线路。

（4）各构件加工厂规模，仓库、各种生产、生活用临时房屋及其他临时设施的数量和外轮廓尺寸。

4．施工总平面图的设计方法与步骤

（1）大宗材料、成品、半成品等进场问题

设计全工地性施工总平面图时，首先应从大宗材料、成品、半成品、设备等进入工地的运输方式入手。大宗材料、成品、半成品等进入工地的方式有铁路、公路和水运等。当大宗材料由铁路引入时，应将建筑总平面图中的永久性铁路专用线提前修建，为工程施工服务，引入时应注意铁路的转弯半径和竖向设计；当大宗材料由水路引入时，应考虑码头的吞吐能力，码头数量一般不少于两个，码头宽度应大于2.5m；当大宗材料由公路引入时，则应先布置场内仓库和加工厂，然后再布置场内外交通道路。

（2）仓库的布置

若材料用铁路引入现场，仓库位置可沿铁路线布置，但应有足够的卸货前线。否则，宜设转运站。汽车运输时，仓库布置较灵活。通常在布置仓库时应考虑尽量利用永久性仓库，仓库和材料堆场应接近使用地点；仓库位于平坦、宽敞、交通便利之处，且应遵守安全技术和防火规定。

（3）加工厂的布置

建设工程的性质、规模、施工方法的不同，建筑工地需设的临时加工厂也不相同。一般工程都设有混凝土、木材、钢筋、金属结构等加工厂。决定它们位置的主要原则是：使零件及半成品由生产企业运往需要地点所需运输费用最少，同时照顾到生产企业有最好的工作条件，生产与建筑施工不干扰，此外，还需考虑今后的扩建和发展。通常是把生产企业集中布置在工地边缘。这样，既便于管理，又能降低铺设道路、动力管线及给水排水管道的费用。例如，木材加工厂、集中搅拌站等布置在铁路线附近或码头附近。当运输条件较差时，多采用分散布置方式。

（4）工地内部运输道路的布置

应根据各生产企业、仓库以及各施工对象的相对位置布置道路，并研究货物周转运行图，以明确各段道路上的运输负担，区别主要道路与次要道路。规划时应注意满足运输车辆的安全行驶，不会产生交通断绝或阻塞现象，道路应有足够的宽度和转弯半径，主要道路应避免出现盲肠道。

（5）临时房屋的布置

应尽量利用已有和拟建的永久性房屋。布置时，生产区与生活区应分开布置，管理用房靠近出口，生活福利用房应该在干燥地区，工人集中之处。布置时还应注意尽量缩短工人上下班的路程。

（6）临时水电管网及其他动力线路布置

临时水池、水塔应设在地势较高处，临时给水排水干管和输电干线应沿主要干道布置，最好成环形线路，消防水站一般应设在工地入口附近，沿道路设置消防栓。消防栓间距不应大于100m，消防栓距道路边缘不应大于2m。

上述布置方法与步骤，并不是截然分割各自孤立进行的，而应是互相结合起来，统一考虑，反复修正，直到合理后才能最后确定下来。要得到较妥善的施工总平面图，往往还应编制几个方案进行比较，从中选择一个最优的方案。

5.施工总平面图的管理

加强施工总平面图的管理，对合理使用场地，科学地组织文明施工，保证现场交通道路、给水排水系统的畅通，避免安全事故，降低成本，以及美化环境、防灾、抗灾等均具有重大意义。为此，必须重视施工总平面图的管理。

（1）建立统一的施工总平面图管理制度，首先划分施工总平面图的使用管理范围，实行场内、场外、分区、分片管理，要设专职管理人员，深入现场，检查、督促施工总平面图贯彻，要严格控制各项临时设施的拟建数量、标准、修建的位置、标高等。

（2）总承包施工单位应负责管理临时房屋、水电管网和道路的位置，挖沟、取土、弃土地点，机具、材料、构件的堆放场地。

（3）严格控制施工总平面图堆放材料、机具、设备的位置，占用时间和占用面积。施工中做到余料退库，废料入堆，现场无垃圾、无坑洼积水，工完场清。不得乱占场地、擅自拆迁临时房屋或改动水、电线路、任意变动总图；不得随意挖路断道、堵塞排水沟渠。当需要断水、断电、堵路时，须事先提出申请，经有关部门批准后方可实施。

（4）对各项临时设施要经常性维护检修，加强防火、保安和交通运输的管理。

思政小课堂

<h2 align="center">带着 Pad 查工地
——BIM 技术助力超级工程</h2>

2015 年年中竣工运营的"绿色垂直城市"上海中心是上海市应用 BIM 技术的代表性项目之一（图 13-9）。作为举世瞩目的超高层建筑，上海中心在设计施工难度巨大的现实下依然保障了 2008 年建设之初制定的工期及预算，所依靠的就是 BIM（建筑信息模型）技术的研发与广泛应用。上海中心体量庞大，工程信息海量复杂，施工图数量超过 1 万张，深化图纸数量超过 15 万张。如果依靠传统的"角尺加图纸"建筑工程模式，将对这一超级工程的设计、施工和管理提出巨大的挑战。

从项目设计开始，BIM 技术就为上海中心把好了第一关，其高精确度的运算能力和高灵活度的参数化设计，帮助设计方美国 GENSLER 事务所实现上海中心建筑的创新外形；BIM 三维可视化设计帮助同济大学设计院实现高效出图，从设计源头避免了复杂空间中大量错、漏、碰、缺等问题。运用 BIM 技术在上海中心项目中提前发现并解决的碰撞点数超过 10 万个，按单个碰撞点平均返工费用 1000 元左右计算，保守估计可节约建设费用至少超过 1 亿元。

以机电安装为例，建设者要在 120 层、561m 高的塔冠部位安装冷却塔，在 116 层、536m 高处安装变配电站，在 124 层、574m 的塔冠钢结构之上安装风力发电机组，这也将是我国最高的能源中心、最高的变配电站和最高的风力发电机组。同时，主楼核心筒、外墙幕墙等施工交叉进行，高峰时，整座大楼有 3500 多名工人同时施工。借助领先的 BIM 技术，实施工程总承包的上海建工集团，不仅能把所有工序理得清清楚楚，重要的环节还能先在电脑上预演。设在工地现场的 BIM 工作室里，只见工程涉及的所有专业分项设计图纸，都以三维模型的方式录入电脑。"瞧，这里显示主楼钢结构和机电管线碰撞了，必须请设计人员修改图纸。"现场人员指着一张三维合成后的图纸说。原来，运用 BIM 技术，设计人员把原先各专业单位分头设计的图纸，都合成在一起。哪里碰撞了，哪里衔接不到位了，一目了然，避免了返工。

上海中心顶部有 4 台塔式起重机，每台质量为 450t，每 4 至 5 层便向上爬升一次。工程人员先让这四个庞然大物模拟爬升，模拟成功后才正式付诸实施。

BIM 技术带来的是整个设计与施工管理水平的提升。项目管理人员检查工地，只需带上 Pad，现场所有的实景，都按照既定的三维图景实现，所有的技术参数可随时查阅、比对。

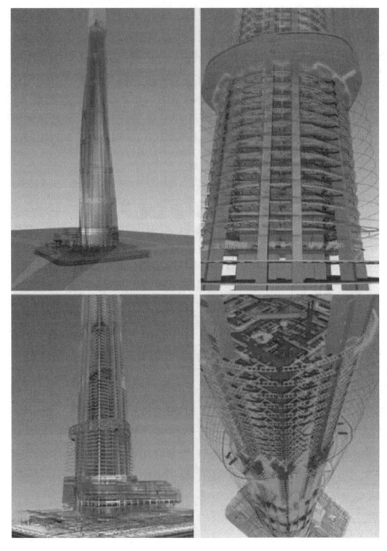

图 13-9　BIM 技术的应用

思 考 题 及 习 题

1. 试述工程项目的分类。
2. 工程项目的建设程序是什么？
3. 施工组织设计分为哪几类？
4. 施工组织总设计和单位工程施工组织设计的内容有何异同？
5. 施工组织设计编制的依据是什么？
6. 试述单位工程施工平面图和施工总平面图设计的步骤。
7. 试述采用预制楼板的砖混结构住宅楼在主体结构阶段的施工顺序。

8. 试述全现浇框架结构办公楼在主体结构阶段的施工顺序。

第13章思考题及
习题参考答案

参 考 文 献

[1] 石晓娟，李金云. 土木工程施工[M]. 杭州：浙江大学出版社，2016.

[2] 应惠清. 土木工程施工[M]. 3 版. 北京：高等教育出版社，2016.

[3] 刘宗仁. 土木工程施工[M]. 3 版. 北京：高等教育出版社，2019.

[4] 蔡雪峰. 土木工程施工[M]. 2 版. 北京：高等教育出版社，2019.

[5] 重庆大学，同济大学，哈尔滨工业大学. 土木工程施工[M]. 3 版. 北京：中国建筑工业出版社，2016.

[6] 郭正兴. 土木工程施工[M]. 3 版. 南京：东南大学出版社，2020.

[7] 穆静波，侯敬峰. 土木工程施工[M]. 3 版. 北京：中国建筑工业出版社，2020.

[8] 《建筑施工手册》(第五版)编委会. 建筑施工手册[M]. 5 版. 北京：中国建筑工业出版社，2012.

[9] 中华人民共和国住房和城乡建设部. 建筑地基基础工程施工质量验收标准：GB 50202—2018 [S]. 北京：中国计划出版社，2018.

[10] 中华人民共和国住房和城乡建设部. 建筑基坑支护技术规程：JGJ 120—2012 [S]. 北京：中国建筑工业出版社，2012.

[11] 中华人民共和国住房和城乡建设部. 建筑桩基技术规范：JGJ 94—2008 [S]. 北京：中国建筑工业出版社，2008.

[12] 中华人民共和国住房和城乡建设部. 混凝土结构工程施工质量验收规范：GB 50204—2015 [S]. 北京：中国建筑工业出版社，2015.

[13] 中华人民共和国住房和城乡建设部. 混凝土结构工程施工规范：GB 50666—2011 [S]. 北京：中国建筑工业出版社，2012.

[14] 中华人民共和国住房和城乡建设部. 钢筋焊接及验收规程：JGJ 18—2012 [S]. 北京：中国建筑工业出版社，2012.

[15] 中华人民共和国住房和城乡建设部. 砌体结构工程施工质量验收规范：GB 50203—2011 [S]. 北京：中国建筑工业出版社，2012.

[16] 中华人民共和国住房和城乡建设部. 钢结构工程施工质量验收标准：GB 50205—2020 [S]. 北京：中国计划出版社，2020.

[17] 中华人民共和国住房和城乡建设部. 建筑施工扣件式钢管脚手架安全技术规范：JGJ 130—2011 [S]. 北京：中国建筑工业出版社，2011.

[18] 中华人民共和国住房和城乡建设部. 建筑施工门式钢管脚手架安全技术标准：JGJ/T 128—2019 [S]. 北京：中国建筑工业出版社，2019.

[19] 中华人民共和国住房和城乡建设部. 建筑施工碗扣式钢管脚手架安全技术规范：JGJ 166—2016 [S]. 北京：中国建筑工业出版社，2017.

[20] 中华人民共和国住房和城乡建设部. 地下防水工程质量验收规范：GB 50208—2011 [S]. 北京：中国建筑工业出版社，2012.

[21] 中华人民共和国住房和城乡建设部. 地下工程防水技术规范：GB 50108—2008 [S]. 北京：中国计划出版社，2008.

[22] 中华人民共和国住房和城乡建设部. 屋面工程质量验收规范：GB 50207—2012 [S]. 北京：中国

建筑工业出版社，2012.

[23] 中华人民共和国住房和城乡建设部. 屋面工程技术规范：GB 50345—2012 [S]. 北京：中国建筑工业出版社，2012.

[24] 中华人民共和国住房和城乡建设部. 工程网络计划技术规程：JGJ/T 121—2015 [S]. 北京：中国建筑工业出版社，2015.